普通高等教育电子信息类规划教材

# FPGA 技术及应用

陈金鹰 编著

机械工业出版社

飞速发展的电子技术使在一块芯片上集成 68 亿个晶体管成为现实，如何利用众多的数字电路基本资源，是电子设计工程技术人员必须掌握的知识。本书第 1 章从微电子技术以及由此诞生的大规模数字电路基本知识入手，介绍了 VLSI 电路、SoC 设计技术、IP 核技术。第 2 章介绍了以 SPLD、CPLD、FPGA 芯片为代表的可编程 ASIC 芯片技术，详细讨论了它们的硬件结构和内部资源。第 3 章介绍了 VHDL 的基本语法现象。第 4 章介绍了 VHDL 程序的结构组织和设计方法。第 5 章通过 VHDL 程序设计实例进一步介绍其在工程实践中的应用和设计技巧。第 6 章通过实验的方式介绍软件开发环境和工具，通过对具体设计过程的阐述，使读者通过实际操作来掌握可编程 ASIC 芯片的开发方法。

本书内容适合于通信类、电子类、自动化类、仪器仪表类、计算机类及相关专业的大专生、本科生和研究生学习，也可供其他相关专业的工程技术人员参考。

与本书内容有关的一些辅助学习资料、本书的教学用电子课件以及习题解答可在机械工业出版社网站（www.cmpedu.com）上免费注册、审核后下载。

## 图书在版编目（CIP）数据

FPGA 技术及应用 / 陈金鹰编著. —北京：机械工业出版社，2015.3
普通高等教育电子信息类规划教材
ISBN 978-7-111-49512-3

Ⅰ. ①F⋯ Ⅱ. ①陈⋯ Ⅲ. ①可编程序逻辑器件－系统设计－高等学校－教材 Ⅳ. ①TP332.1

中国版本图书馆 CIP 数据核字（2015）第 038449 号

机械工业出版社（北京市百万庄大街 22 号 邮政编码 100037）
策划编辑：李馨馨
责任编辑：李馨馨 张利萍 责任校对：张艳霞
责任印制：乔 宇

保定市中画美凯印刷有限公司印刷

2015 年 3 月第 1 版·第 1 次印刷
184mm×260mm·18.75 印张·459 千字
0001－3000 册
标准书号：ISBN 978-7-111-49512-3
定价：39.90 元

# 前　言

为了帮助读者了解和掌握以 FPGA/CPLD 芯片为代表的可编程 ASIC 器件的应用技术，本书通过 6 个章节对相关技术进行了较为详细的探讨。本书建议总学时为 40 学时，其中理论学习占 32 学时，实验操作占 8 学时。由于该领域涉及的技术众多，虽然很难用一本书讲清全部要领，但本书还是尽量将所涉及的技术问题提出来，供读者参考。本书的主要精力将放在基本问题的讨论上，希望能为读者奠定一个较好的基础，以便能较容易地去研究其他书籍所介绍的更深入的话题。

本书第 1 章集成电路基础，首先从半导体的基本概念、集成电路制造工艺、集成电路性能评价出发，介绍了 IC 的基础知识。然后引申到集成电路中的基本逻辑电路，讨论了 MOS 晶体管的工作原理、数字集成电路中的基本元件，使读者对集成电路的来龙去脉有一个较系统的了解。在此基础上介绍了近年来兴起的 VLSI 设计的抽象等级、SoC 设计技术、IP 核的概念，为了帮助读者了解高速集成电路设计中不可忽视的特殊情况，补充介绍了集成电路的封装、信号传输的匹配、传输线上信号的完整性问题。本章安排课时 6 学时，重点在于晶体管、MOS 晶体管、数字集成电路的制作过程和基本结构，了解 SoC、IP 核设计技术及信号的完整性概念。本章难点是集成电路制造工艺、MOS 晶体管的工作原理，以及信号的完整性问题。

第 2 章可编程 ASIC 芯片技术，介绍了 ASIC 器件的基本概念、可编程 ASIC 系统的设计方法、边界扫描测试技术。然后深入分析了 SPLD、CPLD、FPGA 的硬件结构和内部资源。本章安排课时 8 学时，重点掌握 CPLD、FPGA 的硬件结构和内部资源，为后续的学习打下坚实的基础，这也是正确理解 VHDL 程序、正确选择芯片的基础。理解边界扫描测试技术工作原理，可为正确下载程序到芯片中做准备。本章难点是 CPLD、FPGA 的硬件资源是如何实现各种逻辑功能和可编程功能的，以及边界扫描测试的实现过程。

第 3 章 VHDL 的基本语法现象，介绍了 VHDL 对标识符的规定、数据类型、对象描述、运算操作符等 VHDL 的基本语法规则。然后讨论了顺序描述语句和并发描述语句的使用方法，进而介绍了 VHDL 的数值类属性、函数类属性、信号类属性、数据类型类属性、数据区间类属性、用户自定义属性的使用方法。本章安排课时 6 学时，重点掌握数据类型、对象的概念、顺序语句和并行语句的使用，掌握常用属性的使用方法。本章难点为数据类型和属性的概念。

第 4 章 VHDL 程序的结构，在介绍了库、程序包、实体、结构体的声明与使用的基础上，讨论了进程语句、块语句、过程语句、函数语句等子结构体的描述与使用方法，进而介绍了结构体的行为描述方式、寄存器传输级描述方式和结构描述方式的特点和使用方法，最后介绍了配置语句的描述。本章安排课时 6 学时，要求熟练掌握库、程序包、实体、结构体、进程语句、块语句、过程语句、函数语句的正确使用。本章难点为进程语句、块语句、过程语句、函数语句等子结构体的描述。

第 5 章通信系统中的应用设计，以 FPGA/CPLD 在通信系统中的实际应用为背景，以设计举例的方式介绍了只读存储器、随机存储器、先入先出存储器、RS232 串行接口、SPI 串行接口、DDS 控制电路、数字频率信号发生器、信号检测电路、信号调制控制电路的设计过程，以此开拓读者视野，体会 FPGA/CPLD 在实际工作中的重要地位和作用。本章安排课时 6 学时，重点掌握 VHDL 程序的设计思路，一些细节问题的处理技巧。本章难点是通过自己思考和实际动手完成本章后面的思考题，逐步培养独立编程解决实际问题的能力。

第 6 章软件平台的应用，通过实验的方式介绍以 FPGA/CPLD 为代表的可编程 ASIC 芯片的开发软件的使用方法，包括基于原理图输入的设计方法、基于 IP 核输入的设计方法、基于状态图输入的设计方法、基于 VHDL 输入的设计方法和基于 MATLAB 输入的设计方法。要求读者通过实验操作加深对可编程器件的可编程特性的理解，并正确使用 5 种输入法完成简单的应用设计，基于 MATLAB 输入法作为补充提高部分，教学上不做要求。本章安排课时 8 学时，分两次组织实验，每次 4 学时。第一次实验要求完成原理图输入、IP 核输入、状态图输入的实验，第二次实验要求完成 VHDL 输入的实验，并完成综合、实现、约束、生成下载文件，直至在实验板上完成预定功能。重点掌握前 4 种输入法的设计过程、掌握仿真方法。本章难点是读懂设计过程中生成的各种文件和报告，能分析设计中对芯片资源的使用情况，并完成各实验后附加的思考题。

由于本书篇幅的限制，因此将一些相关资料放到光盘中供读者参考。为方便读者总结、巩固所学内容，还为读者提供一些综合练习，也放到光盘中。对使用本书的教师，还提供了 PPT 课件。本书所用的逻辑电路符号与国标的对照请参考附录。

最后，感谢机械工业出版社的李馨馨编辑和其他同事为本书出版所做的大量工作。感谢本书在编写过程中所得到其他同行老师的帮助。特别感谢刘香燕研究生为本书第 6 章所做的有益贡献，同时感谢研究生王惟洁、李文彬、胡波、杨敏、牟亚南、任小强、赵容、夏藕、吴容、徐曾萍、严丹丹、徐明辉、李天敏、韩子康、王飞等同学给予的支持。

作者于成都理工大学

# 目　录

第3章 VHDL 的基本语法技巧

3.1 VHDL 语言基础知识

3.1.1 VHDL 的基本结构简述

3.1.2 VHDL 的数据类型

3.1.3 VHDL 的运算操作符

3.1.4 VHDL 的赋值语句介于

3.2 描述组合逻辑电路的结构

3.2.1 简单

# 第1章 集成电路基础

自1947年12月23日美国的贝尔实验室发明出第一个晶体管，1958年TI开发出全球第一款集成电路（IC）以来，各种IC不断涌现。集成度从最初的每片IC仅有十几个晶体管的小规模集成电路（SSI）；发展到中规模集成电路（MSI）、大规模集成电路（LSI）、超大规模集成电路（VLSI）、特大规模集成电路（ULSI）。今天在一片集成电路上可包含30亿个晶体管，半导体技术的发展状况已成为一个国家的技术状况的重要指标，电子技术也成为一个国家提高国防能力的重要途径。有资料表明，1999年以来，电子信息产业取代石油、钢铁等传统产业，成为全球第一大产业。发达国家经济增长的65%与集成电路相关。一般认为，每1~2元的集成电路产值，可带动10元左右电子工业和100元GDP的增长。本章简要介绍集成电路工艺相关知识。

半导体集成电路已经达到了15nm的集成工艺水平，生产集成电路的晶圆直径达到300mm，使其在一块芯片上可集成约68亿个晶体管。芯片工作所用的时钟速度在实验室测试中超过了500GHz，收发器芯片组传输速率达到160Gbit/s。有人推测，当最小线宽达到10nm时，已相当于30个原子排成一列，如果工艺水平进一步提高，过去讨论的PN结等相关半导体理论将不再适用，电子学跃入到量子力学的范畴。有报道称，英国、日本和荷兰的研究人员制造出至今最复杂的量子集成电路，能产生光子并能同时干扰它们，实现量子干涉。发明者表示，研究成果可应用于量子信息处理应用和基于芯片的复杂量子光学实验。

迅速发展的电子技术使人们开始预言，甚至可能十年内淘汰硅晶体管而改用碳晶体管，因为碳材料的开关速度比硅快十倍。这种集成电路发展速度所带来的变化是，芯片工艺尺寸越来越小、芯片尺寸越来越大、单芯片上的晶体管数越来越多、时钟速度越来越快、电源电压越来越低、布线层数越来越多、I/O引线越来越多。芯片功能高度集成对电子设备所带来的影响是，使今天或今后的电子设备更加智能化、数字化、微型化、集成化和多功能化。同时也使得产品研发周期被不断缩短。过去MSI的ASIC电路产品的设计时间为2~3个月，复杂CPU电路的设计时间接近1年，而产品面市时间每晚2~3个月，相当于产品生命周期的利润总和减少50%。因此在目前激烈的市场竞争中，产品面市时间的长短成为公司生存与否的关键。

由此带来的是对设计人员要求的提高，知识面广、知识层次高、知识更新快、年轻化的人才成为用人单位挑选员工的重要考虑。为了适应集成电路水平的发展，设计方法相应地发生着深刻的变化。电子新产品中广泛采用的IP功能块是以VHDL或HDL等语言描述的构成VLSI中各种功能单元的软件群。利用IP可消除重复劳动，分摊初始投资，设计者只需保证IP模块接口而不必了解芯片所有技术便可直接使用，从而降低设计工作量和设计技术难度。IP核的使用使虚拟器件成为可能，借用EDA综合工具，虚拟器件可以很容易地与其他外部逻辑结合为一体，从而增加了设计者可选用的资源。掌握软核与虚拟器件的重用技术可大大缩短设计周期，加快高新技术芯片的投产，这又导致SoC技术的出现，使一个数字系统的功能甚至可在一块芯片上完成。

硬件功能软件化的发展方向，导致对集成电子器件的硬件开发过程变为对软件的开发，硬件的研发交由较好掌握集成电路设计技术的公司来完成，使集成电路应用者把更多的精力放在自己熟悉的专业应用领域，利用自己对本专业的了解，通过软件开发设计更适合本专业的硬件产品。这使得即使对芯片硬件技术一点不懂的计算机专业技术人员，凭借雄厚的软件基础，甚至能开发出比电子专业技术人员更好的硬件产品。

在众多 VLSI 芯片中，可编程 ASIC 技术是最引人瞩目的技术。可编程 ASIC 技术指可根据用户特定需要，由用户自己通过编程的方法，将集成电路的资源转换为指定的功能，因此 ASIC 的功能是随应用而变的，出厂时功能是不确定的，但具有用户可编程特性。在开发新产品时，先以可编程 ASIC 产品的形式出现，批量上市后再固化成专用 ASIC 产品，从而缩短产品的上市时间，也降低市场风险。在可编程 ASIC 器件中，最有代表性的是近年大量使用的 FPGA/CPLD 芯片。1984 年 Xilinx 公司发明了 FPGA，随后出现了 CPLD，这些器件由于具有用户可编程特性，使得电子系统的设计者利用与器件相应的 CAD 软件，在办公室或实验室里就可以设计自己的 FPGA/CPLD 产品，实现用户规定的各种专门用途，使硬件的功能可像软件一样通过编程来配置、仿真、修改，极大地提高了电子系统的灵活性和通用能力。这些不仅使设计的电子产品趋于小型化、集成化和具有高可靠性，而且器件的用户可编程特性，使对产品特性的修改和性能提升甚至可通过互联网远程实时完成，大大缩短了设计周期，减少了设计费用，因而发展势头强劲。在今天的电子产品中，它们的身影几乎无处不在。

为了帮助用户开发自己的集成电路产品，进行集成电路应用设计的 EDA 软件工具也得到了很大发展，除了集成电路芯片生产公司提供有自己的 EDA 软件外，另有许多第三方软件公司也推出了自己的 EDA 软件工具，使对可编程 ASIC 器件的开发效率不断提高，操作不断简化。主要开发工具包括 Xilinx Foundation Series、Xilinx ISE、Altera MAX、Altera Quartus，以及 Mentor Graphics、Synopsys、Viewlogic、Cadence 公司的开发工具。好的开发工具有利于缩短设计周期、提高设计正确性、降低设计成本、保证产品性能。发展趋势是功能集成和支持高层次描述，将综合、现实、下载等功能集成为一体。同时，高层抽象描述语言越来越重要，更高的抽象级语言是较 HDL 语言更高层次的设计描述。在高级语言的发展中，C/C++以及 VHDL+成为 EDA 业界关心的新话题。

以 FPGA/CPLD 芯片为代表的可编程 ASIC 技术水平的提高，成本的下降，性能的改善，促进了应用领域的扩展。在网络设备的应用中包括 Gigabit 以太网 MAC、网络接口卡、PCI 接口、Tbit 路由器、二层交换机/HUB、cable modem、xDSL、无线局域网；在通信设备的应用中包括 3G/4G 无线设备、光纤通信设备、ATM 设备、无线接入网设备、视频电话、电子商务、PBX、卫星通信、微波通信、软件无线电、蓝牙应用、广播设备、加密通信、数据存储、x.25、帧中继、交换机、数字电视，以及有线/无线通信中的信道编码、传输信道中的噪声估计、数字电话、DSP 应用、机顶盒、多媒体等应用。在计算机应用中包括嵌入式系统、高速控制、处理器接口、工业控制、可编程分频器、脉冲计数器、中断控制器、脉冲发生器、打印机、键盘、视频与图像处理、PDA、标准总线接口、测试设备。其他应用包括语音识别和纠错的隐含马尔柯夫模型、模糊逻辑控制、高带宽的图像获取、实时机器视觉和神经网络加速、各种控制电路、Internet 家庭娱乐、信息家电设备等。据美国有关方面数据，军舰、战车、飞机、导弹和航天器中，所用 IC 占装备和武器成本的比重，分别达到 22%、

24%、33%、45%和 66%。美国国防预算中的电子含量已占据半壁江山，现代高科技战争，很大程度上打的是芯片战。

## 1.1　IC 基础知识

IC 的制造过程就是把沙子中的二氧化硅制造为集成电路的过程，包括硅锭制作、单晶硅制备、氧化、离子注入等。这是一个真正的点石成金的过程。

目前集成电路主要采用硅材料，因为硅有以下特点：①硅是自然界中第二丰富的元素，成本低廉；②氧化硅天然具有的绝缘性，有很低的电介常数；③良好的热传导性；④容易进行大范围的电导率调整；⑤良好的机械强度，具有钻石结构；⑥经适当掺杂后获得的 N 型和 P 型材料器件具有良好的性能；⑦PN 结能形成合理的隔离带，低泄漏电流。

此外，碳材料的集成电路也在研究中，已有的研究发现，碳材料的半导体的开关速度比硅快十倍，是一种有潜力的未来集成电路材料。

### 1.1.1　半导体的基本概念

半导体指室温时电导率在 $10^{10} \sim 10^{4}$ s/cm 之间的物质材料，纯净的半导体在温度升高时电导率按指数上升。半导体材料有很多种，按化学成分可分为元素半导体和化合物半导体两大类。锗和硅是最常用的元素半导体，III-V 族化合物（砷化镓、磷化镓等）、II-VI族化合物（硫化镉、硫化锌等）、氧化物（锰、铬、铁、铜的氧化物），以及由III-V族化合物和II-VI族化合物组成的固溶体（镓铝砷、镓砷磷等）则属于化合物半导体。除上述晶态半导体外，还有非晶态的有机物半导体等。

#### 1. 本征半导体

能用于制造半导体器件的半导体材料，纯度应达到 99.9999999%，其物理结构呈单晶体形态。化学成分纯净的半导体称为本征半导体，如图 1-1 所示。

当半导体处于热力学温度 0K 时，半导体中没有自由电子。当温度升高或受到光的照射时，有的价电子可以挣脱原子核的束缚而成为自由电子。这一现象称为本征激发（也称热激发）。

自由电子产生的同时，在其原来的共价键中就出现了一个空位，原子的电中性被破坏，呈现出正电性，其正电量与电子的负电量相等，呈现正电性的这个空位称为空穴。故因热激发而出现的自由电子和空穴是同时成对出现的，称为电子空穴对。游离的部分自由电子也可能回到空穴中去，称为复合。本征激发和复合在一定温度下会达到动态平衡，如图 1-2 所示。

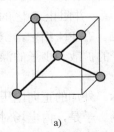

图 1-1　本征半导体结构　　　　　　　　　　　图 1-2　本征激发和复合的过程

a) 硅晶体的空间排列　b) 共价键结构平面

## 2．N 型半导体

在本征半导体中掺入五价杂质元素，例如磷，可形成 N 型半导体，也称电子型半导体。由于五价杂质原子中只有四个价电子能与周围四个半导体原子中的价电子形成共价键，多出一个价电子因无共价键束缚而很容易形成自由电子。这样，在 N 型半导体中自由电子成为多数载流子，它主要由杂质原子提供，空穴是少数载流子，由热激发形成。提供自由电子的五价杂质原子因带正电荷而成为正离子。五价杂质原子也称为施主杂质。N 型半导体如图 1-3 所示。

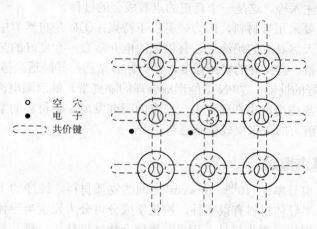

空　穴
电　子
共价键

图 1-3　N 型半导体

## 3．P 型半导体

如果在本征半导体中掺入三价杂质元素，如硼、镓、铟等，则形成了 P 型半导体，也称为空穴型半导体。由于三价杂质原子在与硅原子形成共价键时，缺少一个价电子而在共价键中留下一空穴。P 型半导体中空穴是多数载流子，主要由掺杂形成。电子是少数载流子，由热激发形成。空穴很容易俘获电子，使杂质原子成为负离子。三价杂质因而也称为受主杂质。P 型半导体如图 1-4 所示。

## 4．PN 结

如果在一块本征半导体的两侧通过扩散不同的杂质，分别形成 N 型半导体和 P 型半导体，由于 N 型半导体和 P 型半导体之间存在电子和空穴的浓度差，导致载流子的扩散运动，N 区多余的电子向 P 区扩散，P 区多余的空穴向 N 区扩散。这样，在 P 区靠近 N 区一侧，由于堆集了大量电子而形成带负电的区域，并阻止 N 区的电子继续向 P 区扩散。同样，在 N 区靠近 P 区一侧，由于堆集了大量空穴而形成带正电的区域，并阻止 P 区的空穴继续向 N 区扩散。这两个离子薄层所形成的带电空间电荷区叫 PN 结。在 PN 结中，空穴与电子形成内电场，内电场促使少子漂移，阻止多子扩散。最后，多子的扩散和少子的漂移达到动态平衡。PN 结的内电场方向由 N 区指向 P 区。

当给 PN 结加正向电压时，PN 结内部的导电情况如图 1-5 所示。外加的正向电压有一部分降落在 PN 结区，方向与 PN 结内电场方向相反，削弱了内电场。于是，内电场对多子扩散运动的阻碍减弱，扩散电流加大。扩散电流远大于漂移电流，可忽略漂移电流的影响。电子在通过电场后势能产生变化，并将势能以热量的吸收与散发表现出来。当电流由 N 型元件流向 P 型元件的接头时会吸收热量，成为冷端；由 P 型元件流向 N 型元件的接头会释放热量，成为热端。利用这个特点可将半导体做成制冷片，通过定向电流使热能定向传递形成加热器或制冷器。

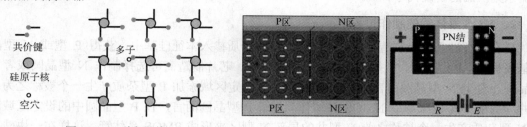

图 1-4　P 型半导体　　　　　　　图 1-5　PN 结加正向电压时的导电情况

## 1.1.2　集成电路制造工艺

集成电路（Integrated Circuit，IC）是一种微型电子器件或部件。可将集成电路定义为：通过采用一定的工艺，把一个电路中所需的晶体管、二极管、电阻、电容和电感等元器件及布线互连一起，制作在一小块或几小块半导体晶片或介质基片上，然后封装在一个管壳内，使其成为具有所需电路功能的微型结构。目前的集成电路有硅基和锗基两类，杰克·基尔比发明了基于硅材料的集成电路，罗伯特·诺伊斯发明了基于锗材料的集成电路。当今半导体工业大多数应用的是基于硅的集成电路。

集成电路又称微电路（microcircuit）、微芯片（microchip）、芯片（chip），是经过氧化、光刻、扩散、外延、蒸铝等半导体制造工艺，把具有一定功能的电路所需的半导体、电阻、电容等元器件，以及它们之间的连接导线全部集成在半导体晶圆表面上的每一小块硅片上，然后切割分块这些小块硅片，再将每个小块硅片焊接封装在一个管壳内的电子器件。其封装外壳有圆壳式、扁平式或双列直插式等多种形式。将电路制造在半导体芯片表面上的集成电路又称薄膜（thin-film）集成电路。将电路集成到衬底或线路板所构成的小型化电路称厚膜（thick-film）混成集成电路（hybrid integrated circuit）。

集成电路的制作包括晶圆生长与切割、IC 加工、晶圆探测、晶圆分块、封装、封装测试六个主要步骤。

### 1. 晶圆的生产过程

单晶硅是制造任何集成电路都离不开的衬底材料，要制造集成电路首先要有能力制造单晶硅。制备单晶硅有两种方法：悬浮区熔法和直拉法。悬浮区熔法于 20 世纪 50 年代提出，用这种方法制备的单晶硅的电阻率较高，特别适合制作电力电子器件。目前悬浮区熔法制备的单晶硅仅占有很小的市场份额。随着超大规模集成电路的不断发展，不但要求单晶硅的尺寸不断增加，而且要求所有的杂质浓度能得到精密控制，而悬浮区熔法无法满足这些要求，因此，直拉法制备的单晶硅越来越多地被人们所采用。目前市场上的单晶硅绝大部分是采用直拉法制备得到的。

晶圆指的是制作半导体 IC 所用的硅晶片。晶圆的生产过程是：从一个装有融化硅的容器中，慢慢转动并提起一个小的硅晶体，从而产生圆柱形硅晶体，这个过程叫生长。然后用钻石锯将圆柱体切割成许多的单个晶圆片，这个过程叫切片。如图 1-6 所示。生长越久，硅柱越粗，技术难度越大，切割出来的晶圆片面积越大，价格越昂贵。但因面积大的晶圆片一次生产出的集成电路更多，分摊到每个集成电路芯片上的成本更低，因而 IC 产品更便宜。目前 Intel 公司的 Larrabee 芯片晶圆面积超过 $600mm^2$。Larrabee 是未来以图形为中心的协处理器系列产品的研发代号。

### 2．MOS 晶体管的制作过程

要在本征硅基片上制造集成电路，首先要将杂质掺入本征硅基中，获得 P 型或 N 型晶圆基底材料，P 型或 N 型基底只有较少的掺杂物。芯片制造商可选择制作 N 型晶圆或者 P 型晶圆。对于 N 型晶圆而言，在 N 型晶圆中的设定区域添加 P 型杂质产生一个被称之为 P 型井的局部 P 型区来形成 NMOS 晶体管；对于 P 型晶圆而言，在 P 型晶圆中的设定区域添加 N 型杂质产生一个被称之为 N 型井的局部 N 型区来形成 PMOS 晶体管。这样在一块硅基上有的地方为 P 型基区，有的地方为 N 型基区。如果选择的是 P 型基底，则下一步便是在 P 型区的特定区域通过掺杂 N 型杂质形成高浓度的掺杂 n+区，从而在 P 型基底区中形成 NPN 半导体结构，通过导线连接完成 NMOS 晶体管的制作。对于 N 型井，则是在特定区域通过掺杂 P 型杂质形成高浓度的掺杂 p+区，从而在 N 型井中形成 PNP 半导体结构，通过导线连接完成 PMOS 晶体管的制作，如图 1-7 所示。

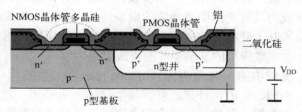

图 1-6　晶圆的生产过程　　　　　　　图 1-7　MOS 晶体管的制作

由于此时在一个 P 型晶圆上既有 P 型又有 N 型井，或在一个 N 型晶圆上既有 N 型区又有 P 型井，在这两个 P 区和 N 区的结合部就形成了个 PN 结，这会对 NMOS 晶体管和 PMOS 晶体管的正常工作造成影响。为此需要通过给这两个区加上个额外的反向偏置电路形成反向 PN 结，以达到隔离 NMOS 晶体管和 PMOS 晶体管的作用。故 P 井与 GND 相接，N 井与 $V_{DD}$ 相接。

在 P 型或 N 型基底上做好的各个晶体管由化学沉积的多层铝材料金属线完成连接，在各金属层间的氧化物绝缘体由化学沉积或生长产生，在邻接层间的绝缘体中，通过接触孔或导孔实现两邻层间的金属线的连接，通常接触孔或导孔仅在相邻层间才有，但也有制造商允许"堆放"接触孔进行多层连接。

### 3．集成电路的制作过程

集成电路加工是指在晶圆上制作晶体管的过程，其基本制作步骤是首先使用照像平版技术将集成电路设计图像转移到晶圆上，然后使用该图像为引导，在硅基上创建所需层。

基本的制作步骤包括：使用照像平版技术将设计图像转移到晶圆上；使用该图像为引导，在硅上创建所需层；①使用离子灌注形成扩散层；②使用化学沉积或生长形成氧化物层；③使用化学沉积形成金属层；④生成多晶硅层。

设计一个集成电路，先要设计布局图。布局图是集成电路的技术规范，制造商以此为据进行集成电路的制作。布局图是一套制图，它提供制作集成电路的几何信息，是集成电路的顶视图，如图 1-8 所示。在布局图中的每个要制作的对象为一个多边形，不同层用不同颜色来描绘，布局图上不显示 $SiO_2$，它在制作中添加。布局图设计必须满足一套规则，这些规则由制作工艺规定。

IC 制作过程也叫 IC "铸造"，它将晶体管、金属线和导孔印制到硅晶圆上。制作过程确定布局图规则/加工参数。实现一个铸造的是一个硅晶圆制作设备，只有很少的设计公司能负担维持他们自己的铸造，大部分公司将他们的 IC 交由制作服务公司来制作。例如一个 22nm 生产线的投入将超过 100 亿美元。

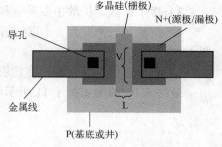

图 1-8　IC 制作的布局图

IC 蚀刻制作步骤如图 1-9 所示。

1）在晶圆上创建一个层（见图 1-9a）。

2）放置一个阻挡光的感光材料在晶圆的顶部（见图 1-9b）。

3）将设计图案的图像，通过紫外光投影到晶圆上（见图 1-9c）。

4）通过化学或等离子蚀刻，显影照片阻挡物，然后硬化阻挡物（见图 1-9d）。

5）用阻挡物作为模具，蚀刻阻挡物下层（见图 1-9e）。

6）清除阻挡物（见图 1-9f）。

按照上述方法制作一个晶体管的步骤如图 1-10 所示。

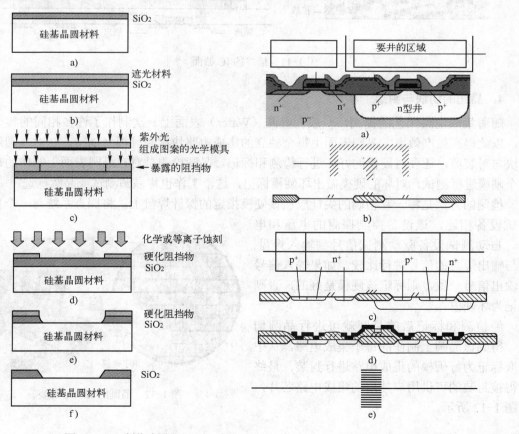

图 1-9　IC 制作步骤　　　　　图 1-10　晶体管制作步骤

1）产生井。通过使用照像平版技术产生一个模具，将其覆盖在不要井的区域（见图 1-10a）。

2）沉淀一个氧化层，然后沉淀并形成多晶硅层图案（见图 1-10b）。

3）掺杂扩散。扩散由多晶硅和氧化物的位置自我对齐（见图 1-10c）。

4）沉淀另一氧化层，切割该氧化层以形成导孔。第一个金属层被沉淀并组成图案（见图 1-10d）。

5）再沉淀另一氧化层，在顶层的氧化层上沉淀金属层（见图 1-10e）。

最终的 IC 截面如图 1-11 所示。

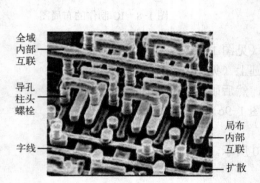

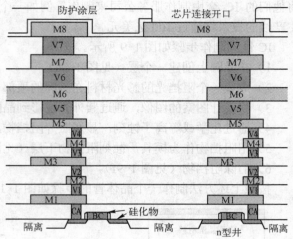

图 1-11　最终的 IC 截面

### 4. 晶圆的切块与封装

随着集成电路工艺的提高，一般在晶圆（Wafer）表面上一次制作了许多相同的集成电路，以此提高生产效率，晶圆表面上每个独立的集成电路块称为硬模（Die）。在对晶圆进行切块与封装前，还要对硬模的好坏进行检测和标记。晶圆检测是对在晶圆表面上制作的每个单个硬模进行测试，对坏的硬模做出坏硬模标记，这个工作也称晶圆测试或晶圆拣选。

检测的方法是将一套精确的尖针放在该硬模指定的探针焊盘上，将探查系统与一个自动测试设备相连，该设备控制探测的电压和电流。自动测试设备驱动测试信号到输入焊盘，并与输出焊盘的信号进行比较。如果输入信号与输出信号一致，则标记该硬模是好的，否则标记为坏硬模。

经检测和标记后的晶圆就可进行晶圆切块，得到该晶圆上制作的每个集成电路，从中选取标记为好硬模的集成电路进行封装，最终获得被封装的可供用户使用的集成电路芯片，如图 1-12 所示。

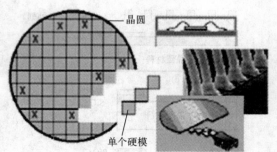

图 1-12　晶圆的切块与封装

### 1.1.3　集成电路性能评价

对集成电路性能评价指标包括：成本、可靠性、可测量性、速度、功耗、能力。

**1．集成电路成本指标**

集成电路成本指标包括非经常性工程成本和重复成本。非经常性工程成本包括设计时间与投入、模具生成，这些属于一次性成本因素。重复成本为硅片处理、封装、测试，是批量进行处理的，与芯片面积成比例。集成电路的产量 $Y$ 可按式（1-1）进行计算：

$$Y = \frac{每晶圆上成品芯片数}{每晶圆上芯片总数} \times 100\% \qquad (1-1)$$

集成电路的硬模成本可按式（1-2）进行计算：

$$硬模成本 = \frac{晶圆成本}{每晶圆上硬模数 \times 硬模产量} \qquad (1-2)$$

硬模数与晶圆之比可按式（1-3）进行计算：

$$硬模数/晶圆 = \frac{\pi \times (晶圆半径)^2}{硬模面积} - \frac{\pi \times 晶圆直径}{\sqrt{2 \times 晶圆面积}} \qquad (1-3)$$

由于集成电路制作过程中存在缺陷，导致某些硬模被标记为坏的报废产品，如图 1-13 所示。从缺陷角度考虑，式（1-4）反映了缺陷对集成电路产量的影响（式中，$\alpha$ 近似为 3）：

$$硬模产量 = \left(1 + \frac{每单位面积缺陷 \times 硬模面积}{\alpha}\right)^{-\alpha} \qquad (1-4)$$

$$硬模成本 = f(硬模面积)^4 \qquad (1-5)$$

式（1-5）反映了硬模面积对成本的影响，从式（1-5）中可见减少硬模面积对降低其成本非常重要，但减少硬模面积意味着集成电路工艺水平的提高，技术难度更大。目前集成电路工艺已达 22nm 水平。

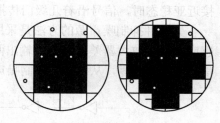

图 1-13　缺陷的影响

**2．集成电路可靠性指标**

可靠性指标反映的是电路抗噪声的能力。数字集成电路中的噪声主要来源于供电电压 $V_{dd}$ 的变化、感性或容性耦合。噪声可能导致信号的高/低电压转换成低/高电压信号，并因此导致正确的逻辑功能变得混乱无序。

如图 1-14 所示的反向器电路，对每一个输入电压电平，当电路处于稳定状态时，都会给出输出电压电平，只要 $V_1$ 高于 $V_{IH}$，第二反向器输出逻辑 '0'。电压迁移特性曲线反映了输入与输出电压间的迁移特性。

噪声对电路正确翻转的影响可用噪声余量来定义，只要噪声不超过噪声余量，即噪声小于 min（$NM_H$，$NM_L$），门电路就输出正确逻辑。其中 $NM_H$ 为高电平噪声余量，$NM_H = V_{OH} - V_{IH}$；$NM_L$ 为低电平噪声余量，$NM_L = V_{IL} - V_{OL}$（见图 1-14b）。

绝对噪声值并不能完全反映其对电路的影响。例如，一个悬浮的节点会比一个由低阻抗电压驱动的节点更容易被扰乱。在图 1-14c 中的线性区，一个小的噪声输入到门电路，将在输出端得到放大后的值。当输入信号电平处于 $C$ 点附近的转换区时，输出是很不稳定的，该区域称为亚稳态区，$C$ 点称为亚稳态工作点，$A$ 点和 $B$ 点称为稳定工作点。

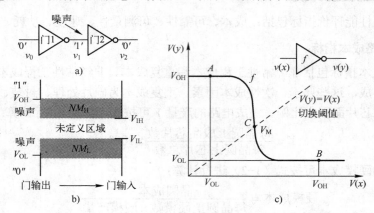

图 1-14　噪声对电路正确翻转的影响

集成电路抗噪能力更能反映其抑制噪声源的能力。有两种办法可提高集成电路抑制噪声源的能力。

一种方法是用正反馈双稳态减小亚稳态，达到抑制噪声的目的，如图 1-15 所示。图 1-15 中两个门组成一个正反馈门双稳态电路，其减小亚稳态的工作过程为：当 $d\downarrow \rightarrow V_{o2}\downarrow =V_{i1}\downarrow \rightarrow D \rightarrow V_{o1}\uparrow =V_{i2}\uparrow \rightarrow E \rightarrow V_{o2}\downarrow \rightarrow A$。一般而言，CMOS 门有再生特性，当有噪声存在并使电路接近亚稳态时，信号沿着几级门传播后，噪声将减小。

另一种抑制噪声源的方法是采用差分输入和差分输出，如图 1-16 所示。由于通过电磁感应耦合到放大器差分输入和输出两根线上的噪声信号大小基本相等，因此两根线间的噪声信号电压差为零，从而起到抑制噪声干扰的作用。

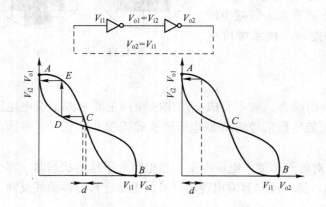

图 1-15　用正反馈双稳态减小亚稳态

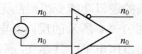

图 1-16　加在差分电路上的噪声

### 3. 集成电路可测量性指标

随着集成芯片功能的增强和集成规模的不断扩大，芯片的测试变得越来越困难，测试费用往往比设计费用还要高，测试成本已成为产品开发成本的重要组成部分，测试时间的长短也直接影响到产品上市时间，进而影响经济效益。造成集成芯片测试困难的重要原因在于芯片集成度高，芯片对外引脚数远少于内部晶体管数，使芯片的可控性和可观察性降低；此外，芯片内部状态复杂，对状态的设置困难也是影响测试的因素。可测性设计的质量可以用5 个标准进行衡量：故障覆盖率、面积消耗、性能影响、测试时间、测试费用。

　　扫描设计是一种应用最为广泛的可测性设计技术，测试时能够获得很高的故障覆盖率。设计时将电路中的时序元件转化成为可控制和可观测的单元，这些时序元件连接成一个或多个移位寄存器，又称扫描链。这些扫描链可以通过控制扫描输入来置成特定状态，并且扫描链的内容可以由输出端移出。扫描设计将电路分成扫描链与组合部分（全扫描设计）或部分时序电路（部分扫描设计），以降低测试向量生成的复杂度。

　　边界扫描技术（JTAG）是各集成电路制造商支持和遵守的一种可测性设计标准，它在测试时不需要其他的测试设备，不仅可以测试芯片或 PCB 的逻辑功能，还可以测试 IC 之间或 PCB 之间的连接是否存在故障。边界扫描技术降低了对测试系统的要求，可实现多层次、全面的测试，但实现边界扫描技术需要超出 7% 的附加芯片面积，同时增加了连线数目，且工作速度有所下降。

　　内建自测试技术（BIST）通过将外部测试功能转移到芯片或安装芯片的封装上，使得人们不需要复杂、昂贵的测试设备。同时由于 BIST 与待测电路集成在一块芯片上，使测试可按电路的正常工作速度、在多个层次上进行，提高了测试质量和测试速度。内建自测试电路设计是建立在伪随机数的产生、特征分析和扫描通路的基础上的。由于伪随机数发生器、特征分析器和扫描通路设计所涉及的硬件比较简单，适当的设计可以共享逻辑电路，使得为测试而附加的电路较少，容易把测试电路嵌入芯片内部，从而实现内建自测试电路设计。

### 4．集成电路的速度与功耗指标

　　集成电路的工作速度受工作电压、时钟频率、温度极限和内部结构与工艺的影响。若温度高过芯片允许的极限温度就会导致芯片被烧坏。温度是由电流在芯片内部流动所引起的，电流越大，功耗越大，温度就越高。集成电路的功耗包括静态功耗和动态功耗。静态功耗是未加信号时芯片的功耗，动态功耗是加上信号后芯片的功耗。式（1-6）所示为集成电路的动态功耗，这是整个功耗的主要部分：

$$P = \alpha_{0 \to 1} C_L V_{dd}^2 f_{clk} \tag{1-6}$$

式中，$P$ 为动态功耗；$\alpha_{0 \to 1}$ 为输出切换活性，其值为 0～1；$C_L$ 为内连线产生的分布电容和负载电容；$V_{dd}$ 为供电电压；$f_{clk}$ 为时钟频率。只要信号从低电平切换到高电平就会有功耗产生。降低功耗的途径是降低 $V_{dd}$、减少门数和内连线长度以获得更小的 $C_L$、低速工作以获得更小的 $f_{clk}$、降低芯片活性以获得更小的 $\alpha$。

### 5．集成电路的能力指标

　　集成电路中集成的晶体管或 MOS 管越多，资源越丰富，能力也就越强。随着集成电路工艺的不断提高，目前的集成电路工艺已能在一个芯片上集成 68 亿个晶体管。然而能放置芯片引脚的面积则是十分有限的，为了尽可能多地增加引脚数，芯片引脚封装类型不断改变。目前的集成电路引脚封装类型可以分为直插式封装、贴片式封装、BGA 封装等类型。

　　此外，还在提高引脚效率上不断努力，让尽可能多的引脚能高速收发数据。

　　目前的芯片引脚数已达到 1200 个，增加引脚会导致芯片面积的增大，但集成电路工艺的提高，导致芯片内部空间的大量剩余。为了有效利用多出来的芯片面积资源，目前普遍的做法是在芯片中集成具有特定功能但能引脚数要求不多的功能块。如 CPU、DSP、ARM、RAM、乘法加法器、逻辑功能块、IP 核等。如 Xilinx 公司的 Virtex-7 中集成了 3960 个 DSP、65Mbit 块 RAM、1955K 个逻辑单元、1200 个脚、串行带宽峰值达到 1886Gbit/s。

## 1.2  集成电路中的基本逻辑电路

互补金属氧化物半导体（Complementary Metal Oxide Silicon，CMOS）技术在今天的超大规模集成电路（Very Large Scale Integration，VLSI）设计中占支配地位，这主要是由于 CMOS 具有的低功耗和高可靠性的优点。当上亿个晶体管集成在一个硬模上，并随时间按指数增长时，功耗变得越来越重要。同样，在大量尖端科学的应用中，当采用 VLSI 实现时，对数字电路的可靠性要求也是至关重要的。

MOS 器件分为 NMOS 和 PMOS，而 CMOS 是指由互补的 MOS 管组成的电路。

### 1.2.1  MOS 晶体管的工作原理

金属-氧化物-半导体（Metal-Oxide-Semiconductor）结构的晶体管简称为 MOS 晶体管或 MOS 管。

NMOS 管指由 P 型衬底和两个高浓度 N+扩散区构成的 N 沟道 MOS 管，NMOS 管导通时在两个高浓度 N+扩散区间形成 N 型导电沟道，两个 N+区分别叫作源极和漏极，两块源漏掺杂区之间的距离称为沟道长度 $L$，而垂直于沟道长度的有效源漏区尺寸称为沟道宽度 $W$。对于这种简单的结构，器件源漏是完全对称的，只有在应用中根据源漏电流的流向才能最后确认具体的源极和漏极。

NMOS 管又可分为 N 沟道增强型 MOS 管和 N 沟道耗尽型 MOS 管。N 沟道增强型 MOS 管指必须在栅极上施加正向偏压，且只有栅源电压大于阈值电压时才有导电沟道产生的 N 沟道 MOS 管。N 沟道耗尽型 MOS 管指在 P 型衬底表面不加栅压（栅源电压为零）就已存在 N 型反型层沟道，加上适当的偏压，可使沟道的电阻增大或减小的 N 沟道 MOS 管。

PMOS 管指由 N 型衬底和两个高浓度 P+扩散区构成的 P 沟道 MOS 管。PMOS 管导通时在两个高浓度 P+扩散区间形成 P 型导电沟道，两个 P+区分别叫作源极和漏极。PMOS 管又可分为 P 沟道增强型 MOS 管和 P 沟道耗尽型 MOS 管。P 沟道增强型 MOS 管两极之间不导通，只有当在栅极上加有足够的负电压（源极接地时），栅极下的 N 型硅表面呈现 P 型反型层，成为连接源极和漏极的沟道。改变栅压可以改变沟道中的电子密度，从而改变沟道的电阻。因此 P 沟道增强型 MOS 管指必须在栅极上施加负向偏压，且只有栅源电压大于阈值电压时才有导电沟道产生的 P 沟道 MOS 管。P 沟道耗尽型 MOS 管指 N 型硅衬底表面不加栅压就已存在 P 型反型层沟道，加上适当的偏压，可使沟道的电阻增大或减小的 P 沟道 MOS 管。

MOS 集成电路的输入阻抗很高，基本上不需要吸收电流，因此，CMOS 与 NMOS、PMOS 集成电路连接时不必考虑电流的负载问题。NMOS 集成电路大多采用单组正电源供电，并且以 5V 为多。CMOS 集成电路只要选用与 NMOS 集成电路相同的电源，就可与 NMOS 集成电路直接连接。不过，在 NMOS 到 CMOS 直接连接时，由于 NMOS 输出的高电平低于 CMOS 集成电路的输入高电平，因而需要使用一个（电位）上拉电阻 $R$，$R$ 的取值一般选用 2～100kΩ。

下面以 N 沟道增强型 MOS 管为例，说明 MOS 的工作原理，如图 1-17 所示。

### 1. $V_{gs}$ 对 $I_d$ 及沟道的控制作用

从图 1-17a 可以看出，增强型 MOS 管的漏极 d 和源极 s 之间有两个背靠背的 PN 结。当栅—源电压 $V_{gs}=0$ 时，即使加上漏—源电压 $V_{ds}$，而且不论 $V_{ds}$ 的极性如何，总有一个 PN 结处于反偏状态，漏—源极间没有导电沟道，所以这时漏极电流 $I_d \approx 0$。

当 $V_{gs}>0$ 时，则栅极和衬底之间的 $SiO_2$ 绝缘层中便产生一个电场。电场方向垂直于半导体表面，由栅极指向衬底。这个电场能排斥空穴而吸引电子。排斥空穴使栅极附近的 P 型衬底中的空穴被排斥，剩下不能移动的受主离子（负离子），形成耗尽层。吸引电子将 P 型衬底中的电子（少子）被吸引到衬底表面。

### 2. 导电沟道的形成

当 $V_{gs}$ 数值较小，吸引电子的能力不强时，漏—源极之间仍无导电沟道出现，如图 1-17b 所示。$V_{gs}$ 增加时，吸引到 P 衬底表面层的电子增多。当 $V_{gs}$ 增加到某一数值时，这些电子在栅极附近的 P 衬底表面便形成一个 N 型薄层，且与两个 N+区相连通，在漏—源极间形成 N 型导电沟道，其导电类型与 P 衬底相反，故又称为反型层，如图 1-17c 所示。$V_{gs}$ 越大，作用于半导体表面的电场就越强，吸引到 p 衬底表面的电子就越多，导电沟道越厚，沟道电阻越小。开始形成沟道时的栅—源极电压称为开启电压（阈值电压），用 $V_T$ 表示。沟道形成以后，在漏—源极间加上正向电压 $V_{ds}$，就有漏极电流产生。

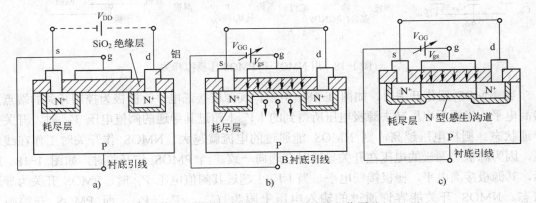

图 1-17　N 沟道增强型 MOS 管的工作原理

PMOS 的工作原理与 NMOS 相类似。由于 PMOS 是 N 型硅衬底，其中的多数载流子是电子，少数载流子是空穴，源漏区的掺杂类型是 P 型，所以 PMOS 的工作条件是在栅极上施加负电压，而在衬底感应的是可运动的正电荷空穴和带固定正电荷的耗尽层。不考虑二氧化硅中存在的电荷的影响，衬底中感应的正电荷数量就等于 PMOS 栅极上的负电荷的数量。当达到强反型时，在相对于源端为负的漏源电压的作用下，源端的正电荷空穴经过导通的 P 型沟道到达漏端，形成从源到漏的源漏电流。同样地，$V_{gs}$ 越负（绝对值越大），沟道的导通电阻越小，电流的数值越大。

P 沟道 MOS 管的空穴迁移率低，因而在 MOS 管的几何尺寸和工作电压绝对值相等的情况下，PMOS 管的跨导小于 N 沟道 MOS 管。此外，P 沟道 MOS 管阈值电压的绝对值一般偏高，要求有较高的工作电压。它的供电电源的电压大小和极性，与双极型晶体管逻辑电路不兼容。PMOS 因逻辑摆幅大，充放电过程长，加之器件跨导小，所以工作速度更低，在 NMOS 电路出现之后，多数已为 NMOS 电路所取代。只是因 PMOS 电路工艺简单，价格便宜，有些中规模和小规模数字控制电路仍采用 PMOS 电路技术。

### 1.2.2 数字集成电路中的基本元件

#### 1. 用 MOS 晶体管作模拟开关

MOS 晶体管在导通时的沟道电阻低，而截止时的沟道电阻近乎无穷大，所以适合作为模拟信号的开关，如图 1-18a 所示。MOS 晶体管作为开关时，其源极与漏极的区别和其他的应用是不太相同的，因为信号可以从 MOS 晶体管栅极以外的任一端进出。对 NMOS 开关而言，电压最负的一端就是源极，PMOS 则正好相反，电压最正的一端为源极。MOS 晶体管开关所传输的信号会受到栅极—源极、栅极—漏极，以及漏极—源极的电压限制，如果超过了电压的上限可能会导致 MOS 晶体管烧毁。

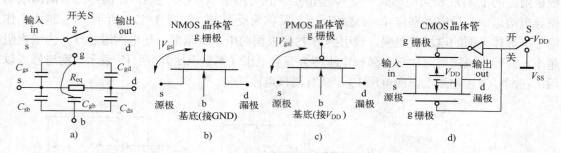

图 1-18　用 NMOS 和 PMOS 作模拟开关

当 NMOS 用作开关时，如图 1-18b 所示，其源极接低电平，栅极为控制开关的端点，接高电平。当栅极电压减去源极电压所得到的 $|V_{gs}|$ 超过其导通的阈值电压 $V_{Tn}$ 时，开关为导通状态。栅极电压越高，则 NMOS 能通过的电流就越大。NMOS 作开关时工作在线性区，因为源极与漏极的电压在开关导通时会趋向一致。当 PMOS 作开关时，如图 1-18c 所示，其源极接高电平，栅极接低电平。当 $|V_{gs}|$ 超过其阈值电压 $V_{Tp}$ 时，PMOS 开关为导通状态。NMOS 开关能容许通过的输入电压上限为 $U_{inmax}=V_{gate}-V_{Tn}$，而 PMOS 开关则为 $U_{inmax}=V_{gate}+V_{Tp}$。如果实际输入 MOS 晶体管的信号电压振幅超过上限值，信号通过单一 MOS 管开关后，信号振幅会被限幅衰减。

如果输入 MOS 晶体管的信号为正弦波，则正半波信号在通过 NMOS 晶体管时使 $|V_{gs}|$ 减小，n 沟道导通能力减弱，使输出幅度受限，而负半波信号则由于 $|V_{gs}|$ 增加而使 n 沟道导通能力增强，输出幅度不受影响。相反，当正弦波的负半波信号通过 PMOS 晶体管时使 $|V_{gs}|$ 减小，p 沟道导通能力减弱，使输出幅度受限，而正半波信号则由于 $|V_{gs}|$ 增加而使 p 沟道导通能力增强，输出幅度不受影响。

为了改善单一 MOS 晶体管开关的单极导通性能，可将一个 NMOS 晶体管与一个 PMOS 晶体管组合起来构成 CMOS 晶体管开关，如图 1-18d 所示，将 NMOS 与 PMOS 的源极和漏极分别连接在一起，而 NMOS 和 PMOS 的栅极则分别接到极性相反的电源。当开关 S 接地时，CMOS 晶体管开关处于关断状态，此时接地电平加到 NMOS 晶体的栅极，经反相器反相后的高电平加到 PMOS 晶体管的栅极，使 NMOS 和 PMOS 晶体管同时反偏而截止，信号不能通过 CMOS 晶体管。当将开关 S 接 $V_{DD}$ 时，高电平加到 NMOS 晶体管的栅极，经反相器反相后的低电平加到 PMOS 晶体管的栅极，使 NMOS 和 PMOS 晶体管同时正偏而导通，信号可通过 CMOS 晶体管。输入电压在 $U_{in}=V_{DD}-V_{Tn}$ 和 $V_{SS}+V_{Tp}$ 时，PMOS 与 NMOS 都导通；当输入电压 $U_{in}<V_{DD}-V_{Tn}$，即 $V_{gs}=V_{DD}-U_{in}>V_{Tn}$ 时 NMOS 导通，当输入电压 $U_{in}<V_{SS}+V_{Tp}$，即 $V_{gs}=V_{SS}-U_{in}>-V_{Tp}$ 时 PMOS 导通。这样做的好处是在大部分的输入电压下，NMOS 与 PMOS 皆同时导通，如果任一管的导通电阻上升，则另一管的导通电阻就会下降，所以开关的电阻几乎可以保持定值，减少信号的损耗。因此 CMOS 晶体管开关能让正弦波信号的正负半波都通过，输出端可得到全波模拟输出信号。

**2. 用 MOS 开关实现逻辑"通""断"功能**

用 MOS 晶体管做成的模拟开关，由于导通电阻受输入的正、负信号幅值的影响，因此不是理想的模拟开关。但若将 MOS 开关用作数字电路，由于数字逻辑只有"0""1"两个值，只要能进行"0""1"数字翻转，就能正确地实现数字逻辑功能。

用 MOS 晶体管完成数字逻辑电路功能的一般使用规则是：用 NMOS 开关传递逻辑"0"，PMOS 开关传递逻辑"1"，如图 1-19 所示。在图 1-19a 中，当控制栅极为"0"逻辑电平时，数字电路输出为高阻抗"Z"；当控制栅极为高电平"1"时，如果源极输入端电压 $V_s$ 输入数据为"0"逻辑电平，则漏极输出信号为强"0"逻辑电平；如果源极输入端电压 $V_s$ 输入数据为"1"逻辑电平，则由于 $V_{gs}=0$，受到 NMOS 晶体管内部沟道电阻较大衰减，输出端输出信号为弱"1"逻辑电平。类似地，在图 1-19b 中，当控制栅极为"1"逻辑电平时，数字电路输出为高阻抗"Z"；当控制栅极为低电平"0"逻辑电平时，如果源极输入端电压 $V_s$ 输入数据为"0"逻辑电平，则由于 $V_{gs}=0$，受到 PMOS 晶体管内部沟道电阻较大衰减，输出端漏极输出信号为弱"0"逻辑电平；如果源极输入端电压 $V_s$ 输入数据为"1"逻辑电平，则由于受到 PMOS 晶体管内部较小电阻衰减，输出端输出信号为强"1"逻辑电平。

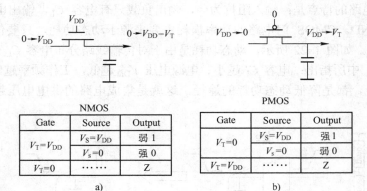

NMOS

| Gate | Source | Output |
|------|--------|--------|
| $V_T=V_{DD}$ | $V_S=V_{DD}$ | 弱 1 |
| | $V_s=0$ | 强 0 |
| $V_T=0$ | …… | Z |

a)

PMOS

| Gate | Source | Output |
|------|--------|--------|
| $V_T=0$ | $V_S=V_{DD}$ | 强 1 |
| | $V_s=0$ | 弱 0 |
| $V_T=V_{DD}$ | …… | Z |

b)

图 1-19　MOS 开关的特性

a) NMOS 开关的使用特性　b) PMOS 开关的使用特性

### 3. 用 MOS 开关实现逻辑"与""或"功能

将多个 MOS 开关适当地连接，可实现布尔逻辑函数逻辑"与""或"功能。MOS 逻辑开关电路的结构决定了不同的逻辑功能：由并行连接的两个开关可构成"或"逻辑电路功能；由串行连接的两个开关可构成"与"逻辑电路功能，如图 1-20 所示。在图 1-20a 中，当控制信号逻辑 $A$ 或 $B$ 其中之一为逻辑"1"时，打开开关门，输入端所加的逻辑电平就会传递到输出端，故具有 $A+B$ 的"或"功能。在图 1-20b 中，只有当控制信号逻辑 $A$ 和 $B$ 同时为逻辑"1"时才能打开两个开关门，输入端所加的逻辑电平才会传递到输出端，故具有 $A*B$ 的"与"功能。

### 4. 用 CMOS 组合门实现逻辑功能

将 NMOS 与 PMOS 开关以不同的方式组合连接电源的正负极之间，可实现不同的逻辑功能。如图 1-21 所示为双 MOS 开关网络，其中 PUN（Pull up switch network）为上拉开关，只能用 PMOS 开关；PDN（Pull down switch network）为下拉开关，只能用 NMOS 开关。只要 PUN、PDN 不同时接通，就不会对电源造成短路。总输出端 $F$ 受输入信号控制，或者通过 PDN 与电源地相接，或者通过 PUN 与电源正 $V_{DD}$ 相接。CMOS 门有全电源变化幅度，CMOS 门的输入与 PMOS 和 NMOS 的 G 端相连。

图 1-20　MOS 逻辑开关电路

a) 并行连接构成"或"逻辑　b) 串行连接构成"与"逻辑

图 1-21　双 MOS 开关网络

CMOS 门电路的特点是：输入阻抗为 ∞，输出负载只有电容 $C_L$，输出电容能被充电/放电到 $V_{DD}$ 或 GND。CMOS 门电路的功率损耗主要来源于动态功耗，只要信号从低到高切换，就会有功耗。如图 1-22 所示，动态功耗是由于对传输线路分布电容 $C_L$ 充电引起的。因此，如式（1-6）中所指出：电容 $C_L$ 越小、电源电压 $V_{DD}$ 越低，工作频率越低及由此所导致的充电次数减少，都是降低动态功耗的途径，这就是集成电路的供电电压越来越低的重要原因。

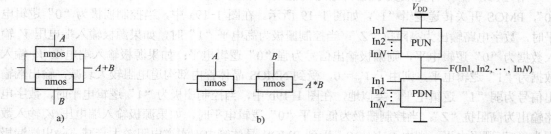

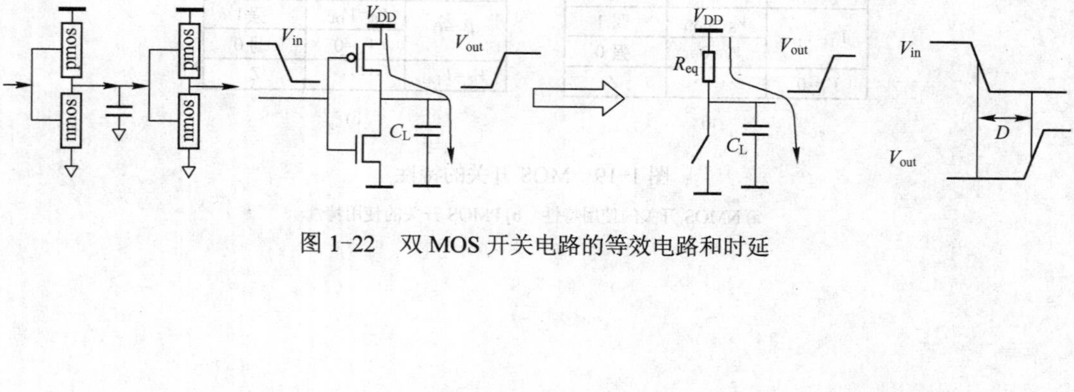

图 1-22　双 MOS 开关电路的等效电路和时延

集成电路内部传输线路分布电容 $C_L$ 的充放电，不仅造成集成电路的动态功耗，还会引起信号的传输时延。传输时延 $D$ 指输入 $V_{in}$ 变化 50% 到输出 $V_{out}$ 变化 50% 之间所花的时间，约为 $0.69R_{eq}C_L$。

集成电路中 MOS 晶体管之间、MOS 晶体管与输入/输出引脚之间的内部互联，是产生分布电容 $C_L$ 的主要因素，如图 1-23 所示为集成电路内部金属线模型。图 1-23a 为集成电路中的内部互联线，图 1-23b 为内部互联线的等效电路。

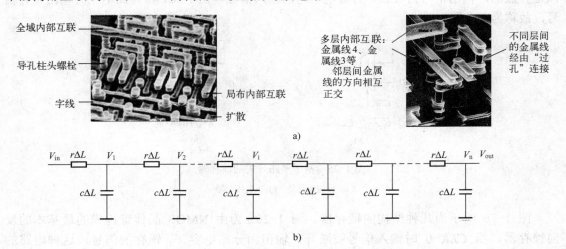

图 1-23　集成电路中产生分布参数和内部互联线

a) 集成电路中的内部互联线　b) 内部互联线的等效电路

当考虑到电阻和电容、电感后，集成电路内部的金属线不再是理想的内部互联线。一根金属线的实际影响是引入电阻、电容和电感。集成电路内部的电阻、电容和电感会降低系统的可靠性、影响性能与功耗，随着金属线的长度增加，延时按平方增加，功耗线性增加。对于可编程集成电路，由于内部互联线的不确定性，直到布局完成，性能不能准确估计。

图 1-24 所示为 CMOS 门电路举例。图 1-24a 中的电路具有"与非"门的功能，图 1-24b 中的电路具有"或非"门的功能。在图 1-24a 中，只有当 $A$、$B$ 全为"1"时，输出才为逻辑"0"；在图 1-24b 中，只有当 $A$、$B$ 全为"0"时，输出才为逻辑"1"。

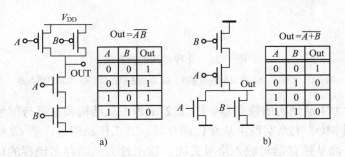

图 1-24　CMOS 门电路举例

a) 逻辑"与非"功能　b) 逻辑"或非"功能

### 5. 用 CMOS 组合门实现锁存器功能

图 1-25 所示为基于多路开关的锁存器。图 1-25a 为反向锁存器，当 $CLK=0$ 时对输入是关闭的，输出信号为锁存的过去信号；当 $CLK=1$ 时对输入是开放的，输出信号为 $CLK$ 为高电平时的输入信号，由于 $CLK$ 为低电平时输出锁存信号，故称为反向锁存器。图 1-25b 为正向锁存器，当 $CLK=1$ 时对输入是关闭的，输出信号为锁存的过去信号；当 $CLK=0$ 时对输入是开放的，输出信号为 $CLK$ 为低电平时的输入信号，由于 $CLK$ 为高电平时输出锁存信号，故称为正向锁存器。

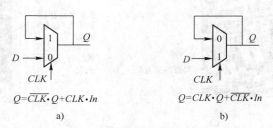

$$Q=\overline{CLK}\cdot Q+CLK\cdot In$$
a)

$$Q=CLK\cdot Q+\overline{CLK}\cdot In$$
b)

图 1-25　基于多路开关的锁存器

a) 反向锁存器　b) 正向锁存器

图 1-26 所示为几种结构的锁存器。图 1-26a 为由 NMOS 晶体管构成的最基本的反向锁存器，当 $CLK=0$ 时输入信号被断开，输出由分布电容 $C_L$ 锁存的信号。这种电路的特点是简单，但锁存 "1" 逻辑时，为弱 "1"。图 1-26b 为改进后的锁存器，采用 NMOS 与 PMOS 晶体管复合组成的锁存器，由 NMOS 晶体管锁存强 "0" 逻辑，由 PMOS 晶体管锁存强 "1" 逻辑，从而完成对 "0""1" 逻辑的较好锁存。图 1-26c 为双稳态锁存器，通过在输出端连接一个双稳态电路来取代 $C_L$ 锁存的信号，增强锁存器的输出驱动能力。图 1-26d 为双输出锁存器，通过在输出端增加一个正向锁存器，可同时输出锁存信号的正、负逻辑。

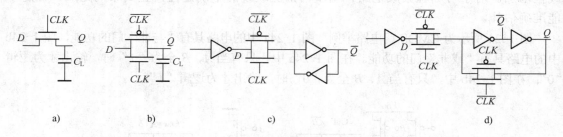

a)　　　　　b)　　　　　　c)　　　　　　　　d)

图 1-26　几种结构的锁存器

a) 反向锁存器　b) 改进后的锁存器　c) 双稳态锁存器　d) 双输出锁存器

图 1-27 所示为主从结构的锁存器。图 1-27a 为主从结构锁存器与信号传输波形显示结果，图 1-27b 为用 MOS 电路实现主从结构锁存器。其工作原理是：当 $CLK$ 为低电平时，主锁存器输入信号，而从锁存器对输入信号关闭，输出过去从锁存器锁存的信号；当 $CLK$ 为高电平时，主锁存器对输入信号关闭，输入信号不能进入主锁存器，而从锁存器对来自主锁存器的输出信号接通，从锁存器输出主锁存过去锁存的信号。

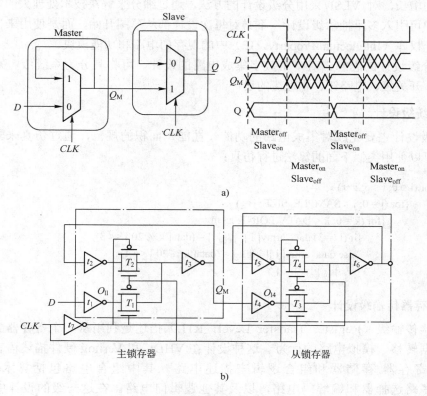

图 1-27　主从结构的锁存器

a) 主从结构锁存器与信号传输　b) 主从结构锁存器的实现

# 1.3　SoC 技术基本概念

随着超大规模集成电路、特大规模集成电路的广泛使用，以及芯片复杂性的不断增加，对一个应用系统的集成电路的设计工作，已经变得越来越难以依靠单个人的努力来完成。适应这种转变的基本思路就是将一个复杂的系统分成若干层级、若干固定的功能模块，每个层级和固定的功能模块由专门的工程设计人员来完成，其他设计人员只需要按照一定的规则使用各层级和模块的结果就行了，这种结果通常以硬件模块或软件模块的形式提交给使用者。分工分级设计的好处是，各层级的设计人员只需关注自己研究层级所在部分就行了，对系统的设计被简化成了对各层级模块的直接调用，从而简化设计、缩短研发周期、节约时间和成本、提高设计效能。这就是片上系统（System on a Chip，SoC）设计思想产生的原因。

## 1.3.1　VLSI 设计的抽象等级

早期的设计为手工设计，每个晶体管单独布放和优化，这样可得到紧凑的布局。然而，对每个电路精细设计所带来的不利因素是产品上市时间越来越长，以至于难以接受。随着芯片复杂度的增长，对 VLSI 采用分级设计的方法，通过细分来解决技术处理大的复杂设计。设计过程中可引入多重抽象级设计，不必对每次设计都从草图开始，而是使用来自标准单元库和知识产权库（Intellectual Property，IP）中的现存门电路和功能模块。

按照分级设计的思想，对一个数字集成电路的设计，可将其分为系统级、寄存器传输级、门级、开关级、电路级、物理级的设计。

### 1. 系统级设计

系统级设计主要完成对集成电路的功能、性能、面积的规范，通过仿真来验证设计内容。例如可以使用类似下面的算法进行仿真：

```
for (i = 0; i < 5; i++)
    {for (j = 0; j < SAMPLE_SIZE; j++)
        {for (k = 0; k < DATA_POINT; k++)
            {if (i != 3) data_array[ i ][ j ][ k ] = (data[ k % 20 ] << 3);
             else data_array[ i ][ j ][ k ] = (data[ k % 20 ] << 4);
            } } } }
```

### 2. 寄存器传输级设计

寄存器传输级（Register Transfer Level，RTL）描述是利用从一个寄存器到另一个寄存器的数据转移，模拟电路的行为。这种设计在 VHDL 和 Verilog 硬件描述语言设计中，通过采用寄存器/存储器和组合逻辑来描述电路。其中组合电路包括算术/逻辑单元（ALU）、多路选择器和编解码电路，以及其他逻辑门电路。在这一级的设计中，所设计的模块通常与时钟有关，自动综合不是主要问题。寄存器传输级设计完成的电路模块如图 1-28 所示。

### 3. 门级设计

门级设计是利用网表或门和 IPs 电路连接原理图描述设计对象，所设计模块的基本元件为门电路。在门级设计中，对功率的估计和延时的计算比 RTL 更精确。这一级设计中不包含电线长度的信息。门级设计完成的电路模块如图 1-29 所示。

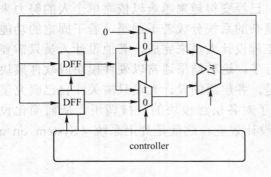

图 1-28　寄存器传输级设计

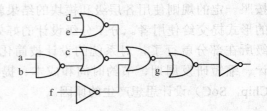

图 1-29　门级设计

### 4. 开关级设计

开关级设计采用数字设计的开关网络表示设计对象，所设计的模块使用晶体管（开关）

作为基本元件。每个开关有开或关两种状态，可实现布尔逻辑函数。开关级设计完成的电路模块如图 1-30 所示。

### 5. 电路级设计

电路级即晶体管级，该级设计采用网表或晶体管、电阻、电容、感应系数和半导体宏模块等为系统基本成分，更关心的是电路的模拟行为。电路级设计完成的电路模块如图 1-31 所示。

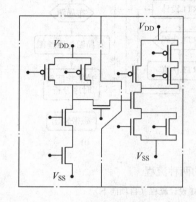

图 1-30　开关级设计

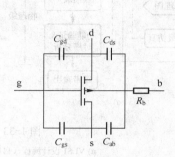

图 1-31　电路级设计

### 6. 物理级

物理级也称为布局级，该级设计晶体管和内部互连导线的布局图，反映实际电路的布局，包括几何信息，不能直接仿真。物理级模块的行为可通过从布局中提取的电路来推演，该级可获得最准确的功率估计和延时计算。物理级设计完成的电路模块如图 1-32 所示。

在对 VLSI 按分级方式进行设计后，可以有两种设计思路：一种是自顶向下的设计思路；另一种是自底向上的设计思路，如图 1-33 所示。

图 1-33a 所示的自底向上的 VLSI 设计流程，用于全客户化芯片设计中，这种设计包括对 CPU、存储器、ALU、逻辑门等的设计。

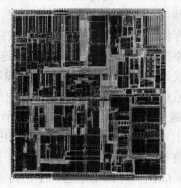
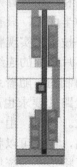

图 1-32　物理级设计

其特点是设计周期长，但有较高的系统性能，大部分设计/分析/优化由人工在晶体管级完成，EDA（Electronic Design Automation）工具主要用于验证与分析阶段。

图 1-33b 所示的自顶向下的 VLSI 设计流程，用于 ASIC（Application Specific Integrated Circuit）设计。其特点是在 RTL 级由手工完成，此后，通过 EDA 工具转换这些设计到门级网表和物理布局图。晶体管级知识仍然需要用于标准单元库设计、IP 设计（如加法器、乘法器、ALU 等）、约束设置、EDA 工具开发。

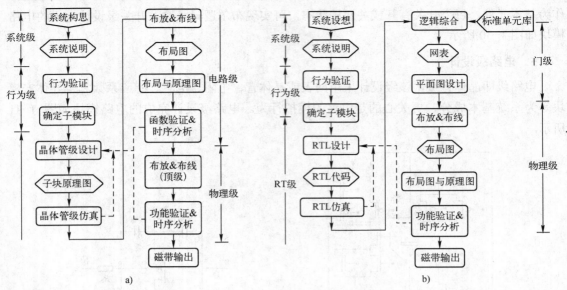

图 1-33  VLSI 设计的两种流程

a) VLSI 设计流程（自底向上）  b) VLSI 设计流程（自顶向下）

## 1.3.2  SoC 设计技术

在集成电路（IC）发展初期，电路设计都从器件的物理版图设计入手，后来出现了集成电路单元库（Cell Lib），使得集成电路设计从器件级进入逻辑级，这样的设计思路使大批电路和逻辑设计师可以直接参与集成电路设计，推动了 IC 产业的发展。但集成电路仅仅是一种半成品，只有将其装入整机系统后才能发挥它的作用，IC 芯片是通过印制电路板（PCB）等技术来实现整机系统功能的。尽管 IC 的速率可以很高，功耗可以很小，但由于 PCB 中 IC 芯片之间的连线延时、PCB 可靠性以及重量等因素的限制，整机系统的性能还是会受到很大的制约。随着系统向高速度、低功耗、低电压和多媒体、网络化、移动化方向发展，系统对电路的要求也越来越高，传统集成电路设计技术已无法满足性能日益提高的整机系统的要求。同时，由于 IC 设计与工艺技术水平的提高，集成电路规模越来越大，复杂程度越来越高，已经可以将整个系统集成为一个芯片。正是在需求牵引和技术推动的双重作用下，出现了将整个系统集成在一片微电子芯片上的片上系统（SoC）概念。

### 1. SoC 的一般概念

SoC 指一种专门开发的专用集成电路（Application Specific Integrated Circuit，ASIC），目的是在一块芯片中集成大部分功能，用以满足给定的应用要求，从而在价格、性能和可靠性上获利。SoC 是一块复杂和完善的芯片，其内部构成了完整的系统或子系统。由于这种芯片多数有大量的存储器，当特别的处理需要一个存储器和逻辑的组合时，常用这个术语。SoC 上集成了大量软件和硬知识产权（Intellectual Property，IP），从而能方便地将一个系统做在一个集成电路上。SoC 通常集成有：嵌入式处理器、存储器、I/O 设备、传感器、内部互连网络、ASIC 逻辑。SoC 具有应用的多样化，可用于消费电子产品、通信、网络等。许多 SoC 有上千万个门电路并有在片处理器。SoC 所涉及的技术主要包括：

（1）软硬件的协同设计技术

面向不同系统的软件和硬件的功能划分理论，充分利用可重复利用的软件和硬件资源，减少硬件成本和复杂性，以硬件提高系统运行速度，简化程序设计，通过软硬件两者的有机配合，达到系统总体性能最佳的设计目标。SoC 是从整个系统的角度出发，把处理机制、模型算法、芯片结构、各层次电路直至器件的设计紧密结合起来，在单个或少数几个芯片上完成整个系统的功能。它的设计必须从系统行为级开始，所采用的是自顶向下（Top to Down）的设计思路。与 IC 组成的系统相比，由于 SoC 设计能够综合并全盘考虑整个系统的各种情况，因此可以在同样的工艺技术条件下实现更高性能的系统指标。例如，若采用 SoC 方法和 0.35μm 工艺设计系统芯片，在相同的系统复杂度和处理速率下，相当于采用 0.18～0.25μm 工艺制作的 IC 所实现的同样系统级性能。另外，与采用常规 IC 方法设计的芯片相比，采用 SoC 设计方法完成同样功能所需要的晶体管数目大约可以降低 1～2 个数量级。

（2）系统功能集成技术

在传统的应用电子系统设计中，需要根据设计要求的功能，寻找相应的集成电路，再根据设计要求的技术指标设计所选电路的连接形式和参数。这种设计的结果是产生一个以功能集成电路为基础，器件分布式的应用电子系统结构。设计结果能否满足设计要求不仅取决于电路芯片的技术参数，而且与整个系统 PCB 图的电磁兼容特性有关。同时，对于需要实现数字化的系统，往往还须有 DSP 等参与，所以还必须考虑分布式系统对电路固件特性的影响。很明显，传统应用电子系统的实现，采用的是分布功能综合技术。对于 SoC 来说，应用电子系统的设计虽然也是根据功能和参数要求设计系统，但 SoC 不是以功能电路为基础的分布式系统综合技术，而是以功能 IP 为基础的系统固件和电路综合技术。首先，系统功能的实现不再针对各个功能电路进行综合，而是针对系统整体固件实现进行电路综合，也就是利用 IP 技术对系统整体进行电路结合。其次，电路设计的最终结果与 IP 功能模块和固件特性有关，而与 PCB 上电路分块的方式和连线技术基本无关。因此，使设计结果的电磁兼容特性得到极大提高，所设计的结果十分接近理想设计目标。

（3）固件集成技术

在传统分布式综合设计技术中，系统的固件特性往往难以达到最优，原因是所使用的是分布式功能综合技术。一般情况下，功能集成电路为了满足尽可能多的使用面，必须考虑两个设计目标：一个是能满足多种应用领域的功能控制要求目标；另一个是要考虑满足较大范围应用功能和技术指标。因此，功能集成电路或定制式集成电路必须在 I/O 和控制方面附加若干电路，以使一般用户能得到尽可能多的开发性能。但是，采用定制式电路设计的应用电子系统不易达到最佳，因为固件特性往往具有较大的分散性。对于 SoC 来说，使用 SoC 技术设计应用电子系统的基本设计思想就是实现全系统的固件集成。用户只需根据需要选择并改进各部分模块和嵌入结构，就能实现充分优化的固件特性，而不必花时间熟悉定制电路的开发技术。

（4）嵌入式系统技术

主要完成 SoC 的 BIOS 和嵌入式操作系统的移植与开发。要支持多任务，使程序开发变得更加容易，系统的稳定性、可靠性得到提高，便于维护，易读易懂，具有安全性好、健壮性强、代码执行效率高等特点。如对 SoC 片内进行嵌入式 Linux 操作系统代码的植入，可减轻系统开发者基于 BSP 开发的难度，同时提高开发效率，缩短开发周期。各种嵌入结构的实现要根据系统需要选择相应的内核，再根据设计要求选择与其相配合的 IP 模块，就可以完成整个系统硬件结构。尤其是采用智能化电路综合技术时，可以更充分地实现整个系统的固件特性，使系统更加接近理想设计要求。SoC 的这种嵌入式结构可以大大地缩短应用系统设计开发周期。

（5）IP 设计技术

传统的应用电子设计工程师面对的是各种定制式集成电路，而使用 SoC 技术的电子系统设计工程师所面对的是一个巨大的 IP 库，所有设计工作都以 IP 模块为基础。SoC 技术使应用电子系统设计工程师变成了一个面向应用的电子器件设计工程师。IP 核应有良好的开发文档和参考手册，包括数据手册、用户使用指南、仿真和重用模型等，兼容性也是重要的因素。

（6）总线架构技术

总线结构及互连技术，直接影响芯片总体性能发挥。对于单一应用领域，可选用成熟的总线架构；对于系列化或综合性能要求很高的，可进行深入的体系结构设计，构建各具特色的总线架构，做精做强，不受制于第三方，与系统同步发展，更具竞争力。目前 SoC 开发主要有基于平台的自主构建总体架构、基于核、基于合成等方法，不断推出性能更好、扩展性更强的总线规范。

（7）可靠性设计技术

由于 SoC 由多级总线组成，每一总线上含有多个设备（IP 核），如何确保整个芯片能正常运转十分重要，需要考虑防"死锁"机制和"解锁"机制，即使某一设备（IP 核）瘫痪，不致影响整个芯片其他功能的发挥。此外，随着超深亚微米技术的发展，对总线传输的可靠性提出了新的挑战，需要研究容错机制和故障恢复机制。

（8）芯片综合/时序分析技术

由于 SoC 系统复杂度和规模越来越大，如多时钟、多电压以及超深亚微米等新课题不断出现，对 SoC 的综合性研究提出了更高的要求。尤其对时序预算如何分级、分解，关键路径的特殊约束，要求研究人员具有深厚的系统背景知识。与此同时，静态时序分析（STA）日趋复杂、后端动态仿真效率低下，对总体设计人员提出了新的挑战。

（9）SoC 验证技术

主要分 IP 核验证、IP 核与总线接口兼容性验证和系统级验证三个层次，包括设计概念验证、设计实现验证、设计性能验证、故障模拟、芯片测试等。从验证类型分，有兼容性测试、边角测试、随机测试、真实码测试、回归测试和断言验证等。由于芯片越来越复杂，软件仿真开销大，硬件仿真验证成为一种重要的验证手段。验证工作约占整个设计工作的70%，如何提高验证覆盖率和验证效率是设计验证的重点问题。

（10）可测性/可调试性设计技术

主要研究解决批量生产可测性问题和在线可调试性问题，实施技术包括 DFT、SCAN、BIST、Iddq、JTAG/eJTAG，要研究基于各种 IP 核的 SoC 测试架构和测试向量有效传递性，更重要的是要考虑测试平行化，降低芯片测试占用时间，此外要关注在线调试工作，方便用户开发和调试基于 SoC 的产品。

（11）低功耗设计技术

低功耗已经成为与面积和性能同等重要的设计目标，因此精确评估功耗也成为重要问题。芯片功耗主要由跳变功耗、短路功耗和泄漏功耗组成。降低功耗要从 SoC 多层次立体角度考虑电路实现工艺、输入向量控制技术、多电压技术、功耗管理技术以及软件或算法的低功耗利用技术等。

（12）新型电路实现技术

由于晶体管数急剧增加、芯片尺寸日益变小、密度不断增大、IP 核可重用频度提高，再加上低电压、多时钟、高频率、高可测性、新型高难度封装等要求的出现以及新工艺、新设计技术的不断出现，半导体工艺特征尺寸向深亚微米发展，要求 SoC 设计师不断研究新工艺、新工具，研究关键电路架构、时序收敛性、信号完整性、天线效应等问题。

用 SoC 技术设计应用电子系统，可将设计过程分为功能设计阶段、IP 综合阶段、功能仿真阶段、电路仿真阶段和测试阶段。在功能设计阶段，设计者必须充分考虑系统的固件特性，并利用固件特性进行综合功能设计。当功能设计完成后，就可以进入 IP 综合阶段。IP 综合阶段的任务是利用强大的 IP 库实现系统的功能。IP 综合结束后，首先进行功能仿真，以检查是否实现了系统的设计功能要求。功能仿真通过后，就是电路仿真，目的是检查 IP 模块组成的电路能否实现设计功能并达到相应的设计技术指标。设计的最后阶段是对制造好的 SoC 产品进行相应的测试，以便调整各种技术参数，确定应用参数。

SoC 芯片设计的主要特点是：芯片的软件设计与硬件设计同步进行；各模块的综合与验证同步进行；在综合阶段考虑芯片的布局布线；只在没有可利用的硬模块或软宏模块的情况下才重新设计模块；设计系统时尽量利用现有的已通过验证的模块，并至少保证这部分电路可以正常工作和满足系统的工作速度。

SoC 的设计包括如下内容：IP 核重用、形式验证、测试校准、可再配置计算、布局规划、核心设计。

对 SoC 设计的要求包括：减少内连长度、减少噪声与串音、增加可靠性与可制造性、减小功耗、缩短上市时间、增加轻便性、增加可预测性、增加集成在单芯片上的功能、增加整体性能、减少成本。

**2．SoC 的分类**

SoC 按实现技术可分为可重构 SoC（Configurable SoC，CSoC）、可编程片上系统（System on a Progrmmable Chip，SoPC）、ASIC SoC 三类。其他如可编程 SoC（Programmable System on a Chip，PSoC）、嵌入式可编程门阵列（Embedded Programmable Gate Array，EPGA）均可归入 SoPC 类。

（1）CSoC 技术特点

CSoC 一般由处理器、存储器、基于 ASIC 的核和专用化的片上可重构的部件等构成，相对 ASIC SoC 和基于标准组件多芯片板级开发而言，其优势体现为：CPU 可重构处理构件、效率与灵活性很好地结合在一起、基于重构确定处理功能、可根据任务需要通过动态重构来提高性价比。

（2）SoPC 技术特点

SoPC 是一种特殊的片上系统，是可编程系统，具有灵活的设计方式，可裁剪、扩充和升级，并具备软硬件在线系统开发中可编程的功能，结合了 SoC 和 FPGA 各自的优点，一般具备以下基本特征：至少包含一个以上的嵌入式处理器 IP 核；具有小容量片内高速 RAM 资源；丰富的 IP 核资源可供灵活选择；足够的片上可编程逻辑资源；处理器调试接口和 FPGA 编程接口共用或并存；可能包含部分可编程模拟电路。除了上述特点外，还涉及目前已引起普遍关注的软硬件协同设计技术。

（3）ASIC SoC 技术特点

ASIC SoC 是一种面向特定应用的片上系统，具有高性能、强实时、高可靠、低功耗、低成本化等特点，一般具备以下基本特征：至少有一个以上的 CPU 核、具有规范的总线架构、RAM 资源、适量的 I/O 设备、可扩展的接口、可在线调试口、可测试性电路。

### 3．SoC 技术的发展

在全球第一款 IC 推出以来的 50 多年里，由于信息市场的需求和微电子自身的发展，引发了以微细加工或集成电路特征尺寸不断缩小为主要特征的多种工艺集成技术和面向应用的系统级芯片的发展。随着半导体产业进入超深亚微米乃至纳米加工时代，在单一集成电路芯片上就可以实现一个复杂的电子系统，诸如手机芯片、数字电视芯片、DVD 芯片等。1994 年 Motorola 公司发布的 FlexCore 系统（用来制作基于 68000 和 PowerPC 的定制微处理器）和 1995 年 LSILogic 公司为 Sony 公司设计的 SoC，可能是基于 IP 核完成 SoC 设计的最早报道。SoC 正是在集成电路（IC）向集成系统（IS）转变的大方向下产生的。

当可编程片上系统器件的集成度达到近万门时，原来采用原理图输入的设计方法就显得过于繁琐，因此器件集成度的提高迫使设计工程师从原理图的输入方法向硬件描述语言（HDL）的设计和综合方法转变。

为了缩短 VLSI 的开发周期，逻辑合成方式在 20 世纪 90 年代初成为设计标准，在以后的自顶向下的设计系统中，以逻辑合成技术为主，增补了各种工具，使具有多功能的复杂 VLSI 设计能够用 EDA 软件来实现。利用语言而无需画电路图的设计方式对缩短 VLSI 的开发周期起到重要的作用。面向计算机的语言式设计是用高度抽象的语言来描述系统的功能，并需要有相应的计算能力才能将语言描述的功能转换为芯片上具体实现的实际功能。

为了在一个芯片上实现系统集成的设计，能够在短时间内将包含数千万只晶体管的单片集成方案开发出来，需要采用综合利用知识产权 IP 功能块进行 VLSI 设计的方法。所谓 IP 功能块是以 VHDL 或 HDL 等语言描述的构成 VLSI 中各种功能单元的软件群。IP 功能块是提供中央处理器（CPU）、数字信号处理器（DSP）、外设互连接口（PCI）和通用串行总线（USB）等足够可靠的各种功能的功能块。供应商在提供 IP 功能块时，已经排除了语言描述的冗余性，并且经过验证，所以系统设计者采用 IP 功能块进行设计时，可以集中精力去解决系统中的重点课题，并可用优化的 IP 功能块合并到其定制的核心电路中来进行逻辑合成。

如果在板级集成系统时是选择各个厂家的器件安装在印制板构成系统的话，在芯片上集成系统是选择各个厂家的 IP 功能块综合到芯片上构成系统。VLSI 的这种设计方法也扩展和渗透到可编程片上系统器件，许多 ASIC 设计者利用 FPGA 作为产品的样本，把大的 IP 功能块划分到几个 FPGA 来进行硬件仿真。

为了解决各个厂商的 IP 功能块之间的兼容性，1996 年 9 月，35 家全世界最大的厂商宣布建立国际性企业联合组织，即虚拟接插接口联盟（VSIA），为适应系统级集成芯片工业的日益繁荣，制定 IP 功能块的相应标准。可编程 ASIC 的厂商在提供 IP 功能块时，允许用户修改一定的参数来增加具有自身特色的功能。有的厂商如 Actel 和 Crosspoint 等与提供 IP 的公司签订合同，建立针对其器件优化的 CPU、DSP、通信和多媒体等的核心库提供给用户，而 Altera 和 Xilinx 分别制订了 Megafuncation Program 和 LogiCore 等计划。Actel 推出的 FPGA 分为面向应用和面向用户的两种模式。

　　在新一代片上系统领域，需要重点突破的创新点主要包括实现系统功能的算法和电路结构两个方面，纵观微电子技术的发展史，每一种算法的提出都会引起一场变革。例如 Viterbi 算法、小波变换等技术均对集成电路设计技术的发展起到了重要的作用。目前神经网络、模糊算法等也取得了较大的进步。提出一种新的电路结构可以带动一系列的应用，但提出一种新的算法则可以带动一个新的领域。因此算法应是今后片上系统领域研究的重点学科之一。在电路结构方面，片上系统由于射频、存储器件的加入，其中的电路已经不仅是传统的 CMOS 结构，因此需要发展更灵巧的新型电路结构。

#### 4．SoC 的目标及存在问题

　　按照 1999 年国际半导体技术发展指南（ITRS1999），组成 SoC 的模块单元可以包括：微处理器核、嵌入式 SRAM、DRAM、FLASH 单元、以及某些特定的逻辑单元。ITRS1999 认为：开发 SoC 的根本目标是提高性能和降低成本，SoC 开发的另一个重要的考虑是它的可编程特性可通过软件、FPGA、flash 或其他手段来实现。

　　当前芯片设计业正面临着一系列的挑战，系统芯片 SoC 已经成为 IC 设计业界的焦点，SoC 性能越来越强，规模越来越大。SoC 芯片的规模一般远大于普通的 ASIC，同时由于深亚微米工艺带来的设计困难等，使得 SoC 设计的复杂度大大提高。在 SoC 设计中，仿真与验证是 SoC 设计流程中最复杂、最耗时的环节，约占整个芯片开发周期的 50%～80%，采用先进的设计与仿真验证方法成为 SoC 设计成功的关键。SoC 技术的发展趋势是基于 SoC 开发平台，达到最大程度的系统重用，分享 IP 核开发与系统集成成果，不断重整价值链，在关注面积、延迟、功耗的基础上，向成品率、可靠性、EMI 噪声、成本、易用性等转移，使系统级集成能力快速发展。

### 1.3.3　IP 核的概念

#### 1．IP 核的定义

　　IP（Intellectual Property）核指由第三方供货商提供的，预先设计、预先验证的综合功能块，包含知识产权核、宏单元和宏块。例如对于处理器核（Processor cores），包括 ARM 7TDMI、Strong ARM 等；对于数字处理器核（DSP Cores）包括 TI TMS320C54X、Oak 等；对于接口电路（Interface），包括 PCI、USB、UART 等；对于多媒体核（Multimedia），包括 JPEG compression、MPEG decoder 等；对于网络/电信应用（Network/Telecom），包括 Ethernet controller、MAC 等。可以这样讲，IP 核指那些有较高集成度并具有完整功能的单元模块。如 MPU、DSP、DRAM、FLASH 等模块。

　　IP 是 SoC 的建造基础，IP 模块的再利用，除了可以缩短 SoC 芯片的设计时间外，还能大大降低设计和制造的成本，提高可靠性。

#### 2．IP 核的基本特征

　　要使一个所设计的模块能当成 IP 核来使用，应当满足以下条件：①必须符合设计再利用要求，按嵌入式专门设计；②必须经过多次优化设计，达到芯片面积最小、运算速度最快、功耗最小、工艺容差最大的目标；③必须允许多家公司在支付一定费用后可商业运用，而不仅是本公司内部专用；④必须符合 IP 标准。

在 SoC 集成电路的设计技术中，IP 核的重用是一个非常重要的概念，重用指的是在设计新产品时，采用已有的各种功能模块，即使进行修改也是非常有限的，可以减少设计人力和风险，缩短设计周期，确保优良品质。

IP 核的生产与贸易，涉及利润问题，所以一般 IP 核的规模都比较大，如 CPU 核、DSP 核、完成复杂计算功能的模块、存储器模块、复杂接口模块等。

**3．IP 核的种类**

为了能在较短时间将数千只或数万只晶体管的单片集成方案开发出来，需要采用 IP Core 功能模块进行 VLSI 设计。所谓 IP Core 是 VHDL 或其他 HDL 语言描述的构成各种功能单元的软件包。而虚拟器件（Virtual Chips）指用 VHDL/Verilog 语言描述的常用的大规模集成电路器件模型。

IP 核模块有 3 种，按照在数字系统的行为、结构和物理三个设计域上完成的模块分别称为硬核（Hard Core）、软核（Soft Core）和固件核（Firm Core）。

（1）硬核（Hard Core）模块

硬核指用半导体集成电路工艺的（ASIC）器件上实现的，经验证是正确的，总门数在 5000 门以上的电路结构掩膜。硬 IP 是以电路板图的方式存在的 IP 核，一般是 GDS Ⅱ 格式的图形文件。硬核是基于工艺的模块设计，与工艺有关，并经过工艺验证，使用价值最高。CMOS 的 CPU、DRAM、SRAM、EEPROM 和 Flash Memory 以及 A/D、D/A 等都可以成为硬核。硬 IP 的设计是完全无法改动的，而且电路板图的形状在设计中也无法变动，这也是被称为硬 IP 的原因之一。

硬 IP 的设计完全无法改动，首先是出于保护知识产权的要求，不允许系统设计者对其进行任何改动；其次是由于系统设计中对各个模块的时序要求很严格，不允许打乱已验证成功的板图。因此，在系统设计时，硬件 IP 模块只能在整个设计周期中被当成一个完整的库单元来使用。

（2）软核（Soft Core）模块

软 IP 指功能经过验证的、可综合的、实现后电路总门数在 5000 门以上的 HDL 模型；软 IP 以 RTL 描述或功能描述方式存在的 IP，在进行电路设计时，可以改动 IP 的内部代码以适应不同的电路需要，或者 IP 本身就带有各种可设置的参数来调整具体的功能。

软核模块的优点在于对工艺的适应性强，应用新的加工工艺或改变芯片加工厂家时，很少需要对软 IP 进行改动，原来设计好的芯片可以方便地移植到新的工艺中。但不足之处在于当需重新对已完成设计的芯片进行功能与时序验证时，选择软 IP 获得关于 IP 功能验证方面的资料、IP 的应用范围，还需要考虑供应商的声誉，应用软 IP 时也需要 IP 供应商提供更多的服务。

（3）固件核（Firm Core）模块

固件 IP 核指在某一种现场可编程门阵列（FPGA）器件上实现的，经验证是正确的，总门数在 5000 门以上的电路结构编码文件。固件 IP 核模块通常以 RTL 代码和对具体工艺的网表混合描述的形式提供给系统设计者。IP 模块提供者的知识产权不易保护，系统设计者可以根据特殊需要对 IP 模块进行改动，固件 IP 模块相对固定，因此系统设计者乐于接受固件 IP 模块。

图 1-34 所示为典型的 SoC 芯片硬件结构与 IP 种类。在图 1-34 中，由于微处理器、存储器、数据处理的功能比较固定，常用硬核 IP，而 I/O 接口电路、外围电路、存储控制器常与具体应用有关，要求有一定的可调整能力，因而采用软 IP 核模块。

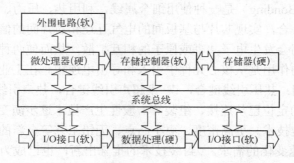

图 1-34　典型 SoC 芯片硬件结构与 IP 种类

# 1.4　信号传输的完整性

最早对数字电路的使用可以追溯到 20 世纪 40 年代在电话系统中使用继电器，现已经历了电子管时代、晶体管时代、集成电路时代。数字电路的发展趋势是工作频率越来越高、功耗越来越低、封装越来越小、规模越来越大。这也导致数字系统电路板制作难度加大，集成芯片的引脚设计、PCB 上金属连线和通孔的布局、元件的连接、电磁保护、热耗散、供电与接地等各种因素都可能对系统的整体性能产生严重影响。

## 1.4.1　集成电路的封装

集成电路的高集成化、多功能化，促使引线框架向多脚化、小间距化、高电导率和高散热性发展。目前集成电路的引脚数已多达 1200 个，引脚间的间距已小到 10 密尔（mil），1密尔（mil）=1/1000 英寸（in）=0.0254 毫米（mm）。如此密集的引脚，已无法用直接将集成电路的引脚插入 PCB 导孔的方法来连接芯片与 PCB 上的金属连线，因此目前普遍采用表面贴装技术（Surface Mounted Technology，SMT）。

SMT 是一种无需对印制板钻插装孔，直接将表面组装元器件贴、焊到印制板表面规定位置上的装联技术。SMT 的特点是：①组装密度高、电子产品体积小、重量轻，贴片元件的体积和重量只有传统插装元件的 1/10 左右，一般采用 SMT 之后，电子产品体积缩小40%～60%，重量减轻 60%～80%。②可靠性高、抗振能力强，焊点缺陷率低。③高频特性好，减少了电磁和射频干扰。④易于实现自动化，提高生产效率，降低成本达 30%～50%，节省材料、能源、设备、人力、时间等。

虽然 IC 的物理结构、应用领域、输入/输出（I/O）数量差异很大，但是 IC 封装的作用和功能却差别不大，封装的目的也相当地一致。对 IC 进行封装主要有两个目的：其一是保护芯片，使其免受外部物理损伤；其二是重新分布 I/O，获得更易于在装配中处理的引脚间距。封装还提供一种更易于标准化的结构，为芯片提供散热通路，使芯片避免产生 $\alpha$ 粒子造成的软错误，以及提供一种更方便于测试和老化试验的结构。封装还能用于多个 IC 的互连。可以使用引线键合技术等标准的互连技术来直接进行互连。也可用封装提供的互连通路，如混合封装技术、多芯片组件（MCM）、系统级封装（SiP），以及更广泛的系统体积小型化和互连（VSMI）概念所包含的其他方法中使用的互连通路来间接地进行互连。

引线键合（Wire Bonding）是一种使用细金属线，利用热、压力、超声波能量为使金属引线与基板焊盘紧密焊合，实现芯片与基板间的电气互连和芯片间的信息互通。在理想控制条件下，引线和基板间会发生电子共享或原子的相互扩散，从而使两种金属间实现原子量级上的键合。引线键合的作用是从核心元件中引入和导出电连接。在工业上通常有三种引线键合定位平台技术被采用：热压引线键合，锲-锲超声引线键合，热声引线键合。

目前，封装技术的定位已从连接、组装等一般性生产技术逐步演变为实现高度多样化电子信息设备的一个关键技术。更高密度、更小凸点、无铅工艺等全新的封装技术，更能适应消费电子产品市场快速变化的需求。封装技术的推陈出新，也已成为半导体及电子制造技术继续发展的有力推手，并对半导体前道工艺和表面贴装技术的改进产生着重大影响。如果说倒装芯片凸点生成是半导体前道工艺向后道封装的延伸，那么，基于引线键合的硅片凸点生成则是封装技术向前道工艺的扩展。在整个电子行业中，新型封装技术正推动制造业发生变化，市场上出现了将传统分离功能混合起来的技术手段，正使后端组件封装和前端装配融合变成一种趋势。面向部件、系统或整机的多芯片组件封装技术的出现，改变了只是面向器件的概念，并很有可能会引发 SMT 产生一次工艺革新。

SMT 的进步推动着芯片封装技术不断提升。片式元件是应用最早、产量最大的表面贴装元件，自 SMT 形成后，相应的 IC 封装已开发出了适用于 SMT 短引线或无引线的 LCCC、PLCC、SOP 等结构。四侧引脚扁平封装（QFP）实现了使用 SMT 在 PCB 或其他基板上的表面贴装，BGA 解决了 QFP 引脚间距极限问题，CSP 取代 QFP 则已是大势所趋，而倒装焊接的底层填料工艺现也被大量应用于 CSP 器件中。随着元件的安装间距将从目前的 0.15mm 向 0.1mm 发展，也将导致 SMT 从设备到工艺都将向着满足精细化组装的应用需求发展。可以预见，随着无源器件以及 IC 等全部埋置在基板内部的 3D 封装最终实现，引线键合、CSP 超声焊接、PoP（堆叠装配技术）等也将进入板级组装工艺范围。所以，SMT 如果不能快速适应新的封装技术则将难以持续发展。

贴片封装的集成电路引脚很小，可以直接焊接在印制电路板的印制导线上。贴片封装的集成电路主要有薄型 QFP（TQFP）、细引脚间距 QFP（VQFP）、缩小型 QFP（SQFP）、塑料 QFP（PQFP）、金属 QFP（MetalQFP）、载带 QFP（TapeQFP）、J 型引脚小外形封装（SOJ）、薄小外形封装（TSOP）、甚小外形封装（VSOP）、缩小型 SOP（SSOP）、薄的缩小型 SOP（TSSOP）及小外形集成电路（SOIC）等派生封装。

BGA（Ball Grid Array Package）封装又名球栅阵列封装，BGA 封装的引脚以圆形或柱状焊点按阵列形式分布在封装下面。采用该封装形式的集成电路主要有 CPU 等高密度、高性能、多功能集成电路。BGA 封装集成电路的优点是虽然增加了引脚数，但引脚间距并没有减小反而增加了，从而提高了组装成品率；厚度和重量都较以前的封装技术有所减少；寄生参数减小，信号传输延迟小，使用频率大大提高；组装可用共面焊接，可靠性高。

　　直插式封装集成电路是引脚插入印制板中，然后再焊接的一种集成电路封装形式，主要有单列式封装（SIP）、单列直插式封装（ZIP）和双列直插式封装（DIP）。

　　厚膜封装的厚膜集成电路是把专用的集成电路芯片与相关的电容、电阻元件都集成在一个基板上，然后在其外部采用标准的封装形式，并引出引脚的一种模块化的集成电路。

　　目前芯片封装的种类越来越多，这里列出一些供查询：球形触点阵列（Ball Grid Array，BGA），一种表面贴装型封装；带缓冲垫的四侧引脚扁平封装（Quad Flat Package with Bumper，BQFP），一种 QFP 封装；碰焊 PGA（Butt Joint Pin Grid Array），一种表面贴装型 PGA；陶瓷 DIP（Ceramic DIP）；用玻璃密封的陶瓷双列直插式封装（Cerdip）；下密封的陶瓷 QFP，一种表面贴装型封装；带引脚的陶瓷芯片载体（Ceramic Leaded Chip Carrier，CLCC），一种表面贴装型封装；板上芯片封装（Chip on Board，CoB），一种裸芯片贴装；双侧引脚扁平封装（Dual Flat Package，DFP）；陶瓷 DIP（含玻璃密封）（Dual In-line Ceramic Package，DICP）；双列直插式封装（Dual In-line Package，DIP）；双侧引脚小外形封装（Dual Small Out-lint，DSO）；双侧引脚带载封装（Dual Tape Carrier Package，DICP）；扁平封装（Flat Package，FP），一种表面贴装型封装，又称 QFP 或 SOP；倒焊芯片封装（Flip-chip），一种裸芯片封装；小引脚中心距 QFP（Fine Pitch Quad Flat Package，FQFP）；带保护环的四侧引脚扁平封装（Quad Fiat Package with guard ring，CQFP），一种塑料 QFP；带散热器的 SOP（HSOP）；表面贴装型 PGA（Surface mount type Pin Grid Array）；J 形引脚芯片载体（J-Leaded Chip Carrier，JLCC）；无引脚芯片载体（Leadless Chip Carrier，LCC），一种陶瓷基板的四个侧面只有电极接触而无引脚的表面贴装型封装；触点陈列封装（Land Grid Array，LGA），一种底面制作有阵列状态坦电极触点的封装；芯片上引线封装（Lead on Chip，LoC）；薄型 QFP（low profile Quad Flat Package，LQFP）；L－QUAD，这是一种陶瓷 QFP；多芯片组件（Multi-Chip Module，MCM）；小形扁平封装（Mini Flat Package，MFP）；MQFP（Metric Quad Flat Package），一种 QFP 封装；MQUAD（Metal Quad），QFP 封装；MSP（Mini Square Package），QFI 的别称；模压树脂密封凸点阵列载体（Over Molded Pad Array Carrier，OPMAC），一种模压树脂密封 BGA；PDIP，表示塑料 DIP；凸点陈列载体（Pad Array Carrier，PAC），BGA 的别称；印制电路板无引线封装（Printed Circuit Board Leadless Package，PCLP），一种塑料 QFN；塑料扁平封装（Plastic Flat Package，PFPF）；阵列引脚封装（Pin Grid Array，PGA）；驮载封装（Piggy Back），一种配有插座的陶瓷封装；带引线的塑料芯片载体（Plastic Leaded Chip Carrier，PLCC），一种表面贴装型封装；带引线封装（Plastic Teadless Chip Carrier，PTCC）、无引线封装（Plastic Leaded Chip Carrier，P－LCC）；四侧引脚厚体扁平封装（Quad Flat High Package，QFH）；四侧 I 形引脚扁平封装（Quad Flat I-leaded Package，QFI），一种表面贴装型封装；四侧 J 形引脚扁平封装（Quad Flat J-leaded Package，QFJ），一种表面贴装封装；四侧无引脚扁平封装（Quad Flat Non-leaded Package，QFN），一种表面贴装型封装；四侧引脚扁平封装（Quad Flat Package，QFP），一种表面贴装型封装；小中心距 QFP（QFP Fine Pitch，QFP）；QIC（Quad In-line Ceramic Package），陶瓷 QFP 的别称；QIP（Quad In-line Plastic Package）塑料 QFP 的别称；四侧引脚带载封装（Quad Tape Carrier Package，QTCP 或 QTP）；QUIL（Quad In-line），QUIP 的别称；四列引脚直插式封装（Quad In-line Package，QUIP）；收缩型 DIP（Shrink Dual In-line Package，SDIP）或称（Shrink Dual In-line Package，SH－DIP）；

SIL（Single In-line），SIP 的别称；单列存储器组件（Single In-line Memory Module，SIMM）；单列直插式封装（Single In-line Package，SIP）；SK－DIP（Skinny Dual In-line Package），DIP 的一种；SL－DIP（Slim Dual In-line Package），DIP 的一种；表面贴装器件（Surface Mount Devices，SMD）；SO（Small Out-line），SOP 的别称；I 形引脚小外形封装（Small Out-line I-leaded Package，SOI）；SOIC（Small Out-line Integrated Circuit），SOP 的别称；J 形引脚小外形封装（Small Out-Line J-Leaded Package，SOJ），一种表面贴装型封装；SQL（Small Out-Line L-Leaded Package），SOP 的别称；无散热片的 SOP（Small Out-Line Non-Fin，SONF）；小外形封装（Small Out-Line Package，SOF），一种表面贴装型封装；宽体 SOP（Small Outline Package（Wide-Type），SOW）；COB（Chip On Board）将芯片直接粘在 PCB 上用引线键合达到芯片与 PCB 的电气连接然后用黑胶包封的一种封装；CoG（Chip On Glass）封装技术，一种直接将驱动 IC 的 I/O 与显示玻璃基板的电极端子相互连接的封装技术。

## 1.4.2    信号传输的匹配

信号在 PCB 金属线上传输，在低频情况下，连接各元器件的金属线可看成理想的金属线，其上没有电阻、电容和电感。但随着频率的增加，PCB 上金属线和导孔的分布参数就变得不能忽略，会极大影响系统性能。

传输线（Transmission Line）：引导电磁波能量向一定方向传输的金属线导线。

导波系统：传输线起着引导能量和传输信息的作用，其所引导的电磁波称为导波，因此，传输线也被称为导波系统。

传输线传输的信号的类型分为 TEM 波、TE 或 TM 波、表面波。

传输线有长线和短线之分。长线指传输线的几何长度与线上传输电磁波的波长比值（电长度）大于或接近 1，反之称为短线。长线组成的电路为分布参数电路，必须考虑分布参数效应；短线组成的电路为集中参数电路，可忽略分布参数效应。当系统的工作频率提高到微波波段时，电路连线的分布效应不可忽略，所以微波传输线是一种分布参数电路。这导致传输线上的电压和电流是随时间和空间位置而变化的二元函数。此时，导线的长度 $\Delta X$（m）中有电流流过，周围会产生高频磁场，因而沿导线各点会存在串联分布电感 $\Delta L_0$（H/m）；电导率有限的导线流过电流时会发热，而且高频时由于趋肤效应，电阻会加大，即表明导线有分布电阻 $\Delta R_0$（$\Omega$/m）；两导线间加上电压时，线间会存在高频电场，于是线间会产生并联分布电容 $\Delta C_0$（F/m）；此外，导线间介质非理想时有漏电流，这就意味着导线间有分布电导 $\Delta G_0$（s/m）。

根据传输线上的分布参数是否均匀分布，可将其分为均匀传输线和不均匀传输线。如果将均匀传输线分割成许多小的微元段 $\Delta X$，并使 $\Delta X \rightarrow \mathrm{d}x$（$\mathrm{d}x \ll \lambda$），$\lambda$ 为信号的波长，每个微元段可看作集中参数电路，用一个 Γ 形网络来等效，于是整个传输线可等效成无穷多个 Γ 形网络的级联，如图 1-35 所示。

由基尔霍夫定律建立偏微分方程，并用复数表示为

$$\frac{\partial^2 \dot{U}}{\partial x^2} = z_0 y_0 \dot{U} \qquad \frac{\partial^2 \dot{I}}{\partial x^2} = z_0 y_0 \dot{I} \qquad (1\text{-}7)$$

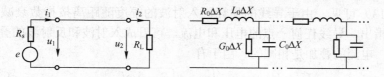

图 1-35 传输线等效为 Γ 形网络的级联

式中，$z_0 = R_0 + j\omega L_0$，$y_0 = G_0 + j\omega C_0$。

解这个方程得式（1-8）：

$$\begin{cases} \dot{U} = \dot{A}_1 e^{-\gamma x} + \dot{A}_2 e^{\gamma x} \\ \dot{I} = \sqrt{\dfrac{y_0}{z_0}}(\dot{A}_1 e^{-\gamma x} - \dot{A}_2 e^{\gamma x}) \end{cases} \quad (1\text{-}8)$$

式中 $\dot{A}_1$、$\dot{A}_2$ 需要根据导线的边界条件，即根据导线始端所加的电源及终端所接的负载具体决定。而 $\gamma$ 可用式（1-9）表示：

$$\gamma = \sqrt{z_0 y_0} = \sqrt{(R_0 + j\omega L_0)(G_0 + j\omega C_0)} = \alpha + j\beta \quad (1\text{-}9)$$

式中，$\gamma$ 为均匀导线的传播常数；$\alpha$ 为衰减常数，单位为奈培/米（Np/m）；$\beta$ 为相移常数，单位为弧度/米（rad/m）；当 $R_0 = 0$，$G_0 = 0$ 时，$\beta = \omega\sqrt{L_0 C_0}$，$\sqrt{\dfrac{z_0}{y_0}}$ 具有阻抗的量纲，称为均匀导线的特性阻抗，记作 $Z_C$，可用式（1-10）表示：

$$Z_C = \sqrt{\frac{z_0}{y_0}} = \sqrt{\frac{R_0 + j\omega L_0}{G_0 + j\omega C_0}} \quad (1\text{-}10)$$

$\gamma$ 与 $Z_C$ 仅取决于导线本身的参数，称为传输特性参数或二次参数。对于理想传输线，$R_0 \to 0$，$G_0 \to 0$，此时 $Z_C = \sqrt{\dfrac{L_0}{C_0}}$，即传输线的特性阻抗只与分布电感和电容有关。

如果在导线的始端加电压 $\dot{U}_1$、电流 $\dot{I}_1$，则可确定常数 $\dot{A}_1$ 和 $\dot{A}_2$，并求得距离导线始端 $X$ 处的电压、电流。

$$\begin{cases} \dot{U} = \dot{U}_1 \mathrm{ch}\gamma x - Z_c \dot{I}_1 \mathrm{sh}\gamma x \\ \dot{I} = \dot{I}_1 \mathrm{ch}\gamma x - \dfrac{\dot{U}_1}{Z_c} \mathrm{sh}\gamma x \end{cases} \begin{cases} \mathrm{sh}\gamma x = \dfrac{e^{\gamma x} - e^{-\gamma x}}{2} \\ \mathrm{ch}\gamma x = \dfrac{e^{\gamma x} + e^{-\gamma x}}{2} \end{cases} \quad (1\text{-}11)$$

式（1-11）中的电压及电流都可分解为两个分量：因子 $e^{-\gamma x}$ 和因子 $e^{\gamma x}$。它们分别表示导线向 $x$ 方向及 $-x$ 方向行进的两个波。故可表示为

$$\begin{cases} \dot{U} = \dot{U}_i + \dot{U}_r = \dot{A}_1 e^{-\alpha x} e^{-j\beta x} + \dot{A}_2 e^{\alpha x} e^{j\beta x} \\ \dot{I} = \dot{I}_i - \dot{I}_r = \dfrac{\dot{A}_1}{Z_c} e^{-\alpha x} e^{-j\beta x} - \dfrac{\dot{A}_2}{Z_c} e^{\alpha x} e^{j\beta x} \end{cases} \quad (1\text{-}12)$$

式中，$\dot{U}_i$ 为入射波；$\dot{U}_r$ 为反射波。令 $\dot{A}_1 = A_1 e^{j\phi_1}$，$\dot{A}_2 = A_2 e^{j\phi_2}$，用瞬时表达式表示为

$$\begin{cases} u_i = \sqrt{2}A_1 e^{-\alpha x} \cos(\omega t + \phi_1 - \beta x) \\ u_r = \sqrt{2}A_2 e^{\alpha x} \cos(\omega t + \phi_2 + \beta x) \end{cases} \quad (1\text{-}13)$$

由式（1-13）可见，由于导线的损耗，入射波的幅度随距离按指数衰减，反射波则增强。这里应当指出，导线任何一点的电压和电流，可看成入射波和反射波的叠加，但电压的叠加是相加的，电流的叠加是相减的。由于有

$$\frac{\dot{U}_i}{\dot{I}_i} = \frac{\dot{U}_r}{\dot{I}_r} = Z_c = \sqrt{\frac{z_0}{y_0}} = \sqrt{\frac{R_0 + j\omega L_0}{G_0 + j\omega C_0}} \tag{1-14}$$

从而表明：导线上任何一点的入射电压与入射电流之比恒为特性阻抗，反射电压与反射电流之比也恒为特性阻抗，与负载无关。即传输线上存在的特性阻抗只与传输线的材料和结构有关，与信号源和负载无关。

设负载阻抗 $Z_L$ 上的电压为 $\dot{U}_2$，电流为 $\dot{I}_2$，则传输线上任一点有

$$\dot{U}_{2i} + \dot{U}_{2r} = Z_L(\dot{I}_{2i} - \dot{I}_{2r}) \tag{1-15}$$

$$\frac{\dot{U}_{2r}}{\dot{U}_{2i}} = \frac{\dot{I}_{2r}}{\dot{I}_{2i}} = \frac{Z_L - Z_c}{Z_L + Z_c} = P$$

$P$ 为导线终端反射波与入射波的比值，称为导线终端的反射系数。当 $Z_L=Z_c$，即负载阻抗与导线的特性阻抗相等时，$P=0$，不产生反射波，线路上只有行波（入射波），故条件 $Z_L=Z_c$ 称为无反射匹配。

令 $P=|P|e^{j\phi}$，$Y$ 为导线上距终端的距离（$X$ 表示的是导线上始端的距离），则传输线上任一点 $Y$ 处的电压 $\dot{U}$ 可表示为

$$\dot{U} = \dot{U}_{2i} + \dot{U}_{2r} = \dot{U}_{2i}e^{j\beta y}[1 + |P|e^{-j(2\beta y - \phi)}] \tag{1-16}$$

当 $2\beta y - \phi = 2n\pi$（$n=0, 1, 2, \cdots$），即当

$$y = \frac{\phi + 2n\pi}{2\beta} = \frac{\phi}{2\beta} + n\frac{\lambda}{2} \tag{1-17}$$

时，有

$$U_{max} = (1 + |P|)U_{2i} \tag{1-18}$$

$U_{max}$ 称为电压波腹。当 $2\beta y - \phi = (2n+1)\pi$（$n=0,1,2,\cdots$），即在

$$y = \frac{\phi + (2n+1)\pi}{2\beta} = \frac{\phi}{2\beta} + n\frac{\lambda}{2} + \frac{\lambda}{4} \tag{1-19}$$

时，有

$$U_{min} = (1 - |P|)U_{2i} \tag{1-20}$$

$U_{min}$ 称为电压波节。称 $\rho = \frac{U_{max}}{U_{min}}$ 为驻波比，其倒数称为行波系数 $K$，$K = \frac{1}{\rho}$。

到此可以得出如下结论：

① 在终端匹配的情况下 $Z_L=Z_c$，$P=0$，$K=1$，导线上只有入射波，没有反射波，称导线上只有行波，没有驻波。如图 1-36 所示，图 1-36 反映了不同负载 $R_L$ 时导线沿线电压、电流振幅分布图。

② 在终端开路的情况下 $Z_L=\infty$，$P=1$，$K=0$；在终端短路的情况下 $Z_L=0$，$P=-1$，$K=0$。这两种情况都称作全反射，在导线近似认为无损的情况下，入射波的幅度与反射波的幅度相等，因此在波腹处，电压幅度是入射波幅度的 2 倍，而在波节处电压幅度恒为 0。驻波比为无穷大而行波系数则为 0，沿线只有驻波，而没有行波。

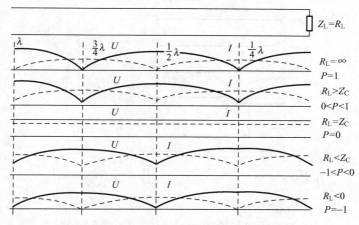

图 1-36 不同 $R_L$ 时导线沿线电压、电流振幅分布图

③ 当 $Z_L \neq Z_c$ 时，沿导线既有行波，也有驻波。

④ 如负载为纯电抗，$|P|=1$ 沿线只有驻波而无行波。

⑤ 在电压的波腹处则是电流的波节处，在电压的波节处则是电流的波腹处。

⑥ 在这些波腹与波节处，导线的输入阻抗均为纯电阻。

⑦ 对于长度为 $\lambda/4$ 的无损导线，终端短路相当于始端开路，终端开路相当于始端短路，导线的特性阻抗 $Z_c$ 为一纯电阻。对于小于 $\lambda/4$ 的无损导线，终端短路相当于一个电感，终端开路相当于一个电容，而且其电抗值随导线长度的改变可在很大范围内调节。

⑧ 若信号源内阻为 $Z_s$，负载阻抗为 $Z_L$，导线的特性阻抗为 $Z_c$，由 $Z_c = \sqrt{Z_s Z_L}$，可使用 $\lambda/4$ 的无损导线实现信号源与负载间的阻抗匹配。这时的导线相当于集总参数电路中作为阻抗变换的理想变压器。要调整 $Z_c$ 的值，可由选择导线的粗细和调节两导线间的距离来实现。若负载不是纯电阻，则这 $\lambda/4$ 导线应插在接负载的导线最靠近负载的电压波腹处或波节处，而不是将这 $\lambda/4$ 的导线直接与负载相联。

⑨ 对负载与主导线之间的匹配调节还可以应用小于 $\lambda/4$ 的无损短路线或开路线来进行，这一方法称为短截线阻抗匹配法。

通过上面对两平行导线（传输线）的分析应当知道，在进行 PCB 电路设计时，不能忽视阻抗匹配问题，也不能轻视网络布线对系统性能的影响，若布线不正确，不仅会造成阻抗的变化，其反射波还会在数字系统中引起脉冲方波的变形。在高速系统中，当布线长度达到信号波长的 1/10 时，会造成大量的信号辐射，对周围部件的信号形成耦合和串扰。

## 1.4.3 传输线上信号的完整性

当高速信号在印制电路板中的两条传输线上行进时，由于分布参数的作用，会产生传输时延，如图 1-37 所示。图 1-37 中假设输入脉冲信号的上升沿大约是 1.0ns，但由于分布电感和电容的作用，传输线上要经过 5.6in 的传输距离后才会达到高电平，在这段距离中各点的电压是不同的。而对于集总参数电路，线路中各点电压是不同的。传输线上信号达到高电平的传输长度 $l$、上升时间 $t_r$ 与单位时延 $T_d$ 间的关系如下：

$$l = \frac{t_r}{T_d}$$

(1-21)

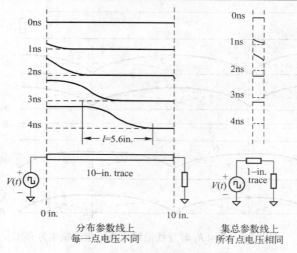

图 1-37　传输线上信号的时延

显然，$l$ 的距离越短越好，一般传输长度 $LEN$ 应小于这个距离的 1/6。即有

$$LEN < \frac{1}{6}\frac{t_r}{T_d} \tag{1-22}$$

图 1-37 还反映了信号传输过程中的另一问题，即信号传输的完整性问题。

信号完整性（Signal Integrity，SI）反映的是信号在传输线上的质量。在图 1-37 中，如果要在 $t < 6t_r$ 时间内获得信号，显然得不到完整的信号幅度。差的信号完整性不是由某一单一因素导致的，而是板级设计中多种因素共同造成的。当电路中信号能以要求的时序、持续时间和电压幅度到达 IC 时，该电路就有很好的信号完整性。

信号完整性问题反映在信号的误触发、阻尼振荡、过冲、欠冲等方面，PCB 上的信号反射、串扰、地弹等都可能是导致信号不完整的原因。

### 1. PCB 上的反射

PCB 上的传输线可看作是由铺铜线、过孔和绝缘电介质间组成的传导线路，并根据所用材料和规格的不同，有着不同的特性阻抗，如图 1-38 所示。如果要将 PCB 上的不同线路或元器件连接起来，就会涉及阻抗匹配问题，如果阻抗不匹配就会出现信号的反射。

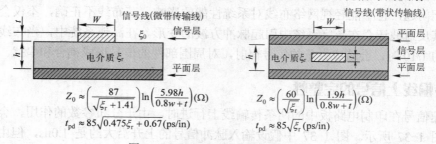

图 1-38　PCB 上传输线的特性阻抗

传输线上只要出现阻抗不连续点就会出现信号的反射现象，包括信号线的源端和负载端、过孔、走线分支点、走线的拐点等位置都可能存在阻抗变化，导致信号的反射。

通常所说的反射包括负载端反射和源端反射。负载端与传输线阻抗不匹配时会引起负载端反射，负载将一部分电压反射回源端。源端与传输线阻抗不匹配时会引起源端反射，由负载端反射回来的信号传到源端时，源端也会将部分电压再反射回负载端。这种信号在传输线上的来回反射造成了信号振铃现象，如果振铃的幅度过大，一方面可能造成信号电平的误判断，另一方面可能会对器件造成损坏。信号的反射过程如图 1-39 所示。其中 $A(\omega)$、$H_x(\omega)$、$T(\omega)$、$R_1(\omega)$、$R_2(\omega)$ 分别为输入端传输网络函数、传输线传输网络函数、输出端传输网络函数、输入端反射网络传输函数、输出端反射网络传输函数。从图 1-39 可见，一个阶梯信号在 PCB 上传输时，由于信号源端、负载端与传输线上的阻抗不匹配，经过多次的来回反射后，在负载上就出现了过冲和振铃信号。

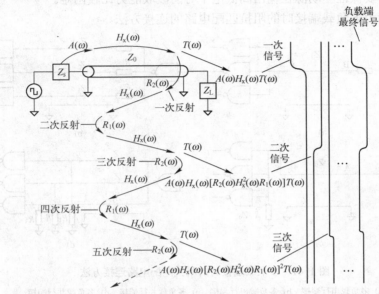

图 1-39　源端、负载端与传输线上的阻抗不匹配产生的反射

要改善或消除负载上的过冲和振铃信号，就应有 $Z_L = Z_0$，使 $R_2(\omega) = 0$，消除一次反射；$Z_S = Z_0$，使 $R_1(\omega) = 0$，消除二次反射。同时还应使 $LEN < \dfrac{1}{6}\dfrac{T_r}{t_{pd}}$，让传输线尽可能短。

通过在电路中添加串接或并接电阻的方法可使阻抗接近匹配，如图 1-40 所示。

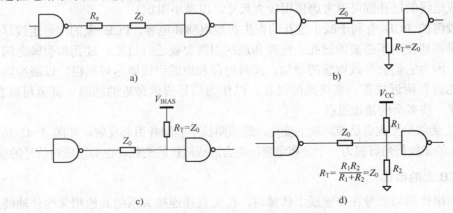

图 1-40　PCB 上传输线的特性阻抗

a) 简单串行端接　b) 简单并行端接　c) 有源并行端接　d) 戴维南（Thevenin）并行端接

　　图 1-40a 为简单串行端接，方法是在信号源端串接用于匹配的阻抗 $R_S$，所插入的串行电阻阻值加上驱动源的输出阻抗 $R_0$ 应该大于等于传输线阻抗（轻微过阻尼），即 $R_S \geqslant Z_0 - R_0$。图 1-40b 为简单并行端接，方法是在负载端并接用于匹配的阻抗 $R_T$，并使 $R_T = Z_0$。这种方法的特点是电路简单，但要保证足够大的高电平驱动电流，所以电流消耗大。图 1-40c 为分压器型端接，利用上下拉电阻构成端接来吸收反射。虽然降低了对器件驱动能力的要求，但 $R_1$ 和 $R_2$ 一直从系统电源中吸收电流，会增加系统的直流功耗。图 1-40d 的特点是电路简单，但选择 $V_{BIAS}$ 要保证驱动源在输出高低电平时的汲取能力比较困难。

　　图 1-41 所示为多负载端接时的阻抗匹配电路的连接方法。

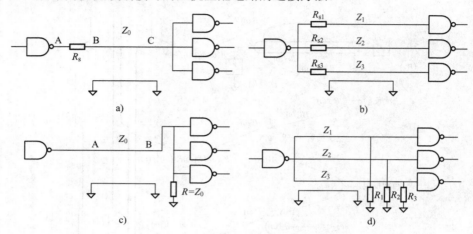

图 1-41　多负载端接时的阻抗匹配电路连接方法

a) 多负载串行端接　b) 多负载串行端接　c) 多负载并行端接　d) 多负载并行端接

　　PCB 上的过孔也有电感和电容，因此也有特性阻抗，也会造成对信号的反射。减小过孔影响的途径是从成本和信号质量两方面考虑，选择合理尺寸的过孔大小。如对 6～10 层的内存模块 PCB 设计来说，选用 10/20mil（钻孔/焊盘）的过孔较好，对于一些高密度的小尺寸的板子，也可以尝试使用 8/18mil 的过孔。目前技术条件下，很难使用更小尺寸的过孔了。对于电源或地线的过孔则可以考虑使用较大尺寸，以减小阻抗。

　　使用较薄的 PCB 有利于减小过孔的寄生参数电感和电容。PCB 上的信号走线尽量不换层，即尽量不要使用不必要的过孔。电源和地的引脚要就近打过孔，过孔和引脚之间的引线越短越好，因为它们会导致电感的增加。同时电源和地的引线要尽可能粗，以减少阻抗。在信号换层的过孔附近放置一些接地的过孔，以便为信号提供最近的回路。甚至可以在 PCB 上大量放置一些多余的接地过孔。

　　PCB 上走线分支也会造成阻抗的变化，造成阻抗不匹配并引起反射，如图 1-42 所示。此外，PCB 上的走线拐角可视为一个分布电容，也会造成阻抗的变化，也会造成对信号的反射。

## 2. PCB 上的串扰

　　信号的串扰指当信号在传输线上传播时，使无直接连接关系的其他相邻的传输线上由于电磁耦合作用而获得该信号，从而产生不期望的噪声干扰。当这种串扰发生在靠近信号源一端的其他传输线上时，称为近端串扰；这种串扰发生在靠近负载一端的其他传输线上时，称为远端串扰。过大的串扰可能引起电路的误触发，导致系统无法正常工作。串扰会随着印制电路板的走线密度增加而越显严重，如图 1-43 所示。

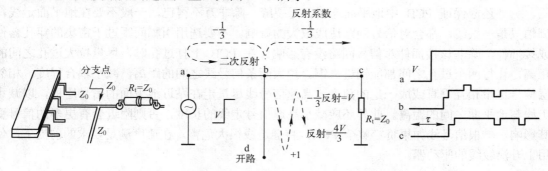

图 1-42　PCB 上传输线的特性阻抗

图 1-43a 为互感耦合作用对邻近传输线近端和远端的电磁耦合过程；在图 1-43b 中为当 A 点发出一个阶梯信号时，互感耦合作用在邻近传输线近端和远端造成的串扰信号的波形。类似地，图 1-43c 为互容耦合作用对邻近传输线近端和远端的电容耦合过程；图 1-43d 为当 A 点发出一个阶梯信号时，互容耦合作用在邻近传输线近端和远端造成的串扰信号的波形。

实际上，电感耦合与电容耦合在传输线上是同时存在的，并且 PCB 上会有许多的传输线，相互之间都会产生信号的串扰，串扰的最终大小是所有传输线产生的各种电感耦合与电容耦合的总合。在一般情况下，在有连续的地平面时，感性耦合串扰和容性耦合串扰大小很接近，正向串扰很可能抵消掉，而反向串扰则可能加强。带状传输线电感耦合和电容耦合比较平衡，所以正向耦合系数很小。微带传输线的容性耦合串扰要比感性的小一些，导致了有小的正向耦合系数。当 PCB 上的地平面不是很理想时，如地平面出现裂缝或地平面为栅格状等，感性串扰要比容性串扰大得多，所以正向串扰电压会大些，而且是负值。

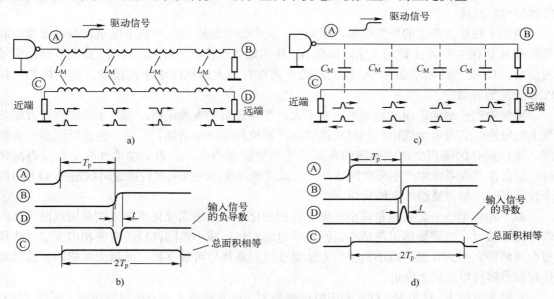

图 1-43　PCB 上信号耦合产生的串扰

a) 互感耦合过程　b) 互感耦合产生的近端和远端串扰　c) 互容耦合过程　d) 互容耦合产生的近端和远端串扰

为了减小串扰，可以在成本允许的情况下尽可能多地增加 PCB 上的地平面，如果无法拥有地平面，则应让 PCB 中的高速走线的信号回路尽量小，使串扰不至于造成数据的误码。另外还应保证 PCB 中地平面连续、无裂缝。除非万不得已，一般不要在地平面走线，哪怕只是一根线，都会对信号回路造成很大的影响。不要选用引脚间距过于密集的穿孔器件或接插件，除非该接插件对信号回路没有影响。在 PCB 上打过孔时，尽量拉大过孔之间的距离，让每两个过孔之间都能铺进去铜。拉大两条信号线之间的距离，减小耦合程度。相邻层信号尽量相互垂直或成一定的角度。高速信号线尽量走在贴近地平面的信号层里，以减小走线与地平面之间的距离。此外还应减小高速信号走线的长度，否则附近会有更多的信号受其影响。一根信号线如果贯穿整个 PCB，将会造成很大危害。在速度满足要求的前提下，使用上升沿较缓的驱动器。

### 3. 地弹的概念

地弹指芯片内部参考地电平相对于电路板参考地电平的漂移现象。当以电路板地为参考时，地弹导致芯片内部的地电平不断地跳动，因此形象地称之为地弹（ground bounce）。在器件输出端由一个状态跳变到另一个状态时，地弹现象会导致器件逻辑输入端产生毛刺。

低频时，地噪声主要是由于构成地线的导体有电阻，电路系统的电流都要流经地线，因而会产生电势差波动。高频时，地噪声主要是由于构成地线的导体有电感，电路系统的电流快速变化地经过这个电感时，电感两端激发出更强的电压扰动，从而引起地弹。图 1-44 所示为地弹的产生和影响。

地弹一般是针对 IC 而言。因为芯片内部的电路地和芯片的地引脚实际上是用一根很细的金线连接起来的，在这个金线上会形成相对较大的电感，导致芯片内部电路的地和与之相连接的 PCB 的地有强烈的电压差波动，并对 PCB 上的电路产生接地电源噪声，而且这个地弹引起的电源噪声不像 PCB 上的电源噪声可以通过增加去耦电容减弱，地弹引起的噪声不能通过电容滤除。

类似于芯片上产生的地弹现象，如果有一块印制电路板 B，一块主板 A，现在要将印制电路板 B 插在主板 A 上使用。这时如果 A、B 的地线连接点不够大，当 A、B 间有高速信号通信时，B 板上的地平面和 A 板上的地平面将有较大的地间电压差波动，这同样是一种 PCB 上的地弹效应。

地弹对产生地弹的驱动端电路影响不大，主要影响接收端电路，相当于叠加在接收端负载上的噪声。若有多个输出门同时转换状态，则地弹噪声将增加若干倍，也就是同步开关噪声。接地反弹的噪声会造成系统的逻辑功能产生错误动作，当驱动端器件输出信号有翻转时，就会在接收系统中产生噪声短脉冲。当系统的速度越快或同时转换逻辑状态的 I/O 引脚个数越多时，越容易造成接地反弹。

减小地弹电压一是要尽量减小回路电流的变化，降低边沿变化率和限制共用返回路径的信号路径数目；二是要尽可能减小返回路径电感，包括减小返回路径的自感和增大信号路径与返回路径之间的互感。减小自感的方法是使返回路径尽可能宽松，而增大互感即使返回路径和信号路径尽可能地靠近。

几种常见的 IC 封装中，DIP 的引线电感最大，而表贴技术的分布电感很小，采用 PLCC 封装技术通常会比 DIP 封装技术少 30%的地弹；然后是降低印制电路板的分布电感量，由于电感和导体的长度成正比，与宽度成反比，所以在印制电路板上地引线尽量用粗线，且直接通过过孔与内层地平面相连以减小走线长度。

地弹与负载电容成正比，所以应该尽量采用输入电容较小的器件。此外，电路设计时应尽量避免让某个逻辑门驱动太多的负载，因为在数字电路中多负载的容性是相加的。

应尽量采用上升沿变化缓的器件。地弹与器件引脚数 $N$ 成正比，所以在实际的数字系统中应尽量避免地址/数据总线出现图 1-44b 所示的由 FF 变成 00 的情况。当信号由全"1"高电平 FF 转换为全"0"低电平 00 时，会有较大地弹，这个地弹加到时钟信号上时，可能导致时钟信号的变形及相关电路的错误翻转。

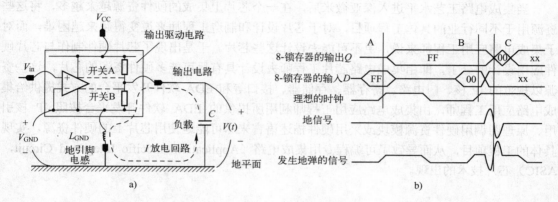

图 1-44　地弹的产生和影响

a) 地弹对负载电容 $C$ 的影响　　b) 地平面有地弹时对输出端时钟的影响

# 思考题

1．PN 结的形成原理和对外加电源的反映是什么？

2．如何在硅基上制作 MOS 晶体管？

3．评价集成电路性能的指标有哪些？解释它们各自的含义。

4．不同类型的 MOS 晶体管的工作原理有哪些异同？

5．不同类型的 MOS 晶体管是如何实现开关功能和逻辑功能的？各自的特点是什么？

6．设计数字集成电路时为什么要按分级方式来进行？各级设计的特点是什么？

7．什么是 SoC？SoC 涉及哪些技术？

8．什么是 IP 核？IP 核有哪些种类？各自的特点是什么？

9．什么是传输线？传输线负载阻抗不等于传输线的特性阻抗时，沿线的电压是如何分布的？

10．PCB 传输线上信号的完整性问题包括哪些内容？试述它们各自对系统性能的影响。

# 第 2 章　可编程 ASIC 芯片技术

　　当集成电路工艺水平进入深亚微米后，在一个芯片上集成的硬件资源越来越多，将这些资源用于不同行业的具体工程项目，对于芯片设计和制造工程师来说变得越来越困难，而对于集成电路应用工程师来说，更不可能去设计这些芯片。于是出现了芯片硬件制作与芯片硬件应用设计的分工，即由集成电路芯片工程师去设计具有尽可能多硬件资源的芯片，这些资源以规范的 IP 核、门电路、寄存器、存储器、接口等和 EDA 软件开发平台的方式提供给集成电路应用工程师，由集成电路应用工程师利用所提供的 EDA 软件开发平台按照 IP 核引用、原理图调用硬件资源模块或采用硬件描述语言来尽可能地使用芯片上的硬件资源，实现具体的工程项目，从而导致了可编程专用集成电路（Application Specific Integrated Circuit，ASIC）芯片技术的出现。

## 2.1　ASIC 技术基础

　　当集成电路芯片工程师利用自己所掌握的集成电路知识去为某一工程项目设计专用芯片时，所得到的芯片是针对专门需求而具有特殊功能的芯片，这种芯片的功能是固定的，不能改做他用，这种芯片被称为专用集成电路。专用集成芯片的应用范围较窄，于是人们提出一些芯片资源不要太固定，给芯片预留一些灵活性，让用户可以根据实际需要，通过一定的方法来修改芯片的功能，使芯片更适合不同行业的需求。这样，原来的专用集成电路就开始向用户可编程专用集成电路方向发展。进一步，当这种满足某种需求的可编程专用集成电路批量使用后，再将其转换和简化为专用集成电路，这就成为目前集成电路发展的一种基本思路。

### 2.1.1　ASIC 器件的基本概念

#### 1. ASIC 与可编程 ASIC 的特点和区别

　　20 世纪 90 年代，人们可以把一个电子系统做到一个面积为平方毫米数量级的芯片上，自然而然地就出现了为完成某一专用任务而设计和生产的集成电路，即为特定功能而设计的 IC。最初，这种技术刚出现时是为了减少 PCB 体积、重量、功耗，增加系统的可靠性，后来就逐渐正式出现了专用集成电路（Application Specific Integrated Circuit，ASIC），以至于有人说，20 世纪 90 年代是 ASIC 时代，是否采用 ASIC 已成为检验电子产品高技术水平的一个重要标志。

　　ASIC 可以将需要许多芯片完成的工作集成到一个单独的、体积更小、速度更快的芯片模块上，以降低设计成本，同时提高了使用 ASIC 芯片的设备的运行速度。由于 ASIC 技术的长足进步，许多传统上需要由软件完成的功能现在都可以迁移到 ASIC 上。这意味着原来一些在时钟驱动下顺序执行的功能，可由众多的硬件并行完成。例如原来用一个 DSP 芯片的一个乘法累加器完成 512 点快速傅里叶变换（FastFourier Transform，FFT）的运算，需要顺序执行 512 个时钟，现在用具有 512 个乘法累加器的 FPGA 芯片来并行完成，则只需要 1 个时钟周期就可完成，这相当于将原来 DSP 芯片的运行速度提高了 512 倍。

受不断提高的硅片处理工艺的推动，ASIC 技术在密度上和性能上都有了较大的改进。例如 0.25μm ASIC 技术可以在一个单个 150MHz 芯片上支持 500 多万个门电路。一个门电路就是 ASIC 上的一个基本功能电路，并且门电路可按多种方式来布置。一个芯片上的门电路阵列以及门电路的数量可以决定 ASIC 的总体功能。

ASIC 产品可以以芯片的方式向用户提供，也可以以 ASIC 库的方式向用户提供。如 IBM 等 ASIC 厂商就提供基本 ASIC 库，其他厂商可以从中选用。过去像内存这类基本功能模块曾是标准的 ASIC 部件，而现在复杂的设计或 IP 核设计正被加入到许多 ASIC 厂商的计划之中。这些技术进步意味着，更多的功能被加入到硬件中，同时大大减少了处理周期和数量，增加了系统功能。与利用软件实现同样功能相比，使用 ASIC 可以将性能大大提高。

专用集成电路（ASIC）是针对通用集成电路（Universal Integrated Circuit，UIC）而言的。常见的通用集成电路包括诸如 DSP、ARM 处理器、各种微处理器、存储器、74 系列芯片、CMOS 等逻辑电路。

一般来说，ASIC 针对特定功能，采用的是相对封闭而集中的软硬件开发平台，如果要引入新的功能，必须重新设计 ASIC，这给需要修改系统功能的用户带来不便，从而导致可编程 ASIC 技术的出现。可编程 ASIC 将一些对性能要求高、重要的功能模块或者需要升级的功能置于可编程的电路层，大大增加了系统的灵活性，同时保护用户投资。

可编程 ASIC 是针对专用集成电路而言的，是在固定 ASIC 功能基础上增添了集成电路的可编程、可修改功能。因此可以这样定义可编程 ASIC：

可编程 ASIC 指可根据用户特定需要，由用户自己通过编程的方法，将集成电路的功能设定为指定的功能。因此可编程 ASIC 的功能是随应用而变的，出厂时芯片的硬件资源是确定的，但芯片的功能是不确定的，芯片具有用户可编程特性。

当用可编程 ASIC 芯片设计的系统量产后，可将简化后的可编程 ASIC 芯片资源和设计的系统固定下来，做成专用集成电路，然后进行量产以进一步降低成本。所以说，今天的可编程 ASIC 就是明天的 ASIC。

## 2. ASIC 的分类

ASIC 有数字的、模拟的及数/模混合的，因此可编程 ASIC 也有数字的、模拟的及数/模混合的。

1999 年 11 月 Lattice 公司推出了在系统可编程模拟电路，其典型产品为 ispPAC10/20 等。与可编程数字集成电路一样，在系统可编程模拟器件允许设计者使用开发软件，在计算机中设计、修改模拟电路，进行电路特性模拟，最后通过编程电缆将设计方案下载至芯片中。在系统可编程模拟器件可实现的功能包括信号调整（对信号进行放大、衰减、滤波）、信号处理（对信号进行求和、求差、积分运算）、信号转换（把数字信号转换成模拟信号）。由于模拟可编程 ASIC 中的模拟信号易受干扰和失真，故芯片生产和技术提升进展缓慢。

按 ASIC 的制造方法来分，ASIC 可分为三种：

1）全定制 ASIC，全定制（Full Custom）芯片的各层掩膜都是按特定电路功能专门制造的。

2）半定制 ASIC，半定制（Semi_Custom）芯片的单元电路由预制的门阵列组成，只是芯片最上层金属连线（掩膜）是按电路功能专门设计的。

3）可编程 ASIC，可编程 ASIC 芯片各层不需要定制任何掩膜，用户可由开发工具按照自己的设计对可编程器件进行编程，以实现特定的逻辑功能。

可编程 ASIC 器件根据结构的复杂程度不同可分为：

1）简单可编程器件（Simple Programmable Logic Devices，SPLD），包括：只读存储器（Programmable Read-Only Memory，PROM）、现场可编程逻辑阵列器件（Field Programmable Logic Array，FPLA）、可编程阵列逻辑（Programmable Array Logic，PAL）、通用阵列逻辑（General Array Logic，GAL）、可擦除可编程逻辑器件（Erasable Programmable Logic Device，EPLD）。

2）复杂可编程逻辑器件（Complex Programmable Logic Devices，CPLD）。

3）现场可编程门阵列器件（Field Programmable Gate Array，FPGA）。

### 3. 可编程 ASIC 芯片的特点

可编程 ASIC 芯片具有如下主要特点：

（1）工艺先进

目前的可编程 ASIC 芯片在工艺上采用深亚微米技术可达到 28nm，八层金属线。如 Xilinx 公司的 Zynq™系列 FPGA，将完整的 ARM® Cortex™-A9 MPCore 处理器片上系统与 28nm 低功耗可编程逻辑紧密集成在一起，可以帮助系统架构师和嵌入式软件开发人员扩展、定制、优化系统，并实现系统级的差异化。

（2）有利于芯片研发

采用可编程 ASIC，半导体制造厂家可按照一定的规格，以通用器件的方式大量地生产，用户可按通用器件从市场上选购，再由用户自己通过编程实现 ASIC 的要求，因此对厂家和用户都有好处。

（3）有用户可编程特性

1984 年 Xilinx 公司发明了 FPGA，随后出现了 CPLD，这些器件由于具有用户可编程特性，使得电子系统的设计者利用与器件相应的 CAD 软件，在办公室或实验室里就可以设计自己的 ASIC 器件，实现用户规定的各种专门用途。这些不仅使设计的电子产品达到小型化、集成化和高可靠性，而且器件的用户可编程特性大大缩短了设计周期，减少了设计费用，降低了设计风险。

### 4. 可编程 ASIC 芯片对电子系统设计的影响

在过去，数字系统产品的设计基本电路一直是先选用标准通用集成电路芯片，如 74 系列、40 系列、45 系列 CMOS 等，再由这些芯片和其他元件由下而上地构成电路、子系统及大系统，先由实验板、PCB 经过逐次试凑法来完成。这样设计出来的电子系统所用元件的种类和数量均较多，体积和功耗大，可靠性差，设计周期长。如果按一个工程师每天处理 100 个门电路来计算，一个人设计百万门的电路将耗费掉数百年的时间。另一方面，产品研发周期不断缩短。MSI 的 ASIC 电路的设计时间为 2～3 个月，复杂 CPU 电路的设计时间约为 1 年。产品面市时间每晚 2～3 个月意味着产品生命周期的利润总和降低 50%，产品面市时间的长短是公司生存的关键。

与此同时，电子系统的设计方法也由过去那种集成电路厂家提供通用芯片的自下而上（Bottom-up）的试凑设计方法改变为一种新的自上而下（Top-dowm）的设计方法。在这种设计方法中，对整个系统进行功能划分，按一定原则，将系统分成若干子系统，再将每个子系统分成若干功能模块，直至分成许多基本模块。在划分过程中，重要的思路是将系统或子系统按计算机组成结构那样划分成控制器和若干受控的功能模块，受控模块通常是人们所熟悉的各种功能电路，无论是采用现成模块还是自行设计都有一些固定方法可依。余下的主要任务是设计控制器，这个控制器通常为时序模块设计，这样就把一个复杂的系统设计任务简化为一个较小规模的时序模块的设计问题，简化了设计的难度和复杂程度。

此外，可编程 ASIC 一般还具有静态可重复编程或在系统动态重构（实时改变系统功能）的特性，使得硬件的功能可以像软件一样通过编程来修改，不仅使设计修改、产品升级变得十分方便，而且极大地提高了电子系统的灵活性和通用能力。

由于这种在系统可编程的特点，可编程 ASIC 受到电子设计工程师的普遍欢迎，应用日益广泛。另外，由于结构、工艺和计算机技术的改进，可编程 ASIC 芯片包含的资源越来越丰富，可实现的功能也越来越强，并促进了电子系统设计方法的不断进步。比如，可以很容易在 ASIC 上形成一个单片机、DSP、微处理器、RAM/ROM 等。

目前可编程 ASIC 芯片制造技术主要掌握在国外 ASIC 芯片厂家手中，包括 Xilinx、Altera、Actel、Cypress 和 QuickLogic 等少数公司，国内更多的公司是应用这些国外公司的芯片进行自己产品的设计，只有一些有实力的大公司开始从事自己的可编程 ASIC 芯片开发。

## 2.1.2 可编程 ASIC 系统的设计方法

随着工艺和结构的改进，可编程 ASIC 器件规模不断增大，内部资源越来越丰富，这既为实现高性能电子系统的集成提供了可能，也使得可编程 ASIC 的设计变得更加复杂。对于一个数万门以上的可编程逻辑芯片，门级电路原理图设计方法变得十分麻烦、低效。在这种情况下，催生了可编程 ASIC 软件开发平台，使可编程 ASIC 芯片应用系统工程师能在掌握开发平台使用方法的基础上，快速方便地进行自己的项目开发。

### 1. 可编程 ASIC 设计方法的分类

目前可进行可编程 ASIC 器件开发的应用软件平台有 Xilinx、Altera、Actel、Synopsys、Cadence、Mentor Graphics、Mathworks 等公司的软件产品。尽管这些公司软件各有特色，归集起来可编程 ASIC 系统的设计方法有如下几种。

（1）原理图设计法

原理图设计法是利用公司所提供的有一定功能的元件库，设计者在设计界面的原理图设计界面上调用这些元件或模块，用鼠标将其布放到适当位置，然后用单线或总线将它们连接起来，完成总体系统功能。这种设计的优点是设计简单、直观、效率高。缺点是当系统较复杂时，太多的元件会使元件和连线布放显得紊乱，导致出错。解决的方法是采用分层设计的方法，先将要设计的局部电路做成各个模块元件，供上层调用，然后再将其集成为一个模块供更上层调用，使设计的每一层元件不致太多、太复杂。如 Xilinx 公司的 Xilinx ISE、Altera 公司的 Quartus II、Mathworks 公司的 MATLAB 等都提供了这种设计方法。

（2）IP 核设计法

为了方便用户设计，一般可编程 ASIC 器件开发软件平台都向用户提供一些基本的 IP 核，方便用户直接调用。这些 IP 核为用户提供了必要的接口，使用者只需要了解这些接口的使用方法和参数设置方法，就可以将通用的 IP 核变为满足自己要求的专用功能模块。这种设计的优点是设计简单，可直接利用 IP 核完成十分复杂的功能模块的设计，而且这些 IP 核都是经过反复验证的，使用可靠。如可直接调用具有 TCP/IP 的 IP 核模块完成网络接口设计。IP 核设计法的缺点是需要对所要调用的 IP 核模块的功能和接口参数进行了解和掌握，另一问题就是许多 IP 核不是免费的，必须交费后 IP 核模块才能被激活供用户使用或下载。

（3）状态机设计法

许多公司的开发工具向用户提供状态机设计法。采用状态机设计法时用户不必关心系统内部电路是如何工作的，采用了哪些元件，这些元件是怎样连接的。用户只需要清楚所设计的系统在什么条件下应当处于什么状态，在什么条件下这些状态发生迁移，迁移后的输出结果是什么就行了。设计时只需要在状态机设计界面上布放所需状态，画出状态迁移连线，设置状态迁移的输入/输出条件即可。因此这种设计方法对电路不太了解的工程师也能进行可编程 ASIC 系统设计，对设计者要求较低。状态机设计法的难点是如何确定状态和这些状态的迁移条件，这需要对系统工作过程有较为清晰的了解。

（4）菜单选取设计法

菜单选取设计法常用在嵌入式系统的设计中。当一个应用系统要用到嵌入式 CPU 时，通常会涉及对存储器、总线、外围接口，以及对操作系统的使用，这时前述几种设计方法就显得有点困难，于是有的公司就提供了通过用户顺序选取预先设计好的菜单中的各种选项，然后由开发平台自动生成应用系统，从而简化用户对复杂系统的设计。这种设计常常包含对操作系统的设计，由于要将一个操作系统放入有限资源的芯片中，常用的操作系统为 μC/OS-II。但是这种设计方法的缺点是比较死板，可供用户选择的灵活性较低。

（5）程序语言设计法

程序语言设计法是一种最常用的设计方法，一般的可编程 ASIC 系统开发工具都提供这种设计方法。在利用程序语言进行设计时，使用最多的是采用硬件描述语言进行设计，包括 VHDL 和 Verilog 语言，也有用 C、C++或 System C 语言进行设计的。利用程序进行系统功能描述最具设计的灵活性，尤其在控制系统中能很好地将系统的功能清楚地表达出来，充分地利用芯片的硬件资源，设计效率高。有的公司还为用户提供规范的语言模块，方便用户直接调用。但这种设计要求设计者必须较好地掌握语言规定的各种语法现象，有一定的经验积累。

在对一个复杂的可编程 ASIC 应用系统的设计中，实际上可能同时使用上述几种设计方法，充分利用这些方法各自的特点，提高设计效率。通常采用自上而下的设计方法，将系统按功能和特点的不同分为许多子系统，每个子系统被设计为相应的功能模块，然后供顶层调用，不同的模块可以用不同的方法来设计，并且可能被其他设计者共享。采用这种设计方法可将一个巨大的复杂系统分解为许多简单系统的集合，由众多的工程师共同完成，从而缩短产品的研发时间。

**2. 可编程 ASIC 系统的设计流程**

不同公司的可编程 ASIC 开发软件有不同的设计流程，这里以 Xilinx 公司的集成软件平台（Integrated Software Environment，ISE）为例说明设计的一般思路。

利用 Xilinx 公司的 ISE 开发设计软件进行工程设计的流程，可分为六个步骤：图形或文本输入（Design Entry）、验证（Verification）、约束（Contraints）、综合（Synthesis）、实现（Implementation）、下载（Download）。

（1）图形或文本输入（Design Entry）

图形或文本输入包括原理图、状态机、IP 核、波形输入、硬件描述语言（HDL），是工程设计的第一步。ISE 集成的设计工具主要包括 HDL 编辑器（HDL Editor）、状态机编辑器（StateCAD）、原理图编辑器（ECS）、IP 核生成器（CoreGenerator）和测试激励生成器（HDL Bencher）等。

ISE 常用的设计输入方法是硬件描述语言、原理图和 IP 核输入，波形输入及状态机输入方法作为辅助设计输入方法来使用。原理图输入利用元件库的图形符号和连接线在 ISE 软件的图形编辑器来设计原理图，ISE 中配置了大量的电路元件库，包括各种门电路、触发器、锁存器、计数器、各种中规模电路、各种功能较强的宏功能块等，用户只要单击这些器件就能调入图形编辑器中。这种方法直观、便于理解、元件库资源丰富。但在大型设计中可维护性差，不利于模块建设与重用，尤其是当所选用芯片升级换代后，所有的原理图都要做相应的改动。故在大型工程设计中，常用 HDL 设计输入法，利用自顶向下设计，方便模块功能的划分与复用，可移植性好，通用性强，设计不因芯片的工艺和结构的变化而变化，更利于向 ASIC 的移植。使用波形输入法时，只要绘制出激励波形的输出波形，ISE 软件就能自动地根据响应关系进行设计。在使用状态机输入时，只需设计者画出状态转移图，ISE 软件就能生成相应的 HDL 代码或原理图。其中 ISE 工具包中的 StateCAD 就能完成状态机输入的功能。

（2）验证（Verification）

为了验证设计功能的正确性，可以用 Xilinx ISE 自带的仿真工具，也可以用第三方软件进行仿真，常用的工具如 Model Tech 公司的仿真工具 ModelSim、测试激励生成器 HDL Bencher 和 Synopsys 公司的 VCS 等。验证包含综合后仿真和功能仿真（Simulation）等。功能仿真就是对设计电路的逻辑功能进行模拟测试，看其是否满足设计要求，通常是通过波形图直观地显示输入信号与输出信号之间的关系。综合后仿真在针对目标器件进行适配之后进行，综合后仿真接近真实器件的特性进行，能精确给出输入与输出之间的信号延时数据。通过仿真能及时发现设计中的错误，加快设计进度，提高设计的可靠性。每个仿真步骤如果出现问题，就需要根据错误的定位返回到相应的步骤更改或者重新设计。

（3）约束（Contraints）

约束包括芯片对外引脚的约束、传输路径的约束和对时序的约束。通过引脚的约束，可使芯片中可供用户自由使用的引脚被用户定义作为输入、输出或双向引脚，并定义各引脚的名称，使其与芯片内部的信号连接起来。传输路径的约束用于对某些路径的传输时延做出限制，改善系统的总体性能。对时序的约束可满足芯片中不同功能模块对时钟信号的差别化要求。

（4）综合（Synthesis）

综合是将行为和功能层次表达的电子系统转化为低层次模块的组合。一般来说，综合是针对 VHDL 来说的，即将 VHDL 描述的模型、算法、行为和功能描述转换为与可编程 ASIC 芯片基本结构相对应的网表文件，即构成对应的映射关系。在 Xilinx ISE 中，综合工具主要有 Synplicity 公司的 Synplify/Synplify Pro、Synopsys 公司的 FPGA Compiler II/ Express、Exemplar Logic 公司的 LeonardoSpectrum 和 Xilinx ISE 中的 XST 等，它们是指将 HDL 语言、原理图等设计输入翻译成由与、或、非门，RAM，寄存器等基本逻辑单元组成的逻辑连接（网表），并根据目标与要求优化所形成的逻辑连接，输出 edf 和 edn 等文件，供可编程 ASIC 芯片厂家的布局布线器进行实现。

（5）实现（Implementation）

实现是根据所选的芯片的型号将综合输出的逻辑网表适配到具体器件上。Xilinx ISE 的实现过程分为：翻译（Translate）、映射（Map）、布局布线（Place & Route）3 个步骤。ISE 集成的实现工具主要有约束编辑器（Constraints Editor）、引脚与区域约束编辑器（PACE）、时序分析器（Timing Analyzer）、FPGA 底层编辑器（FGPA Editor）、芯片观察窗（Chip Viewer）和布局规划器（Floor Planner）等。

（6）下载（Download）

下载是编程（Program）设计开发的最后步骤，是将已经仿真和实现的程序，以位流文件的方式下载到开发板上进行在线调试，或将生成的配置文件写入芯片中进行测试。在 ISE 中对应的工具是 iMPACT。

## 2.1.3　边界扫描测试技术

由于芯片的外形尺寸越来越小，而集成度却越来越高，用常规的测试方法对芯片进行测试的难度越来越大。1985 年欧洲的联合测试行动组（Joint European Test Action Group，JETAG）提出了边界扫描测试标准，后由 IEEE 于 1990 年采用，定为 IEEE 1149.1 标准，故边界扫描测试技术标准又被称为 JTAG（Joint Test Action Group）技术标准。

### 1. 边界扫描测试技术的基本概念

边界扫描测试技术的基本思想是在芯片核部分与引脚之间增加移位寄存器单元，利用这些单元进行数据的输入和输出、检测引脚状态和下载程序。因为这些移位寄存器单元都分布在芯片周围的边界上，所以被称为边界扫描寄存器单元（Boundary-Scan Register Cell，BSR）。图 2-1 所示为包含边界扫描寄存器和测试控制器（TAP 控制器）的芯片结构。图 2-2 所示为包含边界扫描寄存器和测试控制的芯片结构。

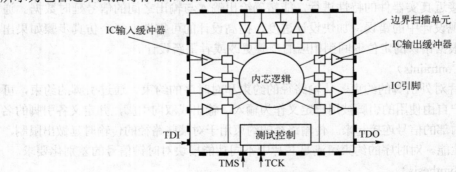

图 2-1　包含边界扫描寄存器和测试控制的芯片结构

当芯片处于调试状态时，这些边界扫描寄存器可以将芯片和外围的输入、输出隔开。通过这些边界扫描寄存器单元，可以实现对芯片输入、输出信号的观察和控制。对于芯片的输入引脚，可以通过与之相连的边界扫描寄存器单元把数据加载到该引脚中去；对于芯片的输出引脚，也可以通过与之相连的边界扫描寄存器捕获（CAPTURE）该引脚上的输出信号。

在正常的运行状态下，这些边界扫描寄存器对芯片来说是透明的，所以正常的运行不会受到任何影响。这样，边界扫描寄存器提供了一个便捷的方式用以观测和控制所需调试的芯片。另外，芯片输入、输出引脚上的边界扫描移位寄存器单元可以相互连接起来，在芯片的周围形成一个边界扫描链（Boundary-Scan Chain）。一般的芯片都会提供几条独立的边界扫描链，用来实现完整的测试功能。边界扫描链可以串行地进行输入和输出，通过相应的时钟信号和控制信号，就可以方便地观察和控制处在调试状态下的芯片。

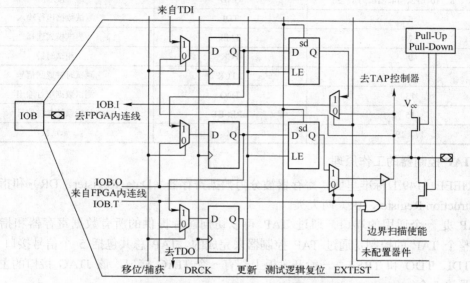

图 2-2　含有 TAP 输入的 IOB 所涉及的边界扫描逻辑电路

　　JTAG 标准主要用于芯片内部测试及对系统进行仿真、调试，JTAG 技术是一种嵌入式调试技术，它在芯片内部封装了专门的测试访问口测试电路（Test Access Port，TAP），通过专用的 JTAG 测试工具对内部节点进行测试。所有 JTAG 测试功能都仅需一组四线（TMS、TCK、TDI、TDO）或五线（TMS、TCK、TDI、TDO、nTRST）的接口及相应的软件即能完成。利用 JTAG 能测试芯片内部与引脚的连接、电路板的连接情况及正确性。目前大多数比较复杂的器件都支持 JTAG 协议，如 ARM、DSP、FPGA、CPLD 器件等。

　　目前 JTAG 接口的连接有 14 针接口和 20 针接口两种标准，其定义分别见表 2-1、表 2-2。

表 2-1　14 针 JTAG 接口定义的引脚名称

| 引脚编号 | 引脚名称 | 引脚功能 |
| --- | --- | --- |
| 1、13 | VCC | 接电源 |
| 2、4、6、8、10、14 | GND | 接地 |
| 3 | nTRST | 测试系统复位信号 |
| 5 | TDI | 测试数据串行输入 |
| 7 | TMS | 测试模式选择 |
| 9 | TCK | 测试时钟 |
| 11 | TDO | 测试数据串行输出 |
| 12 | NC | 未连接 |

表 2-2　20 针 JTAG 接口定义的引脚名称

| 引脚编号 | 引脚名称 | 引脚功能 |
|---|---|---|
| 1 | VTref | 目标板参考电压，接电源 |
| 2 | VCC | 接电源 |
| 3 | nTRST | 测试系统复位信号 |
| 4、6 、8、10、12、14、16、18、20 | GND | 接地 |
| 5 | TDI | 测试数据串行输入 |
| 7 | TMS | 测试模式选择 |
| 9 | TCK | 测试时钟 |
| 11 | RTCK | 测试时钟返回信号 |
| 13 | TDO | 测试数据串行输出 |
| 15 | nRESET | 目标系统复位信号 |
| 17、19 | NC | 未连接 |

**2. TAP 控制器的工作原理**

在 IEEE 1149.1 标准里面，寄存器被分为数据寄存器（Data Register，DR）和指令寄存器（Instruction Register，IR）两大类。

TAP 是一个通用的端口，通过 TAP 可以访问芯片提供的所有数据寄存器和指令寄存器。对整个 TAP 的控制是通过 TAP 控制器来完成的。TAP 总共包括 5 个信号接口 TCK、TMS、TDI、TDO 和 TRST。一般开发板上都有一个 JTAG 接口，该 JTAG 接口的主要信号接口就是这 5 个。

1）TCK（Test Clock Input）。TCK 为 TAP 的操作提供了一个独立的、基本的时钟信号，TAP 的所有操作都是通过这个时钟信号来驱动的。TCK 在 IEEE 1149.1 标准里是强制要求的。

2）TMS（Test Mode Selection Input）。TMS 信号用来控制 TAP 状态机的转换，通过 TMS 信号，可以控制 TAP 在不同的状态间相互转换，TMS 信号在 TCK 的上升沿有效。TMS 在 IEEE 1149.1 标准里是强制要求的。

3）TDI（Test Data Input）。TDI 是数据输入接口，所有要输入到特定寄存器的数据都是在 TCK 驱动下，通过 TDI 接口逐位串行输入。TDI 在 IEEE 1149.1 标准里是强制要求的。

4）TDO（Test Data Output）。TDO 是数据输出接口，所有要从特定的寄存器中输出的数据都是在 TCK 驱动下，通过 TDO 接口逐位串行输出。TDO 在 IEEE 1149.1 标准里是强制要求的。

5）TRST（Test Reset Input）。TRST 可以用来对 TAP 控制器进行初始化复位。这个信号接口在 IEEE 1149.1 标准里是可选的。

通过 TAP 接口，对数据寄存器进行访问的一般过程是：通过指令寄存器，选定一个需要访问的数据寄存器，把选定的数据寄存器连接到 TDI 和 TDO 之间，在 TCK 上升沿驱动下，通过 TDI 把需要的数据输入到选定的数据寄存器当中去，并将选定的数据寄存器中的数据通过 TDO 读出来。

TAP 控制器的工作原理可通过 TAP 控制器工作的状态机来进行说明。TAP 的状态机如图 2-3 所示，总共有 16 个状态。在图 2-3 中，每个六边形表示一个状态，六边形中标有该状态的名称和标识代码，图中的箭头表示 TAP 控制器内部所有可能的状态转换流程。在 TCK 的驱动下，从当前状态到下一个状态的转换由 TMS 信号决定。下面对图 2-3 中的主要状态进行说明。

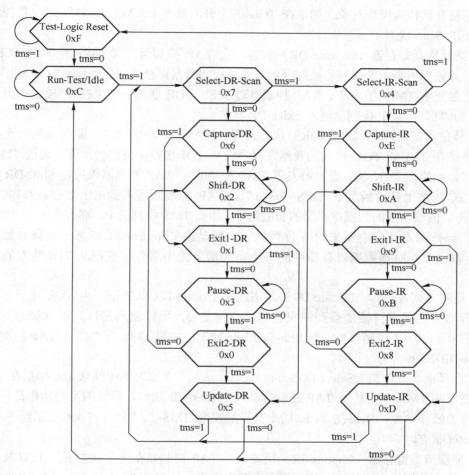

图 2-3　TAP 控制器的状态转移

1）测试逻辑复位（Test-Logic Reset）状态。系统上电后，TAP 控制器自动进入该状态。在该状态下，测试部分的逻辑电路全部被禁用，以保证芯片核心逻辑电路的正常工作。通过 TRST 信号也可以对测试逻辑电路进行复位，使得 TAP 控制器进入 Test-Logic Reset 状态。如果在 TMS 上连续加 5 个 TCK 脉冲宽度的"1"信号也可以对测试逻辑电路进行复位，故 TRST 是可选信号接口。在该状态下，如果 TMS 一直保持为"1"，TAP 控制器将保持在 Test-Logic Reset 状态下；如果在 TCK 的上升沿触发下 TMS 由"1"变为"0"，将使 TAP 控制器进入 Run-Test/Idle 状态。

2）运行测试/空闲（Run-Test/Idle）状态。这是 TAP 控制器在不同操作间的一个中间状态。这个状态下的动作取决于当前指令寄存器中的指令。有些指令会在该状态下执行一定的操作，而有些指令在该状态下不需要执行任何操作。在该状态下，如果 TMS 一直保持为"0"，TAP 控制器将一直保持在 Run-Test/Idle 状态下；如果在 TCK 的上升沿触发下 TMS 由

"0" 变为 "1"，将使 TAP 控制器进入 Select-DR-Scan 状态。

3）选择数据寄存器扫描（Select-DR-Scan）状态。这是一个临时的中间状态。如果在 TCK 的上升沿触发下 TMS 为 "0"，TAP 控制器进入 Capture-DR 状态，后续的系列动作都将以数据寄存器作为操作对象；如果在 TCK 的上升沿触发下 TMS 为 "1"，TAP 控制器进入 Select-IR-Scan 状态。

4）捕获数据寄存器（Capture-DR）状态。当 TAP 控制器在这个状态中，在 TCK 的上升沿，芯片输出引脚上的信号将被捕获到与之对应的数据寄存器的各个单元中。如果在 TCK 的上升沿触发下 TMS 为 "0"，TAP 控制器进入 Shift-DR 状态；如果在 TCK 的上升沿触发下 TMS 为 "1"，TAP 控制器进入 Exit1-DR 状态。

5）移位数据寄存器（Shift-DR）状态。在这个状态中，由 TCK 驱动，每一个时钟周期，被连接在 TDI 和 TDO 之间的数据寄存器将从 TDI 接收一位数据，同时通过 TDO 输出一位数据。如果在 TCK 的上升沿触发下 TMS 为 "0"，TAP 控制器保持在 Shift-DR 状态；如果在 TCK 的上升沿触发下 TMS 为 "1"，TAP 控制器进入到退出数据寄存器（Exit1-DR）状态。假设当前的数据寄存器的长度为 6。如果 TMS 保持为 0，那么在 6 个 TCK 时钟周期后，该数据寄存器中原来的 6 位数据（一般是在 Capture-DR 状态中捕获的数据）将从 TDO 输出；同时该数据寄存器中的每个寄存器单元中将分别获得从 TDI 输入的 6 位新数据。

6）更新数据寄存器（Update-DR）状态。在 Update-DR 状态下，由 TCK 上升沿驱动，数据寄存器中的数据将被加载到相应的芯片引脚上去，用以驱动芯片。在该状态下，如果 TMS 为 "0"，TAP 控制器将回到 Run-Test/Idle 状态；如果 TMS 为 "1"，TAP 控制器将进入 Select-DR-Scan 状态。

7）选择指令寄存器（Select-IR-Scan）状态。这是一个临时的中间状态。如果在 TCK 的上升沿触发则 TMS 为 "0"，TAP 控制器进入 Capture-IR 状态，后续的系列动作都将以指令寄存器作为操作对象；如果在 TCK 的上升沿触发则 TMS 为 "1"，TAP 控制器进入 Test-Logic Reset 状态。

8）捕获指令寄存器（Capture-IR）状态。当 TAP 控制器在这个状态下，在 TCK 的上升沿，一个特定的逻辑序列将被装载到指令寄存器中去。如果在 TCK 的上升沿触发则 TMS 为 "0"，TAP 控制器进入 Shift-IR 状态；如果在 TCK 的上升沿触发则 TMS 为 "1"，TAP 控制器进入 Exit1-IR 状态。

9）移位指令寄存器（Shift-IR）状态。在这个状态中，由 TCK 驱动，每一个时钟周期，被连接在 TDI 和 TDO 之间的指令寄存器将从 TDI 接收一位数据，同时通过 TDO 输出一位数据。如果在 TCK 的上升沿触发则 TMS 为 "0"，TAP 控制器保持在 Shift-IR 状态；如果在 TCK 的上升沿触发则 TMS 为 "1"，TAP 控制器进入到 Exit1-IR 状态。假设指令寄存器的长度为 6bit。如果 TMS 保持为 0，那在 6 个 TCK 时钟周期后，指令寄存器中原来的 6bit 长的特定逻辑序列（在 Capture-IR 状态中捕获的特定逻辑序列）将从 TDO 输出，该特定的逻辑序列可以用来判断操作是否正确；同时指令寄存器将获得从 TDI 输入的一个 6bit 长的新指令。

10）更新指令寄存器（Update-IR）状态。在这个状态中，在 Shift-IR 状态下输入的新指令将被用来更新指令寄存器。

下面通过一个更直观的例子来说明 TAP 控制器对数据寄存器进行访问的工作过程。假设 TAP 控制器现在处在 Run-Test/Idle 状态，指令寄存器中已经成功地写入了一条新的指令，该指令选定的是一条长度为 6bit 的边界扫描链。图 2-4 所示为测试芯片及其被当前指令选定的长度为 6bit 的边界扫描链。由图 2-4 可以看出，当前选择的边界扫描链由 6 个边界扫描移位寄存器单元组成，并且被连接在 TDI 和 TDO 之间。TCK 时钟信号与每个边界扫描移位寄存器单元相连。每个时钟周期可以驱动边界扫描链的数据由 TDI 到 TDO 的方向移动一位，使新的数据可以通过 TDI 输入一位，边界扫描链的数据可以通过 TDO 输出一位。经过 6 个时钟周期，就可以完全更新边界扫描链里的数据，而且可以将边界扫描链里捕获的 6 位数据通过 TDO 全部移出来。

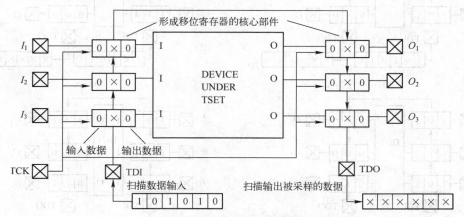

图 2-4　测试芯片及其当前选定的边界扫描链

图 2-5 表示了边界扫描链的访问过程。图 2-5a 为芯片和边界扫描链的初始化状态，在测试状态下，芯片的外部输入和输出被隔离开了，芯片的输入和输出可以通过相应的边界扫描链来观察和控制。在图 2-5a 中，扫描链里的每个移位寄存器单元的数据在开始时是不确定的，在图中用×表示，整个扫描链里的数据序列是××××××。假定要从 TDI 输入到测试芯片上的数据序列是 101010，同时要从 TDO 得到芯片相应引脚上的信号状态。现在 TAP 控制器从 Run-Test/Idle 状态经过 Select-DR-Scan 状态进入到 Capture-DR 状态，在 Capture-DR 状态当中，在一个 TCK 时钟的驱动下，芯片引脚上的信号状态全部被捕获到相应的边界扫描移位寄存器单元当中，如图 2-5b 所示。从图 2-5b 可以看出，在进入 Capture-DR 状态后，经过一个 TCK 时钟周期，现在扫描链中的数据序列变成了 111000。在数据捕获完成以后，从 Capture-DR 状态进入到 Shift-DR 状态。在 Shift-DR 状态中，将通过 6 个 TCK 时钟周期来把新的数据序列（101010）通过 TDI 输入到边界扫描链当中去。并将边界扫描链中捕获的数据序列（111000）通过 TDO 输出。在进入到 Shift-DR 状态后，每经过一个 TCK 时钟驱动，边界扫描链从 TDO 输出一位数据，从 TDI 接收一位新的数据。在后续的 TCK 时钟驱动下，这个过程一直继续下去。图 2-5c 所示的是在经过 6 个 TCK 时钟周期以后扫描链的情况。在图 2-5c 中，边界扫描链中已经包含了新的数据序列 101010，而经过 6 个 TCK 时钟驱动以后，在 TDO 端也接收到了在 Capture-DR 状态下捕获到的数据序列 111000。到目前为止，虽然扫描链当中包含了新的数据序列 101010，但测试芯片的引脚上的状态还是保持为 111000。接下来需要更新测试芯片相应引脚上的信号状态。为此 TAP 控制器从 Shift-DR 状态经 Exit1-DR 状态进入到 Update-DR 状态。在 Update-DR 状态中，经过一个周期的 TCK 时

钟驱动，边界扫描链中的新数据序列将被加载到测试芯片的相应引脚上去，如图 2-5d 所示。从图 2-5d 可以看出，测试芯片的状态已经被更新，相应引脚上的状态序列已经从 111000 变为 101010。最后从 Update-DR 状态回到 Run-Test/Idle 状态，完成对选定的边界扫描链的访问。

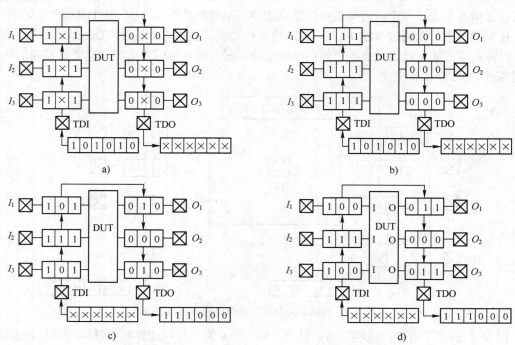

图 2-5    TAP 控制器的状态转移

a) 初始化状态    b) CAPTURE-DR    c) SHIFT-DR+6TCK    d) UPDATE-DR

本例讨论了边界扫描链的访问过程，对其他的数据寄存器、指令寄存器的访问过程与此类似。要实现对指令寄存器的访问，不同的是 TAP 控制器必须经过不同的状态序列：Run-Test/Idle → Select-DR-Scan → Select-IR-Scan → Capture-IR → Shift-IR → Exit1-IR → Update-IR → Run-Test/Idle。

目前，大多数可编程 ASIC 器件中均有 JTAG 的可测试性和在系统可编程（In System Programming，ISP）功能。很多厂家的芯片产品均可直接利用器件的 JTAG 接口，编程可在 JTAG 的测试过程中实现。在可编程芯片内包含了边界扫描逻辑单元并支持所有的 JTAG 指令。

对于 ISP 功能，允许用户编程或再编程已固定在印制电路板上的器件，以便改进样机，更新制造流程，甚至可以对系统通过互联网进行远程遥控更新。大多数 CPLD 制造商已利用 JTAG 提供的四条引脚作为 ISP 开发平台，使 JTAG 成为 ISP 的一个标准，使用户的开发成本和效率更加优越。

## 2.2 PLD 的硬件结构

可编程 ASIC 芯片按实现逻辑功能所采用的技术的不同，分为可编程逻辑器件

（Programmable Logic Devices，PLD）和现场可编程门阵列器件（Field Programmable Gate Array，FPGA）。其中 PLD 根据其逻辑功能和结构的复杂程度不同，又分为早时期的简单可编程逻辑器件 SPLD 和现在普遍使用的复杂可编程逻辑器件 CPLD。SPLD 虽然资源少，功能简单，但价格低，目前仍有市场；CPLD 是目前应用最广的可编程逻辑器件，由于下载的程序是非易失性的，使用方便，随着价格的下降，有占据复杂度不是太高的大部分逻辑控制电路应用领域的趋势。

## 2.2.1 SPLD 的硬件结构

SPLD 是 20 世纪 70 年代发展起来的一种逻辑器件，其基本逻辑结构为与阵列和或阵列两级结构的器件，简称与或阵列，它能有效地实现"积之和"形式的布尔逻辑函数，其最终逻辑结构和功能由用户编程决定，图 2-6 所示为基本的 SPLD 的结构，包括输入缓冲、与阵列、或阵列、输出缓冲电路。早期的可编程 ASIC 逻辑器件，其基本结构包括 PROM、FPLA、PAL 和 GAL。

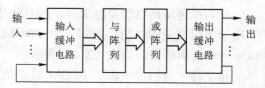

图 2-6 基本 SPLD 的结构

### 1. PROM 的硬件结构

最早出现的 SPLD 是可编程只读存储器 PROM。PROM 由固定连接的与阵列和可编程的或阵列组成。图 2-7a 所示为一个 8×3 的 PROM 的结构。这种结构中的与门阵列是全译码阵列，即输入项的每一种可能组合对应有一个乘积项。对于这种全译码阵列，若输入项数为 $n$，则与门数为 $2^n$ 个。这种结构的与门阵列可以做得很大，但阵列越大，与阵列的每个开关节点达到高电平的延迟时间越长，实现与功能的速度就越慢。另外，大多数逻辑函数不需要使用输入的全部可能组合，因为其中许多组合不会同时出现，这就使得 PROM 的与阵列不能得到充分利用。

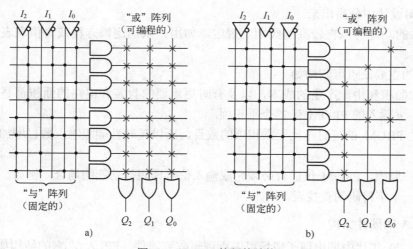

图 2-7 PROM 的硬件结构

用 PROM 实现组合逻辑的基本原理可从存储器和与或逻辑网络两个角度来理解。

从存储器的角度来看，只要把逻辑函数的真值表事先存入 PROM，便可用 PROM 实现该函数。

例如，将输入地址 $I_2$、$I_1$、$I_0$ 视为输入变量，而将 $Q_2$、$Q_1$、$Q_0$ 视为一组输出逻辑变量，则 $Q_2$、$Q_1$、$Q_0$ 就是 $I_2$、$I_1$、$I_0$ 的一组逻辑函数。例如，假定有式（2-1）的逻辑函数，则通过对 PROM 的或门电路进行编程，便可得到图 2-7b 所示的连接关系。

$$\begin{cases} Q_0 = \overline{I_2}\,\overline{I_1}\,\overline{I_0} + I_2\overline{I_1}\,\overline{I_0} \\ Q_1 = I_2\overline{I_1}\,\overline{I_0} + \overline{I_2}\,\overline{I_1}I_0 + \overline{I_2}I_1I_0 \\ Q_2 = \overline{I_2}I_1\overline{I_0} + I_2\overline{I_1}I_0 + I_2I_1\overline{I_0} + I_2I_1I_0 \end{cases} \tag{2-1}$$

由此可见，用 PROM 实现组合逻辑函数的方法是将逻辑函数的输入变量作为 PROM 的地址输入，将每组输出对应的函数值作为数据写入相应的存储单元中即可，这样按地址读出的数据便是相应的函数值。

从与或逻辑网络的角度来看，PROM 中的地址译码器形成了输入变量的所有最小项，即实现了逻辑变量的"与"运算。而 PROM 中的存储矩阵实现了最小项的"或"运算，即形成了各个逻辑函数，如式（2-1）所示。

基于这一分析，可以把 PROM 看作是一个与或阵列。如图 2-7b 中，与阵列中的小圆点表示固定连接点，或阵列中的叉表示可编程连接点。

PROM 除了用于类似式（2-1）所示的随机逻辑设计中，其最早的和主要的用途是作为存储器使用。当作存储器使用时，图 2-7 中输入 $I_0 \sim I_2$ 相当于地址，输出 $Q_0 \sim Q_2$ 相当于数据，该存储器的容量为 $2^3 \times 3 = 24$ 位。

PROM 的主要优点可归结如下：

① 给定输入和输出的数目，在确定实际要实现的逻辑函数之前就可规定一个已知的器件，这一特点允许在逻辑设计完成之前就可开始进行 PCB 设计，也允许在 PCB 设计完成之后更改 PROM 的设计。

② 通过此可编程器件的延时是固定的，与要实现的逻辑函数无关，这一特点允许将时序校验从逻辑设计中分离出来。

③ 器件的功能可以在较高的级别上规定，如用一系列逻辑方程或真值表表示，从而加快设计。

PROM 的主要缺点可归结如下：

① 硅片面积和由此产生的成本，以及有时更重要的封装和电路的面积都是由乘积项的数量所决定，$n$ 输入的 PROM 有 $2^n$ 个乘积项。

② 通过 PROM 的延时正比于乘积项的数目，所以延时性能随输入数目增加成正比地加大而变坏。

由于这些原因，PROM 仅适合必须完成输入信号译码等功能的场合，例如，由一个字符码变换到另一个字符码的查找表。

**2. FPLA 的硬件结构**

20 世纪 70 年代中期出现了现场可编程逻辑阵列器件（FPLA），它的结构如图 2-8a 所示。在 FPLA 结构中，与门阵列和或门阵列都是可编程的交叉点。为了减小阵列规模，提高器件速度，与门阵列不采用全译码方式，即与门个数小于 $2^n$（$n$ 为输入项数）。有几个与门，就可提供几个不同组合的乘积项。

例如，给出式（2-2）的逻辑函数，则通过对 FPLA 与门阵列和或门阵列同时进行编程，可得图 2-8b 所示的逻辑电路：

$$\begin{cases} Q_0 = I_2 I_1 I_0 + I_2 \overline{I_1} \\ Q_1 = I_2 I_1 I_0 + \overline{I_1} I_0 + I_2 \overline{I_1} I_0 \\ Q_2 = \overline{I_2}\,\overline{I_1}\,\overline{I_0} + I_2 I_1 \end{cases} \tag{2-2}$$

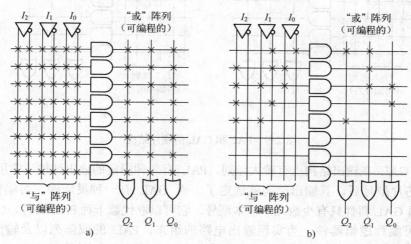

图 2-8  FPLA 的硬件结构

式（2-2）中共包含 7 个乘积项，但只有 5 个乘积项是不同的。一个乘积项被不同的输出函数共用，称为乘积项共享。

由于阵列较小，FPLA 的速度高于 PROM。当输出函数很相似，即输出项很多，但要求的独立的乘积项不多，可以充分利用共享的乘积项时，采用 FPLA 结构十分有利。双重可编程阵列使得设计者可以控制器件的全部功能，使设计变得比 PROM 更容易。

### 3. PAL 和 GAL 的硬件结构

可编程阵列逻辑（PAL）和通用阵列逻辑（GAL）的基本门阵列部分的结构是一样的，如图 2-9a 所示。在这种结构中，与门阵列是可编程的交叉点，而或门阵列是固定连接的小圆点，即每个输出是若干个乘积项之和，其中乘积项的数目是固定的。图 2-9a 中，每个输出对应的乘积项数为两个。典型的逻辑函数要求 3~4 个乘积项。在 PAL 和 GAL 的现有产品中，最多的乘积项数可达 8 个。PAL 和 GAL 的这种基本门阵列结构，可以提供很高的速度。对于大多数函数，这种结构也是最有效的，因为大多数逻辑函数都可以方便地化简为由若干个乘积项之和构成的与或表达式。如图 2-9b 中所给出的逻辑函数可用式（2-3）来表达：

$$\begin{cases} Q_0 = I_2 I_1 I_0 + I_2 \overline{I_1} \\ Q_1 = I_2 I_1 I_0 + I_2 \overline{I_1} I_0 \\ Q_2 = \overline{I_2}\,\overline{I_1} I_0 + I_2 I_1 \end{cases} \tag{2-3}$$

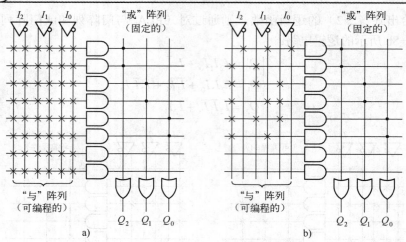

图 2-9　PAL 和 GAL 的硬件结构

　　PAL 和 GAL 在输出结构上有较大差别。PAL 有几种固定的输出结构，常用器件有 25 种，在选定芯片型号后，其输出结构就选定了。而 GAL 有一种灵活的、可编程的输出结构，所以普通 GAL 器件只有少数几个基本型号，它可以取代数十种 PAL 器件，GAL 是名副其实的通用可编程逻辑器件。为实现输出电路的组态，PAL 的或阵列以及输出寄存器被 GAL 的输出宏单元（Output Logic Micro Cell，OLMC）所取代。有了 OLMC，GAL 比 PAL 使用起来更加方便灵活。由于宏单元可以重新组态，完全对用户透明，所以由硬件、软件共同控制可以有几种不同的结构模式，如专用输入、专用组合输出、D 触发器输出。目前可用 ABEL5 软件进行 GAL 芯片的应用开发。

### 4. GAL 的 OLMC 结构

　　下面以 Lattice 公司的 GAL22V10 芯片为例，对 GAL 的 OLMC 结构特点进行介绍。GAL22V10 的 OLMC 结构和引脚分布如图 2-10 所示。图 2-10 中，左边的 I 为输入引脚，右边的 I/O/Q 为输入/输出/D 触发器输出引脚，这是双向引脚，I/CLK 可用作为信号输入和全域时钟输入。对 I 输入引脚输入的信号，经互补缓冲器电路后得到正向和求补信号输入到可编程与或逻辑阵列中，其电路如图 2-11a 所示，图中还设计有主动上拉参考电平电路，并可通过编程实现输入引脚与电源正或电源地相接。对 I/O/Q 引脚，当被设置为输入引脚时，其功能与 I 输入引脚相同；当被设置为输出引脚时，由 OLMC 和输出缓冲器控制，可作为逻辑信号的输出和 D 触发器输出，其电路如图 2-11b 所示，图中也设计有主动上拉参考电平电路。

　　图 2-12 所示为 GAL22V10 的 OLMC 电路，通过编程设置 $S_1S_0$ 为不同的状态，可得到不同的输出信号，这正是 GAL 器件输出灵活性的体现。当 $S_1S_0$=00 时，输出引脚所输出的信号为 D 触发器 Q 端输出，并经输出缓冲器求补后输出，同时以 $\overline{Q}$ 作为反馈输入信号，如图 2-13a 所示；当 $S_1S_0$=01 时，输出引脚输出的信号为 D 触发器 Q 端经输出缓冲器输出的信号，同时以 $\overline{Q}$ 作为反馈输入信号，如图 2-13b 所示；当 $S_1S_0$=10 时，输出引脚输出的信号为与或阵列输出经输出缓冲器求补后的信号，同时该输出信号还可直接作为反馈输入信号，如图 2-13c 所示；当 $S_1S_0$=11 时，输出引脚输出的信号为与或阵列输出的经输出缓冲器输出的

信号，同时该输出信号还可直接作为反馈输入信号，如图 2-13d 所示。显然，GAL 器件在增加了 OLMC 电路后，不仅增加与输出的灵活性，还可通过 D 触发器完成具有时序功能的设计。

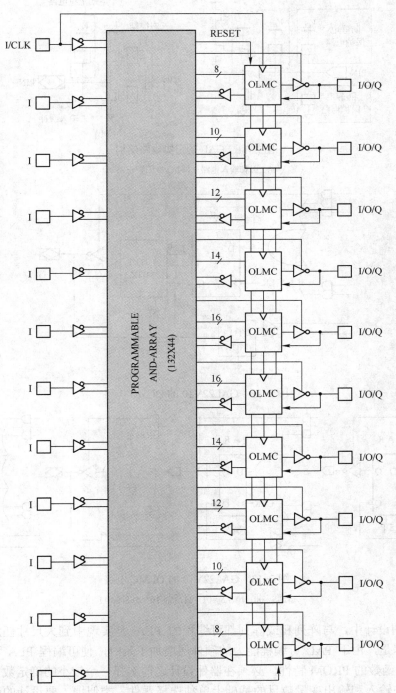

图 2-10 GAL22V10 的 OLMC 和引脚分布

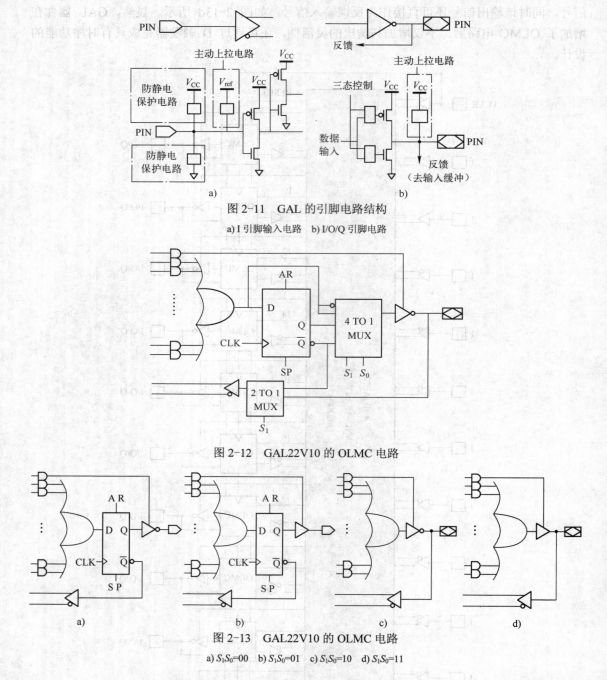

图 2-11　GAL 的引脚电路结构

a) I 引脚输入电路　b) I/O/Q 引脚电路

图 2-12　GAL22V10 的 OLMC 电路

图 2-13　GAL22V10 的 OLMC 电路

a) $S_1S_0$=00　b) $S_1S_0$=01　c) $S_1S_0$=10　d) $S_1S_0$=11

在全定制设计中，与阵列和或阵列都可编程的 PLA 是实现中到大尺寸任意逻辑函数的主要方法。但是，由于 PAL 可编程能力的额外层增加了延时，使可编程 PLA 不再具有实现 $n$ 个变量所有函数的 PROM 特性，必须在器件设计之前选择一个较小的确定数目的乘积项。因此，不能在输入和输出变量数目的基础上单独选择器件。类似地，要设计的函数的任何改变，都会导致原来所选器件可能不再适合新的设计。

例如 PAL22V10 有 22 个输入与阵列和 16 个输出来自或阵列，器件的某些引脚是输入专用的，某些引脚是输入、输出可编程的，或阵列的输出也可以反馈回与阵列。PAL 结构是在考察了大量实际设计的基础上得出的，即一般仅要求每个输出相对少的乘积项。此结果最重要的优点是可以提高速度，因为在或阵列中线与数量减少。PAL 结构的重要缺点是其乘积项专用于特定的输出引脚。一个设计尽管要求的总的乘积项数目比提供的要少，也可能因为一个特定的输出没有足够的乘积项而失败。如果 PAL 试图提供很多的输入和输出以满足所有可编程逻辑的需要，则至少会遇到如下两个问题：其一，延时受到与阵列的影响。延时由达到单个乘积项要求的边线长度和每个乘积项线与面积的宽度二者决定，因为要求输入变量的真和补两种形式，线与面积是输入数目的两倍；其二，当实现一个大的逻辑函数时，利用几个小的 PAL 器件可能更为合理，并可以利用 PCB 布线的灵活性将不同的输入变量布线到不同的 PAL，或利用一个 PAL 的输出作为另一个 PAL 的输入等，因此直接扩展 PAL 结构的效率不高。

GAL 和 PAL 的缺点：GAL 和 PAL 都是低密度器件，其共同缺点是规模小，每片相当于几十个等效门，只能代替 2～4 片 MSI 电路，远远达不到 LSI 和 VLSI 专用集成电路的要求。而且由于其阵列的规模小，人们不仅能对阵列进行读取，还可通过测试等方法将阵列中的信息分析出来，因此，GAL 加密的优点也不能发挥出来。此外，由于各宏单元的触发器时钟信号共用，故只能作为同步时序电路使用。并且宏单元的同步预置和异步接口也是共用的，每个宏单元仅有一条反馈通道等，因而其应用灵活性也不能令人十分满意。

对上述几种 SPLD 器件的硬件结构各自特点的比较可用表 2-3 来进行总结。表中的 TS 表示有三态输出类型，OC 表示有集电极开路输出类型，而 H 和 L 分别代表高电平输出和低电平输出。

表 2-3　SPLD 硬件结构比较

|  | 阵　列 | | 输　　出 |
|---|---|---|---|
|  | AND | OR |  |
| PROM | 固定的 | 可编程的 | TS、OC |
| FPLA | 可编程的 | 可编程的 | TS、OC、H、L |
| PAL | 可编程的 | 固定的 | TS、I/O |
| GAL | 可编程的 | 固定的 | 由用户定义 |

## 2.2.2　CPLD 的基本概念

20 世纪 80 年代中期，Xilinx 公司推出了复杂可编程逻辑器件（CPLD）。CPLD 器件是由 SPLD 发展而来的，但其集成的硬件资源规模比普通的 GAL 大得多，功能也更强，其逻辑块可提供数十个输入端和十几个输出端。然而 CPLD 器件的主体仍是与或阵列，与 SPLD 相比并无本质上的变化，可看作是在 GAL 器件基础上堆积了更多的与或逻辑和触发器。但是通过结合 GAL 的速度、设计简单和延时可预测等优点，CPLD 器件具有更加丰富的硬件资源，这些资源包括功能块（FB）、互连矩阵和 I/O 块三个部分，如图 2-14 所示。

图 2-14 中的互连矩阵的功能是将来自 I/O 引脚的信号和来自 FB 输出的信号布线连到器件内任何其他 FB 的输入端和 I/O 引脚。采用互连矩阵的方式，还使 CPLD 具有较大的时间

可预测性，产品可以给出引脚到引脚的最大延迟时间。CPLD 具有很长的固定于芯片上的布线资源，通过位于中心的互连矩阵，将功能块和 I/O 块连接在一起。完成互连矩阵功能的电路有基于阵列的互连和基于多路开关的互连两种形式。

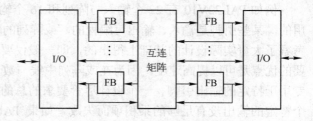

图 2-14　CPLD 的硬件结构

基于阵列的互连是完全的纵横开关的实现方式，它允许任何输入到互连矩阵中的信号布线连到任何逻辑块，是完全可布通的。基于多路开关的互连是对逻辑块的每个输入有一个多路转换开关，输入到互连矩阵的信号被连接到每个逻辑块的大量多路开关的输入端，这些多路转换开关的选择端是可编程的，只允许其中一个输入通过它进入逻辑块，所以布通率与多路转换器的输入宽度有关，宽度越大，所占面积增加，性能降低。

图 2-14 中的 FB 用来完成 CPLD 的所有逻辑电路和时序电路功能。在 FB 中包含有大量的乘积项阵列、乘积项分配器、或门和异或门电路、多路选择开关、宏单元（Macro Cell, MC），这是 CPLD 的主要逻辑功能资源。可编程乘积项阵列用于完成与逻辑功能，固定的或门和异或门电路完成相应的或和异或逻辑功能，宏单元可完成时序电路功能，也可跳过触发器只输出逻辑功能。FB 的大小和多少是 CPLD 能力的度量。此外，FB 的输入数目、乘积项数目和乘积分配方案也是重要的参数。不同厂家的 CPLD 器件之间，乘积项矩阵的差别并不大，但是乘积项的分配常常有不同的方案。

图 2-14 中的 I/O 块通常由可编程控制的输入缓冲器、输出缓冲器、上拉电路、电平钳位电路、可编程接地电路、保持电路组成，完成 CPLD 内部功能电路与外界电路的接口。

CPLD 具有如下特点：①CPLD 由 PAL 或 GAL 发展而来，是由可编程逻辑的功能块围绕一个位于中心和延时固定的可编程互连矩阵构成。②CPLD 采用互连矩阵而不是采用分段互连方式，因而具有较大的时间可预测性。③采用 EEPROM 工艺，这使 CPLD 的程序下载后不会因为断电而丢失，因此对 CPLD 的编程是非易失性的。④CPLD 具有 ISP 功能，即具有在线或在系统可编程能力，满足 IEEE 1149.1 JTAG 接口标准。这允许用户对已经固定在系统印制电路板上的器件编程或再编程，使改进样机、更新制造和遥控这类系统的变更成为可能。图 2-15 所示为用 JTAG 接口对 CPLD 编程的连接线。当需要对多个 CPLD 进行编程时，将 JTAG 的 TMS、TCK 与各 CPLD 芯片的 TMS、TCK 引脚复接起来，再将 JTAG 的 TDI 接到第一个 CPLD 芯片的 TDI，并将第一个 CPLD 芯片的 TDO 与下一个 CPLD 芯片的 TDI 相接，依次类推，最后将最末一个 CPLD 芯片的 TDO 与 JTAG 的 TDO 相接，形成一个菊花链。

CPLD 具有编程灵活、集成度高、设计开发周期短、适用范围宽、开发工具先进、设计制造成本低、对设计者的硬件经验要求低、标准产品无需测试、保密性强、价格大众化等优点。可实现较大规模的电路设计，因此被广泛应用于产品的原型设计和产品生产（一般在10000 件以下）之中。几乎所有应用中小规模通用数字集成电路的场合均可应用 CPLD 器件代替。CPLD 器件已成为电子产品不可缺少的组成部分，它的设计和应用成为电子工程师必备的一种技能。

CPLD 的主要缺点是功耗比较大，15000 门以上的 CPLD 功耗要高于 FPGA、门阵列和分立器件。

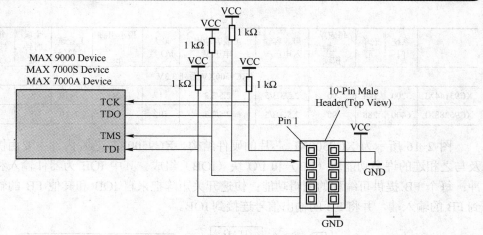

图 2-15 用 JTAG 对 CPLD 编程的连线

## 2.2.3 CPLD 的结构分析

经过几十年的发展，许多公司都开发出了自己的 CPLD 器件。比较典型的就是 Xilinx、Altera、Lattice 世界三大主要公司的产品，如 Xilinx 的 XC9500 系列、Altera 的 MAX7000S 系列、Lattice 的 ispLSI 系列和 Lattice（原 Vantis）的 Mach 系列等，Lattice 公司还是 ISP 技术的发明者。此外 Actel 也提供军品及宇航级产品，Cypress、Quicklogic、Lucent、ATMEI 等公司也有自己的产品。

### 1. Xilinx 公司 CPLD 器件的内部结构分析

Xilinx 公司的 CPLD 包括：Automotive 9500XL 系列、CoolRunner2 CPLD 系列、XC9500 系列、XC9500XL 系列、XC9500XV 系列、CoolRunner XPLA3 CPLD 系列。表 2-4 所示列出了 Xilinx 公司的 XC9500XV 系列和 XC9500XL 系列 CPLD 器件的型号及部分参数。Xilinx 公司的 CPLD 产品支持在系统可编程（ISP）和 IEEE 1149.1 边界扫描（JTAG）标准，允许在系统可编程能力，一万次编程/擦写能力，数据可保持 20 年。XC9500XV 系列和 XC9500XL 系列 CPLD 器件引脚可与 2.5V/3.3V/输入、输出兼容，有的还可与 1.8V 或 5V 兼容。XC9500 的逻辑密度包括 800～6400 个可用门电路和 36～288 个 D 触发器。

表 2-4 Xilinx 公司的 XC9500XV 系列和 XC9500XL 系列 CPLD 器件

| | 系统门 | 宏单元 | 每宏单元乘积项 | 可兼容输入电压/V | 可兼容输出电压/V | 最大I/O 数 | 最小引脚间时延/ns | 工业速度等级 | 全域时钟数 | 每FB宏单元数 | 内部时钟/MHz |
|---|---|---|---|---|---|---|---|---|---|---|---|
| XC9500XV 系列 2.5V | | | | | | | | | | | |
| XC9536XV | 800 | 36 | 90 | 1.8/2.5/3.3 | 1.8/2.5/3.3 | 36 | 3.5 | −7 | 3 | 18 | 178 |
| XC9572XV | 1600 | 72 | 90 | 1.8/2.5/3.3 | 1.8/2.5/3.3 | 72 | 4 | −7 | 3 | 18 | 178 |
| XC95144XV | 3200 | 144 | 90 | 1.8/2.5/3.3 | 1.8/2.5/3.3 | 117 | 4 | −7 | 3 | 18 | 178 |
| XC95288XV | 6400 | 288 | 90 | 1.8/2.5/3.3 | 1.8/2.5/3.3 | 192 | 5 | −10 | 3 | 18 | 178 |
| XC9536XL | 800 | 36 | 90 | 2.5/3.3/5 | 1.8/2.5/3.3 | 36 | 5 | −7~10 | 3 | 18 | 178 |
| XC9572XL | 1600 | 72 | 90 | 2.5/3.3/5 | 1.8/2.5/3.3 | 72 | 5 | −7~10 | 3 | 18 | 178 |

（续）

| | 系统门 | 宏单元 | 每宏单元乘积项 | 可兼容输入电压/V | 可兼容输出电压/V | 最大I/O数 | 最小引脚间时延/ns | 工业速度等级 | 全域时钟数 | 每FB宏单元数 | 内部时钟/MHz |
|---|---|---|---|---|---|---|---|---|---|---|---|
| | | | | XC9500XV 系列 3.3V | | | | | | | |
| XC95144XL | 3200 | 144 | 90 | 2.5/3.3/5 | 2.5/3.3 | 117 | 5 | −7~10 | 3 | 18 | 178 |
| XC95288XL | 6400 | 288 | 90 | 2.5/3.3/5 | 2.5/3.3 | 192 | 6 | −7~10 | 3 | 18 | 178 |

图 2-16 所示为 XC9500XL 芯片的硬件结构。XC9500XL 芯片内部主要由快速开关矩阵及与之相连的许多功能块（FB）和 I/O 块（IOB）组成。其中 IOB 为器件输入和输出提供缓冲；每个 FB 提供可编程的逻辑功能；快速开关矩阵把来自 IOB 和其他 FB 的输出信号连接到 FB 的输入端，并将 FB 的输出信号连接到 IOB。

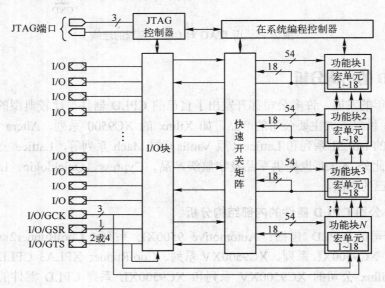

图 2-16   XC9500XL 的硬件结构

（1）功能块

图 2-17 所示为功能块的硬件结构，FB 的逻辑功能由乘积项的和来实现。54 个输入为可编程与阵列提供 108 个真和补信号以形成 90 个乘积项。乘积项分配器能将最多达 90 个的乘积项分配到每个宏单元。每个功能块包含 18 个独立的宏单元，每个宏单元可以执行一个组合逻辑或寄存器功能。FB 还可以接收全域时钟、输出使能和置位/复位信号。每个宏单元都有一个逻辑功能函数的输出，故 FB 的 18 个宏单元共可产生 18 个输出信号到快速开关矩阵，并与 IOB 块相连。

（2）宏单元

FB 中的宏单元和相关的硬件结构如图 2-18 所示。由图可见，直接来自与门阵列的 5 个乘积项作为或门和异或门的基本输入，完成组合逻辑函数的功能。乘积项输出还可与时钟、时钟使能、设置/复位和输出使能一块作为后面触发器电路的控制输入信号。宏单元中的触发器可以配置成 D 触发器或 T 触发器，也可被绕过形成组合逻辑函数。每个触发器支持同步设置和复位操作。在上电期间，所有用户使用的触发器被初始化成用户定义的预先下载的状态。如果用户未指定，其默认值为 0。

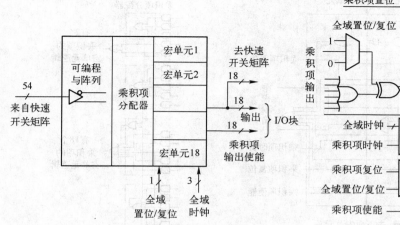

图 2-17　功能块的硬件结构

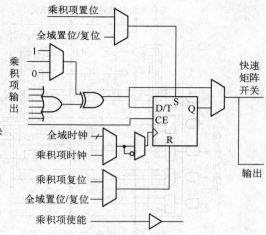

图 2-18　宏单元硬件结构

　　每个宏单元都有各种全域信号，如时钟、设置/复位和输出使能信号，如图 2-19 所示为宏单元时钟和设置/复位信号的连接。图中宏单元中的触发器的时钟来源于三个全域时钟或乘积项时钟。所选用的时钟源的真值或补可以用在每个宏单元中。此外还提供一个全域设置/复位（GSR）输入信号，以允许用户所用到的触发器能被设置到用户定义的状态。

　　（3）乘积项分配器

　　图 2-20 所示为乘积项分配器结构图。乘积项分配器的第一个功能是控制如何将 5 个直接输入的乘积项分配到每个宏单元，所有

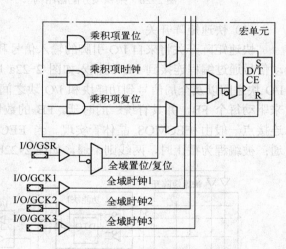

图 2-19　宏单元中的各种全域信号

5 个直接输入的乘积项可以作为后续逻辑电路的驱动信号。乘积项分配器的第二个功能是对本 FB 中的其他乘积项进行再分配以增加 5 个直接输入之外的逻辑能力。任何要求额外乘积项的宏单元能够访问在本 FB 中其他宏单元中的未用的乘积项。图 2-21 所示为 18 个乘积项的乘积项分配器，这里用了 4 个乘积项分配器来实现这 18 个乘积项的输入。每 2 个相邻的乘积项分配器上下相连将产生一个附加的时延 $t_{PTA}$，18 个乘积项的乘积项分配器引起的附加时延仅为 $2t_{PTA}$。对任何宏单元，所有 90 个乘积项输入都是可用的，此时最大时延为 $8t_{PTA}$。乘积项分配器可改变或扩展与逻辑的输入变量数，使与逻辑的输入变量最多可达 90 个。

　　（4）可编程与阵列

　　可编程与阵列完成 FB 的与逻辑功能。功能块输入端的 54 个输入信号经求补后共有 108 个信号作为与逻辑的输入。经编程后的与逻辑共有 90 个输出，每 5 个分为一组输出到乘积项分配器，再经乘积分配器重新组织或多个乘积项分配器链接后输出给宏单元，因此共有 18

个宏单元。

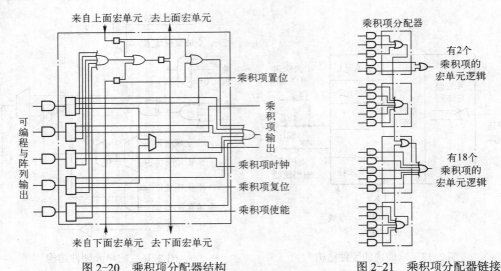

图 2-20    乘积项分配器结构               图 2-21    乘积项分配器链接

（5）快速矩阵开关

快速矩阵开关将来自 I/O 引脚的输入信号和由 D/T 触发器输出 Q 的反馈信号作为输入驱动信号通过编程连接到 FB 的输入如图 2-22a 所示，可实现功能块与功能块之间、功能块与 I/O 块之间以及全局信号到功能块和 I/O 块之间的连接。最多 54 个扇入中的任何一个都可用来驱动每个 FB，并具有统一的时延。FB 的数量由芯片的型号决定。快速矩阵开关的可编程连接点一般由 EECMOS 晶体管实现。当 EECMOS 晶体管被编程为导通时，纵线和横线连通；被编程为截止时，两线则不通，如图 2-22b 所示。

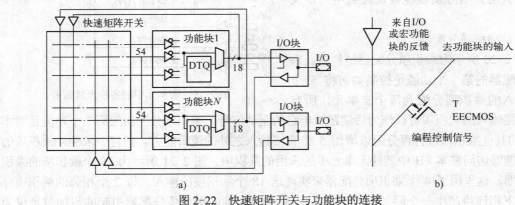

图 2-22    快速矩阵开关与功能块的连接

a) 快速矩阵开关    b) 可编程连接点

（6）I/O 块

I/O 块（IOB）是 CPLD 外部封装引脚和内部逻辑间的接口。每个 I/O 块对应一个封装引脚。I/O 块包括一个输入缓冲器、输出缓冲驱动器、输出使能多路转换开关、可编程接地或接电源正的控制器、总线保持电路，如图 2-23 所示。对 I/O 单元编程，可将引脚定义为输入、输出和双向功能。多路开关提供 OE 信号，当 OE=1 时，I/O 引脚为输出。图 2-23 所示输出使能信号 OE 可以来自于多路选择开关输入的 4 种可选项中的任何一个：来自于宏单元的一个乘积项、全域输出使能信号中的任何一个（GTS）、始终为 "1" 或 "0"。对只有 72 个或更少宏单元的芯片，有两个全域输出使能信号，对有 144 个宏单元或更多宏单元的芯片，有 4 个全域输出使能引脚输入的信号。对任何被选择的输出使能可以被求补后输出到输出缓冲器，以提供最大的设计灵活性。

如图 2-23 所示输入缓冲器使 CPLD 的输入引脚可与 5V CMOS、5V TTL、3.3V CMOS 和 2.5V CMOS 信号兼容。输入缓冲器使用内部 3.3V 电源供电（$V_{CCINT}$）以确保输入阈值电平恒定，使其不随芯片输出电源（$V_{CCIO}$）或外部电压变化。

如图 2-23 所示，每个输出驱动器具有快速的电平转换能力和低的电源噪声。在芯片上的所有输出缓冲驱动器可被配置成 3.3V CMOS 和 2.5V CMOS 电平，其中 3.3V CMOS 输出供电电平可与 5V TTL 电平兼容。如果要与外部 2.5V CMOS 电平接口，则输出电源（$V_{CCIO}$）应接为 2.5V，如图 2-24 所示。图 2-24a 中表示了 XC9500XL 芯片在 3.3V 单电源、图 2-24b 中表示了 XC9500XL 芯片在 3.3V 与 2.5V 混合电源组合使用时可接受的匹配连接。

图 2-23 所示每个 I/O 块都向用户提供可编程接地引脚的能力。这允许芯片 I/O 脚可配置成额外的接地引脚，以迫使未用的引脚变为低电压状态，以减少噪声干扰。当通过配置迫使输出引脚为一个逻辑低电平时，内部宏单元的输出信号电平将不再起作用。同样，这种接地能力也不会影响内部宏单元的逻辑。

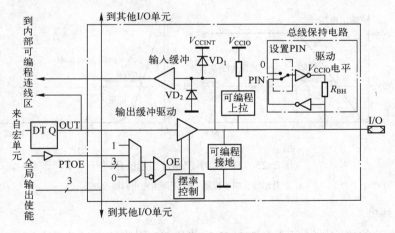

图 2-23　I/O 块内部结构

图 2-23 所示每个 I/O 块还提供总线保持电路，也叫保持器，它在用户正确操作期间有效。这种总线保持特性可保持引脚最近获得的高电平或低电平状态。总线保持电路经过一个 50kΩ 的电阻（$R_{BH}$）返回同一状态。总线保持电路的输出电平不高于 $V_{CCIO}$，以防止当与 2.5V 元件接口时信号过载。在芯片处于擦写状态、编程模式、JTAG INTEST 模式或初始上电期间，当芯片尚未正确工作在用户要求状态时，总线保持电路的默认值为一个 50kΩ 的上拉电阻，以提供一个已知的芯片状态。一个下拉电阻（1kΩ）可以外接到任何引脚上以抑制 $R_{BH}$ 电阻，迫使在上电和上述模式期间引脚上有低电位状态。

在高频率应用中，方波信号的传输意味着有更高次的谐波在传输，这会增加系统的窜扰和噪声，为了减少谐波，可使方波信号的边沿适当倾斜，这种通过控制方波边沿倾斜来控制窜扰和噪声的方法称为摆率控制。I/O 块的每个输出缓冲驱动器均可配置成摆率受限的工作方式。这时输出方波信号边沿的斜率可以在用户的控制下适当降低，以减少系统噪声，但这会产生一个附加的时延 $t_{SLEW}$。如图 2-25 所示为输出斜率被限制时的情况，图 2-25a 所示为方波上升沿输出斜率被限制时的情况，图 2-25b 所示为方波下降沿输出斜率被限制时的情况。

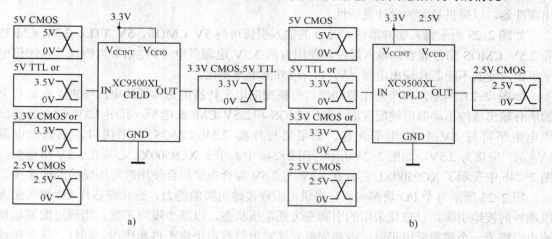

图 2-24    XC9500XL 芯片与外部信号接口的电平匹配

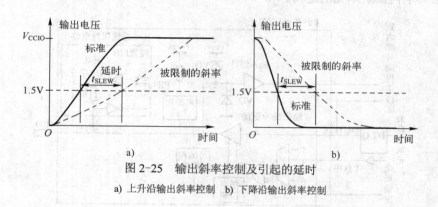

图 2-25    输出斜率控制及引起的延时

a) 上升沿输出斜率控制    b) 下降沿输出斜率控制

（7）其他特性

1）外接电源的兼容性。每个 XC9500XL 芯片 I/O 引脚的满额承受电压值为 5V，尽管对芯片的供电为 3.3V，这使 5V CMOS 信号可直接与 XC9500XL 芯片的输入相连接而不致损坏器件。此外芯片还有热插功能。

2）在系统可编程能力。XC9500XL 芯片具有在系统可编程能力，使一个或多个 XC9500XL 芯片能以菊花链的方式接在一起，经过一个标准 4 脚 JTAG 协议并行引线进行在系统编程。如图 2-26 所示为在系统编程操作，图 2-26a 为将器件焊在 PCB 上，图 2-26b 为使用下载电缆编程。在系统可编程能力提供快捷有效的重复设计和避免对封装的处理。可以用 Xilinx 公司、第三方公司的 JTAG 开发系统、与 JTAG 兼容的电路板测试器或带有硬件仿真的 JTAG 指令序列的微处理器接口，经下载电缆实现编程数据流的下载。在进行在系统编程期间，所有的 I/O 脚被置为三态或被总线保持电路拉高。如果在这期间某个特殊信号必须处于低电位，则该脚应接一下拉电阻。在系统编程有利于进一步的改进和性能的提高。

3）数据保护功能。XC9500XL 芯片还有
数据安全性能，保护编写的程序免于被非法
读取或不利的擦写和不需要的再编程。这一
功能通过读安全位和写保护位来实现。当读
安全位被设置时，可以防止内部程序被读取
和拷贝。这时同时禁止进一步的编程操作，
但允许对器件的擦除，如要复位读取安全
位，必须将整个器件擦除。写保护位提供额
外的保护，可以防止意外对器件的擦除或由
JTAG 引脚带来的噪声引起的再编程。一旦

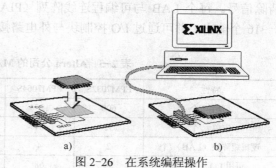

图 2-26　在系统编程操作
a) 将器件焊在 PCB 上　b) 使用下载电缆下载程序

器件被设置成写保护，当需要进行再编程时，只能用 JTAG 的专用序列使其写保护位失效。

4）低功耗工作方式。XC9500XL 芯片中的宏单元可以被编程工作在低耗电方式，此时
可只让关键部分保持为标准供电方式，而让其他部分工作在低耗电方式以减少过多的耗电。
宏单元的低耗电方式会在引脚间的组合逻辑和寄存器中产生附加时延。乘积项时钟输出和乘
积项时钟输出使能的延时时间不受宏单元耗电设置的影响。

5）结构的一致性。XC9500XL 芯片结构的一致性，允许简化整个器件的定时模式。其
中乘积项所花的时间取决于宏单元函数的跨度。如直接输入乘积项的逻辑跨度为 0，18 个乘
积项函数的跨度为 2。

6）启动延时保护。在加电期间，XC9500XL 芯片使用内部电路将器件保持在静止状态
直到 $V_{\text{CCINT}}$ 提供的电源达到约 2.5V 的安全状态。在这期间，所有的输入引脚和 JTAG 引脚
失效，所有输出引脚也失效并且电位略有拉高。当供电达到安全电平时，所有用户使用的寄
存器初始化，典型加电延时值为 200μs，此后器件立即生效可投入使用。如果器件处于擦除
状态，则器件输出依然无效并有弱的上拉。JTAG 引脚被使能，以允许在任何时候进行编
程。所有的器件在出厂时都在擦除状态。如果器件被编程，其输入和输出获得它们正常运用
的配置状态。

**2. Altera 公司 CPLD 器件的内部结构分析**

Altera 公司也是最大的 CPLD 供应商之一，
所推出的 CPLD 产品主要有 MAX7000/MAX
3000 系列产品，如表 2-5 所示为 MAX7000S 系
列产品，其硬件结构如图 2-27 所示。图中可见该
CPLD 系列器件也是由完成逻辑功能的逻辑阵列
块（Logic Array Block，LAB）、完成内部互连的
可编程连线阵列（Programmable Interconnect
Array，PIA）和完成与外部电路接口的 I/O 控制
块组成的。图 2-27 中每个逻辑阵列块（LAB）
包含 16 个宏单元（LE），如图 2-28 所示为
MAX3000 系列产品的结构框图，每个 LAB 可接
两个全域时钟或全域使能信号，还可接一个全域

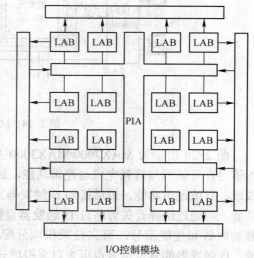

图 2-27　MAX7000S 结构

清除信号。每个 LAB 与可编程连线阵列（PIA）间有 36 个输入信号，与 I/O 控制块之间有 2~16 个输出，并可通过 I/O 控制块与外电路接口。

表 2-5　Altera 公司的 MAX7000 系列 CPLD 器件

| 特性 | EPM7032S | EPM7064S | EPM7128S | EPM7160S | EPM7192S | EPM7256S |
|---|---|---|---|---|---|---|
| 可用门/个 | 600 | 1250 | 2500 | 3200 | 3750 | 5000 |
| 宏单元/个 | 32 | 64 | 128 | 160 | 192 | 256 |
| 逻辑矩阵块（LAB）/个 | 2 | 4 | 8 | 10 | 12 | 16 |
| 可用 I/O 引脚/个 | 36 | 68 | 100 | 104 | 124 | 164 |
| 工作频率/MHz | 175.4 | 175.4 | 147.1 | 149.3 | 125.0 | 128.2 |

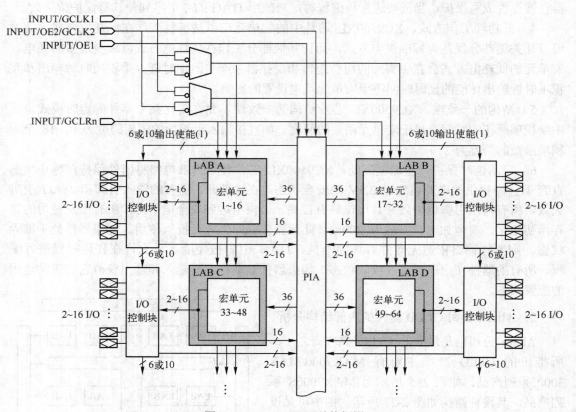

图 2-28　MAX3000A 结构框图

　　图 2-29 所示为 MAX7000/MAX3000 系列产品的单个宏单元结构。来自 PIA 的 36 个输入信号在可编程与阵列完成与逻辑功能，通过乘积分配后输出到固定连接的或、异或电路完成或、异或逻辑功能，最后接到 D 触发器完成时序电路功能。对不需要时序功能的组合逻辑功能，可通过选择开关旁路过 D 触发器直接输出到 I/O 模块，也可反馈输入到 PIA。D 触发器的时钟和使能信号，可来自乘积项分配器的输出，也可来自全域时钟和使能信号。类似地，D 触发器的复位信号也可来自乘积项分配器的输出或全域清零信号。

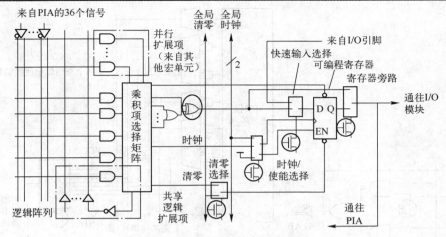

图 2-29  MAX7000/MAX3000 系列产品的单个宏单元结构

图 2-30 所示为扩展乘积项的结构图。图 2-30a 中,上面乘积项有一个输出求补后连到局部连线,使该信号可被其他乘积项使用,实现共享扩展项提供的"与非"乘积项。图 2-30b 中,上面乘积项选择矩阵输出的信号通过多路选择开关与下面乘积项选择矩阵输出共同接入或门电路实现并联扩展项。

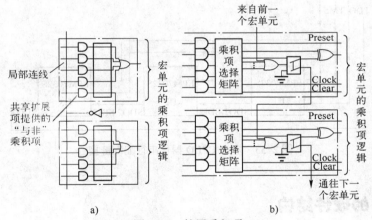

a)                    b)

图 2-30  扩展乘积项

a) 共享扩展乘积项结构  b) 并联扩展项馈送方式

图 2-31 所示为可编程连线阵列 PIA 的结构图。来自 PIA 的输入信号是否被乘积项分配器选用并输出到 LAB,受 EEPROM 编程单元控制。

图 2-32 所示为 MAX3000A 系列器件的 I/O 控制块。图中来自宏单元输出的信号经输出缓冲器输出到外部电路。输出缓冲器受可编程连线阵列 PIA 输出的 6 个全域输出使能信号、漏极开路输出控制、摆率控制信号控制。从引脚输入的信号可去到 PIA 或不通过 PIA 直接快速输入到宏单元的寄存器。

图 2-33 所示为多个 EPM7032S 系列 CPLD 器件编程时的菊花链连接方式。此时将多个 CPLD 器件以串行的方式连接起来,可一次完成多个器件的编程。

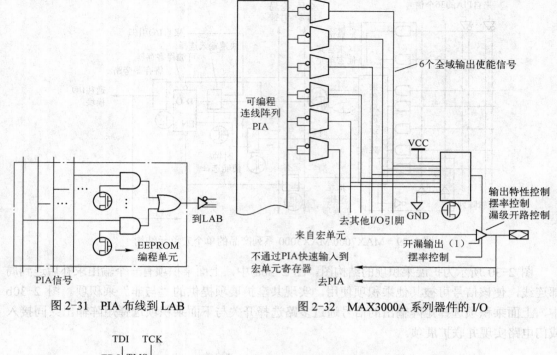

图 2-31    PIA 布线到 LAB          图 2-32    MAX3000A 系列器件的 I/O

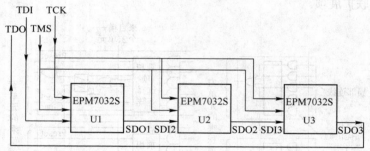

图 2-33    多个 CPLD 器件串行编程链接

## 2.3   FPGA 的硬件结构

     FPGA 与 PLD 器件相比，用户可利用的芯片资源更多，例如 Altera 公司的 Stratix 10 FPGA 芯片，一个芯片上有四百多万个逻辑单元（LE），Xilinx 公司的 Virtex-7 2000T FPGA 有 68 亿个晶体管，这必然导致芯片内部结构设计思想的变化。首先，包括 SPLD 和 CPLD 在内的 PLD 器件靠线与的交叉点实现与逻辑而导致的时延问题已经到了严重阻碍芯片工作速度的程度，必须采用其他方法来完成；其次，众多的逻辑单元如果都通过开关矩阵的等长连线来实现，这会导致传输时延不易改善，布线过于复杂以致难以实现；第三，目前 FPGA 芯片的集成工艺已达到 14nm，在过去相同的芯片面积上有了更多的富裕空间，但芯片引脚的可用空间并无太大变化，因此为了充分利用这些空间，在 FPGA 中可集成更多的 RAM、DSP、ARM、乘法器、高速收发串口等硬件资源；第四，由于管理 FPGA 的程序更加复杂，位流文件的比特数大大增加，对于使用嵌入式处理器的 FPGA 甚至还要存放操作系统，在

FPGA 中需要有更多存储器来存放这些数据；第五，FPGA 中几百万个触发器的时钟驱动问题也变成一个需要重新审视的问题；第六，高速的 FPGA 内部运算与有限的引脚的矛盾更加突出，通过高速串口来解决并口不足成为衡量 FPGA 性能的重要指标。在这种情况下，促使 FPGA 技术不断更新，成为可编程 ASIC 芯片技术的主要发展方向和动力来源。

## 2.3.1　FPGA 的基本概念

1985 年，Xilinx 创始人之一 Ross Freeman 发明了 FPGA 这种新型可编程逻辑器件，当时第一个 FPGA 采用 2μm 工艺，包含 64 个逻辑模块和 85000 个晶体管，门数量不超过 1000 个。FPGA 的结构类似于掩膜可编程门阵列（MPGA），由逻辑功能块排列成阵列组成，并由可编程的内部连线连接这些逻辑功能块来实现不同的设计。FPGA 和 MPGA 的主要差别是 MPGA 利用集成电路制造过程进行编程来形成金属互连，而 FPGA 是利用可以编程的电子开关实现逻辑功能和互连，类似于传统的由用户进行编程的可编程逻辑器件。

FPGA 可以达到比 PLD 更高的集成度，但具有更复杂的布线结构和逻辑实现。PLD 与 FPGA 之间的主要差别是 PLD 通过修改具有固定内连电路的逻辑功能来进行编程，而 FPGA 是通过修改一根或多根分隔宏单元的基本功能块的内连线的布线来进行编程。所以 FPGA 不是建立在前面提到的可编程逻辑器件的结构上，而是在用户可编程的特性和它们的快速设计及诊断能力上类似于可编程逻辑器件。对于快速周转的样机，这些特性使得 FPGA 成为通常的选择，而且 FPGA 比 PLD 更适合于实现多级的逻辑功能。

FPGA 是由掩膜可编程门阵列和可编程逻辑器件二者演变而来的，并将它们的特性结合在一起，因此 FPGA 既有门阵列的高逻辑密度和通用性，又有可编程逻辑器件的用户可编程特性，对于 ASIC 设计来说，采用 FPGA 在实现小型化、集成化和高可靠性的同时，减少了风险，降低了成本，缩短了周期。

一个 VLSI 逻辑器件的功能是为专门应用实现而构成 ASIC 的，且要求的器件量必须是大量的，这意味着 ASIC 的设计必须由具有应用知识的系统工程师来进行，而不是由制造厂聘用具有详尽工艺知识的 IC 设计者来做。完成这个转换的关键是向系统工程师提供他们曾用过的相同的设计模型，使他们设计 IC 时尽可能就像设计 PCB 一样，这导致采用通道型门阵列结构形式，降低了硅片的利用率，但更接近 PCB 的设计模式。靠限制使用基本工艺，使用第一块硅片就产生正确的设计变为可能，因此避免昂贵的重新设计过程。这种结构提供相同的基本逻辑功能块阵列，其连线通道可以有选择地被连接来实现所期望的功能，这是类似门阵列的具有连线通道和逻辑块结构的 FPGA。

### 1．FPGA 的芯片资源

虽然目前市场上可供选择的 FPGA 产品种类很多，它们的具体结构也不尽相同，性能也各有特色，但不管其 FPGA 的产品结构怎样变化，它们主要由可编程输入/输出单元、基本可编程逻辑单元、完整的时钟管理、嵌入式 RAM、丰富的布线资源、内嵌的底层功能单元和内嵌专用硬件模块 7 部分组成。

（1）可编程输入/输出单元

可编程输入/输出单元（IOB）是芯片与外界电路的接口部分，完成不同电气特性下对输入/输出信号的驱动与匹配要求。FPGA 内的 I/O 按组分类，每组都能够独立地支持不同的

I/O 标准。通过软件的灵活配置，可适配不同的电气标准与 I/O 物理特性，可以调整驱动电流的大小，可以改变上、下拉电阻。一些高端的 FPGA 通过 DDR 寄存器技术可以支持高达 1886Gbit/s 的数据速率。

外部输入信号可以通过 IOB 模块的存储单元输入到 FPGA 的内部，也可以不用存储单元而直接输入 FPGA 内部。当外部输入信号经过 IOB 模块的存储单元输入到 FPGA 内部时，其保持时间的要求可以降低。

为了便于管理和适应多种电器标准，FPGA 的 IOB 被划分为若干组（bank），每组的接口标准由其接口电压 $V_{CCO}$ 决定，一组只能有一种 $V_{CCO}$，但不同组的 $V_{CCO}$ 可以不同。只有相同电气标准的端口才能连接在一起，$V_{CCO}$ 相同是接口标准的基本条件。

（2）可配置逻辑块

可配置逻辑块（CLB）是 FPGA 内部的基本逻辑单元。CLB 的实际数量和特性会依器件的不同而不同。在 Xilinx 公司的 FPGA 器件中，CLB 由多个（一般为 4 个或 2 个）相同的 Slice 和附加逻辑构成。每个 CLB 模块不仅可以用于实现组合逻辑、时序逻辑，还可以配置为分布式 RAM 和分布式 ROM。

Slice 是 Xilinx 公司定义的基本逻辑单位，一个 Slice 由两个 4 输入的函数、进位逻辑、算术逻辑、存储逻辑和函数复用器组成。算术逻辑包括一个异或门和一个专用与门，一个异或门可以使一个 Slice 实现 2bit 全加操作，专用与门用于提高乘法器的效率；进位逻辑由专用进位信号和函数复用器组成，用于实现快速的算术加减法操作；4 输入函数发生器用于实现 4 输入查找表（LUT）、分布式 RAM 或 16bit 移位寄存器（Virtex-5 系列芯片的 Slice 中的两个输入函数为 6 输入，可以实现 6 输入 LUT 或 64bit 移位寄存器）；进位逻辑包括两条快速进位链，用于提高 CLB 模块的处理速度。

（3）数字时钟管理模块

大多数 FPGA 均提供数字时钟管理。Xilinx 推出的高性能 FPGA 提供数字时钟管理和相位环路锁定。相位环路锁定能够提供精确的时钟综合，且能够降低抖动，并实现过滤功能。

（4）嵌入式块 RAM

大多数 FPGA 都具有内嵌的块 RAM，以此增加 FPGA 的应用范围和灵活性。块 RAM 可被配置为单端口 RAM、双端口 RAM、内容地址存储器（CAM）以及 FIFO 等常用存储结构。CAM 存储器在其内部的每个存储单元中都有一个比较逻辑，写入 CAM 中的数据会和内部的每一个数据进行比较，并返回与端口数据相同的所有数据的地址，因而在路由的地址交换器中有广泛的应用。除了块 RAM，还可以将 FPGA 中的 LUT 灵活地配置成 RAM、ROM 和 FIFO 等结构。单片块 RAM 的容量为 18Kbit，即位宽为 18bit、深度为 1024，可以根据需要改变其位宽和深度，但要满足两个原则：首先，修改后的容量（位宽×深度）不能大于 18Kbit；其次，位宽最大不能超过 36bit。如果需要，可以将多片块 RAM 级联起来形成更大的 RAM，此时只受限于芯片内块 RAM 的数量，而不再受上面两条原则约束。

（5）布线资源

布线资源连通 FPGA 内部的所有单元，而连线的长度和工艺决定着信号在连线上的驱动能力和传输速度。FPGA 芯片内部有着丰富的布线资源，根据工艺、长度、宽度和分布位置的不同而划分为 4 类。第一类是全局布线资源，用于芯片内部全局时钟和全局复位/置位的布线；第二类是长线资源，用于完成芯片组间的高速信号和第二全局时钟信号的布线；第三类是短线资源，用于完成基本逻辑单元之间的逻辑互连和布线；第四类是分布式的布线资源，用于专有时钟、复位等控制信号线。

在实际中设计者不需要直接选择布线资源，布局布线器可自动地根据输入逻辑网表的拓扑结构和约束条件选择布线资源来连通各个模块单元。布线资源的使用方法和设计的结果有关。

（6）底层内嵌功能单元

内嵌功能模块主要指 DLL（Delay Locked Loop）、PLL（Phase Locked Loop）、DSP 和 CPU 等处理核。DLL 和 PLL 具有类似的功能，可以完成时钟高精度、低抖动的倍频和分频，以及占空比调整和移相等功能。Xilinx 公司生产的芯片集成了 DLL，Altera 公司的芯片集成了 PLL，Lattice 公司的新型芯片上同时集成了 PLL 和 DLL。PLL 和 DLL 可以通过 IP 核生成的工具方便地进行管理和配置。

（7）内嵌专用硬核

内嵌专用硬核是相对底层嵌入的软核而言的，指 FPGA 处理能力强大的硬核（Hard Core），等效于 ASIC 电路。为了提高 FPGA 性能，芯片生产商在芯片内部集成了一些专用的硬核。例如：为了提高 FPGA 的乘法速度，主流的 FPGA 中都集成了专用乘法器；为了适用通信总线与接口标准，很多高端的 FPGA 内部都集成了串并收发器，可以达到数十到上千 Gbit/s 的收发速度。Xilinx 公司的高端产品不仅集成了 Power PC 系列 CPU，还内嵌了 DSP Core 模块，其相应的系统级设计工具是 EDK 和 Platform Studio，并依此提出了片上系统的概念。通过 PowerPC、Miroblaze、Picoblaze 等平台，能够开发标准的 DSP 处理器及其相关应用，达到 SoC 的开发目的。

**2. FPGA 的分类方法**

根据可编程逻辑功能块 CLB 的规模，内部互连线的结构和采用的可编程元件的不同，FPGA 可有三种分类方法。

（1）按照逻辑功能块的大小分类

按照逻辑功能块的大小分类，可将现有的 FPGA 分为细颗粒（Fine-Grain）和粗颗粒（Coarse-Grain）两类。细颗粒 FPGA 的逻辑功能块一般较小，仅由很少的晶体管构成，非常类似于半定制的门阵列的基本单元。细颗粒 FPGA 的主要优点是逻辑功能资源能被完全利用，缺点是完成复杂逻辑功能时需要很多逻辑单元、大量的线段和可编程开关，相对速度较慢。粗颗粒 FPGA 的功能块较大，可实现较强逻辑功能，完成较复杂逻辑也只需要较少的功能块和内部连线，因而易于获得较好的性能，不足之处是功能块有时不能充分利用。如果将 Altera 系列功能块 LE（Logic Element）等效为一个逻辑单元，则 Xilinx 的 XC4000 系列的功能块 CLB 可等效为 2、3、8 个逻辑单元，故 Xilinx 的基本颗粒要大于 Altera 的基本颗粒。

（2）按互连结构分类

按 FPGA 内部连线的结构不同，可将其分为分段互连型和连续互连型两类。分段互连型 FPGA 中存在不同长度的多种金属线。各金属线之间通过开关矩阵或逆熔丝编程互连。当用邻近的逻辑单元实现逻辑功能时，可用短线就近连接，延时小，效率高；如果在器件中需要把信号送到较远的地方，则可以用一根长线，也可用数根短线相互连接来实现。这类器件中信号的走线灵活，有多种可行方案，但走线延时与布局布线的具体处理过程有关，在设计完成前无法预测，设计修改将引起延时发生变化。连续互连型 FPGA 利用相同长度的金属线，通常是贯穿于整个芯片的长线来实现功能块之间的互连，连线长度与功能块之间的距离远近无关。这类器件中把不同位置的逻辑单元连接起来的线是确定的，因而布线延时是固定的、可预测的。

一般来说，Xilinx 和 Actel 公司的 FPGA 属于分段式可编程互连 FPGA，而 Altera 的 FLEX 8000 系列和 FLEX 10K 系列是采用连续互连型 FPGA 的代表。

（3）按可编程特性分类

由于采用不同的开关元件，FPGA 体现出不同的可编程特性，包括一次可编程的和可重复编程的 FPGA。从实现的方法来分，现场可编程技术可归为：

● 熔丝技术：平时接通，加电可使其熔断，即一次可编程。

● 逆熔丝技术：平时不接通，加电可使其连通，也是一次可编程。

● 电可写技术：在一定电压下可改变开关的通断状态，可多次编程。

熔丝和逆熔丝技术是一次可编程的，如 Altera、Quicklogic、Crosspoint 公司的产品。对于逆熔丝开关元件，当在逆熔丝两端加上编程电压时，逆熔丝就会由高阻抗变为低阻抗，从而实现两个点间的连接。逆熔丝开关占用的芯片面积很小，导通阻抗和分布电容也较其他类可编程开关低。此外，这类器件具有非易失性，编程完毕后，即使撤除工作电压，FPGA 的配置数据仍然保留，因此无需通电重组，是立即可用的，也无需外部配置电路。此外，也可用于需要高性能和保密性要求高的场合。

电可写技术是可多次编程的。采用电可写技术的 FPGA 通常用 SRAM 型开关或内建 EPROM/FLASH EPROM 控制的开关元件，如 Xilinx、Alterar、AT&T 和 Atmel 等公司均可提供 SRAM 型 FPGA，Fatefield 公司的 GK100K 则属于闪速 EPROM 型 FPGA。

图 2-34 为 Xilinx 公司 FPGA 的 SRAM 型开关元件。它是由两个 CMOS 反相器和一个用于读/写数据的通道晶体管组成的。在正常工作时通道晶体管是断开的，以保持存储单元的稳定。SRAM 只有当结构生成时才可向存储器写入数据，在读回时才能读出数据。传统的存储单元是可以不断地读出和写入的，这是 FPGA 的存储单元与之不同之处。这种 SRAM 型开关

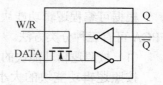

图 2-34　SRAM 型开关元件

由一个用 5 个晶体管组成的 RAM 和一个 PIP（可编程内部连接点）晶体管组成。PIP 控制各个布线通道的连接，而 PIP 又由它旁边的 RAM 控制。RAM 单元中存储着 PIP 的通断信息，这些信息码是在系统上电时由外部电路写入到 FPGA 内部的 RAM 中的。电源切断后，RAM 中的数据将丢失，因此采用 SRAM 开关的 FPGA 是易失性的。每次重新加电，FPGA 都要重组，需要外接重组电路。SRAM 型 FPGA 的突出特点是可反复编程。系统加电时，给 FPGA 加载不同的配置数据，即可令其完成不同的硬件功能，这种配置的改变甚至可在系统运行时进行，实行系统的动态重构。这种特性使得一片 FPGA 可以在系统运行的不同时刻完成不同的功能，极大地节约了硬件资源，与此同时也增强了电子系统的灵活性和自适应性。

闪速存储器是一种浮栅编程器件，结构与紫外线擦除的 EPROM 相似，但它是用电擦除的。采用内建 EPROM 控制开关晶体管通断的 FPGA 具有非易失性和可重复编程的双重特性。但再编程的灵活性较 SRAM 型 FPGA 稍差一点，不能实现动态重构。此外，其稳定功率也较 SRAM 型和逆熔丝型的 FPGA 高。

### 3. FPGA 产品系列

目前 FPGA 产品的主要生产厂商包括：Xilinx 公司的 FPGA 包括 XC4000 系列、Spartan® FPGA 系列、EasyPath FPGA 系列、Virtex FPGA 系列。Altera 公司的 FPGA 包括 Stratix®系列、Arria®系列、Cyclone®系列。Lattice 公司的 FPGA 包括 iCE 系列、MachXO 系列、ECP 系列。Actel 公司（现已被 Microsemi 公司以 4.3 亿美元收购）的 FPGA 包括 Microsemi IGLOO®系列、IGLOO®2 FPGAs 系列、ProASIC®3 系列。Cypress 公司为 PSoC 系列可编程 SoC 产品。Quicklogic 公司（该公司表示将逐渐退出 FPGA 市场）的 FPGA 包括 ArcticLink 系列、PolarPro 系列、Eclipse 系列。有关这些公司产品的细节，可从这些公司的网站上查询，其网址如下：

Xilinx 公司的网址：http://www.xilinx.com、http://china.xilinx.com/、http://xilinx.eetrend.com/；

Altera 公司的网址：http://www.altera.com、http://www.altera.com.cn/；

Lettice 公司的网址：http://www.latticesemi.com；

Actel 公司的网址：http://www.actel.com、http://www.microsemi.com/；

Cypress 公司的网址：http://www.cypress.com、http://china.cypress.com/；

Quicklogic 公司的网址：http://www.quicklogic.com。

FPGA 产品的主要生产厂商在 FPGA 市场的份额如图 2-35 所示。其中 Xilinx 公司的产品在欧洲使用较多，Altera 公司的产品在日本和亚太使用较多，这两家公司的产品在美国则基本持平。

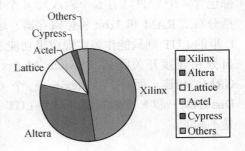

图 2-35　FPGA 市场份额

## 2.3.2　FPGA 的基本结构分析

上述公司的 FPGA 所具备的资源和特点各有不同，但一般来讲都包含可编程逻辑功能块 CLB，可编程输入/输出块 IOB 和可编程互连 PI。在实现这些功能方面，往往也采用不同的方法。图 2-36 所示为一般 FPGA 的典型结构。其中，可编程功能块是实现用户逻辑功能的基本单元，它们通常规则地排成阵列，散布于整个芯片；可编程输入/输出块完成芯片上逻辑与外部封装引脚的接口，常围绕着 CLB 阵列排列于芯片四周；可编程内部互连包括各种长度的连线和一些可编程连接开关，它们将各个可编程逻辑块或输入/输出块连接起来，构成特定功能的电路。

### 1. FPGA 的功能块

FPGA 的功能块包括完成逻辑功能、存储元件、附加逻辑、算术逻辑功能的基本电路。除逻辑功能的实现方法可能有较大差别外，其他的电路各 FPGA 系列基本相同。图 2-37 所示为典型的 FPGA 功能块的结构，其中。图 2-37a 为 Altera 公司 FPGA 的 FLEX10 系列器件功能块（LE）的结构，每个 LE 包含一个能快速产生 4 变量的任意逻辑函数输出的 4 输入查找表（LUT），以及一个带同步使能的可编程 D 触发器、与相邻 LE 相连的进位链和级联链。LE 有两个输出驱动，一个驱动局部互连，另一个驱动行或列互连快速通道。这两个输出可以单独控制，可以实现 LUT 驱动一个输出，而触发器驱动另一个输出。这样，同一个

LE 中的 LUT 和触发器能够完成不相干的功能，因此可以提高 LE 的资源利用率。

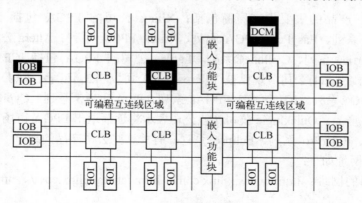

图 2-36　典型的 FPGA 结构

图 2-37b 为 Xilinx 公司 FPGA 的 XC4000 功能块（CLB）中两个 Slice 中的其中一个的结构。在 Xilinx 公司的 FPGA 器件中，CLB 由多个（一般为 4 个或 2 个）相同的 slice 和附加逻辑构成。每个 CLB 模块不仅可以用于实现组合逻辑和时序逻辑，还可以配置为分布式 RAM 和分布式 ROM。对于 Xilinx Virtex-5 FPGA 的一个 CLB 包含两个 Slice，每个 Slice 内部包含 4 个 LUT（有 6 个输入）、4 个 D 触发器、多路开关及进位链等资源。部分 Slice 还包括分布式 RAM 和 32bit 移位寄存器，这种 Slice 称为 Slice M，其他 Slice 称为 Slice L，Slice L 里的 LUT 则只能作为实现逻辑功能的查找表来使用。CLB 内部的两个 Slice 相互独立，各自分别连接开关阵列（Switch Matrix），以便与通用布线阵列（General routing Matrix，GRM）相连。而对于 Virtex-6，一个 CLB 包含两个 slice，一个 slice 包括 4 个 LUT（或 DistRAM）和 8 个触发器（一个 LUT 对应了两个触发器）。所以不同 FPGA 中 CLB 的资源是不同的。

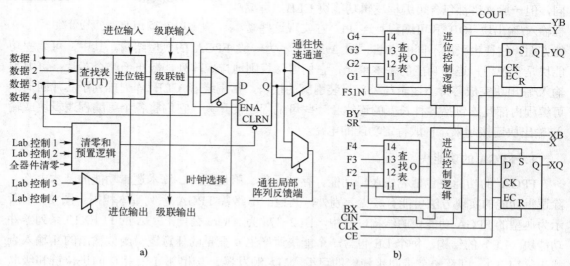

图 2-37　典型的 FPGA 结构

a) FLEX10 的 LE 结构　b) XC4000 的半个 CLB 结构

（1）FPGA 功能块中逻辑功能的完成

实现 FPGA 功能块的组合逻辑功能主要有 SRAM 查找表类型、逆熔丝多路开关类型和基于 Flash 的可编程结构类型。Xilinx 公司和 Altera 公司均采用 SRAM 查找表类型，需要在使用时外接一个片外存储器以保存程序。上电时，FPGA 将外部存储器中的数据读入片内 RAM，完成配置后，进入工作状态；掉电后 FPGA 恢复为白片，内部逻辑消失，这样 FPGA 不仅能反复使用，而且无需专门的 FPGA 编程器，只需通用的 EPROM 或 PROM 编程器即可。而 Actel 公司的 ACT 系列和 QuickLogic 公司的 pASIC 系列 FPGA 则是用逆熔丝多路选择开关类型，只能下载一次，不能重复擦写，开发初期比较麻烦，但具有高辐射、耐高低温、低功耗和速度快等优点，在军品和航空航天领域中应用较多。

① SRAM 查找表完成逻辑功能的工作原理。

查找表（Look_up Table，LUT）型 FPGA 的功能块是由功能为查找表的静态存储器（SRAM）构成函数发生器来控制执行 FPGA 应用函数的逻辑。

对于一个 $M$ 输入的逻辑运算，不管是与或非运算还是异或运算等，最多只可能存在 $2^M$ 种结果，若事先将相应的结果存放于一个存储单元，就相当于实现了与非门电路的功能，这就是 FPGA 中 SRAM 查找表实现逻辑功能的工作原理。基于这种思想，用户可以通过原理图或 HDL 语言描述一个组合逻辑电路，然后由 FPGA 开发软件自动计算逻辑电路的所有可能的结构，并将结果事先通过下载文件去配置查找表的内容，从而在相同的电路情况下实现了不同的逻辑功能。这样，每输入一个信号进行逻辑运算，就等于输入一个地址进行查表，找出地址对应的内容，然后输出结果。

图 2-38 所示为实现二变量查找表的一种电路结构，表 2-6 为该电路工作的输入与输出函数真值表。

表 2-6　二变量查找表的真值表

| 0 | 1 | 2 | 3 | $F$ | 说　明 |
|---|---|---|---|---|---|
| 0 | 0 | 0 | 0 | 0 | 不论 $A$、$B$ 为何值，总有一个低电平 $M$ 输出 |
| 0 | 0 | 0 | 1 | $AB$ | $A$、$B$ 同时为高时，$T_7$、$T_8$ 输出 $M_3$ 的高 |
| 0 | 0 | 1 | 0 | $\overline{A}\,\overline{B} = \overline{A+B}$ | $A$、$B$ 同时为低时，$T_5$、$T_6$ 输出 $M_2$ 的高 |
| 0 | 0 | 1 | 1 | $AB + \overline{A}\,\overline{B} = A \odot B$ | $AB$、$\overline{A}\,\overline{B}$ 两种情况的组合 |
| 0 | 1 | 0 | 0 | $\overline{A}B$ | $A$ 低且 $B$ 高时，$T_3$、$T_4$ 输出 $M_1$ 的高 |
| 0 | 1 | 0 | 1 | $B$ | 不论 $A$ 为何值总有 $T_4$ 或 $T_8$ 通，输出 $B$ 的值 |
| 0 | 1 | 1 | 0 | $\overline{A}$ | 不论 $B$ 为何值总有 $T_4$ 或 $T_6$ 通，输出 $\overline{A}$ 的值 |
| 0 | 1 | 1 | 1 | $\overline{A} + B$ | $\overline{A}$、$B$ 两种情况的组合 |
| 1 | 0 | 0 | 0 | $A\overline{B}$ | $A$ 高且 $B$ 低时，$T_1$、$T_2$ 输出 $M_0$ 的高 |
| 1 | 0 | 0 | 1 | $A$ | 不论 $B$ 为何值总有 $T_1$ 或 $T_7$ 通，输出 $A$ 的值 |
| 1 | 0 | 1 | 0 | $\overline{B}$ | 不论 $A$ 为何值总有 $T_2$ 或 $T_6$ 通，输出 $\overline{B}$ 的值 |
| 1 | 0 | 1 | 1 | $A + \overline{B}$ | $A$、$\overline{B}$ 两种情况的组合 |
| 1 | 1 | 0 | 0 | $\overline{A}B + A\overline{B} = A \oplus B$ | $\overline{A}B$、$A\overline{B}$ 两种情况的组合 |
| 1 | 1 | 0 | 1 | $A + B$ | $A$、$B$ 两种情况的组合 |
| 1 | 1 | 1 | 0 | $\overline{A} + \overline{B} = \overline{AB}$ | $\overline{A}$、$\overline{B}$ 两种情况的组合 |
| 1 | 1 | 1 | 1 | 1 | 不论 $A$、$B$ 为何值，总有一个电平高 $M$ 输出 |

在图 2-38 中，$M_0$、$M_1$、$M_2$、$M_3$ 为查找表的输入变量，起存储器地址寻址作用。变量 $A$、$B$ 为二变量输入，其值决定 16 个可能的输出值，由下载到 FPGA 的 SRAM 中的编程数据确定。$VT_1 \sim VT_8$ 为选择开关，其不同的导通组合决定了表 2-6 中布尔函数 $F$ 的输出。图 2-38 中的 $VT_1 \sim VT_8$ 为选择开关，也可用图 2-39 所示的二选一多路开关来说明，输入 $A$、$B$、$C$、$D$ 同样起着地址译码作用，从 16 个 RAM 单元中输出函数 $F$。

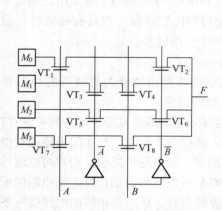

图 2-38 开关管二变量查换表电路

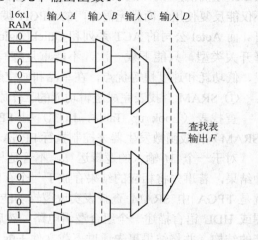

图 2-39 选择开关查换表电路

图 2-40 所示为一个用查找表结构的 FPGA 实现一位全加器的方法，当输入信号为 $A_0$、$B_0$ 和 $C_I$ 时，全加器的输出为 $S_0$ 和 $C_0$，其逻辑方程为

$$\begin{cases} S_0=(A_0 \oplus B_0) \oplus C_I \\ C_0=(A_0 \oplus B_0)C_I+A_0 B_0 \end{cases} \tag{2-4}$$

在图 2-40 中还列出一位全加器的输入和输出关系真值表。在 FPGA 的 SRAM 查找表中存储的是全加器真值表的输出数值，而输入变量对应为查找表的地址。由于有两个输出变量，对于四输入查找表，可以采用它们的两个三变量模式，即将四输入的 16×1 的 SRAM 分为两个三输入的 8×1 的存储器作为查找表，分别存入 $S_0$ 和 $C_0$ 的真值表数值。图 2-40 中，也给出实现一位全加器的逻辑图。

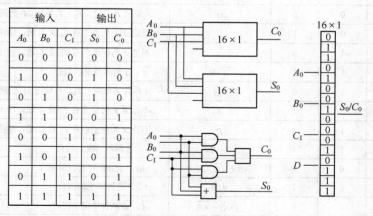

| 输入 | | | 输出 | |
|---|---|---|---|---|
| $A_0$ | $B_0$ | $C_I$ | $S_0$ | $C_0$ |
| 0 | 0 | 0 | 0 | 0 |
| 1 | 0 | 0 | 1 | 0 |
| 0 | 1 | 0 | 1 | 0 |
| 1 | 1 | 0 | 0 | 1 |
| 0 | 0 | 1 | 1 | 0 |
| 1 | 0 | 1 | 0 | 1 |
| 0 | 1 | 1 | 0 | 1 |
| 1 | 1 | 1 | 1 | 1 |

图 2-40 用查找表实现一位全加器的 FPGA

　　在查找表类型的 FPGA 中，变量数目直接影响到对查找表数目的需求，与函数中的文字数没有关系。例如，$Y_1=ABCDEF$ 有 6 个文字，它要求两个四输入的 LUT，而 $Y_2=ABC+BD+AC+CD+AD$ 有 11 个文字，它由 4 个变量组成，仅需要一个 LUT。

　　使用查找表来实现一个函数，函数的输入数应少于查找表单元的输入数 M，否则就会用更多的查找表单元。如四输入的查找表单元，只能完成四输入的函数，而 5 个变量的函数将要求用两个四输入的查找表单元。目前的查找表最多输入数为 6 个变量。图 2-41 所示为当输入超过 4 个时，Altera 公司 FLEX 系列 FPGA 中 LE 的两种 LUT 级联链方式，其中图 a 为与门电路实现的级联链，图 b 为或门电路实现的级联链。

　　查找表结构的优点是有高的功能性，M 输入的查找表可以实现高达 M 个输入的任意函数，只要用相应于函数真值表的位模式预先加载存储器，这样的函数有 $2^{2^M}$ 个。

　　查找表技术的缺点是：第一，如果 RAM 寻址机构用来选择查找表的输出，很难像在大多数计算逻辑阵列中做的那样将控制存储器构成普通的静态 RAM，因此失去为部分配置可随机存取控制存储器和存取内部状态的优点。第二，大的功能单元在实现通常的简单逻辑函数时，如两输入与非门，常常是低效率的。这个问题可以通过把 RAM 分成更小的逻辑块和有选择地组合其输出来解决，如允许单个 LUT 实现三变量的两个函数或四变量的一个函数。但提供此灵活性附加的多路开关要求额外的控制存储器，并增加延时。

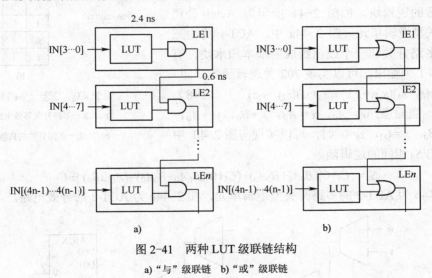

图 2-41　两种 LUT 级联链结构

a) "与" 级联链　b) "或" 级联链

　　② 逆熔丝多路开关完成逻辑功能的工作原理。

　　逆熔丝多路开关编程指在未编程时金属连线是断开的，当被编程后金属连线变为接通，如图 2-42 所示。

　　由于两个输入变量的所有函数可以由单个 2 选 1 的多路开关来实现，只要在多路开关的输入放置输入变量、变量的补、固定的 0 和 1 及相应的组合便可获得所有函数，如图 2-43 所示，其中图 a 为二选一多路开关等效电路图，图 b 为二选一多路开关的真值表。利用多路开关的这一特性，可实现不同的逻辑功能。对应图 2-43 具有选择输入 s 和输入 a、b 的二选一多路开关的逻辑函数表达式，即

$$f = sa + \overline{s}b \tag{2-5}$$

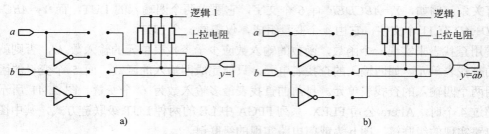

图 2-42 逆熔丝多路开关编程

a) 未编程的逆熔丝链　b) 已编程的逆熔丝链

例如，当置 $b$ 为逻辑零时，多路开关实现与的功能，即

$$f = sa \tag{2-6}$$

当置 $a$ 为逻辑 1 时，多路开关实现或的功能，即

$$f = s+b \tag{2-7}$$

大量的多路开关和逻辑门连接起来，可以构成实现大量函数的逻辑块。如图 2-44 所示为 Actel 公司的多路开关型逻辑单元。图 2-44a 中，ACT-1 为由三个两输入多路开关和一个或门组成的基本积木块，有 8 个输入和 1 个输出，可以实现 702 种逻辑函数，即

$$f=(s_3+s_4)(s_1w+s_1x)+(s_3+s_4)(s_2y+s_2z) \tag{2-8}$$

例如，当设置 $w=A_0$，$x=A_0$，$s_1=B_0$，$y=A_0$，$z=A_0$，$s_2=B_0$，$s_3=C_I$，$s_4=0$ 时，可以实现与图 2-40 中全加器输出 $S_0$ 相同的逻辑函数。

$$S_0= (C_I+0)(B_0A_0+B_0A_0)+(C_I+0)(B_0A_0+B_0A_0)=(A_0\oplus B_0)\oplus C_I$$

图 2-44b 为 ACT-2 的多路开关型逻辑单元，图 2-44c 为 ACT-2 的等效电路。

| 输　　入 | | | 输出 |
|---|---|---|---|
| $a$ | $b$ | $s$ | $f$ |
| 0 | 0 | 0 | 0 |
| 1 | 0 | 0 | 0 |
| 0 | 1 | 0 | 1 |
| 1 | 1 | 0 | 1 |
| 0 | 0 | 1 | 0 |
| 1 | 0 | 1 | 1 |
| 0 | 1 | 1 | 0 |
| 1 | 1 | 1 | 1 |

$f=sa+not(s)b$

a)　　　　　b)

图 2-43　二选一多路开关

a) 二选一多路开关等效电路图

b) 二选一多路开关的真值表

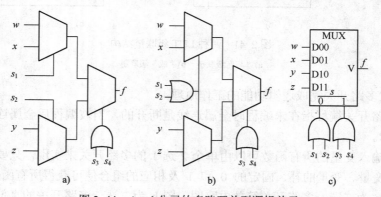

图 2-44　Actel 公司的多路开关型逻辑单元

a) 基本的逻辑单元 ACT-1　b) 第二类逻辑单元 ACT-2　c) 等效电路

基于多路开关的功能单元，主要优点是可以利用相同的基本单元作为布线逻辑来实现，

功能和布线相互混合在阵列中，它允许高密度的分布图。通过基于多路开关的功能单元的延时是与通道有关的，可以编制软件来优化用户的设计，把跨过功能单元的快速通路分配给逻辑块的关键通路上通过的信号。

　　③ 基于 Flash 的可编程结构完成逻辑功能的工作原理。

　　基于 Flash 的可编程结构类型 FPGA 器件中集成了 SRAM 和非易失性 EEPROM 两类存储结构，SRAM 用于在器件正常工作时对系统进行控制，EEPROM 则用来装载 SRAM。这类 FPGA 将 EEPROM 集成在基于 SRAM 工艺的现场可编程器件中，因而可以充分发挥 EEPROM 的非易失特性和 SRAM 的重配置性。掉电后，配置信息保存在片内 EEPROM 中，因此不需要片外的配置芯片，有助于降低系统成本、提高设计的安全性。图 2-45 所示为 LatticeXP 的可编程结构。

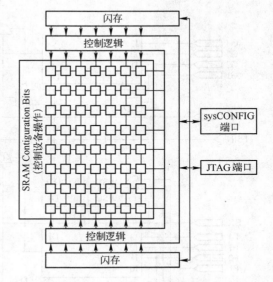

图 2-45　LatticeXP 的可编程结构

　　④ 固定功能的功能块完成逻辑功能的工作原理。

　　这类功能块将所要完成的逻辑功能做在单个固定功能的功能块中，有单级简单和延时短的优点，它主要缺点是要求大量的功能单元才能实现用户设计的逻辑，而且相应功能单元的级联和布线的延时会导致整体性能的降低。

　　由于不同公司和不同系列的 FPGA 结构不完全相同，不便于进行能力的比较，因此可采用一种将功能块等效为门电路的折算方法来进行门级的比较。

　　Xilinx XC4000 系列 CLB 可以等效为 2.38 个逻辑单元；

　　Lucent 的 ORCA2 的 FPU 等效为 4 个逻辑单元；

　　Alterar FLEX 系列 LE 等效为 1 个逻辑单元；

　　四输入查找表实现 2 输入与非门仅等效为 1 个门；

　　实现 2 位全加器或 4 输入异或门等效为 9 个门；

　　一个 D 触发器等效为 6 个逻辑门；

　　带复位的时钟使能的 D 触发器等效为 12 个逻辑门；

　　每个逻辑单元的等效门数为 8～21 个逻辑门，平均等效门数为 12 个逻辑门；

　　1 位的存储器可等效为 4 个门；

　　实现 16×1 的存储器时可等效为 64 个门。

　　（2）功能块上的存储元件

　　图 2-46 所示为 Xilinx Virtex-E 功能块中一个功能片（Slice）的电路图。在 Slice 中的存储元件，可配置成边沿触发的 D 触发器或对电平敏感的锁存器。D 触发器的输入可以是在该 Slice 上的函数发生器的输出，也可以是绕过函数发生器直接来自 Slice 输入端的信号。除了时钟和时钟使能信号外，每个 Slice 上都有同步设置与复位信号（SR 和 BY）。SR 强迫存储元件进入在配置时指定的初始状态，BY 强迫存储元件进入求补的状态。还可选择将这些信

号配置成异步工作方式。所有的控制信号是独立的或它们的求补，并且被本 Slice 上的两个触发器所共享。

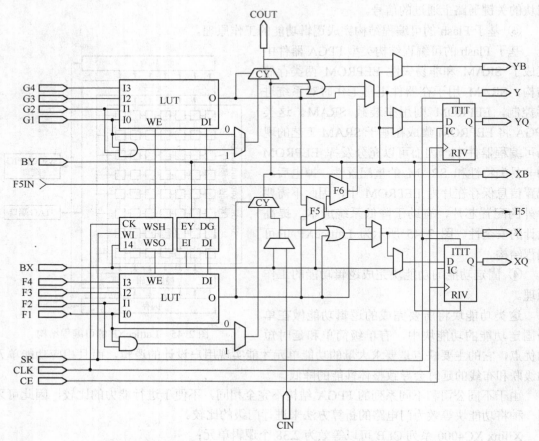

图 2-46　Virtex-E 芯片 CLB 中一个 Slice 的电路结构

（3）功能块上的附加逻辑

在每个 Slice 上的 F5 多路转换器对函数发生器的输出进行组合。这种组合能提供任何 5 输入的函数发生器，或四选一的多路转换器，或多达 9 个输入端的选择函数。类似地，F6 多路转换器通过选择其中一个 F5 多路转换器的输入，对 CLB 上所有 4 个函数发生器的输出进行组合，可以实现任何 6 输入函数，或一个八选一的多路选择器，或 19 个输入端的选择函数。每个 CLB 有 4 个直接输入通道，每个 Slice 上两个。这些通道提供额外的数据输入连线，或者不占用逻辑资源的附加局部路由。

（4）功能块上的算术逻辑

专用进位逻辑为高速算术函数提供快速算术进位能力。Virtex-E 的 CLB 支持两个独立的进位链，每个 Slice 一个。算术逻辑包括一个 XOR 门，允许在一个 Slice 上实现 2bit 全加器。此外，一个专用 AND 门提高了乘法器实现的效率。专用的进位通道还可用于级联函数发生器以实现更多的逻辑函数。

**2．FPGA 的可编程连线**

连线是 FPGA 中连接各功能块和 I/O 块的布线资源，连线的长度不一定相同，驱动能力也不尽相同，有的线可直接与功能块和 I/O 块相连，有的线要通过多路选择开关控制或缓冲器后才能与其他资源相连接，有的线是固定连接的，有的线是可编程的。

（1）长线资源

长线指可以连到功能块和 I/O 的输入和输出的长金属线。长线是 FPGA 的基本资源，长线通常连接到所有相邻的功能块和 I/O 块。长线如果要连到功能块输出，则至少要求 RAM 的一位选择地把功能块输出连接到长线。功能块和长线之间允许缓冲，以提供附加的灵活性。长线的速度优点取决于长线的相对较大的电容负载快速转换，它要求一个大的缓冲器驱动，并引起较大的动态功耗。

对于分段连接的 FPGA，内部连线分为单长线、双长线和穿越长线三种类型。单长线是指在块与块之间的可编程开关矩阵处交汇的水平线与垂直线，如图 2-47 所示。图中的每个可编程开关矩阵由可配置的 N 沟道的开关晶体管组成，以建立单长线之间的连接。开关矩阵中的黑点表示可以配置成开/断两种状态。双长线与单长线类似，双长线由两倍于单长线的金属线段组成，它提供芯片中点对点的连接。穿越长线是指穿越芯片长与宽的金属线段，一般提供全局信号。通常单长线与穿越长线是通过线与线交叉处的可编程内接点来进行配置控制，而双长线一般不与其他线相连。所设计系统的速度受制于最长的布线延时路径。

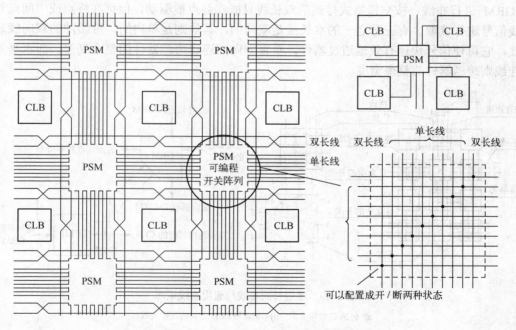

图 2-47　单长线、双长线和可编程开关阵列

（2）连线开关资源

连线开关是最简单的布线资源，它可以采用由 RAM 单元控制传输晶体管、熔丝或逆熔丝、可擦除的可编程 ROM（EPROM）单元等形成。开关允许信号按两个方向通过，但由于

开关存在的电阻会对信号产生衰减，经过几个开关后就需用一个缓冲器来恢复电平，这不仅增加了延时，而且还使信号变成了单向，如图 2-48 所示。每个开关都需要由控制存储器中的单个位来控制。

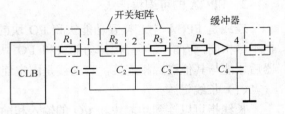

图 2-48　信号经开关衰减后加缓冲器

（3）可编程布线分类

① 局部布线。FPGA 中提供有三类局部布线资源：其一是对查找表（LUT）、触发器、通用布线阵列（GRM）的连接；其二是内部可配置逻辑块（CLB）反馈通道连线，用于提供同一 CLB 内与各 LUT 相连的高速连接，这种连接的布线时延最小；其三是直接路径连线，提供水平相邻的可配置逻辑块（CLB）间的高速连接，以消除通用布线阵列（GRM）的时延。

② 通用目的布线。大部分信号按通用目的布线方式进行布线，因而大量的内部互连资源与这一布线层次有关。通用布线资源分布在与 CLB 的行与列相关的水平和垂直布线通道内。通用目的布线资源包括单长线、通用布线矩阵（GRM）、双长线、带缓冲的双向线。通用布线矩阵是一种可编程开关矩阵（PSM），图 2-49a 中包括 C 盒与 S 盒，图 2-49b 为 GRM 与 CLB 之间的连接关系。PSM 与每个 CLB 相邻接，将水平与垂直的布线资源连接起来。通用布线阵列（GRM）也是一种工具，利用它 CLB 可访问通用目的布线。单长线对与 GRM 四个方向上相邻的 GRM 进行布线；双长线对与 GRM 四个方向中每一个方向的其他不相邻的 GRM 进行布线，按交错格式排列的双长线只能在终点被驱动，但可在终点或中间点对双长线信号进行读取，有三分之一的双长线是双向的，其他则是单向的。带缓冲的双向线属于长线，它可使信号快速有效地通过器件，垂直方向的连线跨越器件的整个高度，而水平方向的连线则跨越器件的整个宽度。

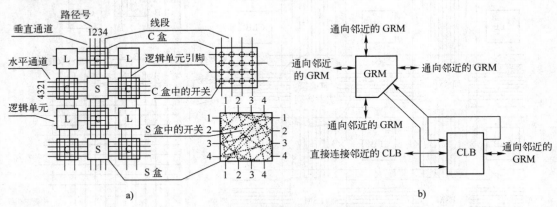

图 2-49　通用目的布线与通用布线矩阵

a）包括 C 盒和 S 盒　b）GRM 与 CLB 之间的连接关系

③ I/O 布线。围绕 FPGA 器件的周边有附加的布线资源，这些资源形成 CLB 阵列与 IOB 的接口。这种附加的资源有利于引脚封装和锁定，以便于重新设计的逻辑能适应已存在的 PCB 布局。图 2-50 所示为 Virtex 芯片附加的资源 VersaRing 结构。

④ 专用布线。有些类型的信号要求专用的布线资源来使性能最好地发挥。专用布线资

源有两种类型：一类是水平布线资源，用于
片上的三态总线信号，为每行的 CLB 提供 4
根可分割的总线连线，允许在一行内有多个
总线，如图 2-51 所示；另一类是为每个
CLB 提供的两根专用网线，用于垂直地传送
进位信号到相邻的 CLB。

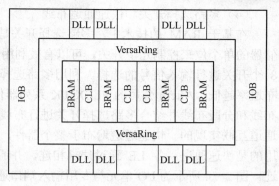

图 2-50　附加的 I/O 布线资源

⑤ 时钟布线。时钟布线资源给遍及整
个器件的时钟和其他信号以非常高的扇出。
时钟布线资源包括全局布线资源与局部布线
资源。图 2-52 给出了一个典型的全域时钟
分配网络，来自外部的 4 个时钟焊盘与 4 根专用全局网线相接，其中两个时钟在器件的顶部
中央，另两个在底部中央，每个焊盘都与各自的全局缓冲器相连。图中只画了一个时钟焊盘
的连接情况。全局网线可用来分配高扇出、低摆率的时钟信号。每个全局时钟网线可驱动所
有的 CLB、IOB 和块 RAM 时钟引脚。全局网线仅能被全局缓冲器所驱动，全局缓冲器驱动
4 根全局网线，其他缓冲器驱动分支的时钟信号。图 2-52 中的局部时钟布线资源由 6 根（4
个时钟共有 24 根）主干线组成，其中 3 根穿过芯片的顶层，3 根穿过芯片的底层。通过这些
长线进行时钟的再分配，这些局部资源比全局资源更灵活。

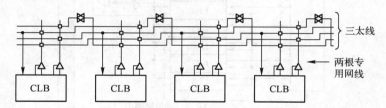

图 2-51　专用三态水平总线和网线

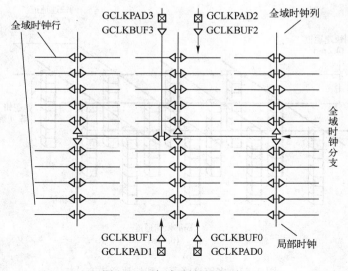

图 2-52　全域时钟分配网络

（4）多路选择开关和快速通道布线

在基于 RAM 的技术中，多路选择开关是普通的布线结构，它的主要优点是允许控制存储器的单个位来控制几个开关，可以有效利用它的 RAM。如图 2-38 中的 A、B 信号可控制 8 个开关进行输入信号的选择。利用多路选择开关进行布线的缺点是扇入越多，阻塞越大，布通率越低。Altera 公司的 FLEX10K 系列器件采用快速通道进行布线，图 2-53 所示为连续布线和分段布线并结合多路选择开关进行布线。LE 和器件 I/O 引脚之间的连接是通过快速通道互联实现的。快速通道遍布于整个器件，是一系列水平和垂直走向的连续布线通道，采用的是快速通道。各 LE 通过局部相连，并通过多路选择开关与行快速通道和列快速通道相连。图 2-54 所示为 I/O 单元与专用输入端口通过多路选择开关布线的情况。

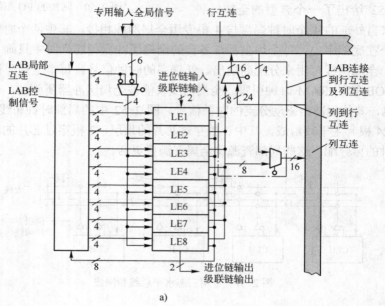

a)

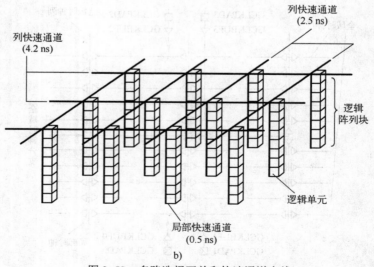

b)

图 2-53　多路选择开关和快速通道布线

a) 各部分连接的平面图　b) 立体图

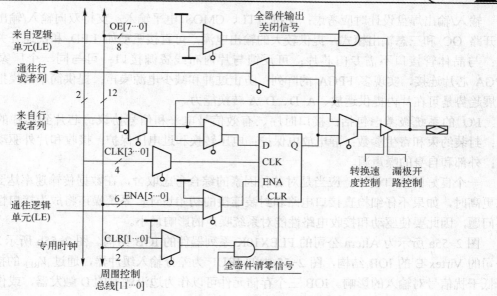

图 2-54 I/O 单元与专用输入端口通过多路选择开关布线

（5）布线产生的时延

布线是产生分布电容的主要因素之一，所以必须采取措施降低互连布线造成的分布电容。分段布线可以成倍地降低互连布线的分布电容，在线宽缩小、器件密度迅速提高时，尤为明显。

例如对于 Xilinx 低电压系列芯片，在规定的 50pF 外部负载时，输入信号过渡时间上升沿是 2.4ns，下降沿是 2.0ns，而附加的电容负载，使过渡时间的上升沿增加 60ps/pF，下降沿增加 40ps/pF。对于输出信号的延时，在 3.0V 时，上升沿增加 30ps/pF，3.6V 时增加 23ps/pF；下降沿对任何电压都增加 25ps/pF，计算时要考虑±20%的余量。

现假设外部电容为 200pF 并加以 3.0V 电压，则输出信号额外增加的上升延时为

$$1.2×(200-50)×30ns =5.4ns$$

输入信号上升沿过渡时间变化为

$$2.4ns+1.2×(200-50)×60ns =13.2ns$$

分段布线不仅减少互连布线的延时，提高器件的性能，而且对降低器件功耗、增加器件工作的可靠性也有帮助。根据式（1-6），$P=\alpha_{0\rightarrow1} C_L V_{dd}^2 f_{clk}$，在工作电压 $V_{dd}$ 和系统频率 $f_{clk}$ 确定之后，芯片的功耗 $P$ 与分布电容 $C_L$ 成正比，布线分布电容越小，器件功耗越低。

**3．可编程输入/输出块**

可编程的输入/输出模块分布在 FPGA 芯片四周或底部，视封装而定，它们可以被灵活地编程，以实现不同的逻辑功能并满足不同的逻辑接口需要。用户可编程的输入/输出模块 IOB 为芯片外部引脚和内部逻辑提供了一个界面，每个 IOB 控制一个外部引脚，并使引脚可以被定义为输入、输出或双向传输。不同芯片系列 IOB 会有所不同，但基本功能是相同的。

输入/输出焊盘设计时应考虑：支持 TTL、CMOS 电平输入；支持双向输入/输出、集电极开路 OC 和三态输出模式；提供较大的输出电流，可直接驱动如 LED 和快速开关电容负载；与晶体管接口不需专门芯片；可反馈与片内布线资源接口；可与同一个厂家的其他 FPGA 芯片连接，实现多 FPGA 的阵列；防止过冲和减少电源噪声；提供简单的模拟能力，发展趋势是可在片内提供运放、A-D、D-A 转换能力。

I/O 的系统级考虑包括：接口时序、有效信号电平和信号协议；芯片到芯片的通信网络；封装约束和寄生参数；静电放电保护；电压转换和过电压保护；接收和片外驱动电路拓扑；外部和自身的噪声源。

一个良好的接口设计，应当是对各种因素的综合考虑取舍，在数据传输速率达到 1GHz 或更高时，如果不仔细检查接口电路和封装连接的初始设计，系统噪声将成为接口性能的主要问题，因此要使驱动和接收电路性能对系统噪声的影响最小。

图 2-55a 所示为 Altera 公司的 FLEX10K 系列器件的 IOB 结构。图 2-55b 所示为 Xilinx 公司的 Virtex-E 的 IOB 结构，图 2-55 中的 IBUF 为差分输入缓冲器，通过 $V_{REF}$ 的接入，可降低干扰信号对输入的影响。IOB 三个存储元件可以作为边沿触发的 D 触发器，或作为电平

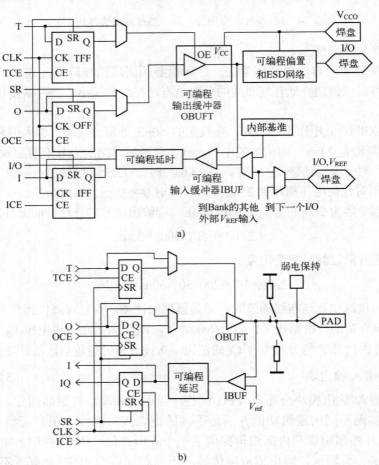

图 2-55　IOB 结构

敏感的锁存器。每个 IOB 有一个为三个触发器共享的时钟信号 CLK 和对每个触发器独立的时钟使能信号。除了 CLK 和 CE 控制信号外，三个触器共享置位/复位信号 SR。对每个触发器，SR 信号能被独立地配置为同步置位、同步复位、异步预复位和异步清零。为防止静电放电和瞬间过电压，所有的焊盘都受到保护。当要求与 PCI 3.3V 兼容时，一个传统的钳位二极管被连到输出供电电压端 $V_{CCO}$。在每个焊盘上附加有可选的上拉和下拉及弱电保持电路。配置前，所有在配置时不用的输出被强置为高阻态。此时，下拉电阻和弱保持电路是无效的，但 IOB 可有选择地被上拉。配置前，上拉电阻的激活在整体上受配置模式引脚控制。如果上拉电阻没被激活，所有的引脚处于高阻状态。所以，外部上拉或下拉电阻必须提供给被要求接电阻的引脚，以达到配置前定义好的逻辑电平。

（1）输入路径

IOB 输入路径直接将输入信号接到内部逻辑或者让其通过一个可选的输入触发器。在这个触发器的 D 输入端，接有可编程延迟器，这个时延与 FPGA 的内部时钟分布时延相匹配。每个输入缓冲器可被配置为遵循所支持的任一低电压信号标准。在这些标准中，输入缓冲器可利用用户提供的门限电压 $V_{REF}$。在每个输入都有可选的上拉或下拉电阻，其电阻值为 $50\sim100\mathrm{k}\Omega$。

（2）输出路径

输出路径包括一个三态缓冲器，它能把信号驱动到焊盘。输出信号由内部逻辑直接送到缓冲器或通过一个可选的 IOB 输出触发器。输出的三态控制还能直接从内部逻辑布线或能通过一个触发器提供同步使能和禁止布线。每个输出驱动器能被个别编程，以适应低压信号标准的宽范围。每个输出缓冲器能够输出 24mA 和吸入 48mA。驱动力和摆率控制使总线瞬态减小。在大多数信号标准中，输出高电压取决于外部提供的电压值。在每个输出端接有可选择的弱电保持电路，当该电路被选择时，它监视焊盘上的电压并微弱地驱动引脚电压高低以与输入信号匹配。如果引脚被接至一个多源信号，当所有的驱动器被禁止时，弱电保持电路将保持信号的最后一个状态。用这种方式维持一个有效的逻辑电平可以消除总线干扰。由于弱电保持电路用 IOB 输入缓冲器来监测输入电平，如果信号标准需要 $V_{REF}$ 电压，必须提供一个恰当的电压。这个电压的提供必须遵循 I/O 的分组规则。

（3）I/O 分组

为了让 FPGA 芯片能同时与不同电压标准的外部引脚接口，许多 FPGA 芯片将引脚焊盘分成若干组。如图 2-56 所示为 Virtex-E 的分级情况。图中 FPGA 的每个边分为两个引脚分组，形成总共 8 个引脚分组。每个分组中有多个 $V_{CCO}$ 引脚，这些引脚必须连至同一电压，其电压值由使用时所采用的输出标准决定。不同的分组可接不同的输出标准。

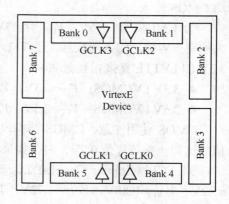

图 2-56　IOB 分组

在同一个分组中，只能使用相同 $V_{CCO}$ 电压的输出标准，不可以混合使用。可兼容的标准见表 2-7。表中 GTL、GTL+适用于所有电压，因为它们的漏极开路输出不取决于 $V_{CCO}$。

表 2-7　兼容的输出标准

| $V_{CCO}$ | 兼容的标准 |
| --- | --- |
| 3.3V | PCI，LVTTL，SSTL3 I，SSTL3 II，CTT，AGP，GTL，GTL+ |
| 2.5V | SSTL2 I，SSTL2 II，LVCMOS2，GTL，GTL+ |
| 1.5V | HSTL I，HSTLIII，HSTLIV，GTL，GTL+ |

某些输入标准要求用户提供一个门限电压，这时用户 I/O 引脚被自动地配置为具有 $V_{REF}$ 电压的输入。在一个 I/O 引脚分组中，6 个引脚中就有一个起着这种作用。在一个分组中，需要 $V_{REF}$ 的引脚可与不需要 $V_{REF}$ 的引脚混合使用，但在一个分组中只能使用一个 $V_{REF}$ 电压。

在 Virtex-E 中，具有 LVTTL、LVCMOS2、LVCMOS18、PCI33_3、PCI66_3 标准的输入缓冲器的供电电压为 $V_{CCO}$ 而不是 $V_{CCINT}$。对于这些标准，只有相同 $V_{CCO}$ 的输入和输出缓冲器才能混合在一起。每个分组的 $V_{CCO}$ 和 $V_{CCINT}$ 引脚可以在器件的输出引脚表和输出引脚图中查到。输出引脚图还给出每个 I/O 的分组关系。在给定的封装内，$V_{CCO}$ 和 $V_{CCINT}$ 引脚数依器件尺寸而变化。对较大器件，有更多的 I/O 引脚转换为 $V_{REF}$ 引脚。预期的所有 $V_{REF}$ 引脚必须与 $V_{REF}$ 电压相连而不能用作 I/O。

在 PCB 上的器件相连接时，不同器件有自己的电平标准，只有相兼容的才能直接相接，否则应在器件间加入转换电路。常用的电平标准有 TTL、CMOS、LVTTL、LVCMOS、ECL、PECL、LVPECL、RS232、RS485 等，还有一些速度比较高的 LVDS、GTL、PGTL、CML、HSTL、SSTL 等。

① TTL（Transistor-Transistor Logic）标准为晶体管结构。$V_{cc}$=5V；$V_{OH}$≥2.4V；$V_{OL}$≤0.5V；$V_{IH}$≥2V；$V_{IL}$≤0.8V。

② LVTTL 又分 3.3V、2.5V 以及更低电压的 LVTTL（Low Voltage TTL）。

● 3.3V LVTTL：$V_{CC}$=3.3V；$V_{OH}$≥2.4V；$V_{OL}$≤0.4V；$V_{IH}$≥2V；$V_{IL}$≤0.8V。

● 2.5V LVTTL：$V_{CC}$=2.5V；$V_{OH}$≥2.0V；$V_{OL}$≤0.2V；$V_{IH}$≥1.7V；$V_{IL}$≤0.7V。

TTL 使用注意：TTL 电平一般过冲都会比较严重，可在始端串 22Ω或 33Ω电阻；TTL 电平输入脚悬空时内部认为是高电平，如要下拉，应用 1kΩ以下电阻下拉；TTL 输出不能驱动 CMOS 输入。

③ CMOS：$V_{CC}$=5V；$V_{OH}$≥4.45V；$V_{OL}$≤0.5V；$V_{IH}$≥3.5V；$V_{IL}$≤1.5V。相对 TTL 有更大的噪声容限，输入阻抗远大于 TTL 输入阻抗。对应 3.3V LVTTL，还有 LVCMOS，可以与 3.3V 的 LVTTL 直接相互驱动。

● 3.3V LVCMOS：$V_{CC}$=3.3V；$V_{OH}$≥3.2V；$V_{OL}$≤0.1V；$V_{IH}$≥2.0V；$V_{IL}$≤0.7V。

● 2.5V LVCMOS：$V_{CC}$=2.5V；$V_{OH}$≥2V；$V_{OL}$≤0.1V；$V_{IH}$≥1.7V；$V_{IL}$≤0.7V。

CMOS 使用注意：CMOS 结构内部寄生有晶闸管结构，当输入或输入引脚高于 $V_{CC}$ 一定值（比如一些芯片是 0.7V）时，如果电流足够大，可能引起闩锁效应，导致芯片的烧毁。

④ ECL（Emitter Coupled Logic）发射极耦合逻辑电路（差分结构）：$V_{CC}$=0V；$V_{EE}$: -5.2V；$V_{OH}$=-0.88V；$V_{OL}$=-1.72V；$V_{IH}$=-1.24V；$V_{IL}$=-1.36V。速度快、驱动能力强、噪声小、容易达到几百 M 的应用。但是功耗大，需要负电源。为简化电源，出现了 PECL（改用正电压供电 ECL 结构）和 LVPECL。

● PECL（Pseudo/Positive ECL）：$V_{CC}$=5V；$V_{OH}$=4.12V；$V_{OL}$=3.28V；$V_{IH}$=3.78V；$V_{IL}$=

3.64V

● LVPELC（Low Voltage PECL）：$V_{CC}$=3.3V；$V_{OH}$=2.42V；$V_{OL}$=1.58V；$V_{IH}$=2.06V；$V_{IL}$= 1.94V

ECL、PECL、LVPECL 使用注意：不同电平不能直接驱动。中间可用交流耦合、电阻网络或专用芯片进行转换。以上三种均为射随输出结构，必须有电阻拉到一个直流偏置电压（如多用于时钟的 LVPECL：直流匹配时用 130Ω 上拉，同时用 82Ω 下拉；交流匹配时用 82Ω 上拉，同时用 130Ω 下拉。但两种方式工作后直流电平都在 1.95V 左右）。

⑤ LVDS（Low Voltage Differential Signaling，低压差分信号）差分对输入/输出：内部有一个恒流源 3.5～4mA，在差分线上改变方向来表示 0 和 1。通过外部的 100Ω 匹配电阻（并在差分线上靠近接收端）转换为 ±350mV 的差分电平。

LVDS 使用注意：传输速率可以达到 600Mbit/s 以上，对 PCB 要求较高，差分线要求严格等长，差最好不超过 10mil（0.25mm）。100Ω 电阻离接收端距离不能超过 500mil，最好控制在 300mil 以内。图 2-57 所示为 Altera 公司的 Cyclone II 系列 FPGA 芯片所提供的 LVDS 标准的输入和输出与片外其他芯片的直接接口，利用 FPGA 芯片所提供的这种接口可免去 TTL 到 LVDS 的转换。

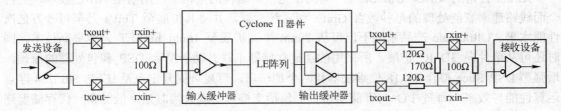

图 2-57　提供 LVDS 的输入和输出直接接口

⑥ CML：内部做好匹配的一种电路，不需再进行匹配。晶体管结构，也是差分线，速度能达到 3Gbit/s 以上。只能点对点传输。

⑦ GTL：类似 CMOS 的一种结构，输入为比较器结构，比较器一端接参考电平，另一端接输入信号。1.2V 电源供电。

● GTL：$V_{CC}$=1.2V；$V_{OH}$≥1.1V；$V_{OL}$≤0.4V；$V_{IH}$≥0.85V；$V_{IL}$≤0.75V。

● PGTL/GTL：$V_{CC}$=1.5V；$V_{OH}$≥=1.4V；$V_{OL}$≤0.46V；$V_{IH}$≥1.2V；$V_{IL}$≤0.8V。

⑧ HSTL：主要用于 QDR 存储器的一种电平标准，一般有 $V_{-CCIO}$=1.8V 和 $V_{-CCIO}$=1.5V。和上面的 GTL 相似，输入为比较器结构，比较器一端接参考电平（$V_{CCIO}$/2），另一端接输入信号。对参考电平要求比较高（1% 精度）。

⑨ SSTL：主要用于 DDR 存储器，和 HSTL 基本相同。$V_{-CCIO}$=2.5V，输入为比较器结构，比较器一端接参考电平 1.25V，另一端接输入信号。对参考电平要求比较高（1% 精度）。HSTL 和 SSTL 大多用在 300MHz 以下。

⑩ RS232 和 RS485：RS232 采用 ±（12～15V）供电。12V 表示 0，-12V 表示 1。可以用 MAX3232 等专用芯片转换，也可以用两个晶体管加一些外围电路进行反相和电压匹配。RS485 是一种差分结构，相对 RS232 有更高的抗干扰能力，传输距离可以达到上千米。

### 2.3.3 FPGA 的新增资源

随着集成度的增加，FPGA 芯片除了基本资源在不断增加外，还剩有大量芯片面积可供使用，故目前的 FPGA 都利用这些面积向用户提供更高性能的专用功能块，包括块 RAM、DCM、乘法器、DSP、嵌入式 ARM、高速串行收发器等。

例如 Altera 公司在 FPGA 上采用了 Intel 的 14 nm 三栅极晶体管技术（通常称为 FinFET），满足很大 I/O 带宽、更多更快的内部存储器和外部存储器访问，以及速度极高的计算等需求。20nm 系列产品中包含单片 28Gbit/s 支持背板的收发器、40Gbit/s 芯片至芯片收发器。这些技术将固网、军事和广播应用的交换带宽和前板端口密度提高了 2 倍，可实现 8 通路 400Gbit/s 光模块通信。Altera 的下一代系列产品将引入高级 3D 管芯堆叠技术，这一技术包括客户可以使用的混合系统数字接口标准，支持低延时、低功耗 FPGA 集成和存储器扩展（SRAM、DRAM）、光收发器模块以及用户优化 HardCopy® ASIC。利用最新 FPGA 提供的 DSP，通过集成 OpenCL 和 DSP 创新技术，采用业界标准设计工具和软件库，能够实现 5 teraFLOP 的单精度（IEEE 754）DSP 能力。这一混合系统架构中的超高性能 DSP 应用，包括高性能和低延时金融计算、高分辨率广播和无线，以及高级军事传感器和战场感知等。

Xilinx 公司的 Virtex UltraScale™ 架构在完全可编程的架构中应用前沿 ASIC 技术，支持全面线路速率智能处理的每秒数百 Gbit/s 级系统性能，并将其扩展至 Tbit/s 乃至每秒万亿次性能水平。UltraScale 产品系列不但可从 20nm 平面扩展至 16nm FinFET 乃至更高技术，同时还可从单片向 3D IC 扩展。所采用的高速存储器串联有助于消除 DSP 和包处理的瓶颈，增强型 DSP Slice 整合 27×18 位乘法器和两个加法器，可显著提升定点及 IEEE Std 754 浮点运算性能与效率。海量 I/O 与存储器带宽，包括支持可实现大幅时延降低的新一代存储器连接以及多个集成 ASIC 级 100Gbit/s 以太网、Interlaken 与 PCIe® IP 核心。通过极大范围的静态及动态电源门控在各种功能元件间进行电源管理，可显著节省电源。通过 AES 比特流解密与认证、密钥模糊处理以及安全设备编程等高级方法实现新一代安全应用。

图 2-58 所示为 Altera 公司 Stratix V 和 Xilinx 公司 Virtex-4 SX 所提供的新增资源。

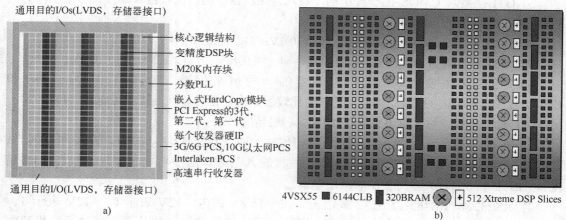

图 2-58　FPGA 的新增资源

a) Altera Stratix® V　b) Xilinx Virtex-4 SX

**1. 块 RAM 资源**

在 FPGA 中的查找表属于用户可用的 SRAM 存储器，这种存储器的特点是分布在芯片的功能块中，故又称为分布式 SRAM 存储器。由于使用 CLB 实现分布 RAM 要占用实现组合逻辑的资源，当利用 20%～30%的 CLB 作为用户存储器时，占用器件的系统等效门数大约是不用作存储器时的逻辑等效门数的一倍，即用 CLB 作为 RAM 的成本是很高的。并且当这种存储器被用来实现逻辑功能时，不能再被当作存储器来用，这使 FPGA 的存储能力下降。

为此目前的 FPGA 都设计有专用的 SRAM，这些 SRAM 被集中做在一起形成一个 FPGA 的片内存储器块，故被称为块 RAM（BlockRAM）或集中式 RAM。这些块 RAM 规则地、成阵列地排列在 FPGA 芯片中，可供用户任意使用。Virtex UltraScale 中提供的块 RAM 总容量可达 132.9Mbit，Stratix 5SGSD8 中提供的块 RAM 容量为 50Mbit。

块 RAM 单元的每个端口有独立的控制信号，是全同步的双端口。双端口的数据宽度可以被独立配置，以提供内置总线宽度转换。图 2-59a 所示为 Virtex-E 的 Block SelectRAM，它有 A、B 两个端口，这是一个双端口存储器。

常规存储器是单端口存储器，每次只接收一个地址，访问一个存储单元，从中读取或写入一个字节或字。图 2-59b 所示的双端口存储器具有两个彼此独立的读写口，每个读写口都有一套自己的地址寄存器和译码电路，可以并行地独立工作。两个读写口可以按各自接收的地址同时读出或写入，或一个写入而另一个读出，因此是一种高速工作的存储器。与两个独立的存储器不同，两个读写口的访存空间相

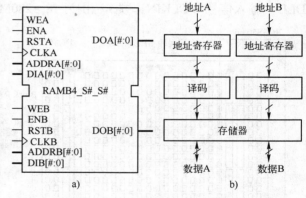

图 2-59　双端口块 RAM

同，可以访问同一个存储单元。因此如果两个端口同时访问存储器的同一个存储单元，便会发生读写冲突。

为解决此问题，可以设置一个"忙"标志。在发生读写冲突时，片上判断逻辑决定对哪个端口优先进行读写操作，而对另一个被延迟的端口置"忙"标志，即暂时关闭此端口。等到优先端口完成读写操作后，才将被延迟端口的"忙"标志复位，重新开放此端口，允许延迟端口进行存取。

在 FPGA 中还用另一种方法解决冲突，即将双端口块 RAM 做成双倍速率同步动态随机存储器（Double Data Rate Synchronous Dynamic Random Access Memory，DDR SDRAM），利用 FPGA 中的 DLL 所提供的相位相差 180° 的两个时钟作为驱动。DDR 存储器的优势是能够同时在时钟循环的上升和下降沿提取数据，从而把给定时钟频率的数据速率提高 1 倍。例如，可将图 2-59a 中的 CLKA 用时钟 CLK 的上升沿驱动，而将 CLKB 用时钟 CLK 的下降沿驱动，从而避免读写同一单元时发生冲突。

**2. DCM 块资源**

FPGA 内部资源的增加，不同功能模块的不同应用对时钟提出了新的要求，已不能只靠

单一的全域时钟来解决所有问题，因此目前 FPGA 中都提供数字时钟管理器（Digital Clock Managers，DCM）来管理时钟。DCM 的主要功能是分频和倍频、消除由于传输引起的同一时钟到达不同地点的延迟差、对输入时钟的相移输出、可以输出不同电平标准的时钟。

图 2-60a 所示为 Spartan-3 系列 FPGA 芯片中的 DCM 资源（Spartan-3 之前的产品叫作DLL）。在一个四方形的 FPGA 最边缘是 IO 焊盘，内部还有一个四方形，它的 4 个角上各有一个 DCM，上边缘和下边缘中间各有一个全域缓冲多路复用器，使 4 个 DCM 的输出可以直接连接到全域缓冲器的入口。图 2-60b 所示为数字时钟管理模块（DCM），常用于FPGA 系统中复杂的时钟管理。DCM 的内部结构由延迟锁定环（DLL）、数字频率综合器（DFS）、相位偏移器（PS）、状态逻辑电路构成。

（1）延迟锁定环

DLL 通过输出时钟 CLK0 或 CLK2X 观察实际的线路延迟，然后在内部进行补偿。DLL 的主要功能是消除输入时钟和输出时钟之间的延迟，使得输入、输出在外部看来是透明连接的。DLL 的输出为 CLK0、CLK90、CLK180、CLK270、CLK2X、CLK2X180 和 CLKDV。DLL 的输入信号为 CLKIN，频率范围为 18～280MHz。

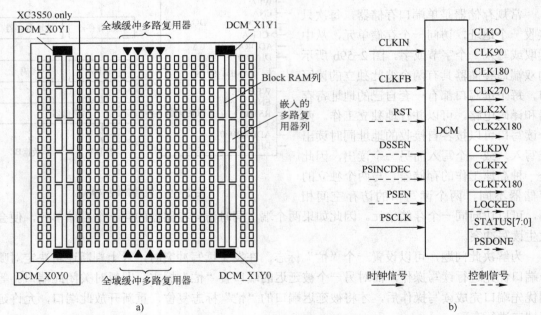

图 2-60　Spartan-3 DCM 块资源和引脚

a) Spartan-3 DCM 块资源　b) DCM 的输入和输出

（2）数字频率综合器

DFS 的主要功能是利用 CLKIN 合成新的频率。合成的参数是：M（multiplier）/D（divisor）。M 为 2～32，D 为 1～32，故最大倍频为 32 倍，最小为 16 分频。如果不用DFS 而用时钟除法器对 CLKIN 进行分频，其 CLKDV 输出为 1.5、2、2.5、3、3.5、4、4.5、5、5.5、6、6.5、7、7.5、8、9、10、11、12、13、14、15、16，最大的分频也是16。不过除法器能支持半分频，比用频率综合器方便。DFS 的倍频输出（CLK2X、CLK2X180）是 CLKIN 的 2 倍频。如果不使用 DLL，则 DFS 的合成频率和 CLKIN 将不具有相位关系，因为没有延迟补偿，相位不再同步。DFS 的输入信号为 CLKIN，范围为 1～280MHz。

（3）相位偏移器

PS 可以使 DCM 的所有 9 个输出信号都进行相位偏移，偏移的单位是 CLKIN 的一个分数。也可以在运行中进行动态偏移调整，调整的单位是时钟周期的 1/256。1/4 周期相移输出（CLK0/90/180/270）是 CLKIN 的 1/4 周期相移输出。半周期相移输出（CLK0/180、CLK2X/180、CLKFX/180）相差为 180° 的成对时钟输出。相移精度最高为时钟周期的 1/256。

（4）状态逻辑电路

这部分由 LOCKED 信号和 STATUS[2:0] 构成。LOCKED 信号指示输出是否和 CLKIN 同步（同相）。STATUS 则指示 DLL 和 PS 的状态。

### 3. 乘法器、DSP、嵌入式 ARM

在进行数字信号处理时，会占用大量 FPGA 的逻辑资源，故目前的 FPGA 中开始大量嵌入乘法器、DSP、ARM 等硬件资源，以提高 FPGA 的处理能力。图 2-61 所示为 Virtex-4 系列的 XtremeDSP DSP48 Slice 的结构，可用以加速算法和解决复杂的 DSP 处理问题。可在 500MHz 的情况下独立运行，或在同一列内组合运行，从而实现 DSP 功能；在 38% 的典型翻转率下，每个 slice 的功耗为 2.3 mW/100MHz；支持 40 多个动态控制操作模式，包括乘法器、乘法器-累加器、乘法器-加法器/减法器、3 输入加法器、桶形移位器、宽总线多路复用器或宽计数器；级联 DSP48 slice 无需使用器件架构或路由资源就可以执行宽算术功能、DSP 滤波器和复数运算。

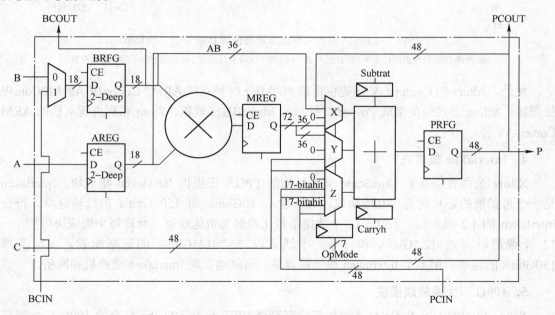

图 2-61　XtremeDSP Slice 结构

XtremeDSP DSP48 Slice 的结构中有 18 位×18 位、二进制补码乘法器，具有全精度 36 位结果、符号可以扩展到 48 位；灵活的 3 输入、48 位加法器/减法器具有可选寄存器累加反馈；40 多个动态用户控制器操作模式，能够随时钟周期调整 XtremeDSP Slice 的功能。级联的 18 位 B 总线，支持输入取样传播；级联的 48 位 P 总线，支持部分结果的输出；多精度乘法器和运算支持 17 位操作数右移位，以对准宽乘法器的部分乘积（并行或顺序乘法）；对称智能舍入支持更高的计算精度；控制和数据信号的性能，增强型流水线选项可以通过配置位来选择；输入端口 C 通常用作乘、加、大型 3 操作数加或灵活的舍入模式；独立的复位和时钟，并有控制和数据寄存器。

图 2-62 所示说明了在 FPGA 中用多个乘法累加器完成滤波器与传统 DSP 芯片实现滤波器的比较。图中传统方法在 1GHz 时钟下，完成 256 阶的 FIR 滤波器，其等效的运算能力为 4MSPS（每秒采样百万次，Million Samples per Second）。而用 FPGA 所提供的 256 个乘法累加器进行并行运算，在 0.5 GHz 时钟下，一个时钟周期就可完成，其等效的运算能力为 500MSPS。而 Virtex-7 芯片包含有 3 600 个 DSP Slice，其 DSP 性能（对称 FIR）可达 5 335GMAC（即可完成每秒 5 万亿次乘法累加运算）。

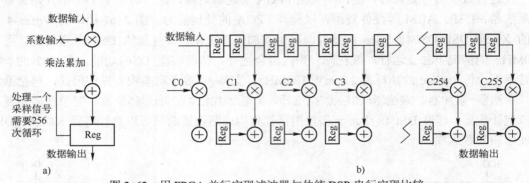

图 2-62    用 FPGA 并行实现滤波器与传统 DSP 串行实现比较

a) 传统 DSP 处理器串行实现 256 阶滤波器　b) VIRTEX-4 并行实现 256 阶滤波器不消耗逻辑资源

此外，Altera 的 Cyclone V 还提供内嵌 800MHz 时钟双核 ARM® Cortex™-A9 MPCore™ 处理器；Xilinx 公司提供集成 PowerPC 硬核和 MicroBlaze 软核、Zynq 系列内置双核的 ARM Cortex-A9 等。

### 4. Interlaken 集成块

Xilinx 公司有些基于 UltraScale 体系结构的 FPGA 还提供 Interlaken 集成块。Interlaken 是一个可扩展的芯片到芯片互连协议，可实现从 10Gbit/s 到 150 Gbit/s 的传输速度。符合 Interlaken 的 1.2 版规范，有 1～12 个数据条带化和解条带化通道。允许每个集成块可按 1～12 个通道以高达 12.5Gbit/s 和 1～6 个通道以 25.78125Gbit/s 的速率配置，灵活支撑 150Gbit/s 的速率。用多个 Interlaken 块能够容易、可靠地实现 Interlaken 交换机和网桥。

### 5. 100G 以太网集成模块

Xilinx 公司的 UltraScale 体系结构集成有符合 IEEE 标准 802.3ba 标准的 100G 以太网模块，提供低延迟 100Gbit/s 以太网端口，具有广泛的用户定制和统计数据收集能力。可支持 10×10.3125Gbit/s（CAUI）和 4×25.78125Gbit/s 的（CAUI-4）配置，该集成块包括支持 IEEE 标准 1588 1-step/2-step PTP 时间戳的 100Gbit/s 的介质接入控制子层（MAC）和物理代码子层（PCS）逻辑。

### 6．PCI Express 接口块

Xilinx 公司的基于 UltraScale 体系结构的 FPGA 包括采用 PCI Express 技术的集成块，它们可以被配置为一个符合 PCI Express 基础规范修订版 3.0 的端点或者根端口。根端口可用于建立一个兼容的根复合体的基础，允许通过 PCI Express 协议自定义 FPGA 到 FPGA 的通信，并将专用标准产品（Application Specific Standard Parts，ASSP）端点设备附加到 FPGA，如以太网控制器或光纤通道卡（HBA）。

对系统设计要求来说该模块是高度可配置的，在 2.5Gbit/s、5.0Gbit/s 和 8.0Gbit/s 的数据速率时，可用 1、2、4 或 8 个通道工作。在高性能的应用中，模块的高级缓冲技术提供最大 1024B 的可变有效载荷。该集成块可与集成高速收发器接口以完成串行连接，与块 RAM 接口以完成数据缓冲。这些部件的结合完成物理层、数据链路层和传输层的 PCI Express 协议。

Xilinx 提供了一个轻量级的、可配置的、易于使用的 LogiCORE。IP 封装器组合各种集成块（PCI Express、收发器、RAM 块和时钟资源）到一个端点或根端口的解决方案。系统设计人员拥有许多可配置的控制参数：链路宽度和速度、最大有效载荷数、FPGA 逻辑接口速度、参考时钟频率、基址寄存器解码和滤波。

### 7．高速串行收发器

对 100Gbit/s 和 400Gbit/s 的变速线卡，在一个印制电路板上经过底板、甚至跨越更长的距离的超高速串行数据传输正变得越来越重要。高数据速率传输需要有能应对信号完整性问题的专业专用片上电路和差分 I/O。在基于 UltraScale 体系结构的 FPGA 中，有 GTH 和 GTY 两种收发器，它们被安排成 4 个一组，称为四收发器，每个串行收发器是一个发射器和接收器的组合。串行发送器和接收器是独立的电路，使用先进的 PLL 架构，用 4~25 之间的可编程数字乘以输入的参考频率得到位串行数据的时钟。每个收发器具有大量的用户自定义的功能和参数。所有这些都可以在设备配置期间进行定义，而且很多还可以在运行过程中修改。

（1）发送器

发送器基本上是并行到串行的转换器，用于转换位串长度为 16bit、20bit、32bit、40bit、64bit 或 80bit 的 GTH 和 16bit、20bit、32bit、40bit、64bit、80bit、128bit 或 160bit 的 GTY。这允许设计人员在高性能设计中权衡数据通道宽度与时序余量。发送器的输出驱动为单通道差分输出信号的 PCB。TXOUTCLK 是适当分开的串行数据时钟，可以直接用于登记来自内部逻辑的并行数据。输入的并行数据通过一个可选的 FIFO 输入，并通过附加硬件支持 8B/10B、64B/66B 或 64B/67B 的编码方案以提供足够数量的转换。该位串行输出信号驱动两个差分信号引脚焊盘。对输出信号的摆幅可进行编程控制，预处理和后加重也是可编程的，以补偿印制电路板的损失和其他互连特性。对于较短的信道，降低信号幅度可以降低功耗。

（2）接收器

接收器基本上是一个串行到并行的转换器，可将输入的位串行差分信号转换成并行字串，其位串长度对于 GTH 为 16bit、20bit、32bit、40bit、64bit 或 80bit，对于 GTY 为 16bit、20bit、32bit、40bit、64bit、80bit、28bit 或 160bit。接收器将传入的差分数据流，通

过可编程直流自动增益控制、线性和判决反馈均衡器（补偿 PCB、电缆、光纤和其他互连特性），使用作为初始时钟识别的输入参考时钟。数据格式为非归零（NRZ）编码，通过使用所选择的编码方案保证足够的数据转换。并行数据然后被转移到使用 RXUSRCLK 时钟 FPGA 逻辑。对于短通道，收发器提供了一个特殊的低功耗模式（LPM）以减少大约 30%的消耗。接收器直流自动增益控制、线性和判决反馈均衡器可任选地"自动适应"，以便自动学习和补偿不同的互连特性，这使 10G+和 25G+背板有更多余量。

## 思考题

1. 边界扫描测试技术的工作原理是什么？
2. 比较 PROM、FPLA、PAL、GAL 的各自优缺点，说明它们的差异。
3. CPLD 由哪三大部件组成？它们的功能是什么？ CPLD 有哪些优缺点？
4. FPGA 是如何分类的？各自的特点是什么？
5. PLD 与 FPGA 的主要差别是什么？
6. FPGA 有哪些可编程资源？它们的功能是什么？
7. 查找表的功能是什么？比较查找表与多路开关的特点。
8. 为什么要采用分段布线？
9. 分布电容和负载电容对信号的传输时延有何影响？
10. FPGA 有哪些 RAM？CLB 实现分布 RAM 的效率如何？
11. 新型 FPGA 增加了哪些功能的资源？这些资源有何特点？
12. 比较 CPLD 和 FPGA 的特点。

# 第3章　VHDL 的基本语法现象

超高速集成电路硬件描述语言（Very high speed integrated circuit Hardware Description Language，VHDL）最先由美国国防部为实现自己的超高速集成电路计划而提出的，目的是要开发一种不受各厂商专用集成电路特点限制的通用硬件设计方法，使不同厂商的硬件能用一种通用的标准化语言来描述和设计。VHDL 的研究始于 1981 年 6 月，1983 年 7 月 TI、IBM、Intermetrics 公司开始共同开发这种语言及其相应的支持软件，1985 年 8 月 VHDL 的 6.2 版投入使用。1986 年 3 月，IEEE 担任 VHDL 的标准化工作，由 VHDL 语言分析和标准化组织对 VHDL 进行了审阅、改正和调整，并于 1987 年 12 月由 IEEE 定为标准，即 IEEE std 1076-1987[LRM87]，简称 VHDL'87 版本。在此基础上，1993 年 9 月公布了新的 VHDL 版本，即 IEEE std 1076-1993[LRM93]，简称 VHDL'93，与 VHDL'87 兼容。自 1988 年 9 月 30 日后，美国国防部就要求开发 ASIC 设计的合同文件中一律采用 VHDL 文档，至此各 EDA 公司相继推出自己的 VHDL 设计环境，或宣布自己的设计工具可以和 VHDL 接口，这样，VHDL 逐步演变为工业标准。VHDL 具有与具体工艺和设计方法无关的特点，它不属于某一特定的仿真工具和工业部门，设计者在此语言范围内可自由地选择工艺和设计方法。

设计一个复杂的数字系统时，可能需要成千上万条 VHDL 语句，这不仅导致编程的困难，更导致调试的麻烦。为此，目前已有工具将对系统模型的描述，直接转换为 VHDL，如 Xilnx 公司的 System generator 和 Altera 公司的 DSPBuilder 软件，都可嵌入在 MATLAB 软件中，将由 Simulink 产生的数学模型直接转换为 VHDL 程序，从而大大减轻了设计的工作量。

采用 VHDL 进行可编程 ASIC 设计的主要特点可概括如下：

1）设计方便。VHDL 可以支持自顶向下和基于库的设计方法，支持同步、异步电路、FPGA/CPLD 及其他电路设计。使用 VHDL 可快速描述和综合 5 千门到 3 万门的电路，而同类型的设计，如果采用寄存器/传输门级的图形输入或布尔方程来描述要花几倍的工作量。

2）硬件描述能力强。VHDL 具有通过多层次设计来描述系统功能的能力，可以进行从系统的数学模型直至门级电路的描述。此外，高层次的行为描述可以与低层次的寄存器传输级（Register Transfer Level，RTL）描述和结构描述混合使用。VHDL 能进行系统级的硬件描述，而一些 HDL，如 Verilog、UDL/I 等能进行 IC 级、PCB 级描述，但对系统级的硬件进行描述的功能相对较差。VHDL 用简洁明确的代码描述进行复杂控制逻辑的设计，它还支持设计库和可重复使用的元件生成，且提供模块设计的创建。

3）不依赖器件的设计。VHDL 允许设计者生成一个设计而并不需要首先选择一个用来实现设计的器件，对于同一个设计描述，可以采用多种不同器件结构来实现其功能，若需对设计进行资源利用和性能方面的优化，也并不要求设计者非常熟悉器件的结构。由于 VHDL 是一个标准语言，故 VHDL 的设计描述可以被不同的工具所支持，可从一个模拟器移植到另一个模拟器，一个综合工具移植到另一个综合工具，从一个平台移植到另一个平台。这意味着同一个 VHDL 设计描述可以在不同的设计项目中采用，并且这个设计可以由综合工具支持的任何器件来实现。

4）性能评估能力。非依赖器件的设计和可移植能力，允许设计者可采用不同的器件结构和不同的综合工具来评估设计。在设计者开始设计前，无需了解将采用何种器件，是 CPLD 还是 FPGA，设计者可以进行一个完整的设计描述，并且对其进行综合，生成选定器件结构的逻辑功能，然后再评估结果，选用最适合设计需要的器件。为了衡量综合的质量，还可用不同的综合工具进行综合，然后对不同的结果进行分析、评估。

5）ASIC 移植方便。如果将设计综合到 CPLD 或 FPGA，可使设计产品以最快速度上市。当产品的产量达到相当的数量时，采用 VHDL 能很容易地将对产品的设计转化成对 ASIC 的设计。VHDL 与可编程器件相结合，可大大提高数字系统单片化的速度，同时 CPLD/FPGA 可使产品设计的前期风险降到最低。

可作为可编程 ASIC 器件编程的硬件描述语言除 VHDL 外，另一种很流行的语言就是 Verilog HDL。Verilog HDL 于 1983 年由 GDA（GateWay Design Automation）公司的 Phil Moorby 首创，1989 年 Cadence 公司收购了 GDA 公司，1990 年 Cadence 公司公开发表 Verilog HDL，1995 年 IEEE 制定并公开发表 Verilog HDL 1364-1995 标准，1999 年模拟和数字电路都适用的 Verilog 标准公开发表。由于 Verilog HDL 简单易学，因此受到许多使用者的欢迎。但由于 Verilog HDL 在可靠性方面的不足，在对可靠性要求较高的场合，大多采用 VHDL。SystemC 也是一种可作为可编程 ASIC 器件编程的硬件描述语言，但使用相对较少。SystemC 是由 Synopsys 公司和 CoWare 公司针对业界对系统级设计语言的需求而合作开发的。1999 年 9 月 27 日，40 多家世界著名的 EDA 公司、IP 公司、半导体公司和嵌入式软件公司宣布成立 SystemC 联盟。SystemC 从 1999 年 9 月联盟建立初期的 0.9 版本开始更新，2001 年 10 月推出了 2.0 版本。SystemC 中的基本设计是模块单元，模块可以使得设计者将一个复杂的系统分割为一些更小但易于管理的部分。模块的功能和作用与 HDL 语言中的模块相类似，这使习惯于用 HDL 进行设计的设计人员可以很容易地转向用 SystemC 进行设计。

硬件描述语言与软件语言的对应关系为：Verilog HDL、SystemC 对应于 C 语言，VHDL 对应于 Ada 语言。

对于不同语言的选择：在系统级采用 VHDL，在软件级采用 C 语言，在实现级采用 Verilog HDL。表 3-1 是这几种语言特点的比较。

表 3-1　几种语言特点的比较

| 语言种类 | 面向对象 | 强类型 | 可靠性 | 灵活性 | 适于军用 |
|---|---|---|---|---|---|
| Verilog/C | 是 | 否 | 略弱 | 强 | 略弱 |
| VHDL/ Ada | 是 | 是 | 高 | 略弱 | 是 |

硬件描述语言与软件描述语言的区别如下：

软件语言：用户首先编写高级语言程序，然后通过编译得到汇编语言程序，再对汇编语言程序进行编译得到机器代码，经链接进行存储器地址分配得到可执行的机器代码，该代码串行地由计算机逐行执行，最后获得所需计算结果。

硬件语言：用户首先编写高级语言程序，然后通过编译和逻辑综合得到设计的电路图，根据库进行编译得到具体晶体管连接网表，通过仿真软件串行地由计算机执行，获得每个点每个时刻的状态值。最后将通过验证的位流文件下载到芯片中执行。

## 3.1　VHDL 的基本语法规则

VHDL 的语法规则，规定了采用这种语言进行编程所必须遵守的约定，只有了解并正确使用这些规则才不致在编程时出现语法方面的错误，同时也才能使程序具有通用性，能应用于不同公司生产的芯片和开发软件工具。

### 3.1.1　VHDL 对标识符的规定

#### 1．标识符的命名规则

在 VHDL 中所使用的名字或名称叫标识符，如变量名、信号名、实体名、结构体名等都是通过标识符来定义和区别的，在命名这些标识符时应遵守如下规则：

1）任何标识符的首字母必是英文字母。

2）用作标识符的大写英文字母和小写英文字母是没有区别的，但是用单引号和双引号括起来的字符，其大小写是不能混用的。

3）能用作标识符的字符只有英文字母、数字和下划线 '_'。

4）使用下划线 '_' 时，必须是单一的，且其前后都必须有英文字母或数字。

5）注释符用连续两个减号 "--" 表示。注释从 "--" 符号开始到该行末尾，以回车或换行符结束，编译器不对注释符后面的文字进行处理。但是在程序中增加注释将有利于对程序的阅读和理解。

6）用单引号括起来的大写字母 'X' 表示不确定的位逻辑值，用双引号括起来的大写字母 X 串表示不确定的位矢量值，如 "XXXXX"。不确定值 'X' 不能用小写，也不能用其他字符代替，否则为错。

7）在 VHDL 中使用的保留字不能作为用户命名的标识符。这些保留字包括：architecture、package、entity、process、function、return、port、map、library、use、configuration、begin、of、is、end、in、out、inout、buffer、linkage、generic、procedure、block、subprogram、signal、integer、bit、bit_vector、std_logic、std_logic_vector、range、to、downto、variable、constant、real、character、string、natural、positive、units、array、true、false、time、severity、level、note、warning、error、failure、recode、type、subtype、boolean、not、and、or、nand、nor、xor、mod、rem、abs、wait、assert、if、else、elsif、then、case、loop、next、exit、null、report、on、for、others、while、left、right、high、low、length、structure、behavior、component、pos、val、succ、pred、leftof、righof、current、voltage、resistance、all、event、active、last、value、delayed、stable、quiet、transaction、transport、after、attribute、generate、file、text、textio、select 等。

【例3-1】　依据标识符的上述 7 条命名规则，判断对下列标识符的命名是否正确。

signal_3，d_bus，downto，in_8_is　　　　　　--正确

| | |
|---|---|
| 8_bus; | ——错，用数字开头 |
| c_@bus; | ——错，标识符中不能用 "@" |
| b__bus; | ——错，连续使用下划线 |
| _type1; | ——错，用下划线开头 |
| d_8_input_; | ——错，名字的最后不能用下划线 |
| a<='x'; | ——错，不确定值不能用小写字母 x |
| a<='X'; | ——正确 |
| b<= "xxxxxxxx"; | ——错，不确定的位矢量不能用小写字母 |
| b<= "XXXXXXXX"; | ——正确 |
| positive; | ——错，用了保留字 |
| my-signal | ——错，标识符中不能用减号 '-' |

**2．下标名的命名规则**

下标名用于指示数组型变量或信号的某一元素。下标区间名则用于指示数组型变量或信号某一区间的元素。下标名的语句格式为：

标识符（表达式）

其中，"标识符"必须是数组型的变量或信号的名字，"表达式"所代表的值必须是数组下标范围中的一个或某一区间元素的位值。如果这个表达式是一个可计算的值，则操作数可很容易地进行综合。如果是不可计算的，则只能在特定的情况下综合，且耗费资源较大。

**【例 3-2】** 依据下标名的命名规则，对下列下标名进行描述。

| | |
|---|---|
| **signal** sg1：std_logic_vector（0 **to** 5）； | ——下标区间（0～5）指示信号 sg1 |
| | ——的 0～5 位之间的 6 个位 |
| **signal** sg2：integer **range** 0 **to** 3； | ——下标区间（0～3）指示信号 sg2 在 0～3 |
| | ——之间的可取值为 0、1、2、3 这 4 个 |
| y<= sig_a(n); | —— n 是数组 sig_a 的不可计算型下标 |
| w<= sig_b(3); | —— 3 是数组 sig_b 的可计算型下标 |

## 3.1.2　VHDL 的数据类型

在 VHDL 中，每一个对象都有一种类型且只能具有该类型的值，相同类型的对象之间才能进行所要求的操作，而且有的操作还要求位长相同。VHDL 的数据类型分为标准的数据类型和用户定义的数据类型及子类型，不同的数据类型之间若要进行运算、代入和赋值，必须进行数据类型的转换。VHDL 作为强类型语言的好处是使 VHDL 编译器或综合工具很容易地找出设计中的各种常见错误。VHDL 中的各种预定义数据类型大多数体现了硬件电路的不同特性。VHDL 中的数据类型可以分为两大类。

第一类：标量型，包括整数类型、实数类型、枚举类型、时间类型。

第二类：复合类型，可以由小的数据类型复合而成，如可由标量型复合而成。

**1．标准的数据类型**

VHDL 规定了 11 种标准的数据类型。

（1）整数类型

整数（integer）类型的范围为 $-(2^{31}-1) \sim (2^{31}-1)$，所能表达的十进制数范围为 $-2147483647 \sim$

2147483647。整数类型数据的表达方式如下：

+112，+318000，-777，012，2E6

其中，012 相当于 12，数字前的 0 不起作用；2E6=2×10⁶。

此外，如用二进制、八进制、十六进制表示整数，需将 2、8、16 放在数字前，用两个 "#" 将数字括起来，如 2#1111-1111#、8#377#、16#FF#。数字中间的 "-" 不起作用，只是为了读数方便，故 123-456 与 123456 是同一个数。

在电子系统中，整数可以作为对信号总线状态的一种抽象手段，用来准确地表示总线的某一种状态。使用整数时，不能将整数看作是位矢量，也不能按位进行访问。当需要对用整数表示的总线进行位操作时，应先用转换函数将整数转换成位矢量。

通常 VHDL 仿真器将整数类型作为有符号数处理，而 VHDL 综合器则将整数作为无符号数处理。在使用整数时，VHDL 综合器要求必须使用关键字 range 为所定义的整数限定范围，然后根据所限定的范围来决定表示此信号或变量的二进制数的位数，因为 VHDL 综合器无法综合未限定范围的整数类型。

（2）自然数类型和正整数类型

自然数（natural）和正整数（positive）类型都是整数类型的一个子类型，其取值范围都可取正整数，区别在于自然数类型数据除可取正整数外还可取零值，而正整数则不能取零值。

（3）实数类型

实数（real）类型是一种浮点数，其取值范围为 -1.0E+38 ～ 1.0E+38，即 $-1.0 \times 10^{38}$ ～ $1.0 \times 10^{38}$。书写时一定要有小数点。实数的例子如下：

-1.0，+2.7，2.5，-1.0E38

实数用于算法研究或实验时，作为对硬件方案的抽象手段，此时常用实数的四则运算。有些数可以用整数表示也可以用实数表示。例如数字 1 的整数表示为 1，而用实数表示则为 1.0。两个数的值是一样的，但数据类型却不一样。

（4）位类型

位（bit）数据类型用来表示数字系统中的一个位，位的取值只能是 '0' 或 '1'，将 0 或 1 放在单引号中。位与整数中的 0 或 1 不同，它仅表示一个位的两种取值。有时也可以用显式说明位数据类型，如 bit' ('1')。位数据与布尔量类型数据也是不同的。

（5）位矢量型

位矢量（bit_vector）类型是用双引号括起来的一组位数据类型，如 "110001"，x "00ab"，o "456"。x 表示十六进制的位矢量，o 表示八进制的位矢量，常用于表示总线上各位的状态。

（6）布尔量类型

一个布尔量（boolean）类型只有真（true='1'）和假（false='0'）两种取值，只能用于关系运算中判断关系式是否成立，成立为真，反之为假。这在 IF 测试语句中常用来选择执行语句。此外，布尔量还用来表示信号的状态或总线上的情况，如果某个信号或变量被定义为布尔量，那么在仿真中将自动对其赋值进行核查，一般这一类型的数据初值总是假。

（7）字符类型

字符（character）类型的数据是用单引号括起来的单字符号，在包集合 standard 中给出了预定义的 128 个 ASCII 码字符类型。如'A'、'B'、'Q'。由于 VHDL 对大小写不敏感，所以程序中出现的大写字母和小写字母被看作是一样的，但对于字符类型的数据的大小写则认为是不一样的。字符'1'与整数 1 和实数 1.0 也是不相同的。当要明确指出 1 的字符数据时，则可显式地写为 character'（'1'）。

（8）字符串类型

字符串（string）类型的数据是由双引号括起来的一个字符序列，也称为字符矢量或字符串数组。如"string long"，字符串常用于程序的提示和说明。

（9）文件类型

文件（file）类型可用来传输大量数据，文件中可包括各种数据类型的数据。用 VHDL 描述时序仿真的激励信号和仿真波型输出，一般都要用文件类型。

（10）行类型

行（line）数据类型用于对文件的输入输出处理，它可存放文件中一行的数据。在 IEEE 1076 标准中的 TEXIO 程序包中定义了几种文件 I/O 传输方法，调用这些程序就能完成数据的传输。

（11）错误等级类型

错误等级（severity level）类型数据用来表示系统的状态，共有 4 种：注意（note）、警告（warning）、出错（error）、失败（failure）。在系统仿真中，可以用这 4 种状态来提示系统当前的工作情况。

上述 11 种数据类型是 VHDL 中标准的数据类型，在编程时可以直接引用。此外，许多 CAD 厂商在包集合中对标准数据类型进行了扩展，如有的增加了数组数据等。

由于 VHDL 属于强类型语言，在仿真过程中，首先要检查赋值语句中的类型和区间，任何一个信号和变量的赋值必须落入给定的约束区间中。约束区间的说明通常跟在数据类型声明的后面。例如：

```
integer range 100 downto 1;        --整型数据的可用区间为 100～1
bit_vector（3 downto 0）;           --位矢量数据的位数为 4 位
real range 2.0 to 23.0;            --实数型数据的可用区间为 2.0～23.0
```

在确定约束数据的取值范围时，用关键字 range 指明；在表示数据的增、减方向时，用 to 和 downto 指明。对位矢量的取值范围不用关键字 range，但要用圆括号将数据的取值括起来。用 to 和 downto 的区别在于：to 表示数据左边的位为低位或较小的数据，右边的位为高位或较大的数据；而 downto 则与此相反，左边的位为高位或较大的数据，右边的位为低位或较小的数据。

**2. 用户定义的数据类型**

在进行 VHDL 编程时，除可以使用标准的数据类型外，为便于阅读和对数据进行管理，用户还可以自己定义数据类型。用户自己定义的数据类型常用在 architecture、entity、process、package、subprogram 的声明部分。用户定义的数据类型一般格式如下：

**type** 数据类型名［，数据类型名］　类型定义;

类型定义包括：标量类型定义、复合类型定义、存取类型定义、文件类型定义。其中，标量类型定义指枚举（enumerated）类型定义、整数（integer）类型定义、实数（real）类型定义、浮点（floating）类型定义、物理量类型定义。复合类型定义指数组类型和记录类型。

（1）枚举类型

枚举（enumerated）类型是用符号名来代替数字，它的可能值应明确地列出，这有利于对程序的阅读。枚举类型定义可以进行综合，其定义格式如下：

　　　　**type** 数据类型名 **is**（元素，元素，...）；

其中，type 和 is 为用户定义数据类型的关键字。进行枚举类型定义时，用圆括号列举被定义的各元素，如（元素，元素，...）。列举的元素可以是文字、标识符或者一个字符文字，字符文字是单个可印刷的 ASCII 字符。例如：'a'，'B'，'5'，' '，','，'"'，'%'，'"'，'@'。

标识符是不分大小写的，但字符文字则有大小写之分。例如：

　　　　**type** std_logic **is**（'U'，'X'，'0'，'1'，'Z'，'W'，'L'，'H'，'–'）；

程序在处理枚举类型时，从前向后对它们的位置进行编序，'U'的位置序号为 0，其他的位置序号分别为 1、2、3、4、5、6、7、8，但用户读起来就方便多了。

（2）整数类型与实数类型

用户定义的整数（integer）类型与实数（real）类型不同于 VHDL 中的标准整数类型与实数类型，它属于它们的子集，其格式如下：

　　　　**type** 数据类型名 **is** 标准的数据类型　约束范围；

例如：

　　　　**type** dgt **is** integer **range** –10 **to** 10；　　　--定义 dgt 是范围为-10～10 的整型
　　　　**type** cnt **is** real **range** –0.0 **to** 10.0；　　　--定义 cnt 是-0.0～10 之间的实型

这里的 integer、real 是已被定义的标准的数据类型。用户定义的数据类型 dgt、cn 是已被定义的标准的数据类型的子集。

（3）数组类型

数组（array）类型是将相同类型的数据集合在一起形成的一个新的数据类型，它可以是一维的或多维的。数组定义的书写格式如下：

　　　　**type** 数据类型名 **is array** 范围 **of** 原数据类型名；

原数据类型名指新定义的数据类型中每一个元素的数据类型。如果没有指定范围是采用何种数据类型，则默认使用整数数据类型来说明范围，例如：

　　　　**type** word **is array**（31 **downto** 0）**of** std_logic；--定义 32 个元素数组

这里范围（31 **downto** 0）没有指明其数据类型，因此被默认为使用了整数数据类型。若范围这一项需用整数以外的其他数据类型时，则在指定数据范围前应加数据类型名。例如：

　　　　**type** word **is array**（integer 1 **to** 8）**of** std_logic；　　　　　--用整型指定范围类型
　　　　**type** instruction **is**（add，sub，inc，srl，srf，lda，ldb，xfr）；　　　--枚举类型
　　　　**subtype** digit **is** integer 0 **to** 9；　　　　　　　　--子类型 digit 为 0～10 范围的整型

**type** insflag **is array** （instruction add to srf） **of** digit;         --用 instruction 指定范围类型

std_logic_1164 包集合中定义的 std_logic_vector 也属于数组类型，它是标准的一维数组，数组中的每一个元素的数据类型都是标准逻辑位 std_logic。其定义如下：

        **type** std_logic_vector **is array** （natural **range** <>） **of** std_logic;

这里范围由 natural **range** <>指定，这是一个没有范围限制的数组，在这种情况下，范围由信号或变量声明语句确定。例如：

        **signal** busrange：std_logic_vector（0 **to** 3）; --（0 **to** 3）代替 natural **range** <>

在函数和过程的语句中，若使用无限制范围的数组，其范围一般由调用者所传递的参数来确定。

多维数组需要用两个以上的范围来描述，而且多维数组不能生成逻辑电路，因此只能用于生成仿真图形及硬件的抽象模型。

**【例 3-3】** 多维数组描述的例子。

```
type memarray is array （0 to 5，7 downto 0） of std_logic；--定义二维数组
constant romdata：memarray：=
                            （（ '0'，'0'，'0'，'0'，'0'，'0'，'0'，'0'），
                             （ '0'，'1'，'1'，'1'，'0'，'0'，'0'，'1'），
                             （ '0'，'0'，'1'，'1'，'0'，'0'，'0'，'0'），
                             （ '1'，'1'，'1'，'0'，'0'，'0'，'0'，'1'），
                             （ '0'， '0'，'0'，'0'，'1'，'1'，'0'，'1'），
                             （ '1'，'1'，'0'，'0'，'0'，'0'，'1'，'0'））;
                                          --给常数 romdata 赋二维数组初值
signal data_bit：std_logic；            --声明信号 data_bit 为标准逻辑型
  :
data_bit<=romdata（4，6）;               --将常数 romdata 的 4 行 6 列元素赋给信号 data_bit
```

在对多维数组的表示中，用逗号将各维数隔开，如上例的 6 行横坐标和 8 列纵坐标。在确定某维数组中数的取值时，用 to 和 downto 来表示，to 表示最左边的为最低位，downto 表示最左边的为最高位，常用于位矢量的表示中。如上例中，第一维用 to 表示方向，最左边的 0 为低位，而第二维用 downto 表示方向，最左边的 7 位表示高位。如果把方向搞错，会在总线或计数器应用中把数据搞反。因此上例中的（4，6）表示的是从上开始数的第 5 行，从左开始数的第 2 列，即元素'0'。

（4）时间类型

时间（time）类型属于典型的物理量类型，对物理量类型的描述涉及数字和单位两个部分，两者中间隔一个空格。如 30s（30 秒）、20m（20 米）、2kΩ（2 千欧姆）、40A（40 安培），VHDL 综合器不接受物理量这类文字类型数据。VHDL 中唯一的预定义物理量类型是时间类型。在包集合 standard 中给出了时间的预定义，其单位为 fs、ps、ns、µs、ms、sec、min、hr，如 30µs，430ns，8sec。在系统仿真时，时间数据用于表示信号延时，从而使模型系统能更逼近实际系统的运行环境。所有物理量类型不能进行综合。对时间类型定义的书写格式如下：

**Type** 数据类型名 **is** 范围；
  **units** 基本单位；
      单位；
  **end units**；

在 standard 程序包中对时间的定义如下：

**type** time **is range** -1E18 **to** 1E18；
  **units**  fs；
      ps=1000fs；
      ns=1000ps；
      μs=1000ns；
      ms=1000μs；
      sec=1000ms；
      min=60sec；
      hr=60min；
  **end units**；

（5）记录数据类型

记录（recode）数据类型定义的书写格式如下：

**type** 数据类型名 **is record**
    元素名：数据类型名；
    元素名：数据类型名；
      ⋮
  **end record**；

从记录数据类型中提取元素数据时应用 '.' 进行分隔，即为记录数据类型名·元素名。记录是将不同类型的数据组织在一起而形成的新类型，而数组则是同一类型数据的集合，即记录中元素的数据类型可以不同，而数组中元素的数据类型必须相同，这是两者的区别。

【例 3-4】 记录数据类型的应用。

**type** bank **is record**                                   --定义 bank 是记录数据类型
    addr0：std_logic_vector（7 **downto** 0）；            --声明元素是 8 位逻辑矢量型
    addr1：std_logic_vector（3 **downto** 0）；            --声明元素是 4 位逻辑矢量型
    r0：integer；                                         --声明元素 r0 为整型
    inst：instruction；                                   --声明元素 inst 为指令型
  **end record**；                                          --结束对 bank 的定义
**signal** addbus0：  std_logic_vector（7 **downto** 0）；   --声明 8 位逻辑矢量型信号
**signal** addbus1：  std_logic_vector（3 **downto** 0）；   --声明 4 位逻辑矢量型信号
**signal** result：integer；                               --声明信号 result 为整型
**signal** alu_code：instruction；                         --声明信号 alu_code 为指令型
**signal** r_bank：bank：=（"00000000"，"0000"，0，add）；  -- r_bank 为 bank 型
addbus1<=r_bank.addr1；                                    --将 bank 型中的第 2 个元素赋给 addbus1
r_bank.inst<=alu_code；                                    --将 alu_code 赋给 bank 型中的第 4 个元素

### 3. 用户定义的子类型

将用户已定义的数据类型作一些范围限制就形成用户定义的子类型。子类型定义的一般

格式如下：

> **subtype** 子类型名 **is** 源数据类型名［范围］；

例如：

> **subtype** digit **is** integer **range** 0 **to** 9；        --digit 是 integer 的子类型
> **subtype** addrbus **is** std_logic_vector（7 **downto** 0）；        --addrbus 是逻辑矢量子类型

### 4. 别名的使用

在 VHDL 中使用别名（alias）可来代替对现有信号、变量、常数或文件对象的声明，也可用来对除标签、循环参数、生成语句参数外的几乎所有先前声明过的非对象进行声明。别名本身并不定义新的对象，它只是给现有的对象分配一个特定的名称。别名主要用来提高对矢量某些特定部分的可读性。当一个别名表示的矢量的特定部分没有被声明为子类型时，别名表示的内容可当作子类型看待。例如：

> **signal** instruction : **bit_vector**(15 **downto** 0)；
> **alias** opcode : **bit_vector**(3 **downto** 0) **is** instruction(15 **downto** 12)；
> **alias** source : **bit_vector**(1 **downto** 0) **is** instruction(11 **downto** 10)；
> **alias** destin : **bit_vector**(1 **downto** 0) **is** instruction(9 **downto** 8)；
> **alias** immDat : **bit_vector**(7 **downto** 0) **is** instruction(7 **downto** 0)；

这里首先声明了一个信号 Instruction 是一个 16 位的位矢量信号，然后使用别名 opcode、source、destin、immdat 来分别代表该信号的 15～12、11～10、9～8、7～0 位，用别名可当作子类型声明，这样可使得对这些位的阅读更简单明了。

别名还可表示与原对象矢量相反的位置顺序的子类型。例如：

> **signal** dataBus : **bit_vector**(31 downto 0)；
> **alias** firstnibble : **bit_vector**(0 **to** 3) **is** dataBus(31 **downto** 28)；

这里 firstnibble 可看作信号 databus 的子类型，firstnibble(0 **to** 3)与 databus(31 downto 28) 相等，两者的顺序相反，firstnibble(0)= databus(31)。

### 5. 预定义标准数据类型

（1）IEEE 预定义标准逻辑位与标准逻辑矢量类型

① 标准逻辑位数据类型。

VHDL 的早期标准中，用数据类型 bit 来表示逻辑型的数据类型。这类数据取值只能是 0 和 1，由于该类型数据不存在不确定状态 'X'，故不便于仿真。而且由于它也不存在高阻状态，因此也很难用它来描述双向数据总线。为此在 IEEE 1993 年制订的新标准（IEEE STD1164）中，对 bit 数据类型进行了扩展，定义了标准逻辑位（std_logic）数据类型，它除具有传统 bit 数据类型的 0、1 值外，还可表示更多的情况。std_logic 数据类型可以具有 9 种不同的取值。如用'U'表示初值，'X'表示不确定值，'0'表示低电平 0，'1'表示高电平 1，'Z'表示高阻，'W'表示弱的信号不确定，'L'表示弱的信号低电平 0，'H'表示弱的信号高电平 1，'-'表示不可能的情况。由于标准逻辑位数据类型的多值性，在编程时应当特别注意，因为在条件语句中，如果未考虑到 9 种可能的情况，有的综合器可能会插入不希望的锁存器。

② 标准逻辑矢量数据类型。

标准逻辑矢量（std_logic_vector）数据类型是定义在 std_logic_1164 程序包中的标准一维数组，数组中的每一个元素的数据类型都是标准逻辑位数据类型。

std_logic 和 std_logic_vector 是 IEEE 预定义的标准逻辑位与位矢量数据类型，因此将它归属到用户定义的数据类型中。在赋值时只能在有相同位宽、相同数据类型的矢量间进行赋值。当使用该类型数据时，在程序中必须写出库声明语句和使用包集合的说明语句，例如：

```
library IEEE;                    --声明所使用的库为 IEEE 库
use IEEE.std_logic_1164.all;     --声明使用 std_logic_1164 包集合的全体
```

（2）无符号类型、有符号类型

VHDL 综合工具配带的扩展程序包中，定义了一些有用的类型，如 Synopsys 公司在 IEEE 库中加入的程序包 std_logic_arith 中定义了无符号（unsigned）类型、有符号（signed）类型和小数（small_int）类型。如果将信号或变量定义为这几种数据类型，就可以使用该程序包中定义的运算符。在使用前应做如下定义：

```
library IEEE;                    --声明所使用的库为 IEEE 库
use IEEE.std_logic_arith.all;    --声明使用 std_logic_arith 包集合的全体
```

unsigned 类型和 signed 类型是用来设计可综合的数学运算程序的重要类型，unsigned 类型用于无符号数的运算，signed 类型用于有符号数的运算，小数类型为 0～1 之间的数。

在 IEEE 库中，numeric_std 和 numeric_bit 程序包中定义了 unsigned 类型和 signed 类型，numeric_std 是针对 std_logic 型定义的，而 numeric_bit 是针对 bit 型定义的。在程序包中还定义了相应的运算符重载函数。

① 无符号数数据类型。

无符号数（unsigned）数据类型代表一个无符号的数值，在综合器中，这个数值被解释为一个二进制数，最左位是其最高位。这样，一个十进制数 8 可表示为 unsigned'（"1000"）。如果定义一个变量或信号的数据类型为 unsigned，则其位长度越长，所能代表的数值就越大。0 是其最小值，不能用 unsigned 定义负数。无符号数据类型的定义示例如下：

```
variable   var：unsigned(0 to 7);      --声明变量 var 为 8 位无符号数据类型
signal   sig：unsigned(3 downto 0);    --声明信号 sig 为 4 位无符号数据类型
```

其中，变量 var 有 8 位二进制数值，最高位为 var (7)，而非 var (0)；信号 sig 有 4 位二进制数，最高位为 sig(3)。

② 有符号数数据类型。

有符号数（signed）数据类型代表一个有符号的数值，综合器将其解释为补码，此数的最高位是符号位。如 signed'（"0101"）代表+5，signed'（"1101"）代表-5。有符号数据类型的定义示例如下：

```
variable var : signed(0 to 7);       --声明 var 为 8 位有符号数据类型
signal   sig : signed(3 downto 0);   --声明 sig 为 4 位有符号数据类型
```

其中，变量 var 有 8 位二进制数值，最高位为 var (7)是符号位，最高有效数据位为 var (6)；信号 sig 最高位 sig(3)也是符号位。

### 6. 数据类型的转换

在进行数据处理时，不同类型的数据是不能直接进行代入和运算的，要进行不同类型数据间的代入和运算，必须先将它们变换为相同的数据类型。VHDL 的包集合中提供有用于数据类型变换的函数，如在 std_logic_1164、std_logic_arith、std_logic_unsigned 包集合中便提供有数据类型变换函数。表 3-2 列出了部分的类型转换函数。

**表 3-2　数据类型转换**

| 函 数 名 | 功 能 |
|---|---|
| Numeric_std 包集合： | |
| to_signed（integer，位长） | 由整型转有符号数 |
| to_unsigned（integer，位长） | 由整型转无符号数 |
| to_integer（signed） | 由有符号数转整型 |
| to_integer（unsigned） | 由无符号数转整型 |
| std_logic_1164 包集合： | |
| to_std_ulogic（bit） | 由 bit 转换为 std_ulogic |
| to_std_logic_vector（bit_vector） | 由 bit_vector 转换为 std_logic_vector |
| to_std_ulogic_vector（bit_vector） | 由 bit_vector 转换为 std_ulogic_vector |
| to_bit_vector（std_logic_vector） | 由 std_logic_vector 转换为 bit_vector |
| to_std_ulogic_vector（std_logic_vector） | 由 std_logic_vector 转换为 std_ulogic_vector |
| to_bit（std_ulogic） | 由 std_ulogic 转换为 bit |
| to_bit_vector（std_ulogic_vector） | 由 std_ulogic_vector 转换为 bit_vector |
| to_std_logic_vector（std_ulogic_vector） | 由 std_ulogic_vector 转换为 std_logic_vector |
| to_std_logic（bit） | 由 bit 转换为 std_logic |
| to_bit（std_logic） | 由 std_logic 转换为 bit |
| std_logic_arith 包集合： | |
| conv_signed（integer，位长） | 由 integer 转换为 signed |
| conv_std_logic_vector（integer，位长） | 由 integer 转换为 std_logic_vector |
| conv_unsigned（integer，位长） | 由 integer 转换为 unsigned |
| conv_integer（signed 或 unsigned） | 由 signed 或 unsigned 转换为 integer |
| conv_std_logic_vector（signed，位长） | 由 signed 转换为 std_logic_vector |
| conv_unsigned（signed，位长） | 由 signed 转换为 unsigned |
| conv_signed（std_ulogic，位长） | 由 std_ulogic 转换为 signed |
| conv_unsigned（std_ulogic，位长） | 由 std_ulogic 转换为 unsigned |
| std_logic_signed 包集合： | |
| conv_integer（std_logic_vector） | 由 std_logic_vector 转换为 integer |
| std_logic_unsigned 包集合： | |
| conv_integer（std_logic_vector） | 由 std_logic_vector 转换为 integer |

【例 3-5】　类型转换函数 conv_integer 的应用。

```
signal slvsig  : std_logic_vector(5 downto 0);          --声明 slvsig 为 6 位
signal unsig  : unsigned(3 downto 0);                   --声明 unsig 为 4 位无符号数
signal sisig  : signed(3 downto 0);                     --声明 sisig 为 4 位有符号数
signal int1, int2 : integer；                           --声明 int1、int2 为整型数
unsig<= "1001"；                                        --给 unsig 赋 4 位无符号数 1001
sisig<= "1001"；                                        --给 sisig 赋 4 位有符号数 1001
int1<=conv_integer(unsig)；                             --无符号数 1001 转换成整型数 9 后赋给整型数 int1
int2<=conv_integer(sisig)；                             --有符号数 1001 转换成整型数-7 后赋给整型数 int2
slvsig<= conv_std_logic_vector（int1,6)；               --将整型数 9 转换为 6 位标准逻辑矢量。
```

由于 slvsig 有 6 位二进制数，而 int1=(9)$_{10}$=(1001)$_2$，只有 4 位二进制数，故为了达到 6 位二进制数，应在 4 位二进制数前添加 0，即转换后 slvsig=(001001)$_2$。

【例 3-6】　由 std_logic_vector 到 integer 的变换。

```
library IEEE;                              --声明所使用的库为 IEEE 库
use IEEE. std_logic_1164. all;            --声明使用 std_logic_1164 包集合的全体
use IEEE. std_logic_unsigned. all;        --声明使用 std_logic_unsigne 包
entity ex3_6 is                           --声明实体名为 ex3_6
   Port (in_a :  in std_logic_vector(2 downto 0);   --声明 in_a 为 3 位输入端口
         out_c :   out integer range (0 to 7);      --声明 out_c 为整型输出端口
end ex3_6;                                 --名为 ex3_6 的实体声明结束
architecture Behavioral of ex3_6 is       --声明名为 Behavioral 的结构体
begin                                      --声明结构体开始
   out_c<=conv_integer(in_a)+1;           --输入 in_a 加 1 后赋给输出 out_c
end Behavioral;                            --名为 Behavioral 的结构体声明结束
```

需要注意的是，代入 std_logic_vector 的值只能是二进制数。而代入 bit_vector 的值除二进制数外，还可以是十六进制数和八进制数，并且还可以用 "-" 来分隔数值位。例如：

```
signal a:    bit_vector （11 downto 0）;           --声明 a 为 12 位的 bit 矢量
signal b:    std_logic_vector （11 downto 0）;     --声明 b 为 12 位的标准逻辑矢量
a<=x"A8C";                                         --可直接将十六进制数 x"A8C" 赋给 bit 矢量型
b<=to_std_logic_vector （x"AF7"）;                 --需对 x"AF7" 转换类型才能赋值给 b
b<=to_std_logic_vector （o"5177"）;                --需转换类型才能进行八进制数赋值
b<=to_std_logic_vector （b"1010-1111-0111"）;      --需转换才能进行二进制数赋值
```

在有的应用中，数据的类型不易判断出来，如 "110011"，它可能是字符串，也可能是 bit_vector 位矢量或 std_logic_vector 位矢量，如要将其作为 std_logic_vector 位矢量使用，可用数据类型限定的方式在数据前加上 "类型名" 进行限定。如：

```
b<=std_logic_vector' （"110011"）;     --将 "110011" 限定为 std_logic_vector
```

在进行整数与实数转换时，还可用转换函数 integer()和 real()。integer()用于将实数转换为整数，real()用于将整数转换为实数。例如：

```
variable i:  integer;        --i 为整型
variable r:  real;           --r 为实型
i: =integer （r）;           --将实型变量 r 转换为整型后赋给整型变量 i
r: =real （i）;              --将整型变量 i 转换为实型后赋给实型变量 r
```

在 standard 程序包和 std_logic_1164 程序包中都没有定义 vector 与 integer 类型之间的转换函数，因而程序无法进行类型转换，只有当 EDA 工具厂商的程序包里含有这些转换函数时，才能在其 EDA 工具下进行转换。

## 3.1.3　VHDL 的对象描述

对象是 VHDL 程序中可以被赋值的目标。根据向对象赋值的方式的不同以及所产生的效果的不同，可将对象分为信号、变量、常数和文件 4 种类型。其中，信号和变量可以被连续赋值，常数只能在它最初被声明时被赋值一次，以后永远保持该值不变。文件不能被直接赋值，只能通过函数对文件中的信号进行读写操作。

### 1. 信号的声明与赋值

信号是给电路内部硬件连接线所取的名字，电路内部各元件之间交换的信息只能通过信号传送，如图 3-1 所示。信号没有方向性，用于声明全局量。信号对连接线定义的名称可以在整个程序中有效。信号具有属性，可利用信号的属性存取过去、当前的数值。信号用在 architecture、package、entity 中。使用信号时，必须先对信号进行声明，然后才能使用。通常在结构体中的 architecture 与 begin 之间对信号进行声明。

（1）信号声明语句的格式

对信号进行声明的语句格式为：

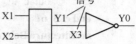

图 3-1 信号的物理意义

> **signal** 信号名：数据类型 [约束条件]；

其中，关键字 signal 表示该语句为声明信号的语句，信号名是为某一特定信号指定的专用名称，在一个程序中信号名不能重复，它是在整个程序中有效的全局量。信号名后面用冒号分隔对信号的描述。对信号的描述包括数据类型和约束条件。其中对信号类型的描述是必须有的，方括号中的约束条件可以省略，还可用约束条件给信号赋值或指出信号的值可以出现的范围。信号声明语句末尾必须以分号结束。

【例 3-7】 对下列信号进行声明。

| | |
|---|---|
| **signal** sg_1：boolean； | --sg_1 是布尔型信号，只能取真、假值 |
| **signal** sg_2：integer **range** 0 **to** 31； | --sg_2 是整数型信号，取值范围为 0～31 |
| **signal** sg_3：bit； | --sg_3 是位型信号，取值范围为 0、1 |
| **signal** sg_4：bit<='0'； | --sg_4 是位型信号，并赋初值 0 |
| **signal** sg_5：bit_vector（2 **downto** 0）； | --sg_5 是位矢量型，取值在 000～111 |
| **signal** sg_6：std_logic； | --sg_6 是逻辑型，取值通常有 9 种可能 |
| **signal** sg_7，sg_8：std_logic_vector（0 **to** 3）； | --sg_7、sg_8 是逻辑矢量型 |

如果有相同类型和约束条件的信号需要声明，可在一个信号声明语句中，列出多个信号名，它们之间用逗号隔开。如上面对 sg_7、sig_8 的声明。

上面对信号的声明中，粗体字 signal、range、to、downto 为 VHDL 中比较重要的保留字，软件开发工具会用特殊颜色进行强调。

（2）信号赋值语句的格式

信号可以被连续赋以新值，其赋值又称代入，用代入符"<="表示。信号的赋值语句表达式如下：

> 目标信号名<=表达式；

其中目标信号名指将要被赋值的信号，表达式可以是一个运算表达式，也可以是变量、信号或常量这样的数据对象，而且在赋值时可以设置延时量。

一般来说，对信号的赋值是按仿真时间进行的，到了规定的仿真时间才进行赋值。因此目标信号获得传入的数据并不是程序运行到该语句时就立即赋值的，即使是不作任何显式表达的零延时，也要经历一个特定的 δ 延时。故符号"<="两边的数值并不总是一致的，这与实际器件中信号的传播延迟特性是吻合的。

另外，为了优化的目的，即使信号有导线的含义，它们中某些在综合过程中也有可能被合并。例 3-8 是在一个进程中对信号进行赋值的例子。在进程中，各语句是按书写的先后顺序执行的，每当进程敏感量列表中的信号量改变一次，进程就启动执行一次。进程中允许同一信号有多个赋值，但只有最后的赋值语句被启动，并进行实质上的赋值操作。

**【例 3-8】**　在一个进程中对信号进行重复赋值。

```
process（a，b，c）          --定义进程和敏感量清单
begin                      --开始进程
    d<=a;                  --将 a 代入到 d
    x<=c and d;            --c 和 d 相与后代入 x
    d<=b;                  --将 b 代入到 d
    y<=c and d;            --c 和 d 相与后代入 y
end process;               --结束进程
```

执行后的结果为：

```
x<=c and b;
y<=c and b;
```

例 3-8 中 d 最初代入值为 a，然后代 b 值，两次代入在时间上有一个 $\delta$ 延时，但是由于在代入 a 时并不进行处理，进程只对最后一个代入值 b 做出响应，故 d 中的最终值应为 b 值。所以 x 中的值为 c and b。执行上述程序所生成的电路如图 3-2 所示，它只生成了一个有两路输出与门电路而不是两个与门电路。由此可见，目标信号量的值是将进程语句最后所代入的值作为最终代入值。给目标信号代入值，并不意味信号的当前值立即更新，代入值只作为信号的预定数值，仅当经过同步语句时才变成当前值。有别于进程中的顺序执行语句，在一些要求并行赋值的语句中，因为要对所有语句同时赋值，故不允许本例所示的对同一目标信号的重复赋值语句存在。

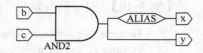

图 3-2　例 3-8 生成的电路

**2. 变量的声明与赋值**

变量表示暂时存放数据的临时存储体。变量是局部量，给变量取的名称只能在某一范围内有效，因此在另一范围可以取相同名字的变量。信号则不能，一个信号名只能在程序中被定义一次，因为信号是全局量。变量只能用在进程、函数语句和过程语句中作为局部的数据存储体。对变量的使用也需要遵守"先声明、后使用"的原则。通常在进程中的 process 与 begin 之间对变量进行声明。

（1）变量声明语句的格式

对变量进行声明的语句格式如下：

**variable**　变量名：数据类型　[约束条件：=表达式]；

其中关键字 variable 表示该语句为定义变量的语句，变量名是为某一特定变量指定的专用名称。由于变量是局部量，在不同的进程、函数和过程中，可以定义相同的名，它们的作用域仅在它们被定义的局部域中。在嵌套程序中，若内外层都定义有相同的变量名，则内层程序会使用内层所定义的变量名，当程序执行退到外层时，内层变量的值会释放并使用外层变量。变量名后面用冒号分隔对变量的描述。对变量的描述包括数据类型和约束条件。其中对变量类型的描述不能少，方括号中的约束条件可以省略，还可用约束条件给变量赋值或指

出变量的值可以出现的范围。变量说明语句末尾必须以分号结束。

**【例 3-9】** 对下列变量进行声明。

| | |
|---|---|
| **variable** var_1: boolean; | --var_1 是布尔型变量，只能取真、假值 |
| **variable** var_2: integer **range** 0 **to** 31; | --var_2 是整数型，取值范围为 0～31 |
| **variable** var_2: integer **range** 0 **to** 31: =10; | --var_2 是整数型，初值为 10 |
| **variable** var_3: bit; | --var_3 是位型变量，取值范围为 0、1 |
| **variable** var_4: bit_vector（2 **downto** 0）; | --var_4 是位矢量型，取值为 000～111 |
| **variable** var_5: std_logic; | --var_5 是逻辑型，取值通常有 9 种可能 |
| **variable** vr_6, vr_7: std_logic_vector（0 **to** 3）; | --vr_6、vr_7 是逻辑矢量型 |

如果有相同类型和约束条件的变量需要声明，可在一个变量声明语句中，列出多个变量名，它们之间用逗号隔开，如对 vr_6、vr_7 的声明。

（2）变量赋值语句的格式

变量可以被连续赋以新值，对变量的赋值用 "：="，以区别于对信号的赋值。变量的赋值语句表达式如下：

目标变量名：=表达式；

其中，目标变量名指将要被赋值的变量，变量数值的改变是通过变量赋值来实现的，赋值语句右边的表达式所给出的数值必须与目标变量名具有相同的数据类型，这个表达式可以是一个运算表达式，也可以是一个数值，也可以是变量、信号或常量这样的数据对象。变量赋值语句左边的目标变量可以是单值变量，也可以是一个变量的集合，如位矢量类型的变量。

**【例 3-10】** 对下列变量进行赋值。

| | |
|---|---|
| **variable** x, y: integer **range** 15 **downto** 0; | --声明 x、y 取值为 15～0 间的整数 |
| **variable** a, b: std_logic_vector（7 **downto** 0）; | --声明 a、b 为 8 位矢量 |
| x : =11 ; | -- x=11 |
| y : =2+x ; | -- y=13 |
| a : =b ; | --a=b |
| a（0 to 5）: =b（2 **to** 7）; | -- a(0 to 5)=b(2 to 7) |

由于对变量的赋值是立即发生的，不能产生附加延时，因此不能给变量赋值设置时延。如有变量 tmp1、tmp2、tmp3，则

tmp3: =（tmp1+tmp2）**after** 10ns;      -- 延迟 10ns 后将 tmp1+tmp2 赋给 tmp3

将被认为是错误的，因为变量赋值不能有延时。下面的例 3-11 是在一个进程中为变量赋值的例子，请注意它与例 3-8 的区别。

**【例 3-11】** 在进程中为变量赋值。

| | |
|---|---|
| **process**（a, b, c） | --定义进程和敏感量清单 |
|   **variable** d: std_logic; | --声明 d 为标准逻辑型变量 |
| begin | --开始进程 |
|   d: =a; | --将 a 赋值到 d |
|   x<=c and d; | --c 和 d 相与后赋值给 x |
|   d: =b; | --将 b 赋值给 d |
|   y<=c and d; | --c 和 d 相与后赋值给 y |

    end process;                          --结束进程

执行后的结果为：

    x<=c and a;
    y<=c and b;

本例中，d 是变量，因此在执行 d：=a 后，d 立即被赋值为
a，所以 x 的值为 c and a，此后又执行 d：=b，d 立即被赋值为
b，使 y 的值为 c and b。执行上述程序所生成的电路如图 3-3 所
示，它生成了 2 个单路输出与门电路而不是图 3-2 所示单个与门
电路。

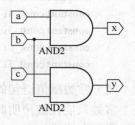

图 3-3  例 3-11 生成的电路

信号与变量有许多类似的地方，如都要被赋值，都有数据类型等，但它们决不是一回
事，不能用错，其区别可归结如下：

1）赋值形式不同。信号代入语句采用"<="代入符，而变量赋值采用"：="。

2）信号赋值至少有 δ 延迟，δ 可为零，因此即使代入语句被执行也不会立即发生代入，
当下一条语句执行时，仍使用原来的信号值，由于信号代入语句是同时进行处理的，因此实
际代入过程和代入语句的处理是分开进行的。变量在赋值时没有延迟，同一变量的值将随变
量赋值语句前后顺序的运算而改变。

3）信号除当前值外，还有许多相关信息，如历史信息、投影波形等，变量只有当前值。

4）进程对信号敏感而不对变量敏感，因此变量出现在进程敏感量清单中是没有作用
的，不能启动进行执行。

5）信号可以是多个进程的全局信号，而变量只能在定义它们的顺序域。

6）信号是硬件中连线的抽象描述，而变量无类似的对应关系。

### 3. 常数的声明与赋值

常数表示某一固定不变的量，常数的值在整个程序中不能被改变。常数相当于电路中的
恒定电平，如 GND 或 $V_{CC}$ 接口。由于常数不能在使用时赋新值，故它的值是在常数被声明
时赋予的，即在程序开始前进行常数的类型声明和赋值。通常在 architecture 与 begin 之间对
常数进行声明。

（1）常数声明语句的格式

对常数进行声明的语句格式如下：

    **constant** 常数名：数据类型：=表达式；

其中，关键字 constant 用于声明该语句为常数声明语句，常数名在程序中是唯一的，不能重
复，它作用于所定义的域内。如在实体中声明，则在整个实体中有效。然而，如果常数是在
子程序中被声明的，则它在每次子程序调用时要重新计算，而在子程序执行期间则保持不
变。常数名后面用冒号分隔对常数的描述。对常数的描述只有数据类型和赋值表达式，并且
赋值是必须有的。常数说明语句末尾必须以分号结束。常数声明语句可存在于实体、结构
体、程序包、块、进程、函数和子程序中。

【例 3-12】对下列常数进行声明。

```
constant const_1: boolean: =true;              --const_1 是布尔型, 其值为真
constant const_2: integer: =31;                --const_2 是整数型, 其值为 31
constant const_3: real: =5.0;                   --const_3 是实数型, 其值为 5.0
constant const_4: time: =100ns;                 --const_4 是时间型, 其值为 100ns
constant const_5: bit_vector（3 downto 0）: ="0000";  --const_5=0000
constant const_6: std_logic: ='Z';              --const_6 是逻辑型, 其值为高阻
constant const_7: std_logic_vector （3 downto 0）: ="0101";    --const_7=0101
```

（2）常数赋值语句的格式

常数只能在被声明时被赋值, 对常数的赋值用 " : =", 这与对变量的赋值相同。常数的赋值语句表达式如下:

目标常数名: =表达式;

其中, 目标常数名指将要被赋值的常数, 赋值语句右边的表达式所给出的数值必须与目标常数名具有相同的数据类型, 这个表达式可以是一个运算表达式, 也可以是一个数值。下面的赋值就错在类型不一致:

constant Vcc: real: ="0101";              --把非实型数据 "0101" 赋给实型常量

### 4. 文件的说明与赋值

文件指以 ASCII 码文本的形式进行数据的输入、输出处理的存储体。不同于前述的信号、变量和常数, 文件作为对象不能进行直接赋值, 只能通过函数对文件中数据进行存取。文件对象不能被综合, 所以是 VHDL 程序描述的非综合部分, 主要用于测试文件中。

（1）文件声明语句的格式

87 版对文件进行声明的语句格式为:

file 文件对象名: text is 方向(in 或 out) "ASCII 码格式的文本文件";

其中, 关键字 file 用于声明该语句为文件声明语句, 文件对象名用于存放 PC 中以 ASCII 码格式表达的文本文件的名字, 使程序在此后的执行中用此处所定义的文件对象名来代替 PC 中当前目录下以 ASCII 码格式描述的文本文件。在整个程序执行过程中该文件对象名是唯一的, 不能重复, 是一个全局量。文件名后面用冒号分隔对文件的描述。text is 是固定格式, 在后面用 in 或 out 指明数据被传送的方向。ASCII 码文本文件指 PC 中以 ASCII 码格式表达的文本文件的名字, 该文件必须在当前目录下。例如:

file myfilin: text is in  "test.txt";              --声明 myfilin 为输入文件

此处的 myfilin 是由 file 定义的文件对象名, in 指明 myfilin 是一个只能从 test.txt 中读出 ASCII 码格式表达的数据的文件, 而不能写入。test.txt 表示 PC 中当前目录下的一个以 ASCII 码格式描述的文本文件。在此处进行了文件的声明以后, 就用 myfilin 来代替 test.txt 进行读数据操作。再例如:

file myfilout: text is out  "data.txt";           --声明 myfilout 为输出文件

此处的 myfilout 是由 file 定义的文件对象名, out 指明 myfilout 是一个只能向其写入数据的文件, 而不能从中读取数据。data.txt 表示 PC 中当前目录下的一个以 ASCII 码格式描述的文

本文件。在此处进行了文件的说明以后，就用 myfilout 来代替 data.txt 进行写数据操作。

对文件中数据进行读写操作前应选打开文件，97 版对文件对象进行声明的语句格式如下：

> **file** 文件对象名：text **open** read_mode **is**"目录+文件.后缀"
> **file** 文件对象名：text **open** write_mode **is**"目录+文件.后缀"

例如：

> **file** fir_in：text **open** read_mode **is**"fir_data.txt"
> **file** fir_out：text **open** read_mode **is**"fir_data.txt"

也可用函数打开文件，使用方法如下：

> file_open([文件状态指示变量]，文件对象名，"目录+文件.后缀"，read_mode)

文件状态指示变量是可选的，其定义方法如下：

> **variable** 文件状态变量：file_open_status;

例如

> Variable fstatus: file_open_status;　　　　　　　--定义文件状态指示变量 fstatus;

使用完文件应关闭，例如：

> file_close(fir_in)

（2）对文件中数据的读写操作

① 从文件中读一行数据。

由于不能直接给文件赋值，因此对文件的读写操作只能利用文件读写函数来间接完成数据的处理。从文件中读一行数据的格式如下：

> readline（文件名，行类型变量）；

readline 是从文件中读取一行数据的函数，用于从文件名所指定的以 ASCII 码格式描述的文本文件中读取一行的内容放入行类型变量指定的单元中。

【例 3-13】　从文件名所指定的文件中读取一行的内容放入行变量指定的单元中。

> **variable** livar：line;　　　　　　　　　　--声明行类型的变量 livar
> **file** myfile：text **is in**"testin.txt";　　　--myfile 是与 testin.txt 相同的文件
> readline（myfile，livar）;　　　　　　　--从 myfile 的文件中读取一行的数据到 livar

本例中，读入文件 testin.txt 中第一行的内容放入行变量 livar 中，如果再添一句 readline，则读入 testin.txt 文件的第二行中的内容。

② 从一行中读一个数据。

文件的一行中通常可以放置多个不同类型的数据，为了从一行中取出所需要的数据，应使用过程语句 read。从一行中读一个数据格式如下：

> read（行类型变量，数据变量）；

read 语句是一个定义在 STD_LOGIC_TEXTIO.VHD 中的一个过程语句，用于从一行中取出一个数据，将其存放到数据变量或信号中。

【例 3-14】 从一行中取出一个数据，将其存放到数据变量和信号中。

```
variable lvar: line;                              --声明行类型的变量 lvar
signal clk: std_logic;                            --声明信号 clk 为标准逻辑类型
signal din: std_logic_vector (7 downto 0);        --声明 din 为标准逻辑矢量类型
read (lvar, clk);                                 --取 lvar 行变量第一列的数据赋给信号 clk
read (lvar, din);                                 --取 lvar 第二列的 8 位数据赋给信号 din
```

③ 写一行到输出文件。

要向文件写入数据，应使用行写入函数。格式如下：

```
writeline（文件名，行类型变量）；
```

writeline 函数用于将行类型变量指定的存储单元中存放的一行数据的内容写入到文件名所指定的文件中。

【例 3-15】 将行类型变量指定的单元中存放的一行数据写入到文件名所指定的文件中。

```
variable lovar: line;                             --声明行类型的变量 lovar
file outfile: text is out "testout.txt";          --outfile 与 testout.txt 相同
writeline（outfile，lovar）；                       --将变量 lovar 中的数据写入到 outfile 文件
```

该例中，将行类型变量 lovar 中的数据写入到 outfile 所指定的文件 testext.out 中。

④ 写一个数据到一行中。

要将数据写入文件中的一行中，可使用过程语句 write。写数据到一行中的格式如下：

```
write（行类型变量，数据变量）；
```

write 语句用于将一个数据写到某一行中，它是 std_logic_textio.vhd 文件中定义的一个过程语句。在某些 CAD 公司的 VHDL 版本中对该写语句进行了扩充。如按十六进制写时，写语句应以 h 为前缀，即写为 hwrite；如按八进制值写时，则应以 o 为前缀，写为 owrite 等。另外，写语句的格式也有相应变化。例如将 write 修改为

```
write（行类型变量，数据变量，起始位置，字符数）；
```

其中起始位置有 left 和 right 两种选择。Left 表示从行的最左边对齐开始写入，right 表示从行的最右边对齐写入。

例如：写一个数据到文件的一行中。

```
variable lovar: line;                             --声明行类型的变量 lovar
signal dout: std_logic_vector (7 downto 0);       --声明 dout 为 8 位标准逻辑矢量
write（lovar，dout，left，8）；                      --将 8 位 dout 信号写入 lovar 指定行的最左边
```

⑤ 文件结束检查。

检查文件是否结束，可用 endfile 函数，其格式如下：

```
endfile（文件名）；
```

该语句检查文件是否结束，如果检出文件结束标志，则返回"真"值，否则返回"假"值。

在 VHDL 的标准格式中，有一个预先定义的包集合 textio，它按行对文件进行处理，一行为一个字符串，并以回车、换行符作为行结束符。在使用该包集合时要必须先进行声明。使用的声明语句如下：

```
library STD;                          --声明程序要用到标准库 STD
use STD.textio.all;                   --声明程序要用到标准库 STD 中的包集合 textio
```

但在 VHDL 语言的标准格式中，textio 只能使用 bit 和 bit_vector 两种数据类型，如要使用 std_logic 和 std_logic_vector 就要调用 IEEE 库中的包集合 std_logic_vector_textio。这时应使用下面的声明语句：

```
library  IEEE;                        --声明程序要用到 IEEE 库
use IEEE.std_logic_vector_textio.all; --声明包集合 std_logic_vector_textio
```

## 3.1.4  VHDL 的运算操作符

VHDL 有逻辑运算、关系运算、算术运算和并置运算 4 类操作符。此外还有重载操作符，前 3 类是基本的操作符，重载操作符是对基本操作符做了重新定义的函数型操作符。逻辑运算符对 bit 或 boolean 型的值进行运算，由于 std_logic_1164 程序包重载了这些算符，因此这些逻辑运算符也可用于 std_logic 型数值。运算时操作数的类型应与操作符要求的类型一致，并按操作符的优先级顺序进行运算。其优先次序见表 3-3。

### 1．逻辑运算符

逻辑运算符有 6 种，包括：not（逻辑取反）、and（逻辑与）、or（逻辑或）、nand（逻辑与非）、nor（逻辑或非）、xor（逻辑异或），见表 3-3。这 6 种逻辑运算可以对 std_logic 和 bit 等逻辑型数据、std_logic_vector 逻辑型数组及布尔型数据进行逻辑运算。运算符的左右两边没有优先级差别，如果逻辑表达式中只有 and、or、xor 中的一种，那么改变运算顺序将不会导致逻辑的改变，否则应用括号指明运算的顺序。例如：

```
y<= ((not a )  and b)  or  (c and d);     -- y= a̅ b+cd
y<= ((a nand b)  nand c )  nand d;        -- y= abcd
y<= (a and b)  or  (c and d);             -- y=ab+cd
```

在 VHDL 中由于没有自左至右的优先级顺序的规定，上例中如去掉括号则从语法上来说没有什么错误，但 y 所得到的结果与加上括号时的结果完全不同。而下例则是正确的：

```
y<=a and b and c and d;       -- y= abcd
y<=a or b or c or d;          -- y=a+b+c+d
y<=a xor b xor c xor d;       --y=a⊕b⊕c⊕d
```

### 2．算术运算符

算术运算符有 10 种，包括：+（加）、-（减）、*（乘）、/（除）、mod（求模）、rem（取余）、+（取正）、-（取负）、* *（指数）、abs（取绝对值），见表 3-3。其中+（取正）、-（取负）为一元运算符，它的操作数可以为任何数值类型，如整数、实数、物理量。加法和减法的操作数也可为任何数值类型，且参加运算的操作数的类型也必须相同。乘、除法的操作数可以同为整数和实数。物理量可以被整数或实数相乘或相除，其结果仍为一个物理量。物理量除以同一类型的物理量即可得到一个无量纲的数。求模和取余的操作数必须是一个整数类型数据。一个指数的运算符的左操作数可以是任意整数或实数，而右操作数应为一个整数，只有在左操作数是实数时，右操作数才可以是负整数。

**表 3-3　操作符的优先级**

| 运算操作符类型 | 操作符 | 功　能 | 操作数的数据类型 | 优先级 |
|---|---|---|---|---|
| 逻辑运算符 | and | 逻辑与 | bit，boolean，std_logic | 低 |
| | or | 逻辑或 | bit，boolean，std_logic | |
| | nand | 逻辑与非 | bit，boolean，std_logic | |
| | nor | 逻辑或非 | bit，boolean，std_logic | |
| | xor | 逻辑异或 | bit，boolean，std_logic | |
| 关系运算符 | = | 等号 | 任何数据类型 | |
| | /= | 不等号 | 任何数据类型 | |
| | < | 小于 | 枚举与整数类型，及对应的一维数组 | |
| | > | 大于 | 枚举与整数类型，及对应的一维数组 | |
| | <= | 小于等于 | 枚举与整数类型，及对应的一维数组 | |
| | >= | 大于等于 | 枚举与整数类型，及对应的一维数组 | |
| 移位运算符 | sll | 逻辑左移 | bit 或 boolean 型一维数组 | |
| | sla | 算术左移 | bit 或 boolean 型一维数组 | |
| | srl | 逻辑右移 | bit 或 boolean 型一维数组 | |
| | sra | 算术右移 | bit 或 boolean 型一维数组 | |
| | rol | 逻辑循环左移 | bit 或 boolean 型一维数组 | |
| | ror | 逻辑循环右移 | bit 或 boolean 型一维数组 | |
| 加、减、并置运算符 | + | 加 | 整数 | |
| | — | 减 | 整数 | |
| | & | 并置 | 一维数组 | |
| 正、负运算符 | + | 正 | 整数 | 高 |
| | — | 负 | 整数 | |
| 乘、除、求模、取余运算符 | * | 乘 | 整数和实数（包括浮点数） | |
| | / | 除 | 整数和实数（包括浮点数） | |
| | mod | 求模 | 整数 | |
| | rem | 取余 | 整数 | |
| 指数、abs、not 运算符 | ** | 指数 | 整数 | |
| | abs | 取绝对值 | 整数 | |
| | not | 取反 | bitt，boolean，std_logic | |

　　在 10 种算术运算符中，真正能够进行逻辑综合的算术运算符只有+（加）、-（减）、*和能得到整数结果的除法。乘法综合时占用的逻辑门电路会比较多。对运算符/、mod、rem，

当可以被除尽时，逻辑电路综合是可能的。若对 std_logic_vector 进行+（加）、-（减）运算时，两边的操作数和代入的变量位长如不同，则会产生语法错误。另外，*运算符两边的位长相加后的值和要代入的变量的位长不相同时，同样会出现语法错误。

### 3. 移位运算符

移位操作符有 6 种，包括：sll、sla、srl、sra、rol、ror，完成 bit 或 boolean 型一维数组的移位操作。其中 sll 是将位矢量向左移，右边跟进的位补零；srl 是将位矢量向右移，左边跟进的位补零；rol 和 ror 则将移出的位依次填补移空的位，执行的是自循环移位方式；SLA 和 SRA 是算术移位操作符，其移空位用最初的首位来填补。

【例 3-16】 对常数"00000001"按输入 a 进行移位后赋值给输出 b。

```
library IEEE;                               --声明使用库 IEEE
use IEEE. std_logic_1164.all;               --声明使用 std_logic_1164 包
use IEEE. std_logic_arith.all;              --声明使用 std_logic_arith 包
use IEEE. std_logic_unsigned.all;           --声明使用 std_logic_unsigned 包
entity ex3_16 is                            --声明实体名为 ex3_16
    port (a: in std_logic_vector (2 downto 0);  --声明实体输入端口 a
          b: out bit_vector(7 downto 0));   --声明实体输出端口 b
end ex3_16;                                 --结束对实体的声明
architecture behavioral of ex3_16 is        --声明结构体名为 behavioral
begin                                       --声明结构体开始
    b<= "00000001" sll conv_integer(a);     --将输入 a 转换为整数并以此左移数据
end Behavioral;                             --声明结构体结束
```

在进行移位操作时，应在程序包声明中加入 IEEE.numeric_std.all 程序包。此外移位操作符左边表示的操作数是将被移位的二进制类型的矢量数据，移位操作符右边表示的是对左操作数移位的位数，必须是整数类型。由于 std_logic_vector 型是最常见的类型，进行 bit_vector 类型的来回转换不方便，故可用下面两种方式进行移位操作。

```
① for i in 0 to 6 loop                      --从 0 到 6 位作循环
     a(7-i)<=a(7-i-1);                       --将 a 中的低 7 位向高位移 1 位
   end loop; a(0)<= '0';                     --向最低位移入 0 或 1
② a(7 downto 1)<=a(6 downto 0);             --将数据高 7 位左移一位
   a(0)<= '0';                              --向最低位移入 0 或 1
```

### 4. 关系运算符

关系运算符有 6 种，包括：=（等于）、/=（不等于）、<（小于）、<=（小于等于）、>（大于）、>=（大于等于）。不同的关系运算符对运算符两边的操作数的数据类型有不同的要求。其中=（等于）和/=（不等于）可以适用于所有类型的数据。其他关系运算符则可使用 integer、real、std_logic、std_logic_vector 等类型的关系运算。在进行关系运算时，左右两边的操作数的数据类型必须相同。

在利用关系运算符对位矢量数据进行比较时，比较过程是从最左边的位开始，自左至右按位进行比较的。因此在位长不同的情况下，可能得出错误结果。如比较 1010< 111，由于 1010 左边第二位为 0，而 111 左边第二位为 1，故比较结果为真，这显然不符合实际情况。

解决的办法是利用 std_logic_arith 程序包中定义的 unsigned 数据类型，将这些进行比较的数据的数据类型定义为 unsigned。如 unsigned'（1010）< unsigned'（111）的比较结果将判定为假。

为使位矢量能进行关系运算，在包集合 std_logic_unsigned 中对关系运算重新做了定义，使其可以正确地进行关系运算。在使用时应先声明调用该包，此后标准逻辑位矢量还可以和整数进行关系运算。

**5．并置运算符**

并置运算符&用于位的连接。例如，将 n 个位数据用并置运算符连接起来就可以构成一个具有 n 位长度的位矢量。如：a= '1'，b= '1'，c= '0'，d= "1011"，则 y<=d&(a&b&c)，y= "1011110"。

位的连接也可使用集合体的方法，即用逗号将位连接起来。如：y<=（a，b，c）= "110"。但这种方法不适用于位矢量之间的连接。如：y<=（d，(a，b，c)）就是错误的。

# 3.2　顺序语句和并发语句的描述

VHDL 在对硬件系统进行描述时，按对语句响应方式的不同，可将语句分为顺序描述语句和并发描述语句，这两类语句的灵活运用可以正确地描述系统行为。

## 3.2.1　顺序描述语句

顺序描述语句只能出现在进程或子程序中，语句中所涉及的系统行为包括时序、控制、条件和迭代。语句功能包括算术运算和逻辑运算、信号和变量的赋值、子程序的调用等。VHDL 中顺序描述语句包括等待（wait）语句、断言语句（assert）、信号代入语句、变量赋值语句、if 语句、case 语句、loop 语句、next 语句、exit 语句、null 语句。其中，null 语句为空语句，执行该语句只是使执行流程走到下一个语句，无任何动作。空语句表示只占位置的一种空处理动作，但是它可用来对所有对应的信号赋一个定值，表示该驱动器被关闭。

**1．等待语句的描述**

等待（wait）语句主要用于进程中，进程在运行过程中总是处于执行或挂起两种状态之一，进程状态的变化受等待语句的控制，当进程执行到等待语句时，就将被挂起，并设置好再次执行的条件。wait 语句有 wait、wait on、wait until、wait for 4 种情况以及它们的组合形式。其中 wait 语句后面没有结束等待的条件，因此是无限期等待。其他 3 种等待的结束要根据设置的条件是否为真来判断，若条件为真则结束等待，否则将一直等待。

（1）wait on 语句

wait on 语句的完整书写格式如下：

　　　　**wait on**　信号 1，[信号 2]，...;

在 wait on 后可跟一个或多个信号量，它们之间用逗号隔开，这些信号为启动进程执行的敏感量。例如：

wait on  a，b；--a，b 为敏感量

它们一旦变化，就结束等待，进程就会执行一次。

该语句表明，wait on 语句等待信号 a 或 b 发生变化，只要其中一个信号发生变化，进程将结束挂起状态，去执行一次进程。若信号量有新的变化，wait on 将再次启动进程的执行。例 3-17 是启动进程执行的敏感量的不同表示方法，其程序的执行效果是一样的。在进行系统的电路设计程序编写时，常用第一种方法，而在进行系统仿真的测试程序编写时则用第二种方法。

【例 3-17】 启动进程执行的敏感量的不同表示方法。

| 方法一 | 方法二 |
|---|---|
| process（a，b）　　　--声明进程的敏感量 a，b<br>begin　　　　　　　　--进程开始<br>　y<=a or b；　　　　--执行 a 或 b 操作<br>end process；　　　　--结束进程 | process　　　　　　　--无敏感量的进程声明<br>begin　　　　　　　　--进程开始<br>　y<=a or b；　　　　--执行 a 或 b 操作<br>　wait on a，b；　　　--等待敏感量 a，b 变化<br>end process；　　　　--结束进程 |

但是，如果 process 声明语句中已有敏感量信号，如方法一中的 a，b，则在进程中不能再用 wait on  a，b 语句。如例 3-18 中重复使用了敏感量，因而是错误的。

【例 3-18】 错误的重复使用敏感量。

```
process（a，b）        --有敏感量 a，b 的进程声明
begin                 --进程开始
   y<=a or b；         --执行 a 或 b 操作
   wait on a，b；       --错误语句，重复使用了敏感量
end process；          --结束进程
```

（2）wait until 语句

wait until 语句的完整书写格式如下：

wait until  布尔表达式；

当进程执行到该语句时将检查布尔表达式，当布尔表达式为'真'时结束等待，启动进程，否则进程将被挂起。该语句在布尔表达式中建立一个隐式的敏感信号量清单，当布尔表达式中的任何一个信号发生变化时，就立即对表达式进行一次评估，如果评估结果使表达式返回一个'真'值，则进程脱离等待状态，继续执行下面的语句。例如：

wait until  ((a*10) <100)；

在这个例子中，当信号 a 的值大于或等于 10 时，进程在执行到该语句时将被挂起，当 a 的值小于 10 时，表达式返回一个'真'值，结束等待状态，进程被启动。

（3）wait for 语句

如果为程序设计的信号或布尔表达式的等待条件在实际中不能保证出现，可在等待语句中加一个超时等待(wait for)项，以防止该等待语句进入无限期的等待状态。wait for 语句的书写格式如下：

**wait for** 　时间表达式；

当进程执行到该语句时将被挂起，等到时间表达式指定的时间到时，时间表达式返回一个‘真’值，结束等待状态。例如下面语句：

**wait for** 　20ns；　　　　　　　　　　--等待 20ns 后返回一个‘真’值
**wait for** 　（a*（b+c））；　　　　　--等待 a*（b+c）时间后返回一个‘真’值

当进程执行到第一条语句后将等待 20ns，然后返回一个‘真’值，结束等待状态，启动进程的执行。在第二条语句中，若 a=2，b=50ns，c=70ns，则执行到第二语句时，就要等待 2*（50+70）=240ns 后返回一个‘真’值，结束等待状态。

（4）多条件 wait 语句

在前面的 wait 语句中，等待的条件都是单一的，要么是信号量，要么是布尔量，要么是时间量。实际上 wait 语句还可以同时使用或组合使用上面的多个等待条件，构成多条件 wait 语句。例如：

**wait on** ina，inb **until**　（（inc=true）**or**　（ind=true））　**for** 5μs；

该语句有三种等待情况可结束等待：①信号量 ina 和 inb 任何一个有一次新的变化；②信号量 inc 和 ind 任何一个取值为‘真’；③该语句已等了 5μs。只要上述三种情况中的一个或多个满足，便会结束等待状态，启动进程的执行。

在使用多个条件等待时，其表达式的值至少应包含一个信号量的值。例如：

**wait until**　（umi=true）**or**　（interrupt=true）；

如果该语句中的 umi 和 interrupt 两个都是变量，没有信号量，那么即使两个变量有新的变化，该语句也不会对表达式进行评估和计算。等待语句不会对变量的变化做出反应，因为变量是立即赋值的，不能有时延。

**2．信号代入语句的描述**

信号代入语句的书写格式如下：

目标信号量<=信号量表达式；

该语句将右边信号量表达式的值赋予左边的目标信号量。使用代入语句时，代入符两边的信号量的类型和位长应该是一致的。另外，代入符"<="和关系操作的小于等于符"<="是一样的，应注意根据上下文来区别。注意，信号代入语句既可当作顺序执行语句来使用，也可当作并发执行语句来使用。当信号代入语句出现在结构体或块语句中时是并行执行语句，当出现在进程和子程序中时是顺序执行语句。

**3．变量赋值语句的描述**

变量赋值语句的书写格式如下：

目标变量：=表达式；

该语句表明，目标变量的值将由表达式的数值代替，但两者的类型必须相同。目的变量的类型、范围及初值事先应已声明过。右边的表达式可以是变量、信号、常数或字符。变量赋值是立即进行的，而信号赋值则有时延。变量赋值只在进程或子程序中使用，它无法传递到进程之外。变量赋值语句不能出现在需要并行赋值的结构体中。

**4. if 条件判断语句的描述**

if 条件判断语句用来判断当前应执行哪些语句，只有满足设定条件的语句才能被执行。

（1）if 单条件判断语句

if 单条件判断语句的书写格式如下：

```
if 条件 then
    顺序执行语句；
end if；
```

当程序执行到 if 语句时，先对指定的条件进行判断，如果条件为真，则执行 if 到 end if 之间所包括的顺序语句，否则程序将跳过 end if 语句执行后面的其他语句，这是一种最简单的选择语句，它只有一种条件可供选择，只说明满足条件时应当执行的语句，并未指明不满足条件时应执行的语句，因此是一种不完整性条件语句。

**【例 3-19】** 利用单条件判断语句实现对寄存器的置位。

```
library IEEE；                          --声明使用库 IEEE
use IEEE. std_logic_1164.all；          --声明使用 std_logic_1164 包
entity ex3_19 is                        --声明为设计所取的实体名为 ex3_19
    Port(d，r ：  in   std_logic；       --声明输入端口名为 d、r
              q ：  out  std_logic)；    --声明输出端口名为 q
end ex3_19；                             --结束对实体端口的描述
architecture Bhv of ex3_19 is           --声明实体 ex3_19 的结构体名字为 Bhv
begin                                   --声明结构体开始
  process(d，r)                         --声明进程的敏感量为 d、r
  begin                                 --声明进程开始
    if r='1' then                       --如果满足条件 r='1'
        q<= d；                         --执行 q=d
    end if；                            --结束单条件判断语句
  end process；                         --结束对进程的描述
end Bhv；                               --结束对结构体 Bhv 的描述
```

上述程序当 r='1' 为真时，置 q 为 d，否则将不执行 q <=d 而执行 end if 之后的语句。执行本例程序后所生成的电路如图 3-4 所示。其中图 3-4a 为所生成的顶层模块，图 3-4b 为所生成的低层电路。例 3-19 表明，由于单条件判断语句是不完整性条件语句，执行这样的语句会生成寄存器。

条件语句可以嵌套多层条件语句，但嵌套过多会导致综合困难，语法上嵌套次数是无限制的。

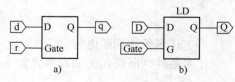

图 3-4　例 3-20 生成的电路

（2）if 双条件判断语句

if 双条件判断语句的书写格式如下：

```
if 条件 then
    顺序执行语句；
else
    顺序执行语句；
end if；
```

该语句在满足指定的条件时将处理 then 与 else 之间的顺序处理语句，当条件不满足时则处理 else 与 end if 之间的顺序处理语句，因此在 if 与 end if 之间的语句总有一种情况会被执行。这是一种完整的条件语句，它给出了条件判断时可能出现的所有情况，所生成的电路为组合电路。

【例3-20】 利用双条件判断语句生成从两路输入中选择一路输出的组合逻辑电路。

```
library IEEE;                              --声明使用库 IEEE
use IEEE. std_logic_1164.all;             --声明使用 std_logic_1164 包
entity ex3_20 is                          --声明为设计所取的实体名为 ex3_20
    Port (sel，a，b ： in std_logic;        --声明输入端口名为 sel、a、b
                    c ： out std_logic);   --声明输出端口名为 c
end ex3_20;                                --结束对实体端口的描述
architecture Bhv of ex3_20 is             --声明实体 ex3_20 的结构体名字为 Bhv
begin                                      --声明结构体开始
    process(sel，a，b)                     --声明进程的敏感量为 sel、a、b
    begin                                  --声明进程开始
        if sel='1' then                    --如果满足条件 sel='1'
            c<=a;                          --执行 c=a
        else                               --否则执行下面语句
            c<=b;                          --执行 c=b
        end if;                            --结束双条件判断语句
    end process;                           --结束对进程的描述
end Bhv;                                    --结束对结构体 Bhv 的描述
```

本例表明，如果条件判断语句中可能的条件都被列出，则只会生成组合电路而不会生成寄存器，如图3-5所示。图3-5a为所生成的上层模块电路，图3-5b为所生成的低层电路。

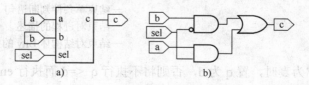

图3-5  例3-20生成的电路

（3）if 多条件判断语句

if 多条件判断语句的书写格式如下：

```
if 条件 then
    顺序处理语句；
elsif 条件 then
    顺序处理语句；
    ⋮
```

```
    elsif 条件 then
        顺序处理语句;
    else
        顺序处理语句;
    end if;
```

在 if 多条件判断语句中，设置了多个条件，当满足所设置的某个条件时，程序就执行该条件后的顺序处理语句。如果所有设置的条件都不满足，则执行 else 和 end if 之间的顺序处理语句。多条件判断语句由于对各种可能的情况都进行了描述，故所生成的电路为组合逻辑电路。双条件判断语句实际上是多选择条件判断语句的特例。

【例 3-21】　利用多条件判断语句设计从四路输入中选择其中一路输出的电路。

| | |
|---|---|
| **library** IEEE; | ——声明使用库 IEEE |
| **use** IEEE. std_logic_1164.**all**; | ——声明使用 std_logic_1164 包 |
| **entity** ex3_21 **is** | ——声明为设计所取的实体名为 ex3_21 |
| 　Port ( in_a: **in** std_logic_vector(3 **downto** 0); | ——声明 in_a 为 4 输入矢量 |
| 　　　sel: **in** std_logic_vector(1 **downto** 0); | ——声明 sel 为 2 输入矢量 |
| 　　　　y: **out** std_logic); | ——声明 y 为 std_logic 型输出端口 |
| **end** ex3_21; | ——结束对实体 ex3_21 端口的描述 |
| **architecture** rtl **of** ex3_21 **is** | ——声明实体 ex3_21 的结构体名字为 rtl |
| **begin** | ——声明结构体开始 |
| 　process(in_a, sel) | ——声明进程的敏感量为 in_a、sel |
| 　**begin** | ——声明进程开始 |
| 　　**if**　(sel= "00") **then** | ——如果满足条件 sel= "00" |
| 　　　y<=in_a(0); | ——执行 y=in_a(0)让第一路信号输出 |
| 　　**elsif** (sel= "01") **then** | ——否则如果满足条件 sel= "01" |
| 　　　y<=in_a(1); | ——执行 y=in_a(1)让第二路信号输出 |
| 　　**elsif** (sel= "10") **then** | ——否则如果满足条件 sel= "10" |
| 　　　y<=in_a(2); | ——执行 y=in_a(2)让第三路信号输出 |
| 　　**else** | ——否则执行下面语句 |
| 　　　y<=in_a(3); | ——执行 y=in_a(3)让第四路信号输出 |
| 　　**end if**; | ——结束多条件判断语句 |
| 　**end process**; | ——结束对进程的描述 |
| **end** rtl; | ——结束对结构体 rtl 的描述 |

运行上面程序所生成的电路如图 3-6 所示，图 3-6a 为所生成的上层模块电路，图 3-6b 为所生成的低层电路。条件判断语句不仅可用于选择器设计，还可用于比较器、译码器等凡是可以进行条件控制的逻辑电路设计。但要注意的是，条件判断语句的条件判断输出是布尔量 true 或 false，因此在条件判断语句的条件表达式中只能使用关系运算操作符=、 /=、 <、 >、 <=、 >=及其组合表达式。

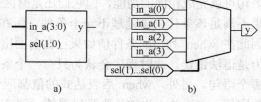

图 3-6　例 3-21 生成的电路

**5. case 条件判断语句**

if 条件判断语句的多选择控制可用于从多种不同的情况中选择其中之一执行，但如用 case 条件判断语句编写同样功能的电路，则会使程序简练得多。case 条件判断语句的书写格式如下：

```
case 表达式 is
        when 条件表达式=>顺序处理语句;
end case;
```

其中，条件表达式有 4 种不同的表示形式：

```
when 值=>顺序处理语句;
when 值|值|值|...|值|=>顺序处理语句;
when 值 to 值=>顺序处理语句;
when 值 others=>顺序处理语句;
```

当 case 和 is 之间的表达式的取值满足 when 后面指定的条件表达式的值时，程序将执行 when 后面的由符号=>所指定的顺序处理语句，这里的=>不是关系运算符，而是描述值和对应执行语句之间的关系。条件表达式的值可以是一个或多个值的"或运算"，或者是一个值的取值范围，或表示其他所有的默认值。

【例 3-22】 用 case 条件判断语句描述与例 3-21 中四选一电路的相同功能。

```
architecture rtl of ex3_22 is          --声明实体 ex3_2 的结构体名字为 rtl
begin                                   --声明结构体开始
  process(in_a, sel)                    --声明进程的敏感量为 in_a、sel
  begin                                 --声明进程开始
    case sel is                         --声明 case 条件判断语句开始
      when "00"=>y<=in_a(0);            --如果 sel= "00"，让第 1 路信号输出
      when "01"=>y<=in_a(1);            --如果 sel= "01"，让第 2 路信号输出
      when "10"=>y<=in_a(2);            --如果 sel= "10"，让第 3 路信号输出
      when "11"=>y<=in_a(3);            --如果 sel= "11"，让第 4 路信号输出
      when others=>y<= 'X';             --如果 sel 为其他值，y 的输出为 'X'
    end case;                           --结束 case 条件判断语句
  end process;                          --结束对进程的描述
end rtl;                                --结束对结构体 rtl 的描述
```

运行上面程序所生成的电路与图 3-6 完全相同。尽管 case 条件判断语句和 if 条件判断语句可以完成相同的功能，但它们还是有区别的。在 if 语句中，先处理最先列出的条件，如果不满足该条件，再处理下一个条件。而在 case 语句中，所有条件的判断是并行处理的。因此在 when 列出的条件值如果已在前面出现过，则在后面的 when 项中再次使用，将被认为是语法错误。此时程序会认为只有一个条件却要求有两个不同的执行语句，不知应当执行哪个语句。另外，when 后表达式的值都应一一列举出来，如果不列举出表达式的所有可能的取值，在语法上也被认为是错误的。例 3-22 中，sel 是标准逻辑型矢量型数据，除了取值为 '0' 和 '1' 之外，还有可能的取值为 'X'、'Z'、'U'。尽管这些取值在逻辑电路综合时没有被使用，但是 case 条件判断语句中却必须把所有可能的值都描述出来，故在本例中增

加了 when others 项，使得它包含了 when 后可能的所有值。当 when 后跟的值不同，但输出却相同时，如本例的 when others 项，可写为：

**when** "UZ"|"UX"|"UU"|"ZX"|"ZU"|"ZZ"|"XZ"|"XU"|"XX"=>y<='X';

所有 'X'、'Z'、'U' 三种状态的排列，表示不同的取值，但输出值是相同的。采用 when others 来描述并不关心的其他可能值，可使描述大大简化。但在许多应用中，采用 when others 描述后，在进行逻辑电路综合时，会使电路的规模和复杂性大大增加。尤其是在 others 语句之前许多可能的 '0' '1' 状态并未列出，而它们又可能是任意值时。在目前的 VHDL 标准中还没有能对输入任意项进行处理的方法，因此，对有大量未列出可能出现的选择情况时，最好采用 if 语句进行准确描述。

如果 case 语句 when 后的输入值在某一个连续范围内，其对应的输出值又相同，可在 when 后面用 to 来表示一个离散的取值范围。例如对自然数取值范围为 1～9，则可表示为

when 1 to 9=>……

由于 case 条件判断语句中的语句是并发同时执行而不是顺序执行的，故将 when 语句出现的先后次序颠倒不会发生错误。但在 if 语句中，由于有执行的先后顺序，颠倒判别条件的次序往往会使综合的逻辑电路功能发生变化。

## 6. LOOP 循环语句

LOOP 循环语句可使程序进行有规则的循环，循环次数受迭代算法控制。

（1）for-loop 循环语句

for-loop 循环语句的书写格式如下：

```
［标号］: for 循环变量 in 离散范围 loop
            顺序处理语句;
         end loop ［标号］;
```

for-loop 语句中的循环变量的值在每次循环中都将发生变化，而 in 后跟的离散范围则表示循环变量在循环过程中依次取值的范围，只能是离散的正整数。方括号中的标号是可选择的，不是必需的。

【例 3-23】　对 8 位字节进行奇偶校验的电路描述。

```
library IEEE;                                --声明使用库 IEEE
use IEEE.std_logic_1164. all;                --声明使用 std_logic_1164 包
entity parity_check is                       --声明实体名为 parity_check
    Port ( inda: in std_logic_vector(7 downto 0);  --声明 inda 为 8 输入矢量
    outo, oute: out std_logic);              --声明 outo、oute 为标准逻辑型输出
end parity_check;                            --结束对实体 parity_check 端口的描述
architecture rtl of parity_check is          --声明结构体名字为 rtl
    signal oeck: std_logic;                  --奇偶检测结果 oeck 为标准逻辑型信号
begin                                        --声明结构体开始
    process(inda)                            --声明进程的敏感量为 inda
        variable tmp: std_logic;             --声明变量 tmp 为 std_logic 型
```

```
    begin                                        --声明进程开始
        tmp:= '0';                               --对 tmp 清零
        for i in 0 to 7 loop                     --设置循环变量和置循取值范围
            tmp: =tmp xor inda(i);               --进行 8 次循环逐位异或，检测奇偶
        end loop;                                --结束循环
        oeck<=tmp;                               --将变量值带出进程传递给输出信号
    end process;                                 --结束对进程的描述
    process(oeck)                                --声明进程的敏感量为 oeck
    begin                                        --声明进程开始
        if oeck= '0'   then                      --如果奇偶检测结果为奇数个 1
            outo<= '1'; oute<= '0';              --奇数标志 outo 为 1, 偶数标志 oute 为 0
        else                                     --如果奇偶检测结果为偶数个 1
            outo<= '0'; oute<= '1';              --奇数标志 outo 为 0, 偶数标志 oute 为 1
        end if;                                  --结果 if 双条件判断语句
    end process;                                 --结束对进程的描述
end rtl;                                         --结束对结构体 rtl 的描述
```

运行上面程序所生成的电路如图 3-7 所示，图 3-7a 为所生成的上层模块电路，图 3-7b 为所生成的低层电路。该例第一个进程中的 i 是循环变量，它的可取值为 0、1、2…、7 共 8 个值，进行 8 个位的异或，以检查是偶数个 0、1 还是奇数个 0、1。在 for-loop 语句中，i 无论在信号声明还是变量声明中都未提到，它是一个整数型的局部循环变量，在整个程序中不能对 i 的数据类型进行显式的声明。本例中的 tmp 是变量，它只能在进程内部声明，不能在结构体中声明。如果要将变量 tmp 的值输出到进程外部，就必须将它传送给信号量或端口引脚，因为它们是全局的，可以将值带出进程。第一个进程就是将变量传送给奇偶检测结果 oeck。本例第二个进程根据奇偶检测结果设置输出信号，当结果为 1 时表明有奇数个 1，奇数标志输出信号 outo 为 1，偶数标志输出信号为 0，反之，奇数标志输出信号 outo 为 0，偶数标志输出信号 oute 为 1。这样可将 8 位数据加上奇数标志 outo 或偶数标志 oute 得到 9 位数据。当将这 9 位数据传输到接收方时，如果发生了奇偶变化，表明传输过程中有错误发生，从而起到简单的数据传输正确与否的检测作用。

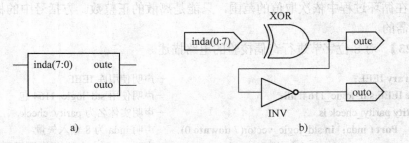

图 3-7　例 3-23 生成奇偶检验电路

（2）while-loop 循环语句

while-loop 循环语句的书写格式如下：

[标号]：**while** 条件 **loop**
　　　　顺序处理语句；

　　　　　　　end loop［标号］；

　　在 while-loop 语句的执行过程中，在每次循环前先要对条件进行判断，如果条件为真，则进行循环；如果条件为假，则结束循环。

【例 3-24】　用 while-loop 循环语句描述例 3-23 中的奇偶校验电路。

　　将上例中第一个进程修改为下面的进程，其他部分不变。

```
process(inda)                        --声明进程的敏感量为 inda
  variable tmp:   std_logic;         --声明变量 tmp 为 std_logic 型
  variable    i:  integer;           --声明循环次数变量 i 为整型
begin                                --声明进程开始
  tmp: = '0';                        --对 tmp 清零
  i: =0;                             --对 i 清零
  while (i<8) loop                   --设置循环条件
    tmp: =tmp xor inda(i);           --进行 8 次循环逐位异或，检测奇偶
    i: =i+1;                         --修改循环变量 i, i=i+1
  end loop;                          --结束循环
  oeck<=tmp;                         --将变量值带出进程传递给输出信号 oeck
end process;                         --结束对进程的描述
```

　　运行上面程序所生成的电路与图 3-7 相同。本例中利用了 i<8 的条件使程序结束循环，而循环控制变量 i 的递增是通过语句 i：=i+1 来实现的，不是系统自动完成的。虽然 for_loop 语句和 While_loop 语句都可以用来进行逻辑综合，但是一般不太采用 While_loop 语句来进行 RTL 描述。

　　（3）loop 循环语句

　　这种 loop 循环更像是 While_loop 的简化形式，它去掉了 While 条件。为了退出循环，采用了 exit when 条件句，当条件满足退出循环，执行 end loop 以后的语句。

　　loop 循环语句的书写格式如下：

　　　　［标号］: **loop**
　　　　　　　　　顺序处理语句；
　　　　　　　**end loop**［标号］；

【例 3-25】　用 loop 语句描述例 3-24 的奇偶校验电路。

　　将上例中的循环部分修改为下面的语句，其他部分不变。运行程序所生成的电路与图 3-7 相同。loop 语句进行循环不仅要自己修改循环变量 i，还要用 **exit** 语句自己设置循环的退出机制，因此这种循环语句使用较少。

```
loop                                 --声明循环开始
  tmp: =tmp xor inda(i);             --进行 8 次循环逐位异或，检测奇偶
  i: =i+1;                           --修改循环变量 i
  exit   when (i=8);                 --检测是否满足循环 8 次的条件，满足则退出循环
end loop;                            --结束循环
```

**7. Next 跳出语句**

　　在 loop 语句中，每次从循环的第一条语句开始执行，直到最后一条语句，然后重复。

在有的应用中可能只需要执行循环中的部分语句然后跳出本次循环开始下一次循环，这时就可使用 next 跳出语句。next 跳出语句的书写格式如下：

next［标号］[When 条件]；

next 跳出语句后面的方括号中的内容是可选的。当程序执行 next 跳出语句时，将停止本次循环，而转入下一次新的循环。next 跳出语句后跟的"标号"表明下一次循环的起始位置，而"When 条件"则表明 next 语句执行的条件，即满足条件便跳出本次循环转入下一次新的循环，不满足条件则不能结束本次循环而要继续执行后面的语句。如果 next 跳出语句后面既无"标号"也无"When 条件"说明，那么只要执行到该语句就立即无条件地跳出本次循环，从 loop 语句的起始位置进入下一次循环。

【例3-26】　利用 next 跳出语句将 8 位输入总线设置到全部为高电平后输出。

```
library IEEE;                                    --声明使用库 IEEE
use IEEE.std_logic_1164. all;                    --声明使用 std_logic_1164 包
entity ex3_26 is                                 --声明实体名为 ex3_26
    Port ( inda:  in std_logic_vector(7 downto 0);   --声明 inda 为 8 位输入矢量
                y:  out std_logic_vector(7 downto 0));  --声明 y 为 8 位输出矢量
end ex3_26;                                      --结束对实体 ex3_26 端口的描述
architecture rtl of ex3_26 is                    --声明结构体名字为 rtl
begin                                            --声明结构体开始
    process(inda)                                --声明进程的敏感量为 inda
        constant max_limit:  integer:  =7;       --声明常量 max_limit 为整型
    begin                                        --声明进程开始
      for i in 0 to max_limit loop               --设置循环变量 i 和置循取值范围为 7
        if (inda(i)='1') then                    --如果输入的某一位为高电平
            next;                                --不对该位进行处理
        else                                     --如果输入的某一位不为高电平
            y(i)<= '1';                          --将该位置为高电平
        end if;                                  --结果 if 双条件判断语句
      end loop;                                  --结束 for 循环
    end process;                                 --结束对进程的描述
end rtl;                                         --结束对结构体 rtl 的描述
```

### 8．exit 退出语句

exit 退出语句的书写格式如下：

exit［标号］[When 条件]；

exit 退出语句也是 loop 语句中使用的循环控制语句，与 next 跳出语句不同的是，执行 exit 退出语句时，如果 exit 语句后面没有跟"标号"和"When 条件"，则程序执行到该语句时就无条件地结束 loop 语句的循环状态，而去执行 loop 语句后面的语句。如果 exit 语句后面跟有"标号"，程序将跳至标号所说明的语句。如果 exit 语句后面跟有"When 条件"，当程序执行到该语句时，只有所说明的条件为真时，才跳出 loop 循环语句。如果有标号说明，下一条要执行的语句将是该标号说明的语句，若无标号说明，下一条要执行的语句是循环体外的下一条语句。exit 语句是一条很有用的语句，当程序需要处理保护、出错和警告状态时，exit 退出语句能提供一个快捷方便退出 loop 循环的方法。前面的例 3-25 中介绍了 exit 语句的使用方法。

**【例 3-27】** 比较两个数据，若前一个数大于后一个数，返回一个真值输出。

```
library IEEE;                                     --声明使用库 IEEE
use IEEE.std_logic_1164. all;                     --声明使用 std_logic_1164 包
entity compare is                                 --声明实体名为 compare
  Port(ina，inb: in std_logic_vector(1 downto 0); --ina、inb 为 2 位矢量
                 y: out boolean);                 --声明 y 为布尔型输出
end compare;                                      --结束对实体 compare 端口的描述
architecture rtl of compare is                    --声明结构体名字为 rtl
begin                                             --声明结构体开始
  process(ina，inb)                               --声明进程的敏感量为 ina、inb
  begin                                           --声明进程开始
    for i in 1 downto 0 loop                      --设置循环变量 i，循环取值范围为 2
    if (ina(i)= '1'  and inb(i)= '0') then        --如果 ina(1)>inb(1)
      y<=true;                                    --则 ina>inb，输出为真
      exit;                                       --完成比较，退出循环
    elsif (ina(i)= '0'  and inb(i)= '1') then     --否则如果 ina(1)<inb(1)
      y<=false;                                   --则 ina<inb，输出为假
      exit;                                       --完成比较，退出循环
    else                                          --否则
      null;                                       --空操作
    end if; ;                                     --结束 if 多条件判断语句
    end loop;                                     --结束 for 循环
  end process;                                    --结束对进程的描述
end rtl;                                          --结束对结构体 rtl 的描述
```

其中的 null 为空操作语句，是为了满足 else 的转换。此程序先比较高位，然后比较低位，未对两数相等的情况进行比较。运行上面程序所生成的电路如图 3-8 所示，图 3-8a 为所生成的低层电路，图 3-8b 为所生成的上层模块电路。

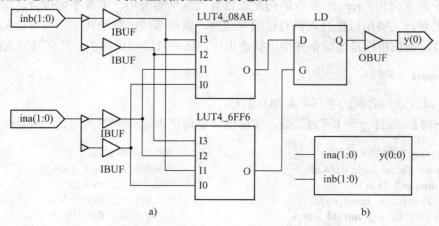

图 3-8　例 3-27 生成奇偶检验电路

### 9．assert 断言语句

assert 断言语句的书写格式如下：

> **assert** 条件
> [**report** 输出信息]
> [**severity** 级别]；

在 report 后面跟的是设计者所写的文字串，通常是说明错误的原因，文字串应用双引号括起来。severity 后面跟的是错误严重程度的级别。在 VHDL 中，错误严重的程度分为 4 级：注意（note）、警告（warning）、出错（error）、失败（failure）。在系统仿真中，可以用这 4 种状态来提示系统当前的工作情况。例如：

> **assert**（alarm='1'）
> **report** "something is wrong"
> **severity** error；

该断言语句的条件是信号量 alarm='1'，如果执行到该语句时，信号量 alarm= '0'，说明条件不满足，就会输出 report 后跟的文字串。该文字串说明出现了某种错误，severity 后跟的错误级别告诉操作人员，其出错级别为 error。

assert 断言语句用于检查一个布尔表达式为真或假的情况，如果判断为真，表示一切正常，则跳过 assert 后面方括号中的子句，任何事都不做。如果布尔值为假，则断言语句将输出 **report** 子句后的字符串到标准输出显示终端，由 **severity** 子句根据出错错误情况指出错误级别。assert 断言语句对错误的判断给出错误报告和错误等级，这都是由设计者在编写 VHDL 程序时预先安排的，VHDL 不会自动生成这些错误信息。该语句主要用于程序仿真、调试中的人机对话。断言语句属于不可综合语句，综合中被忽略而不会生成逻辑电路，只用于监测某些电路模型是否正常工作等。

放在进程内的断言语句叫顺序断言语句，放在进程外的断言语句叫并行断言语句。顺序断言语句和其他语句一样在进程内按顺序执行。断言语句为程序的仿真和调试带来方便。

### 10．report 报告语句

类似于断言语句，report 报告语句是报告有关信息的语句，本身不可综合，即在综合中不能生成电路，主要用以提高人机对话的可读性，监视某些电路的状态。报告语句本身虽不带任何条件，但需根据描述的条件给出状态报告，比断言语句更简单。其书写格式如下：

> **report** 字符串；

report 报告语句后面的字符串要加双引号。

【例 3-28】 设计一个 RS 触发器，使用报告语句说明 s、r 同时为 '1' 的情况。

```vhdl
library IEEE;                           --声明使用库 IEEE
use IEEE.std_logic_1164.all;            --声明使用 std_logic_1164 包
entity ex3_28 is                        --声明实体名为 ex3_28
    Port (r, s: in std_logic;           --r、s 为标准逻辑型输入
          q, nq: out std_logic);        --q、nq 为标准逻辑型输出
end ex3_28;                             --结束对实体 ex3_28 端口的描述
```

```
architecture rtl of ex3_27 is          --声明结构体名字为 rtl
    constant aa：std_logic：= '1'；     --声明 aa 为标准逻辑型常数初值为 '1'
begin                                   --声明结构体开始
    process(r，s)                       --声明进程的敏感量为 r、s
        variable d：std_logic；          --声明中间变量 d 为标准逻辑型
    begin                               --声明进程开始
        if r= '1'  and s= '1'  then     --判断如果 r、s 是否同时为 '1'
            report "both r and s is  '1'"；  --控制台窗口输出 "both r and s is '1'"
        elsif r= '0'  and s= '0'  then  --判断 s，r 是否同时为 '0'
            report "both r and s is  '0'"；  --控制台窗口输出 "both r and s is '1'"
        elsif r= '1'  and s= '0'  then  --判断 r 为 '1'，s 为 '0'
            d：= '0'；                    --变量 d 被赋 '0'
        elsif r= '0'  and s= '1'  then  --判断如果 r 为 '0'，s 为 '1'
            d：= '1'；                    --变量 d 被赋 '1'
        end if；                         --结束 if 多条件判断语句
        q<=d； nq<=not d；               --为 RS 触发器输出赋值
    end process；                        --结束对进程的描述
    assert(aa= '1')                     --说明断言语句的执行条件
        report "something is wrong"     --报告输出提示语句
        severity error；                 --报告输出出错等级
end rtl；                                --结束对结构体 rtl 的描述
```

上述程序中定义 aa 常数时，设置 aa= '1'，而判断语句为 assert(aa= '1')，aa 的判断值与所设置的都为 '1'，在程序调试时为真，不会显示错误。但如果修改 assert(aa= '0')，则会在控制台（console）窗口显示 assert 断言语句指出的错误，如图 3-9a 所示。图 3-9a 还显示了 r、s 同时为 '1'、'0' 时的报告情况。在 ISE 软件下运行仿真程序得到如图 3-9b 所示界面，r、s 同时为 '1' 时，在控制台窗口中显示 both r and s is  '1'，并指出了发生这种情况的时间，分为在200ns、600ns、800ns、1000ns 处。显示 both r and s is '0'，分为在 385ns、500ns 处。

a)

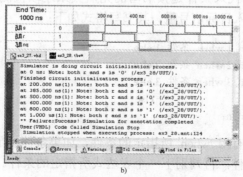

b)

图 3-9　例 3-28 输出的提示报告

a) assert 断言语句判断有错时输出提示　b) 仿真时 report 报告语句的输出提示

### 3.2.2 并发描述语句

在 VHDL 中可以进行并发处理的语句有：并发代入语句、进程语句、块语句、并发过程调用语句、元件例化语句、生成语句、并发断言语句。这些语句都出现在结构体中，并在结构体中同时被硬件电路执行，与它们在程序书写中出现的先后次序无关。本节只讨论并发代入语句的使用方法，并发断言语句前面已经做了介绍，其他语句将在第 4 章中介绍。

并发信号代入（concurrent signal assignment）语句有三种形式：简单信号代入语句、条件信号代入语句、选择信号代入语句。

#### 1. 简单信号代入语句

简单信号代入语句的格式如下：

目标信号<=敏感信号量表达式;

当代入符 "<=" 右边的信号值发生任何变化时，代入操作就会立即执行，新的值将代入 "<=" 符号左边的目标信号。一个并发信号代入语句实际上是一个进程的缩写。例如 y<=a; 实际上等效于：

| | |
|---|---|
| **process**（a） | --声明进程的敏感量为 a |
| **begin** | --声明进程开始 |
|   y<=a; | --如果敏感量信号 a 发生变化，则将其赋给 y |
| **end process**; | --结束对进程的描述 |

并发信号代入语句与顺序执行语句中的信号代入语句的作用和格式是完全相同的，说明代入语句既可以作为并发也可作为顺序执行语句来使用。若代入语句在进程中，它是以顺序语句形式出现，而若代入语句在结构体中，它则以并发语句形式出现。代入语句可以完成加法器、乘法器、除法器、比较器及各种逻辑电路的功能。因此，在代入符 "<=" 右边，可以用算术运算表达式，也可以用逻辑运算表达式，还可以用关系操作表达式来表示。

#### 2. 条件信号代入语句

条件信号代入（conditional signal assignment）语句可以根据不同条件将多个不同的表达式之一的值代入目标信号。条件信号代入语句实现的功能类似于进程中的 if 语句，在执行条件信号代入语句时，每个代入条件是按书写的先后关系逐项检测的，一旦发现代入条件为真，立即将表达式的值代入目标信号量。其书写格式如下：

目标信号<=表达式 1 **when** 条件 1 **else**
          表达式 2 **when** 条件 2 **else**
          表达式 3 **when** 条件 3 **else**
                ⋮            **else**
          表达式 n;

在每个表达式后面跟有用 when 所指定的条件，如果条件满足，则该表达式的值被代入目标信号；如果不满足条件，再判别下一个表达式所指定的条件。最后一个表达式后面可以不跟条件，这表示在上述表达式所指明的条件都不满足时，则将该表达式的值代入目标信号量。

【例 3-29】 用条件代入语句描述例 3-21 中的从四路输入中选择其中一路输出的电路。

```
architecture rtl of mux4 is              --声明结构体名字为 rtl
begin                                     --声明结构体开始
    y<=in_a(0) when sel= "00"  else      --如果满足条件 sel= "00"  输出 in_a(0)
       in_a(1) when sel= "01"  else      --否则如果满足条件 sel= "01" 输出 in_a(1)
       in_a(2) when sel= "10"  else      --否则如果满足条件 sel= "10" 输出 in_a(2)
       in_a(3) when sel= "11"  else      --否则如果满足条件 sel= "11" 输出 in_a(3)
       'X';                              --如果上述条件都不满足输出 'X'
end rtl;                                  --结束对结构体 rtl 的描述
```

执行上述程序所得电路与图 3-6 完全相同。

**3. 选择信号代入语句**

选择信号代入（selective signal assignment）语句类似于顺序处理语句中的 case 语句。选择信号代入语句先对 with 选择表达式进行测试，然后选择满足该测试值的 when 所在行的表达式的值赋给目标信号。其书写格式如下：

```
with  选择表达式 select
      目标信号<=表达式 1 when  选择值 1,
             表达式 2 when  选择值 2,
                 ⋮
             表达式 n when  选择值 n,
             表达式   when others;
```

每当选择信号代入语句中 with 后面的选择表达式的值发生变化，就启动此语句对 when 后面的选择值进行测试对比，当发现有满足条件的子句时，就将此子句表达式中的值代入目标信号量。由于这种测试类似于 case 语句是并行执行的，因此 when 后面的选择值不允许有条件重叠的现象，也不允许存在条件涵盖不全的情况。

【例 3-30】 用选择信号代入语句描述例 3-21 的四选一电路。

```
architecture rtl of mux4 is              --声明结构体名字为 rtl
begin                                     --声明结构体开始
    with sel select
        y<=in_a(0) when  "00"  ,         --如果满足条件 sel= "00" 输出 in_a(0)
           in_a(1) when  "01"  ,         --如果满足条件 sel= "01" 输出 in_a(1)
           in_a(2) when  "10"  ,         --如果满足条件 sel= "10" 输出 in_a(2)
           in_a(3) when  "11"  ,         --如果满足条件 sel= "11" 输出 in_a(3)
           'X'      when others;          --如果上述条件都不满足输出 'X'
end rtl;                                  --结束对结构体 rtl 的描述
```

执行上述程序所得电路与图 3-6 完全相同。当被选择的信号 sel 发生变化时，该语句就会自动执行。因此选择信号代入语句可以在进程外实现 case 语句在进程内实现的功能。

前面用 if 语句、case 语句、条件代入语句和选择信号代入语句对四选一电路分别进行了描述并产生了相同的电路。可以看出要实现相同的电路功能，采用 VHDL 的描述方法是很灵活的。需要注意的是，if 语句和 case 语句只能在进程中使用，而条件代入语句和选择信号代入语句只能在结构体内使用，不能在进程中使用。另外，条件代入语句不能进行嵌套，不能生成锁存电路。用条件代入语句和选择信号代入语句所描述的电路，与逻辑电路的工作情况比较贴近，这样就要求设计者具有较多的硬件电路知识。一般来说，只有当用进程语句中的 if 语句和 case 语句难于描述时，才使用条件信号代入语句或选择信号代入语句。

## 3.3  VHDL 的属性描述

属性（attribute）指对象、实体、结构体等的声明中所伴随的一些附加隐含信息，通过属性描述可以使这些信息显式地表达出来，从而得到设计者感兴趣的数据，使对程序的设计更加简明扼要。大部分属性不能进行综合，因此不能生成实际的电路并获得相应的功能，属性主要用于从 VHDL 到逻辑综合及 ASIC 的设计工具、动态解析工具的数据的过渡。

在 VHDL 中，可以具有属性的项目包括：类型、子类型；过程、函数；信号、变量、常量；实体、结构体、配置、程序包等。属性是上述各类项目的特征，某项目的某一特定属性可以具有一个值，如果它确实具有一个值，那么该值就可以通过属性加以访问。属性的书写格式如下：

> 项目名'属性标识符

属性的值与对象的值完全不同，在任一给定的时刻，一个对象只能具有一个值，但可以具有多个属性。VHDL 向用户提供有预定义的属性。

### 3.3.1  数值类属性

数值类属性用来得到数组、块或一般数据的有关值。

#### 1. 一般数据的数值属性

一般数据的数值属性有以下 4 种：

① datatype'left  获得数据类或子类区间的最左端的值；
② datatype'right  获得数据类或子类区间的最右端的值；
③ datatype'high  获得数据类或子类区间的最高端的值；
④ datatype'low  获得数据类或子类区间的最低端的值。

其中 datatype 表示一般数据类或子类的名称，符号"'"后面是属性名。下面举例说明它们的应用。

【例 3-31】  一般数据的数值属性的提取。

```
library IEEE;                                      --声明使用库 IEEE
use IEEE.std_logic_1164.all;                       --声明使用 std_logic_1164 包
use IEEE.std_logic_arith.all;                      --使用 arith 包中的转换函数
entity ex3_31 is                                   --声明实体名为 ex3_31
    Port (clr:   in   std_logic;                    --声明 clr 为标准逻辑型输入
    atr1，atr2，atr3，atr4: out std_logic_vector(3 downto 0);   --输出为 4 位
    atr5，atr6，atr7，atr8: out std_logic_vector(3 downto 0));  --输出为 4 位
```

```
        end ex3_31;                                           --结束对实体 ex3_31 端口的描述
        architecture rtl of ex3_31 is                         --声明结构体名字为 rtl
        begin                                                 --声明结构体开始
            process(clr)                                      --声明进程的敏感量为 clr
                subtype bit_range is integer range 9 downto 1;      --声明子类型为整型 9～1
                type tim is (sec，min，hous，day，month，year);        --声明 tim 为枚举型
                subtype reverse_tim is tim range month downto sec;  --声明枚举型
            begin                                             --声明进程开始
            if clr='0'  then                                  --判断如果 clr 为低，对各输出引脚复位
            atr1<="0000";  atr2<="0000";  atr3<="0000";  atr4<="0000";
            atr5<="0000";  atr6<="0000";  atr7<="0000";  atr8<="0000";
            else                                              --否则 clr 为高电平时，执行下面赋值
                atr1<=conv_std_logic_vector(tim' pos(sec), 4);         --atr1=0
                atr2<=conv_std_logic_vector(tim' pos(year), 4);        --atr2=5
                atr3<=conv_std_logic_vector(reverse_tim' pos(month), 4);  --atr3=4
                atr4<=conv_std_logic_vector(reverse_tim' pos(min), 4);    --atr4=1
                atr5<=conv_std_logic_vector(bit_range' left, 4);       --atr5=9
                atr6<=conv_std_logic_vector(bit_range' right, 4);      --atr6=1
                atr7<=conv_std_logic_vector(bit_range' high, 4);       --atr7=9
                atr8<=conv_std_logic_vector(bit_range' low, 4);        --atr8=1
            end if;                                           --结束对条件判断语句的描述
            end process;                                      --结束对进程的描述
        end rtl;                                              --结束对结构体 rtl 的描述
```

为了能将数据的数值属性值直观地表示出来，上面程序将提取到的属性值通过
std_logic_arith 包中的类型转换函数转换为标准逻辑矢量并赋给输出引脚，以便通过软件仿真观察引脚的数值，从而直观地获得各个属性值。运行上述程序，得仿真波形如图 3-10 所示，结果与分析一致。

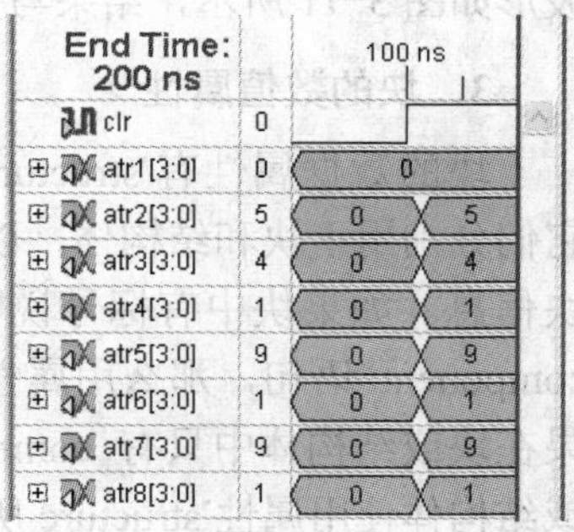

需要说明的是，属性为'high 和'low 实际上表示的是数据类型的位置序号值的大小，对于整数和实数来说，数值的位置序号与数据本身的值相等，而对于枚举类型的数据来说，在说明中较早出现的数据，其位置序号值低于较后说明的数据。例如本例中 sec 的位置序号为 0，因为它最先在类型说明中说明；同样，min 位置序号为 1，hous 为 2 等。这样，位置序号大的，其属性为'high；而位置序号小的，其属性为'low。

图 3-10　例 3-31 输出的仿真波形

### 2．数组的数值属性

数组的数值属性只有一个，即'length。在给定数组类型后，用该属性将得到一个数组的长度值，该属性可用于任何标量类数组和多维的标量类区间的数组。

【例 3-32】　利用数组的数值属性提取数组的长度值。

```
        library IEEE;                                         --声明使用库 IEEE
        use IEEE.std_logic_1164.all;                          --声明使用 std_logic_1164 包
```

```
use IEEE.std_logic_arith.all;                           --使用 arith 包中的转换函数
entity ex3_32 is                                        --声明实体名为 ex3_32
   Port ( clr: in std_logic;                            --clr 为标准逻辑型输入
      atrlngth8, atrlngth24: out std_logic_vector(4 downto 0));      --输出属性值
end ex3_32;                                             --结束对实体 ex3_32 端口的描述
architecture rtl of ex3_32 is                           --声明结构体名字为 rtl
begin                                                   --声明结构体开始
   process(clr)                                         --声明进程的敏感量为 clr
      type bit8 is array (0 to 7) of std_logic;         --声明类型 bit8 为 8 位数组
      type bit_24 is array (8 to 31) of std_logic;      --声明类型为 24 位数组
   begin                                                --声明进程开始
      if clr= '0'   then                               --判断如果 clr 为低, 对各输出引脚复位
         atrlngth8<= "00000";
         atrlngth24<= "00000";
      else                                              --否则 clr=1 时, 执行下面赋值
         atrlngth8<=conv_std_logic_vector(bit8' length, 5);    --atrlngth8=8
         atrlngth24<=conv_std_logic_vector(bit_24' length, 5); --atrlngth24=24
      end if;                                           --结束对条件判断语句的描述
   end process;                                         --结束对进程的描述
end rtl;                                                --结束对结构体 rtl 的描述
```

上面程序将提取到的属性值进行类型转换, 得到标准逻辑矢量并赋给输出引脚, 从而可从软件仿真波形中通过观察引脚的数值来直观获得对各个数组的数值属性值。运行上述程序, 得仿真波形如图 3-11 所示, 结果与分析一致。

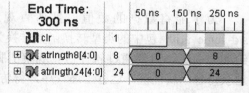

图 3-11   例 3-32 输出的仿真波形

### 3. 块的数值属性

块的数据属性有'structure 和'behavior 两种, 它们分别用于块和结构体, 以得到块和结构体的模块信息。如果块中有标号说明, 或者结构体有结构体名说明, 而且在块和结构体中不存在 component 语句, 那么用属性'behavior 将得到该块或结构体的属性值为 "true" 的信息; 如果在块或结构体中只有 component 语句或被动进程 (没有赋值语句的进程), 那么用对该块或结构体使用属性'structure 所得到的返回值将为 "true"。

例如, 对例 3-32 可以得到如下所描述的信息:

```
rtl'behavior              --得到"真"
behav'structure           --得到"假"
```

因为例 3-32 中有结构体说明, 而且不存在 component 语句, 故用属性'behavior 将得到 "true" 的信息; 同样, 例 3-32 中没有 component 语句或被动进程, 故用属性'structure 将得到 "false" 的信息。

属性'structure 和'behavior 可用来验证所说明的块或结构体是用结构描述方式来描述的模块还是用行为描述方式来描述的模块。

## 3.3.2 函数类属性

函数类属性指属性以函数的形式，让设计人员得到有关数据类型、数组、信号的某些信息。当函数类属性以表达式形式使用时，首先应指定一个输入的自变量，函数调用后将得到一个返回值。该返回值可能是枚举数据的位置序号，也可能是信号有某种变化的指示，还可以是数组区间中的某一个值。

函数类属性包括：数据类型属性函数、数组属性函数和信号属性函数。

### 1. 数据类型属性函数

用数据类型属性函数可以得到有关数据类型的各种信息。例如，给出某类数据值的位置，则可利用位置函数就可得到该位置的数据。此外，利用其他相应属性还可以得到某些数据的左邻值和右邻值等。该类属性函数及功能如下：

① datatype'pos（a）　　　　得到输入 a 数据的位置序号；
② datatype'val（n）　　　　得到输入位置序号 n 的数据；
③ datatype'succ（a）　　　　得到输入 a 数据的下一个数据；
④ datatype'pred（a）　　　　得到输入 a 数据的前一个数据；
⑤ datatype'leftof（a）　　　　得到邻接输入 a 数据左边的数据；
⑥ datatype'rightof（a）　　　　得到邻接输入 a 数据右边的数据。

【例 3-33】 利用数据类型属性函数提取属性值。

```
library IEEE;                                --声明使用库 IEEE
use IEEE.std_logic_1164.all;                 --声明使用 std_logic_1164 包
entity ex3_33 is                             --声明实体名为 ex3_33
  Port ( clr： in std_logic;                  --声明端口信号 clr 为标准逻辑型输入
    atr9, atr10： out  std_logic);            --输出端口引脚 atr9、atr10 为逻辑型
end ex3_33;                                   --结束对实体 ex3_33 端口的描述
architecture rtl of ex3_33 is                --声明结构体名字为 rtl
begin                                         --声明结构体开始
  process(clr)                                --声明进程的敏感量为 clr
    type tim is (sec，min，hous，day，month，year);   --声明 tim 为枚举型
      --(sec(位置序号为 0)，min(1)，hous(2)，day(3)，month(4)，year(5))
    subtype re_tim is tim range month downto sec;    --声明 re_tim 为枚举型
                --(month(位置序号为 4)，day(3)，hous(2)，min(1)，sec(0))
  begin                                       --声明进程开始
    if clr= '0'  then                         --判断如果 clr=0，则对各输出引脚复位
      atr9 <= '0'；   atr10<= '0'；
    else                                      --否则 clr=1 时，则执行下面语句
      if tim'pos(year)=5 and                  --如果 year 的位置序号为 5，并且
        tim'val(0)=sec   and                  --如果位置序号为 0 的元素是 sec，并且
        tim'succ(hous)=day and                --如果 hous 后面一个元素为 day，并且
        tim'pred(day)=hous and                --如果 day 前面一个元素为 hous，并且
        tim'leftof(min)=sec and               --如果 min 左边一个元素是 sec，并且
        tim'rightof(month)=year then          --如果 month 右边元素是 year，那么
        atr9<= '1'；                           --属性提取全正确，输出引脚 atr9 为高
```

```
        else                                    ──否则
          atr9<= '0';                           ──属性提取不正确, 输出引脚 atr9 为低
        end if;                                 ──结束对内层嵌套条件判断语句的描述
        if re_tim'pos(min)=1 and                ──如果 min 的位置序号为 1, 并且
            re_tim'val(2)=hous and              ──如果位置序号 2 的数据是 hous, 并且
            re_tim'succ(day)=month and          ──如果 day 下一个元素为 month, 并且
            re_tim'pred(month)=day and          ──如果 month 前边一个元素为 day, 并且
            re_tim'leftof(day)=month and        ──如果 day 左边一个元素为 month, 并且
            re_tim'rightof(min)=sec    then     ──如果 min 右边一个元素是 sec, 那么
            atr10<= '1';                        ──属性提取全正确, 输出引脚 atr10 为高
        else                                    ──否则
            atr10<= '0';                        ──属性提取不正确, 输出引脚 atr10 为低
        end if;                                 ──结束对内层嵌套条件判断语句的描述
      end if;                                   ──结束对外层条件判断语句的描述
    end process;                                ──结束对进程的描述
  end rtl;                                      ──结束对结构体 rtl 的描述
```

　　运行程序并进行仿真, 所得输入/输出波形如图 3-12 所示。为了直观地表达对数据类型定义中的元素和位置的属性提取的正确性, 本例采用两层 if 条件判断语句, 并在内层 if 条件判断语句中采用多个条件并列, 只有每个条件都成立, 即每个属性值的提取都正确, atr9、atr10 才能输出高电平, 这样 atr9、atr10 的高电平间接反映了属性提取的正确性。re_tim'succ(day)和 re_tim'pred(month)是根据 tim 类型中分配的位置序号大小进行判断的。这样, day (位置序号为 3) 下一个元素为

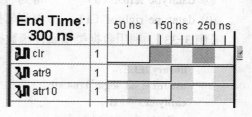

图 3-12　例 3-33 的仿真波形

month (位置序号为 4), 而不是 re_tim 类型中的 day 右边的下一个元素为 hous (位置序号为 2)。

　　由本例可知, 对于递增区间来说, 有下面的等式:

　　'succ (x) ='rightof (x), 如上例中的 tim'succ(hous)=tim'rightof(hous)=day;
　　'pred (x) ='leftof (x), 如上例中的 tim'pred (hous)=tim'leftof (hous)=min;

　　对于递减区间来说, 有下面的等式:

　　'succ (x) ='leftof (x); 如上例中的 tim'succ(hous)=tim'leftof (hous)=day;
　　'pred (x) ='rightof (x); 如上例中的 re_tim'pred (hous)=re_tim'rightof(hous)=min;

　　如果一个枚举类型数据的极限值被传递给属性'succ (x) 或'pred (x) 将引起错误, 如提取 tim'succ (year)、tim'pred (sec), 因为这将超出类型定义范围。

**2. 数组属性函数**

数组函数可用来获取数组的区间范围值, 该类属性函数及功能如下:

① array'left (n)　　　得到索引号为 n 的区间的数组左端位置序号;
② array'right (n)　　　得到索引号为 n 的区间的数组右端位置序号;

③ array'high（n）　　　　　得到索引号为 n 的区间的数组高端位置序号；
④ array'low（n）　　　　　得到索引号为 n 的区间的数组低端位置序号。

其中 array 为数组名，n 指多维数组中所定义的多维区间的序号，当 n 省略时，就代表对一维区间进行操作。类似于数据类型属性函数，在递增区间和递减区间存在着相应的对应关系。

在递增区间，存在如下的对应关系：

array'left（n）=array'low（n）；　　array'right（n）= array'high（n）。

在递减区间，存在如下的对应关系：

array'left（n）= array'high（n）；array'right（n）= array'low（n）。

【例3-34】利用数组属性函数提取属性值。

```
library IEEE;                                        --声明使用库 IEEE
use IEEE.std_logic_1164.all;                         --声明使用 std_logic_1164 包
use IEEE.std_logic_arith.all;                        --声明使用 arith 包中的转换函数
entity ex3_34 is                                     --声明实体名为 ex3_34
    Port ( clr:  in std_logic;                       --引脚 clr 为标准逻辑型输入
        y_left，y_right，y_high，y_low: out std_logic_vector(2 downto 0));
end ex3_34;                                          --结束对实体 ex3_34 端口的描述
architecture rtl of ex3_34 is                        --声明结构体名字为 rtl
begin                                                --声明结构体开始
    process(clr)                                     --声明进程的敏感量为 clr
        variable byte：std_logic_vector(7 downto 0); --声明变量为 8 位矢量
    begin                                            --声明进程开始
        if clr = '0'  then                           --判断如果 clr=0，则对各输出引脚复位
            y_left<= "000"; y_right<= "000"; y_high<= "000"; y_low<= "000";
        else                                         --否则 clr=1 时，则执行下面语句
            y_left<=conv_std_logic_vector(byte'left, 3);    --y_left=7
            y_right<=conv_std_logic_vector(byte'right，3);   --y_right=0
            y_high<=conv_std_logic_vector(byte'high，3);     --y_high=7
            y_low<=conv_std_logic_vector(byte'low，3);       --y_low=0
        end if;                                      --结束对条件判断语句的描述
    end process；                                     --结束对进程的描述
end rtl;                                             --结束对结构体 rtl 的描述
```

运行程序并进行仿真，所得输入/输出波形如图 3-13 所示。本例中用数组属性函数提取到的变量 byte 的属性值为整数型，为了便于仿真波形显示属性值，采用了 std_logic_arith 包中的类型转换函数将整数型属性值转换为标准逻辑矢量然后赋给输出引脚。

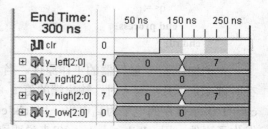

图 3-13　例 3-34 的仿真波形

### 3. 信号属性函数

信号属性函数用来得到信号的行为信息。如信号的值是否有变化、从最后一次变化到现在经过了多长时间、信号变化前的值为多少等。

该类属性函数及功能如下：

① signalname'event。如果名为 signalname 的信号在当前一个相当小的时间间隔内，事件发生了，则函数将返回一个为'真'的布尔型值，否则就返回'假'的布尔型值。

② signalname'active。如果名为 signalname 的信号在当前一个相当小的时间间隔内，信号发生了改变，则函数将返回一个为'真'的布尔型值，否则就返回'假'的布尔型值。

③ signalname'last_event。该属性函数将返回一个时间类型值，即名为 signalname 的信号从前一个事件发生到现在所经过的时间。

④ signalname'last_value。该属性函数将返回一个标准逻辑型值，即该值是名为 signalname 的信号最后一次改变以前的值。

⑤ signalname'last_active。该属性函数将返回一个时间类型值，即从信号前一次改变到现在的时间。

（1）属性'event 的使用方法

属性'event 通常用于确定时钟信号的边沿，可用它检查信号是否处于某一特殊值，以及信号是否刚好已发生变化。

【例3-35】 利用信号属性函数'event 和'last_value 描述 T 触发器在时钟上升沿翻转。

```
library IEEE;                                        --声明使用库 IEEE
use IEEE.std_logic_1164.all;                         --声明使用 std_logic_1164 包
entity ex3_35 is                                     --声明实体名为 ex3_35
  Port ( clr，reset：in std_logic；                  --声明 clr、reset 为标准逻辑型输入
                  q：out std_logi)；                 --声明 q 为标准逻辑型输出引脚
end ex3_35；                                          --结束对实体 ex3_35 端口的描述
architecture rtl of ex3_35 is                        --声明结构体名字为 rtl
begin                                                --声明结构体开始
  process(clr，reset)                                --声明进程的敏感量为 clr、reset
    variable t：std_logic；                          --声明变量 t 为标准逻辑型
  begin                                              --声明进程开始
    if reset='0' then                               --如果 reset 信号为低电平，则复位 t
      t：='0'；                                       --t 为低电平
    elsif (clk='1') and (clk'event) and (clk'last_value='0') then  --否则时钟上升沿到后，电平翻转
      t:=not t；
    end if；                                          --结束对条件判断语句的描述
      q<=t；                                          --将变量 t 的值赋给输出引脚
  end process；                                       --结束对进程的描述
end rtl；                                             --结束对结构体 rtl 的描述
```

本例描述了 T 触发器的工作原理。当 reset 信号为低电平时，对输出引脚 q 复位，否则在时钟 clk 上升沿到来时，输出端的值 q 就反向改变一次。为了检测时钟脉冲的上升沿，用 clk='1'表示现在的电平为高电平，用 clk'event 表示在 clk='1'前一个相当小的时间间隔内，发生了事件，用 clk'last_value='0'来说明刚才 clk 电平的变化前处于低电平'0'，这三条保证了 T 触发器在时钟脉冲由低电平变到高电平的瞬间，输出值 q 的状态翻转。

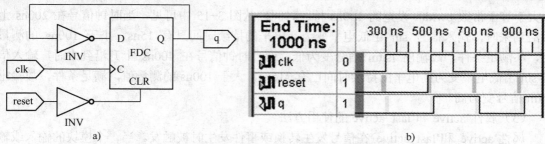

图 3-14　例 3-35 生成的 T 触发器和仿真波形

a) T 触发器电路　　b) T 触发器的仿真波形

（2）属性'last_event 的使用方法

属性 last_event 常用于检查方波信号的时间，如检查建立时间、保持时间和脉冲宽度等。

【例 3-36】　利用属性 last_event 检查脉冲持续时间。

```
library IEEE;                              --声明使用库 IEEE
use IEEE.std_logic_1164.all;              --声明使用 std_logic_1164 包
entity ex3_36 is                          --声明实体名为 ex3_36
   Port ( clr，sin： in std_logic;         --声明 clr、sin 为标准逻辑型输入
          lsttm： out std_logi);          --声明 q 为标准逻辑型输出引脚
end ex3_36;                               --结束对实体 ex3_36 端口的描述
architecture rtl of ex3_36 is             --声明结构体名字为 rtl
constant pwidth： time：=100ns;           --声明常数 pwidth 为 100ns
begin                                     --声明结构体开始
   process(clr，sin)                      --声明进程的敏感量为 clr、sin
   begin                                  --声明进程开始
      if (clk='1') and (clk'event) then   --判断如果时钟上升沿到达
         if (sin'last_event>=pwidth) then --判断如果输入信号 sin 上次变化到
                                          --现在的持续时间是否大于等于 100ns
         lsttm<= '1';                    --如果不大于等于 100ns，lsttm 输出高
         else                            --否则
         lsttm<= '0';                    --lsttm 输出低电平
         end if;                         --结束内层条件判断语句的描述
      end if;                            --结束外层条件判断语句的描述
   end process;                          --结束对进程的描述
end rtl;                                 --结束对结构体 rtl 的描述
```

运行程序得图 3-15 所示仿真波形。本例中，用（clk='1'）和（clk'event）确定时钟上升沿到达，用 sin'last_event>=pwidth 确定时钟上升沿到达之前输入信号 sin 变化的持续时间是

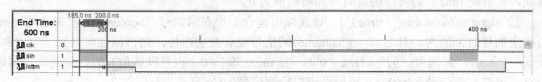

图 3-15　例 3-36 的仿真波形

否大于等于常数 pwidth 设定的 100ns 持续时间。从图 3-15 中可见，当时钟信号在 200ns 上升沿到来时，输入信号 sin 由低电平变为高电平的持续时间只有 15ns，小于 100ns 的测量值，不满足条件，故输出 lsttm 信号变为低。而当时钟信号在 400ns 上升沿到来时，输入信号 sin 由低电平变为高电平的持续时间已有 215ns，大于 100ns 的测量值，满足条件，故输出 lsttm 信号变为高。

（3）属性'active 和'last_active 的使用方法

属性'active 和'last_active 在信号发生转换或事件发生时被触发。当一个模块的输入或输入/输出端口发生某一事件时，'active 将返回一个'真'值，否则就会返回一个'假'值。属性'last_active 将返回一个时间值，这个时间值就是所加信号发生转换或发生某一个事件开始到当前时刻的时间间隔。这两个属性与'event 和'last_event 提供相类似的对事件发生行为的描述。

【例 3-37】 利用属性'active 和'last_active 检查脉冲持续时间。

```
process(clr，sin)                          --声明进程的敏感量为 clr、sin
  begin                                    --声明进程开始
    if (clk= '1' ) and (clk' active) then  --判断如果时钟上升沿到达
      if (sin'last_active>=pwidth) then    --判断如果输入信号 sin 上次变化到
                                           --现在的持续时间是否大于等于 100ns
        lsttm<= '1';                       --如果不大于等于 100ns，lsttm 输出高
      else                                 --否则
        lsttm<= '0';                       --lsttm 输出低电平
      end if;                              --结束对内层条件判断语句的描述
    end if;                                --结束对外层条件判断语句的描述
end process;                               --结束对进程的描述
```

运行程序所得仿真波形与图 3-15 完全相同。本例中，用（clk='1'）和（clk' active）确定时钟上升沿到达，用 sin'last_ active>=pwidth 确定时钟上升沿到达之前输入信号 sin 上次变化的持续时间是否大于等于常数 pwidth 设定的 100ns。例中'active 检测出当前一个相当小的时间间隔内信号发生了改变，这时执行对 sin 从上次变化到目前持续的时间的检测。

## 3.3.3 信号类属性

信号类属性返回在一指定时间范围内该信号是否已经稳定的信息和在信号上有无事项处理发生的信息，信号类属性也能建立信号的延迟形式。但它们不能用于子程序中，否则程序在编译时会出现编译错误信息。该类属性及功能如下：

① signalname'delayed[（time）]。建立一个与名为 signalname 的信号名同样类型的延时信号，其延时时间为表达式 time 所确定的时间延时。若 time 等于 0，其延时值为一个仿真周期，若省略 time，则实际的延时时间被赋值为 0。

② signalname'stable[（time）]。该属性可建立一个布尔信号（boolean），在表达式 time 所确定的延时范围内，若名为 signalname 的信号没有发生事件，则该属性可得到一个'真'（true='1'）值，否则为'假'（false='0'）。当 time 等于 0（也是默认值）时，则时间值可以没有，可简写为信号名'stable，该属性可以检测信号的边沿。

③ signalname'quiet[（time）]。该属性可建立一个布尔信号，在表达式 time 所确定的延

时范围内，若名为 signalname 的信号没有发生转换或其他事件，则该属性可得到一个‘真’值，否则返回‘假’。

④ signalname'transaction[（time）]。该属性可建立一个 bit 类型的信号，在表达式 time 所确定的延时范围内，若名为 signalname 的信号发生转换或事件时，其值都将发生变化。

这里，信号发生转换或事件又称为信号活跃（active），它被定义为信号值的任何变化称为的活跃。信号值从‘1’变为‘0’是一个活跃，而从‘1’"闪了一下"再变为‘1’也是一个活跃，判定信号是否活跃的唯一准则是发生了事情，这被称为一个事项处理（transaction）。然而，发生了事件则要求信号值发生了变化，信号值从‘1’变为‘0’是一个事件，但从‘1’"闪了一下"再变为‘1’，虽然也是一个活跃，但由于值没有发生变化，因而不是一个事件。因此可以说事件都是活跃，但并非所有的活跃都是事件。按此说法，'stable 与'quiet 的区别在于：'stable 没有发生事件，但可能发生了活跃；而'quiet 则是没有发生活跃，即信号一直不发生变动。前述的'event 则是发生了事件，'active 则是发生了活跃。

**1. 属性'delayed 的使用方法**

属性'delayed 可建立一个所加信号的延迟版本。为实现同样的功能，也可以用传输延时赋值语句（transport）来实现。两者不同的是，后者要求编程者用传输延时赋值的方法记入程序中，而且带有传输延时赋值的信号是一个新的信号，它必须在程序中加以说明。如：

```
b<=transport a after 20ns;          --b 是不同于 a 的一个新的信号；
b<=a'delayed （20ns）;               --b 是 a 的延迟版本，两者为同一信号；
```

**【例 3-38】** 用两种不同的方法来描述信号输入通道的延时。

```
library IEEE;                                --声明使用库 IEEE
use IEEE.std_logic_1164.all;                 --声明使用 std_logic_1164 包
entity ex3_38 is                             --声明实体名为 ex3_38
    generic(a_id，b_id，c_od：time：=5ns);    --类属参数为时间型并赋 5ns 初值
    Port (a，b：in std_logic;                --声明 a、b 为标准逻辑型输入
                c：out std_logic);           --声明 c 为标准逻辑型输出
end ex3_38;                                   --结束对实体 ex3_38 端口的描述
architecture rtl of ex3_38 is                --声明结构体名字为 rtl
    signal ina，inb: std_logic;              --声明中间信号 ina、inb 为标准逻辑型
begin                                        --声明结构体开始
    ina<=transport a after a_id;             --a 延时类属参数 a_id=5ns 后赋给 ina
    inb<=transport b after b_id;             --b 延时类属参数 b_id=5ns 后赋给 inb
    c<=ina and inb after c_od;               --ina 同 inb 相与，c_id=5ns 后赋给 c
end rtl;                                      --结束对结构体 rtl 的描述
```

运行上面程序得图 3-16a 所示波形，所生成电路如图 3-16c 所示。如果将结构体改为下面内容，则运行程序可得图 3-16b 所示波形。两者波形基本相同，但后者不能生成电路。

```
architecture rtl of ex3_38 is
begin
    c<=a'delayed(a_id) and b'delayed(b_id) after c_od;  --a、b 延迟后相与
```

**end rtl；**

　　本例采用两种不同的方法来描述信号输入通道的延时，图 3-16d 是其相应的通路相关延时模型。实体中的关键字 generic 为类属参数，可用来定义全局量并赋初值。这里定义了三个时间常量并赋初值为 5ns。第一种方法采用传输延时描述，它重新定义了两个中间信号作为延时后的信号，两个中间信号相与以后经延时再赋予输出端 c，从而完成整个器件的通道延时描述。第二种方法使用信号属性'delayed，输入信号 a 和 b 分别被已定义的类属参数 a_id 和 b_id 所延时，延时后的两个信号相与以后再经类属参数 c_od 确定的时间延时，最后被赋予输出端口 c。

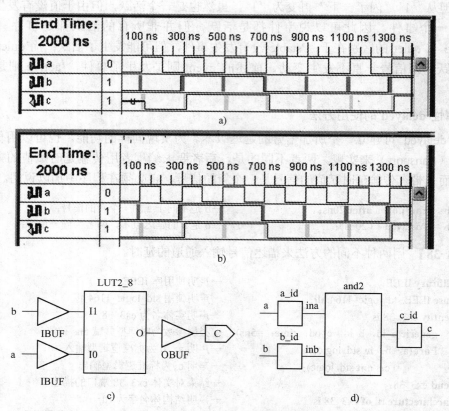

图 3-16　运行例 3-38 所得的仿真波形和电路

## 2. 属性'stable 的使用方法

　　属性'stable 用来确定在一个指定的时间间隔中，信号是否稳定，是否正好发生或者没有发生改变。没有改变返回'真'值，否则返回'假'。该信号与'event 一样可以检出信号的上升沿。例如当用'event 描述信号的上升沿时：

　　**if** ((clk'event)**and**(clk='1')**and**(clk'last_value='0')) **then**

　　当用'stable 描述信号的上升沿时：

　　**if** ((**not** (clk'stable) **and** (clk='1') **and** (clk'last_value='0')) **then**

上述两种情况都可检出上升沿，但由于使用'stable 时需要建立一个额外的信号，因而将占用更多的内存，故较少使用'stable 属性。

【**例 3-39**】　利用属性'stable 观察输入信号 ain 后的输出信号 bout 的变化。

```
library IEEE;                      --声明使用库 IEEE
use IEEE.std_logic_1164.all;       --声明使用 std_logic_1164 包
entity ex3_39 is                   --声明实体名为 ex3_39
Port ( ain：  in   std_logic；      --声明实体输入 ain 为标准逻辑型
    bout：  out boolean);          --声明实体输出 bout 为布尔型
end ex3_39；                        --结束对实体 ex3_39 端口的描述
architecture rtl of ex3_39 is      --声明结构体名字为 rtl
begin                              --声明结构体开始
    bout<=ain'stable(10ns);        --ain 在 10ns 内稳定输出高电平，否则输出低电平
end rtl;                           --结束对结构体 rtl 的描述
```

图 3-17 反映了使用'stable 后，当输入 ain 的波形后，将得到 bout 的波形。图中每次信号 ain 的电平有一次改变，信号 bout 的电平将从高电平变成低电平，即由 '真' 变为 '假'，其持续时间由属性括号内的时间值 10ns 确定。信号 ain 的波形在 10ns 和 30ns 处各有一次改变，因而对应的信号 bout 的电平在 10ns 和 30ns 处各有 10ns 的低电平时间。ain 在 55ns 处信号有一次改变，bout 变为低电平。在 60ns 处信号 ain 又有一次改变，bout 继续为低电平。从 60ns 处信号起 ain 一直没有改变，故经 10ns 后，在 70ns 处检测结果 bout 为真，返回高电平。此外，如果属性'stable 后跟括号中的时间被说明为 0ns 或者未加说明，则 ain 发生改变时，输出信号 bout 在对应的时间位置将产生 $\delta$ 宽的低电平。

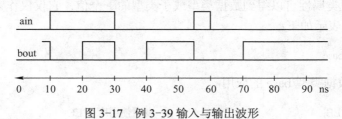

图 3-17　例 3-39 输入与输出波形

### 3．属性'quiet 的使用方法

属性'quiet 具有与'stable 相同的功能，但是，它由所加信号上的电平值的改变所触发。属性'quiet 将建立一个布尔信号，当所加的信号没有改变，或者在所说明的时间内没有发生事件时，利用该属性可得到一个 '真' 的结果。该属性常用于描述较复杂的一些信号值的变化。如果将例 3-39 中的 bout<=ain'stable(10ns)语句换为 bout<=ain'quiet (10ns)，输出结果与图 3-17 相同。

### 4．属性'transaction 的使用方法

属性'transaction 将建立一个数据类型为 bit 类型的信号，当属性所加的信号每次从 '1' 或 '0' 发生改变时，就触发该 bit 信号翻转。如：wait on sigx'transaction；当信号 sigx 转换发生，而不能在信号 sigx 上产生一个事件时，那么等待语句 wait 就会一直处于等待状态。用属性'transaction 触发一个事件发生，从而将 wait 激活，启动进程。有的开发软件不支持该

属性，故可能对该语句提示错误。

在程序包 std_logic_1164 中，预定义了下面两个函数来检查时钟沿，即

```
founcton rising_edge(signal s：std_ulogic) return boolean;
founcton falling_edge(signal s：std_ulogic) return boolean;
```

这样，结合前面的介绍，可用下述方法检查时钟：

检查时钟 clk 上升沿：

```
clk'enent and clk='1'；    not clk'stable and clk='1'；  rising_edge(clk)
```

检查时钟 clk 下降沿：

```
clk'enent and clk='0'；    not clk'stable and clk='0'；  falling_edge(clk)
```

检查信号稳定性：

```
信号名'last_event>=10ns；         --信号上次事件至少发生在 10ns 以前
信号名'stable(10ns)；             --信号最少已稳定 10ns；
```

检查脉冲宽度：

```
falling_edge(clk)and clk'delayed'last_event>=10ns；      --最小正脉冲宽度检查；
risiong_edge(clk)and clk'delayed'last_event>=10ns；      --最小负脉冲宽度检查；
```

### 3.3.4  数据类型类属性

利用数据类型类属性可以得到数据类型或子类型的一个值，它仅仅作为其他属性的前缀来使用。其属性的表示如下：

```
数据类型'base
```

【例 3-40】  数据类型'base 的应用。

```
Library IEEE；                           --声明使用库 IEEE
use IEEE.std_logic_1164.all；            --声明使用 std_logic_1164 包
entity ex3_40 is                         --声明实体名为 ex3_40
Port (clr：in   std_logic；              --声明实体输入 clr 为标准逻辑型
      bseout：out std_logic)；           --声明实体输出 bseout 为标准逻辑型
end ex3_40；                             --结束对实体 ex3_40 端口的描述
architecture rtl of ex3_40 is           --声明结构体名字为 rtl
begin                                    --声明结构体开始
  process(clr)                           --声明进程的敏感量为 clr
    type tim is (sec，min，hous，day，month，year)；       --声明 tim 为枚举型
    subtype sb_tim is tim range sec to month；           --声明 re_tim 为枚举型
begin                                    --声明进程开始
    if clr= '0' then                     --判断如果 clr=0，则对输出引脚复位
      bseout<= '0'；                     --bseout 输出低电平
    elsif  tim'base'left=sec  and        --否则若 tim 基类型左边元素为 sec，并且
      sb_tim'base'right=year and         --re_tim 基类型右边元素为 year，并且
```

```
    sb_tim'base'succ(hous)=day then     --re_tim 基类型 hous 后继元素为 day
        bseout<= '1';                   --这时 bseout 输出高电平
    else                                --否则
        bseout<= '0';                   --bseout 输出低电平
    end if;                             --结束对条件判断语句的描述
  end process;                          --结束对进程的描述
end rtl;                                --结束对结构体 rtl 的描述
```

运行程序得图 3-18 所示仿真波形。本例中的'base 用于取得 tim 的类型和 sb_tim 的子类型所在的基类型 tim 的类型。可以看到:

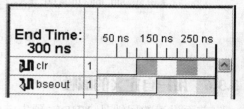

图 3-18　例 3-40 的仿真波形

tim'base'left=tim'left=sec;

sb_tim'base'succ(hous)=tim'succ(hous)=day。

### 3.3.5　数据区间类属性

数据区间类属性又称范围属性,可返回所选择输入参数的索引区间。其属性和功能如下:

a'range[(n)]: 返回一个由参数 n 值所指出的第 n 个数据区间;

a'reverse_range[(n)]: 返回一个由参数 n 值所指出次序颠倒的第 n 个数据区间。

如果属性'range 返回的区间为 0~15,则'reverse_rang 返回的区间为 15~0。如果参数 [(n)] 省略,数据区间类属性将返回最大数据区间。

【例 3-41】　利用数据区间类属性将位矢量转换成整数。

```
Library IEEE;                              --声明使用库 IEEE
use IEEE.std_logic_1164.all;               --声明使用 std_logic_1164 包
use IEEE.std_logic_arith.all;              --声明使用 arith 包中的转换函数
entity ex3_41 is                           --声明实体名为 ex3_41
    Port ( stdlgc:  in   std_logic_vector(3 downto 0);   --stdlgc 为 4 位矢量输入
           std_int: out std_logic_vector(3 downto 0);    --std_int 为 4 位矢量输出
    end ex3_41;                            --结束对实体 ex3_41 端口的描述
architecture rtl of ex3_41 is             --声明结构体名字为 rtl
begin                                      --声明结构体开始
    process(stdlgc)                        --声明进程的敏感量为 stdlgc
        variable result:  integer: =0;    --声明 result 为整型变量, 初值为 0
    begin                                  --声明进程开始
        for i in stdlgc'range loop         --用'range 属性提取 stdlgc 位数作为循环次数
        result: =result*2;                 --将二进制数转换为十进制数
            if stdlgc(i)= '1' then          --如果二进制数某位为 1
                result: =result+1;          -- result 加 1
            end if;                         --结束对条件判断语句的描述
        end loop;                           --结束循环
        std_int<=conv_std_logic_vector(result, 4);   --整数变量转为矢量赋给输出
    end process;                           --结束对进程的描述
end rtl;                                    --结束对结构体 rtl 的描述
```

运行程序得图 3-19 所示仿真波形。本例利用'range 取得位矢量的二进制数的位数范围，用 for 循环语句，逐位将二进制数转换为十进制整数。程序中采用 conv_std_logic_vector() 函数是为了将十进制数整数变为逻辑矢量并通过输出引脚的波形直观地显示出来。

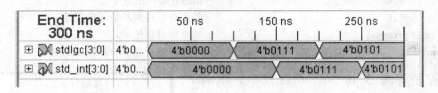

图 3-19　例 3-41 的仿真波形

## 3.3.6　用户自定义的属性

前面讲述的属性是 VHDL 预先定义好的属性，可供用户直接使用。除此之外，用户还可以自己根据实际工作定义适合自己特殊需要的属性。用户自定义的属性的书写格式如下：

> **attribute** 属性名：数据子类型名；
> **attribute** 属性名 **of** 目标名：目标集合 **is** 公式；

在对要使用的属性进行说明以后，接着就可以对数据类型、信号、变量、实体、构造体、配置、子程序、元件、标号进行具体的描述。如：

> **attribute** max_area：real；
> **attribute** max_area of fifo：**entity is** 150.0
> myattrmax<=fifo'max_area；　　　　　　　　——属性调用，返回值 myattrmax=150.0

又如：

> **attribute** capacitance：cap；
> **attribute** capacitance of clk，reset：**signal is** 20 pf；
> myattrcap<=clk'capacitance；　　　　　　——属性调用，返回值 myattr=20 pf

**【例 3-42】**　自定义属性，并利用用户自定义的属性提取方法获得该属性值，然后将该值通过输出引脚显示出来。

```
library IEEE;                                    --声明使用库 IEEE
use IEEE.std_logic_1164.all;                     --声明使用 std_logic_1164 包
entity ex3_42 is                                 --声明实体名为 ex3_42
  Port ( clr：in std_logic；                       --clr 为标准逻辑型输入
     capac ：out std_logic_vector(3 downto 0));  --声明 capac 为 4 位输出
end ex3_42；                                      --结束对实体 ex3_42 端口的描述
architecture rtl of ex3_42 is                    --声明结构体名字为 rtl
  signal myattr：std_logic_vector(3 downto 0)；    --声明信号 myattr 为 4 位矢量
  attribute vctr：std_logic_vector(3 downto 0)；   --声明自定义属性名为 vctr
  attribute vctr of myattr：signal is "0111"；     --声明自定义属性为信号 myattr
                                                 --自定义属性 vctr 的值为 "0111"
begin                                            --声明结构体开始
```

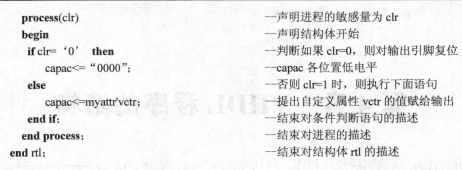

```
    process(clr)                        --声明进程的敏感量为 clr
    begin                               --声明结构体开始
      if clr='0' then                   --判断如果 clr=0,则对输出引脚复位
        capac<= "0000";                 --capac 各位置低电平
      else                              --否则 clr=1 时,则执行下面语句
        capac<=myattr'vctr;             --提出自定义属性 vctr 的值赋给输出
      end if;                           --结束对条件判断语句的描述
    end process;                        --结束对进程的描述
  end rtl;                              --结束对结构体 rtl 的描述
```

运行程序得图 3-20 所示仿真波形。其中 capac<=myattr'vctr 中的信号 myattr 具有自定义属性 vctr,其值为 "0111",通过属性提取后获得 "0111",然后赋给输出引脚 capac,该引脚的数据可在仿真波形中直观地看到。

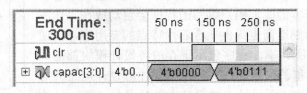

图 3-20　例 3-42 的仿真波形

用户自定义的属性的值在仿真中是不能改变的,也不能用于逻辑综合。它主要用于从 VHDL 到逻辑综合及 ASIC 的设计工具、动态解析工具的数据的过渡。

## 思考题

1．VHDL 中所使用的名字或名称应遵守哪些规则?

2．VHDL 语言中有哪些对象?它们有何特点?是如何定义的?

3．VHDL 语言中有哪些数据类型?范围是多少?如何定义?

4．VHDL 语言中有哪些运算?哪些能被逻辑综合?如何使用?

5．VHDL 语言中顺序描述语句有哪些?并发描述语句有哪些?如何使用它们?

6．数值类属性、函数类属性如何使用?

7．对本章中的程序例子进行运行,体会一下哪些程序是可以被综合的?哪些不能被综合?想一想,为什么有的程序只能进行波形仿真而不能综合生成电路?

# 第4章　VHDL 程序的结构

采用 VHDL 所编写的应用程序，包括库、程序包、实体、结构体和配置五个组成部分，程序包和配置不是必需的，库、实体、结构体则是必须有的，它们在程序体中的位置如图 4-1 所示。其中库用来存放已经编译的实体、结构体、程序包和配置。VHDL 向用户提供基本的库，用户编写的程序会自动放在工作库中，有的 ASIC 芯片制造商也提供适合芯片特点的专用库，以便于在编程中为设计者所共享。程序包用于存放各设计模块都能共享的数据类型、常数和子程序等；实体用于描述所设计电路的对外接口；结构体用于描述所设计电路系统内部的具体功能，结构体通常由进程语句、块语句、过程语句和并行语句构成；配置可用于从库中选取所需组件来构成系统设计的不同版本。

图 4-1　VHDL 程序基本构架

## 4.1　VHDL 中的库和程序包

库（library）和程序包（package）是 VHDL 程序结构中必须具有的部分。这两个部分的内容通常由可编程 ASIC 芯片制造商所提供的芯片开发软件提供给用户，用户只需在编写程序的开始部分直接声明使用哪些库和这些库中将用到的哪些程序包即可。用户经常会用到一些自己设计的电路模块程序，也可建立自己的用户库和程序包，以便在后续的程序中直接调用以简化程序。

### 4.1.1　库的声明与使用

VHDL 中的库用来解释后面程序中可能出现的各种语法现象、对象名称、关键字、运算符、数据类型、常数、函数、过程等。当程序中出现这些内容时，便会自动调用库中的相关实体声明、构造体声明、程序包集合声明和配置声明等对其进行解释。如果程序不能从库中找到相应的解释语句，语法检查时就会提示发现语法错误。因此库的位置总在 VHDL 程序的最前面。要使用某一个库，必须先声明后使用。对库进行声明的书写格式如下：

    **library** 库名；

其中，library 是关键字，库名根据用户需要来确定，是必需的。声明完库名后，在后续程序的其他地方就可共享该库中已经编译过的设计结果。在程序中可以有多个不同的库，但相互不能嵌套。

按库的编制来源不同，可将 VHDL 中的库分为 IEEE 库、STD 库、面向 ASIC 的库、用户自定义库和 WORK 库五类。对库的使用主要是使用库中所包含的程序包，不同的库中所包含的程序包不同，所以要使用哪些程序包就声明哪些库。对不使用的包，就不必声明相应的库。因此在声明库时，应对库中涉及哪些程序包有一个基本的了解。

**1．IEEE 库**

使用 IEEE 库前，必须先对其进行声明，不能省略，因为它不是 VHDL 程序默认的库。在 IEEE 库中包含了 VHDL 程序中最基本的程序包，其中下面 3 个常用程序包在大多数程序中都会用到。

① std_logic_1164 程序包。这是最常用和最基本的程序包，故一般程序都应加上该程序包。该程序包中包含对常用数据类型 std_logic、std_logic_vector 的定义、对相关函数的定义、对各种类型转换函数的定义以及对逻辑运算规则的定义。

② std_logic_arith 程序包。该程序包在 std_logic_1164 的基础上进一步对无符号数 unsigned、有符号数 signed 进行了数据类型的定义，并为其规定了相应的算术运算和逻辑运算规则。该程序包还定义了无符号数 unsigned、有符号数 signed 及整数 integer 之间的转换函数。故在 VHDL 程序中，如果涉及这方面的内容，应事先声明对该程序包的使用。

③ std_logic_unsigned 和 std_logic_signed 程序包。这两个程序包定义了 integer 数据类型和 std_logic 及 std_logic_vector 数据类型混合运算的运算规则，并定义了由 std_logic_vector 型到 integer 型的转换函数。在 std_logic_signed 中定义了有符号数运算规则。

**2．STD 库**

STD 库是标准库，是 VHDL 程序默认使用的库，故在使用 STD 库时不需要另外加以声明，但如果用户程序中对其进行了声明也不会错。STD 库中主要涉及两个程序包：

① standard 程序包。该程序包定义了基本数据类型和子类型，定义了相关函数及各种类型的转换函数等。

② textio 程序包。该程序包定义了支持文本文件操作的许多类型和子程序等。

**3．面向 ASIC 的库**

在 VHDL 中，为了进行门级仿真，各公司还提供面向 ASIC 的逻辑门库，如 UNISIM 库。在该库中存放着与逻辑门一一对应的实体。使用面向 ASIC 的库可以提高门级时序仿真的精度，一般在对 VHDL 程序进行仿真时使用。现在的 EDA 开发工具都已将面向 ASIC 的库的程序包加进 IEEE 库，故无需在程序中再对该库进行声明。面向 ASIC 的库中主要包含用于时序仿真的程序包和基本单元程序包。

**4．用户自定义库**

用户自定义库是由用户根据设计需要定义的库，当用户将自己设计的程序包、函数、自定义类型等定义在一个用户自定义库中后，一方面在今后的程序中可继承使用过去的成果，简化设计，还可实现本公司其他设计人员对成果和资源的共享。对用户自定义库的使用应先声明后作用。

**5．WORK 库**

WORK 库是现行的工作库，设计人员设计的 VHDL 程序和编译结果不需任何说明，都将自动存放在 WORK 库中。WORK 库可以是设计者个人使用，也可提供给设计组多人使用。WORK 库是 VHDL 程序默认使用的库，故在使用前不用对其进行声明。

通常，不同公司的软件和不同的版本所支持的软件包有所不同。例如 Xilinx 公司的软件可支持 IEEE 库，包括 std_logic_1164、std_logic_arith、td_logic_unsigned；可支持 SYNOPSYS 库，包括 attributes 程序包；可支持 STD 库，包括 textio、standard 程序包。若开发软件不支持某些库，而在 VHDL 程序中使用这些库，程序就会报错。

在 IEEE 库中的 std_logic_1164 程序包是 IEEE 正式认可的，SYNOPSYS 公司的 std_logic_arith 和 std_logic_unsigned 虽然没有得到 IEEE 正式承认，但仍汇集在 IEEE 库中。STD 是 VHDL 的标准库，库中的 standard 程序包是 VHDL 的标准配置，使用前可不做库说明，但若要用到库中的 textio 程序包则应对 STD 库进行说明。

## 4.1.2　程序包的声明与使用

程序包（package）是库中的一个层次，内中罗列着 VHDL 程序中所要用到的信号声明、常数声明、数据类型、元件语句、函数定义和过程定义等，类似 C 语言中的 include 所起的作用。当声明了程序包，则在 VHDL 程序遇到程序包中声明过的信号、常数、数据类型、元件语句、函数和过程等时，VHDL 程序就会自动调用程序包中的声明去解释它们。因此程序包是 VHDL 程序的公用部分，程序包越多，包中的内容越多，程序编写就越容易、越精炼。

程序包由程序包标题和程序包体两部分组成。其中程序包标题是必须有的，程序包体是一个选项，即程序包可以只有程序包标题而无程序包体。一般由程序包标题列出所有项目的名称，而程序包体则具体给出各项目的细节。

程序包标题声明的书写格式如下：

```
package 程序包名 is
    [声明语句，包括：信号声明、常数声明、元件语句、函数声明、过程声明等];
end 程序包名;
```

程序包体的声明格式如下：

```
package body 程序包名 is
    [声明语句，包括：信号、常数、元件、函数、过程、子程序的实现细节等];
end 程序包名;
```

【例 4-1】　阅读 SYNOPSYS 公司 std_logic_unsigned 程序包。

从 PC 上查找可编程 ASIC 芯片提供商的开发软件包中的 std_logic_unsigned.vhd 文件，这是一个文本文件，内中有对程序包 std_logic_unsigned 的声明。下面是部分内容的摘取。

```
library IEEE;                           --声明使用 IEEE 库
use IEEE.std_logic_1164.all;            --声明使用 std_logic_1164 程序包中的所有项目
use IEEE.std_logic_arith.all;           --声明使用 std_logic_arith 程序包中所有项目
package std_logic_unsigned is           --声明名为 std_logic_unsigned 的程序包标题
  function "+" (L: std_logic_vector; R: std_logic_vector)--函数 "+"
```

```
                return std_logic_vector;              --运算规则的声明，返回值为逻辑矢量
        function "+" (L：std_logic_vector；R：integer)--函数"+"的重定义
                return std_logic_vector；             --输入参量为矢量和整数，返回值为矢量
            ┊
    end std_logic_unsigned;                           --结束对 std_logic_arith 程序包标题的声明
    package body std_logic_unsigned is                --声明 std_logic_arith 程序包体
    function maximum(L，R：integer) return integer is  --声明函数体 maximum
    begin                                             --声明函数 maximum 开始，描述函数细节功能
        if L > R then                                 --如果 '>' 运算符左操作数大于右操作数，则
            return L;                                 --返回值为左操作数
        else                                          --否则如果 '>' 运算符右操作数大于左操作数，则
            return R;                                 --返回值为右操作数
        end if;                                       --结束条件判断语句
    end;                                              --结束对求最大值函数 maximum 的声明
    function "+" (L：std_logic_vector；R：std_logic_vector)-- "+"函数声明
                return std_logic_vector is            --两逻辑矢量相加，返回值为逻辑矢量
        constant length：integer：=maximum(L'length，R'length);  --声明常数
        variable result：std_logic_vector(length-1 downto 0);   --变量声明
    begin
        result：=unsigned(L)+ unsigned(R);                      --两个无符号数相加
        return std_logic_vector(result);             --返回值为标准逻辑矢量
    end；                                              --结束对加法运算规则的定义
        ┊
    function "=" (L：std_logic_vector；R：std_logic_vector)--函数 "="声明
                return boolean is                     --两矢量相等返回值为布尔值
    begin                                             --声明 "="运算符开始，说明函数细节功能
        return unsigned (L)=unsigned (R);             --如果左、右操作数相等，返回真值
    end；                                              --结果对 "="操作符的定义
    function "=" (L：std_logic_vector；R：integer)     --函数 "="重定义
                return boolean is                     --如果左操作数为矢量，右为整数，返回布尔型
    begin                                             --声明 "="运算符开始，说明函数细节功能
        return unsigned(L)=R;                         --如果左操作数等于右操作数，返回真值
    end；                                              --结束对 "="操作符的重定义
        ┊
    end std_logic_unsigned;                           --结束对 std_logic_arith 程序包体的声明
```

例 4-1 中包括了对程序包标题和程序包体两部分的声明。在程序包标题中描述了对 "+" 运算规则的定义和重定义的声明。程序包体中描述了求两个数中较大一个的 ">" 操作符的运算规则和对相等运算符 "=" 的运算规则。包括两操作同为标准逻辑矢量以及一个为标准逻辑矢量另一个为整数时，对运算符 "=" 的运算规则的重定义。类似于 C++中对运算符的重定义。这里所采用的将程序包标题、函数名和程序包体、函数体的各种功能分开描述的好处是，当程序包、函数的功能需要作某些调整或数据赋值需要变化时，只需改变程序包体、函数体的相关语句而无需在程序中改变程序包标题名、函数名中的各项的声明。

程序包标题和程序包体中的说明语句部分是可选的，没有说明语句的程序包是一个空的程序包。虽然一个空的程序包没有任何明显的设计目的，但它可先占据一个位置，以后再根

据需要添加内容。程序包体名应与程序包标题的名字相同。

在程序包标题中的声明语句部分中，包括公共的可见的声明语句，而在包体中则包含专用的不可见的声明语句。VHDL 的子程序、类型、常量、信号等被称为程序包的项目，它们在程序包声明时被描述，作为程序包的输出，使用 use 语句调用这个程序包中的子程序、类型、常量、信号等项目。程序包是标准化 VHDL 环境的有效方法。为了能利用程序包的类型和子程序的集合，应给包一个完整的声明。在程序包声明中，可用程序包标题中的项目名描述项目的轮廓，包括函数或过程、它们的名称和参数，而将这些项目相应的算法保留在程序包体中。

程序包通常存放在某个库中，或者在开发软件提供的库中，或者在用户库中。一个库通常会有多个程序包，因此要使用库中的程序包，应先对库进行声明，然后使用 use 语句进一步说明要使用的是库中哪一个程序包，并指出使用的是程序包中的哪些项目名。对程序包进行声明的书写格式如下：

> use　库名.程序包名.项目名;

如要使用程序包中的较多项目，可用 all 来表示要使用所有的项目。由于 WORK 库和 STD 库是系统默认使用的库，可不对其进行声明，故使用这两个库中的程序包时，可直接对程序包进行声明。例如：

> use work.**all**;　　　　　　　—声明将要使用 WORK 库中的所有程序包
> use STD.standard.**all**;　　　　—要使用 STD 库所含 standard 程序包中所有项目

下例是只有包标题的例子，在包标题中允许使用数据赋值和有实质性操作的语句。

【**例 4-2**】　只有程序包标题说明部分而无程序包体的程序包。

> **library** IEEE;　　　　　　　　—声明使用 IEEE 库
> **use** IEEE.std_logic_1164.**all**;　　—声明使用 std_logic_1164 程序包中的所有项目
> **package** cpu **is**　　　　　　　—声明程序包标题名为 cpu
> 　　**constant** k：**integer**：=8;　—声明常数 k 为整数 8
> 　　**type** instruction **is** (add，sub，adc，inc，srf，slf);　　—声明枚举型指令
> 　　**subtype** cpu_bus **is** std_logic_vector (k-1 **downto** 0);　—总线为子类型
> **end** cpu;　　　　　　　　　—结束对名为 cpu 的包标题的声明

上述的包标题描述了一个名为 cpu 的程序包，在该程序包中包含了对常数 k、数据类型 instruction 和子类型 cpu_bus 三个项目的声明。在这里对 cpu 程序包进行声明以后，如果在 VHDL 应用程序中调用了该程序包，则当应用程序中出现这三个项目时，就会自动利用这里的声明进行解释，否则开发系统软件在进行语法检查时就会报错，不认识这三个项目。由于该包是用户自定义的，因此编译以后就会自动地加到 WORK 库中。使用该包的书写格式有两种。一种是指出要使用该程序包中某一个项目，其书写格式如下：

> use work.cpu.instruction;

另一种是泛指要使用该程序包中所有项目，其书写格式如下：

> use work.cpu.**all**;

后一种格式是常用格式，采用这种格式的优点是书写简单，不必列出程序包中的所有项目，这给不太了解程序包中是否存在某些所需项目的情况带来方便，这时可将可能的程序包都加到应用程序中，让程序自动去找所需项目，那些未用到的项目不会对程序产生不利影响。

## 4.2　VHDL 中的实体与结构体

VHDL 程序中的库通常是直接使用开发商提供的现存库，并利用其中的程序包。只有在编写较大程序并经常利用过去已编写完成的程序时才由用户自己建立用户库，以便节省人力。但 VHDL 程序中的实体和结构体则必须由用户自己编写，不同的实体和结构体通常要完成不同的电路功能。

### 4.2.1　实体的声明

实体反映的是一个用户设计好的可编程 ASIC 器件具体应用功能的对外表现，体现器件的输入和输出及类属参数等，用户设计的主要功能通过实体表现出来，而器件的内部实现对产品使用者来说则是不可见的。因此在一个 VHDL 程序中，实体是不能少的。

**1.　实体的书写格式**

描述一个实体的书写格式如下：

> **entity** 实体名　**is**
> 　　[类属参数声明]；
> 　　[端口声明]；
> **end**　[实体名]；

其中，方括号中的内容是可选的。没有声明语句的实体是空实体，空实体的描述是合法的，如：

> **entity** empt **is**
> **end**；

空实体省略了类属参数说明、端口说明、end 后面的实体名。空实体并非无意义的元件，可用它来表示没有输入和输出的硬件。空实体结构常用于编写测试程序。

在 VHDL 程序结构中，实体、结构体、程序包、子程序、块语句、进程语句可以包含声明语句。在这些结构中出现的一组声明称为基本声明组，包括：类型声明、子类型声明、常数声明、文件声明、别名声明、子程序声明。

通常在一个 VHDL 程序中只用一个实体就可反映用户的设计要求，但有时用户可以在一个 VHDL 程序中用多个并列的实体来实现某种特殊要求，这时各实体间关系彼此独立，在功能实现上相当于把一个芯片划分成若干相互独立的功能部分。但从整体性和一致性考虑，一个芯片最好只用一个实体反映其对外综合性能。如果一个程序必须用多个实体来描述，则在每个实体前都需要指明该实体要用到的库和程序包。例 4-3 为多实体程序。

【例 4-3】　多实体程序的描述。

```
library IEEE；                          --声明第一个实体所使用的库
use IEEE.std_logic_1164.all；           --声明第一个实体所使用的程序包
entity entity_name1 is                  --声明第一个实体的实体名
    port[端口说明]；                     --声明第一个实体的端口
end entity_name1；                      --结束对第一个实体的声明
library IEEE；                          --声明第二个实体所使用的库
use IEEE.std_logic_1164.all；           --声明第二个实体所使用的程序包
entity entity_name2 is                  --声明第二个实体的实体名
    port [端口说明]；                    --声明第二个实体的端口
end entity_name2；                      --结束对第二个实体的声明
```

注意：当一个 VHDL 程序中有多个实体时，在综合时只能综合一个实体，其他实体将被忽略。

**2. 实体的类属参数描述**

实体描述中，类属参数用 generic 语句进行声明，是可选项，为设计实体和其外部环境通信的静态信息提供通道，常用于传递不同层次的信息。如在进行数据类型说明时，用于位矢量长度、数组的位长及器件的时延参数的传递。在进程、元件等的描述中也常会用类属参数来描述将信息传递给实体的具体元件、用户定义的数据类型、负载电容和电阻、对数据通道及信号宽度等综合参数的传递等。

generic 语句的书写格式如下：

```
generic (常数名字表：子类型标识[：=静态表达式]；
    ⋮
            常数名字表：子类型标识[：=静态表达式])；
```

其中的常数名字表指出如果类属参数所声明的常数类型相同，可将这些具有相同数据类型的类属参数的常数写成一行，相互之间用逗号分隔，不同数据类型的常数必须用不同的行来表达。如用常量 rise、fall 来表示信号的上升沿和下降沿，则可用下面的类属参数语句来表达 rise、fall 是时间类型常量：

```
generic(rise，fall：time)；          --声明类属参数 rise、fall 为时间类型
```

这样声明后，就可用 rise、fall 来表达时间量。如：

```
a<=b after rise；                    --上升沿 rise 规定的时间到后将 b 赋给 a。
```

当不仅需要对类属参数进行类型声明，而且还需要给予明确的数据值时，还可利用 generic 语句直接为类属参数赋值。例如：

```
generic(rise：time：=5ns)；           --声明 rise 为时间类型，其值为 5ns
```

这时赋值语句 a<=b **after** rise 表示延时 5ns 后将 b 赋给 a。

对类属参数所描述的常量的初始化赋值也可在调用时进行。例如，假定已经定义了一个二输入与门实体 and2，在调用这个实体时可以这样赋值：

U1：and2 **generic map** (rise，fall：time：=5ns，6ns)；

表示二输入与门 U1 的上升时间 rise 为 5ns，下降时间 fall 为 6ns。

需要注意的是，由 generic 语句描述的数据只有整数类型能进行逻辑综合，其他则不能。故它主要用于行为描述，目的在于使器件模块化和通用化，克服器件在材料与工艺不同时引起的参数不一致所带来的对同一功能的不同性能。

**3．实体的端口描述**

实体的端口声明用于为设计的实体和其他外部环境的动态信号提供通道，实体的每个端口应有一个名字、一个信号传输方向和一个数据类型，它们通过端口声明来描述。端口声明的书写格式如下：

> **port**(端口名列表：信号传输方向 数据类型名；
> ⋮
> 端口名列表：信号传输方向 数据类型名)；

可编程 ASIC 器件的引脚，除电源和下载测试脚等外，都可以根据用户需要通过引脚功能的声明来进行自由的分配。端口声明结合约束文件中对端口的描述就是完成此任务的。

① 端口名列表。实体端口声明中的端口名列表应列出每个外部引脚的名称，名称只能用字母表示或字母加数字表示，但必须以字母开头。如：a、b、clock、reset、q0、q1。对有相同数据传输方向和类型的对外引脚，可将其写在一行，相互间用逗号分隔，也可将每个引脚用单独的一行来描述。对于不同类型或不同传输方向的引脚，必须单独写为一行。

② 信号传输方向。实体端口声明中的信号传输方向用于声明外部引脚是输入还是输出或双向等。信号传输方向有如下几种情况：

**in** 表示输入，信号从端口外部器件输入到实体中的结构体内；

**out** 表示输出，信号从实体内的构造体输出到端口，结构体内不能再使用该信号；

**inout** 表示双向，信号可从外部输入端口，也可从端口输出到外部器件；

**buffer** 表示输出，信号从结构体输出，同时该信号还可返回结构体内再次使用；

**linkage** 不指定方向，无论输入或输出，哪一个方向都可连接。

其中，out、inout、buffer、linkage 都可表示信号输出，但用 out 所表示的输出信号不能再被结构体中的其他部分使用，如图 4-2 中的 qb 输出信号；buffer 表示的输出信号可再被结构体中的其他部分使用，如图 4-2 中的输出信号 q，由于采用了 buffer 描述，可作为输入信号 bkq 来使用；inout 表示的信号是双向的，既可作为输入结构体的 andclk 信号，也可作为 andout 输出信号使用；linkage 则表示该引脚的信号传输方向不受限制，这种引脚不能被综合，通常很少使用。

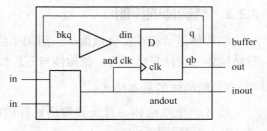

图 4-2 数据传输方向说明

③ 数据类型名。实体端口声明中的数据类型名用来声明流经端口的信号种类，在 VHDL 规定中共有 11 种：整数、实数、位、位矢量、布尔量、字符、时间、行、错误等级、自然数或正整数、字符串。但在逻辑电路中常用到的只有 6 种：bit、bit_vector、boolean、integer、 std_logic 和 std_logic_vector。能由开发软件进行综合的通常有 bit、bit_vector、std_ulogic、std_ulogic_vector、std_logic、std_logic_vector、boolean、integer。

【**例 4-4**】 对不同类型引脚信号实体的描述。

```
library IEEE;                                 --声明实体所使用的库为 IEEE
use IEEE.std_logic_1164.all;                  --声明实体使用 std_logic_1164 程序包
entity ex4_4 is                               --声明实体名为 ex4_4
    generic(rise, fall:time;                  --声明类属参数 rise、fall 为无初值时间型
             N:positive:=5);                  --声明类属参数 N 为整数型，初值为 5
    port (enin:in bit;                        --声明端口，enin 为位型输入
       clr :in std_logic;                     --声明 clr 为标准逻辑型输入
       rdwr:in std_ulogic;                    --声明 rdwr 为无符号标准逻辑型输入
       nubio :inout integer;                  --nubio 为整数型输入/输出口
       blio:inout boolean;                    --声明 blio 为布尔型输入/输出口
       dbuso:out bit_vector(0 to 7);          --声明 dbuso 为 8 位位矢量输出
       dbus:buffer std_ulogic_vector (N downto 0 ));   --dbus 为 buffer 输出口
end ex4_4;                                     --结束对实体的声明
architecture empt of ex4_4 is                 --声明实体 ex4_4 的结构体名为 empt
begin                                         --声明结构体 empt 开始，这是空结构体
    end;                                      --结束对结构体的声明
```

运行例 4-4 中的程序，得到如图 4-3 所示的实体对外引脚分布图。图中左边为输入信号引脚，右边为输出及输入/输出和缓冲引脚。程序将类属参数 rise 和 fall 声明为未赋初值的时间类型。类属参数 N 被声明为正整数并赋初值 5，由于与时间型不同，将其单独写为一行。enin 被声明为位 bit 型输入；clr 被声明为标准逻辑型 std_logic 输入；rdwr 被声明为无符号标准逻辑型输入；nubio 被声明为整数型输入/输出引脚；blio 被声明为布尔型输入/输出引脚；dbuso 被声明为 8 位位矢量输出，采用(0 to 7)表达左边位为低位，右边位为高位；dbus 被声明为无符号标准逻辑型输出数据总线，(N downto 0 )表达 dbus（0）为低位，dbuso（5）为高位，最高位 5 由类属参数

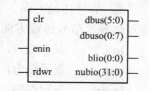

图 4-3　例 4-4 生成的实体

N=5 指定。需要注意的是，本例中，布尔型输入/输出引脚 blio 在图 4-3 中被默认表示成 1 位数据总线(0：0)，整数型输入/输出引脚 nubio 中被默认表示成 32 位数据总线(31：0)。

## 4.2.2　结构体的声明

结构体是紧接在实体后面的一组用于描述实体具体功能的语句，设计电路的功能是通过对结构体的设计来体现的，结构体与芯片外界的联系则是通过实体的端口及参数来传递的。

### 1．结构体的基本格式

设计一个结构体，首先要给所设计的结构体取名，并按结构体的固定格式填充设计内容。其书写格式如下：

**architecture** 结构体名 **of** 实体名 **is**
[声明语句，包括：信号、常数、类型、函数、子程序体、元件、属性、配置等]；
**begin**

　　[并行处理语句，包括：并行信号赋值、进程、块、子程序、断言、元件例化等]；
　　　　**end**　[结构体名]；

其中，方括号中的内容是可选的。没有声明语句和并行处理语句的结构体是空结构体，空的结构体是合法的，但没有语句的空结构体没有明显的功能作用。

在一个 VHDL 程序中同时存在多个实体是合法的，同时存在多个结构体也是合法的。故为了区分某结构体属于哪个实体，每个结构体取名时都要用 of 指明该结构体属于哪个实体，并且结构体名必须是唯一的，取名以 is 结束。在 is 和 begin 后面不接分号，其他语句以分号结束。

一个结构体隐含地与相应实体的端口相接，故在实体中声明的内容在结构体内是已知的，端口被看作可进出结构体的信号，并在结构体中当作信号对象来进行赋值。一个实体通常有一个结构体，但允许有多个结构体。

【例 4-5】　对包含 3 个结构体的实体的描述。

```
library IEEE；                              --声明实体所使用的库为 IEEE
use IEEE.std_logic_1164.all；              --声明实体使用 std_logic_1164 程序包
entity ex4_5 is                            --声明实体为 ex4_5
    Port ( a，b，c，d : in  std_logic；       --声明端口 a、b、c、d 为逻辑型输入
        ab_or，cd_and : out std_logic)；      --声明端口 ab_or、cd_and 为逻辑型输出
end ex4_5；                                 --结束对实体的声明
architecture rtl_or of ex4_5 is            --声明实体 ex4_5 的一个结构体名为 rtl_or
begin                                      --声明结构体 rtl_or 开始
    ab_or<=(not a) nor (not b)；            --并行赋值语句 ab_or = $\overline{a} + \overline{b} = \overline{ab}$
end rtl_or；                                --结束对结构体 rtl_or 的描述
architecture rtl_and of ex4_5 is           --声明实体 ex4_5 的第二个结构体 rtl_and
begin                                      --声明结构体 rtl_and 开始
    cd_and<=c and d；                      --并行赋值语句 cd_and=cd
end ；                                      --结束对结构体的描述，省略名字 rtl_and
architecture rtl_empt of ex4_5 is          --声明实体 ex4_5 的第三个结构体 rtl_empt
begin                                      --声明结构体 rtl_empt 开始
                                           --无并行语句的空结构体
end ；                                      --结束对结构体的描述，省略名字 rtl_empt
```

本例中，实体 ex4_5 包含了 3 个结构体，第一个结构体完成二输入与非功能，第二个结构体完成二输入与功能，第三个结构体是一个空结构体，不进行任何操作。运行上述程序将会产生一个具有 a、b、c、d 四个输入引脚和 ab_or、cd_and 两个输出引脚的电路模块，但只能有一个结构体能在综合后生成逻辑电路。结构体 rtl_empt 是一个空结构体不会综合出逻辑电路，而结构体 rtl_or 和 rtl_and 中只能有一个可作为主要结构体生成实际电路，另一个会被开发软件忽略。因此在进行 VHDL 程序设计时，最好一个实体只包含一个结构体。如果具体应用中确实需要多个结构体，可采用多个实体来设计，并让每个实体只有一个结构体。这种设计方法常用于元件设计与调用。

### 2. 结构体的声明语句

结构体的声明语句位于关键字 architecture 与 begin 之间，包括对信号、常数、类型、函

数、子程序体、元件、属性、配置等的声明。在这里声明的内容都是可在结构体中以并行方式执行的语句、子程序或元件等，都是全局量，因此这里不能声明变量，变量只能在进程或子程序中声明。结构体的声明语句中最常见的是对信号、元件、类型的声明。

**3. 结构体的执行语句**

结构体的执行语句位于关键字 begin 与 end 之间，这些语句都是并行执行的，与在程序中书写的先后次序无关。并行处理语句包括：并行信号赋值、进程、块、子程序、断言、元件例化等语句。最常见的是并行信号赋值语句、进程、过程和元件调用语句。

## 4.3　子结构体的描述

在 VHDL 中，为不使程序因过于庞大而难以编写和调试，常将一个完整的大程序分为若干个较小的具有相对独立功能的程序模块。这样，既便于调试又便于多人分担工作量，提高了编程进度和编程质量。这种具有相对独立功能的，由若干语句集合形成的模块称为子结构体。子结构体包括 process 语句、block 语句、过程语句和函数语句等形式。

### 4.3.1　进程语句的描述

进程语句在前面已多次见到，归纳对进程语句的描述，其格式有两种方式：

| 第一种进程语句格式为：<br>　［进程名］：<br>**process** （敏感量清单）<br>　［声明语句］；<br>**begin**<br>　［顺序执行语句］；<br>**end process**　［进程名］； | 第二种进程语句格式为：<br>　　［进程名］：<br>**process**<br>　　［声明语句］；<br>**begin**<br>　　［顺序执行语句］；<br>**wait on** （敏感量清单）［until 条件表达式］；<br>**end process** 　［进程名］； |
| --- | --- |

进程语句描述中，方括号［］中的内容是可以省略的，即进程名常可以省略，声明语句和顺序执行语句也可以没有。没有执行语句的进程在语法上是可行的，但空进程没有实质意义。

进程语句中必须有敏感量清单，它们的位置在两种表达式上是不同的，但这两种格式在执行效果上是等效的，只有当敏感量清单中的任一敏感量的值发生变化时进程语句才启动执行，否则进程将永远处于等待状态，因此没有敏感量的进程是永远不能执行的死进程。其中敏感量必须是信号，不能是变量或常量。

进程的声明语句可以是：子程序（subprogram）声明、子程序体（subprogram body）、类型（type）声明、子类型（subtype）声明、别名（alias）声明、属性（attribute）声明、变量（variable）声明、使用（use）语句。

顺序执行语句可以是等待（wait）语句、过程（procedure）调用语句、断言（assert）语句、信号代入语句、变量代入语句、条件（if）语句、case 语句、loop 语句、null 语句等。对于两种进程语句的描述格式的选取，通常在进行系统功能设计时采用第一种描述风格，而在进行测试程序的编写时则通常采用第二种描述风格。

进程语句作为整体，在结构体中是并发执行的，多个进程之间具有相同的地位，但每个进程体内的执行语句则是按书写的先后顺序执行的。当进程中的其中一个敏感量变化后，进程从头开始执行一次，当最后一个语句执行完后，就返回到开始的进程语句，等待下一次变化的出现。

编写进程时需要注意的是：

① 在一个进程的声明语句中，只能声明变量而不能声明信号，信号的声明应放到结构体的声明部分去声明。同样，结构体的声明中不能声明变量，变量声明应放到进程中去。

【例4-6】 正确放置信号、变量的声明位置。

```
library IEEE;                      --声明实体所使用的库为 IEEE
use IEEE.std_logic_1164.all;       --声明实体使用 std_logic_1164 程序包
entity ex4_6 is                    --声明实体为 ex4_6
    Port (d1, clk : in   std_logic;     --声明端口 d1、d2、clk 为逻辑型输入
            q1, q2 : out std_logic);    --声明端口 q1、q2 为逻辑型输出
end ex4_6;                         --结束对实体的声明
architecture bhv of ex4_6 is       --声明 bhv 为实体 ex4_6 的结构体
    variable a1:std_logic;         --结构体中错误声明变量 a1，此处只能声明信号
begin                              --声明结构体 bhv 开始
    process (d1, clk, a1)          --错，不能用变量 a1 作敏感量，只能用信号
      signal b1: std_logic;        --进程中错误声明信号 b1，此处只能声明变量
      begin                        --声明进程开始
        if clk='1' and clk' event then  --如果时钟 clk 的上升沿到达
            q1<=d1;                --将 d1 赋给 q1
        end if;                    --结束条件判断语句
        q2<=q1;                    --错，不能用输出信号 q1 给其他信号赋值
    end process;                   --结构进程
end bhv;                           --结束对结构体 bhv 的描述
```

本例中，由于只描述了时钟 clk 的上升沿到达时应将 d1 赋给 q1，并未描述 clk 在其他情况下应当给 q1 赋何值，因此隐含说明了要使用寄存器来保存 q1 的值。如果程序还指明 clk 为其他各种可能情况下 q1 应当赋给的值，则不会生成寄存器，只会生成逻辑电路。

② 在端口被声明为输出(out)的信号，不能用来给其他信号赋值。若需要为其他信号赋值，可设定一个中间信号，通过中间信号来给其他信号赋值，最后才将最终结果值赋给输出端口。如在例 4-6 中的 q2<=q1 语句，由于 q1 已被声明为输出(out)端口，故不能再用来给 q2 赋值，可在结构体中的声明部分将 a1 声明为信号，以此作为中间信号，在执行语句中，增加一个 a1<=d1 语句，然后执行 q2<=a1。

③ 在一个进程中，最好只做一个基本的功能，否则容易出现不同功能间在赋值时的相互影响而导致出错。

④ 由于多个进程之间是并行的关系，因此对一个信号的赋值应集中在一个进程中完成。如果有多个进程同时为某一信号赋值，会导致一个信号受到多源驱动而不知道最终应为何值，从而产生语法错误。

### 4.3.2 块语句的描述

当一个结构体比较复杂时，可以将其分成几个模块，每个模块用块（block）语句来描述。块语句是一组完成某一功能的语句集合体，在块中包含的各语句是并行执行的，块语句只能出现在结构体中，并且本身在结构体中也是一个并行语句。当使用块语句后，结构体中的并行语句就变成了若干组并行语句，通过设置条件，可以控制块语句中的并行语句是否执行。因此块语句的作用是便于管理结构体中的并行语句，如果程序不大，便没有必要使用块语句。块语句的书写格式如下：

```
[块语句名:]
block [卫式布尔表达式]
    [类属参数声明[类属接口表;]];
    [端口声明[端口接口表;]];
    [块中的声明部分];
begin
    [并行执行语句];
end block [块语句名];
```

方括号［ ］中的部分是可选择项。类属参数声明、端口声明的使用方法与实体描述中的类属参数声明、端口声明方法相同。块中的声明部分与结构体中的声明方法相同，可声明信号、元件等。卫式布尔表达式是为块设置一定的条件，仅当条件满足时，即逻辑为真时才执行块中的语句。

块语句的并发执行分为两类：一类是无条件并发执行；另一类是有条件并发执行。没有设置卫式布尔表达式的块语句属于无条件并发执行块语句，而设置有卫式布尔表达式的块语句属于有条件并发执行的块语句，也称为卫式块(guarded block)语句。

当对代入语句也设置执行条件时，称该代入语句为卫式代入语句，其书写格式如下：

信号量<=**guarded** 敏感信号量表达式 ［卫式布尔表达式］；

该卫式代入语句的执行条件为，当卫式布尔表达式规定的条件为真时，将敏感信号量表达式中的值赋给信号量，否则不执行该语句。如果没有卫式布尔表达式则该语句无条件执行。

例如下面语句：

信号量<=**guarded** 敏感信号量表达式 **after** 延时时间量；

当规定的延时时间量到达后，便将敏感信号量表达式的内容代入信号量，否则不执行代入操作。有的公司的开发软件平台不支持卫式布尔表达式和关键字 **guarded**，因此在进行语法检查时会报错。

**【例 4-7】** 用块语句将结构体中的并行语句分成两组，分别描述与门电路和或门电路。

```
library IEEE;                          --声明使用 IEEE 库
use IEEE.std_logic_1164.all;           --声明实体使用 std_logic_1164 程序包
entity ex4_7 is                        --声明实体名为 ex4_7
  Port (a，b : in   std_logic;         --声明端口 a、b 为逻辑型输入
```

| | |
|---|---|
| 　　　　　　c，d: **out** std_logic); | ——声明 c、d 为逻辑型输出 |
| **end** ex4_7; | ——结束对实体的声明 |
| **architecture** bhv **of** ex4_7 **is** | ——声明 bhv 为实体 ex4_7 的一个结构体 |
| **begin** | ——声明结构体 bhv 开始 |
| 　G1：**block** | ——声明一个取名为 G1 的块语句 |
| 　　　　**begin** | ——声明块语句开始 |
| 　　　c<= a **and** b **after** 50ns； | ——延时 50ns 后将 a 与 b 的结果赋给 c |
| 　　　**end block** G1； | ——结束对 G1 块的描述 |
| 　G2：**block** | ——声明一个取名为 G2 的块语句 |
| 　　　　**begin** | ——声明块语句开始 |
| 　　　d<= a **or** b **after** 10ns； | ——延时 10ns 后将 a 或 b 的结果赋给 d |
| 　　　**end block** G2； | ——结束对 G2 块的描述 |
| **end** bhv； | ——结束对结构体 bhv 的描述 |

　　运行上述程序得图 4-4a 所示的逻辑电路，生成了一个与门和一个或门，这与在结构体中不分块直接使用两个代入语句的效果相同。图 4-4b 所示为信号仿真波形图。从图中可见，在 40ns 处，输入信号 a 为高电平，b 为低电平，对于与门和或门电路输出 c、d 均为低电平。当经过 10ns 延时后，即在 50ns 处，或门电路由于 a 为高电平，d 输出变为高电平。在 80ns 处，信号 b 变为高电平，此时 a、b 均为高电平输入，经 50ns 延时后，即在 130ns 处，与门输出 c 变为高电平。

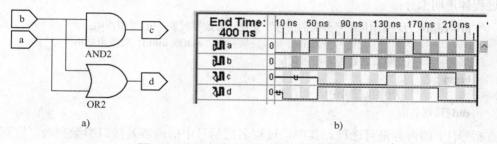

图 4-4　块语句生成的与、或门及仿真波形

## 4.3.3　过程语句的描述

　　利用进程语句和块语句可以将若干语句构成一组语句，形成程序模块，可完成一个相对独立的功能。结构体的主体通常由进程语句和并行赋值语句构成。但有时人们要求一些程序模块不仅具有相对独立的功能，而且还可被其他程序反复调用，以便简化程序编写工作量。为此，在 VHDL 中还提供了实现这种功能的语句组织方法，即子程序语句。

　　子程序（subprograms）是由顺序执行语句组成的具有独立功能的程序模块，设计者可以从 VHDL 程序的不同位置调用它们。从结构上看，子程序包含子程序声明部分和子程序体两部分，子程序声明仅包含接口信息，而子程序体则包含接口信息、局部声明和顺序执行语句。当主程序调用子程序时，子程序先接受主程序传来的参数，然后按内部语句顺序执行，最后将运行结果返回给调用它的主程序。子程序每次执行都要初始化，因此其内部变量的值不能保持，应在结束子程序前将变量结果赋给信号，由信号将结果带出子程序。

另外，子程序在返回以后才能被再次调用，故它是一个非重入的程序。子程序可以在程序中被声明，如果在程序包中被声明，它们将得到更广的应用。在一个程序包中的子程序可以用 use 语句调用到使用此程序包的任何其他设计中。子程序的声明部分必须在程序包声明部分内被声明，而子程序体则写在相应的程序包体中。

在 VHDL 中，子程序包括过程（procedure）和函数（function）两种类型的语句描述方式。为了能重复使用过程和函数，通常将它们放置在程序包、库中。它们与程序包和库之间的关系为：多个过程、函数、其他声明语句汇集在一起构成程序包，若干程序包汇集在一起就形成一个库。

在选择是将子程序设计成过程或函数时，应注意两者的区别。过程可有多个返回值，而函数只有一个返回值。这样，函数的返回值可直接给某一信号或变量赋值，而过程返回的多个值不能用来赋给一个信号或变量。

### 1．过程语句的声明

过程语句的描述包括过程名的声明和过程体的声明两个部分，书写格式叙述如下。

过程名声明部分：

  **procedure** 过程名 [用逗号分隔的信号、变量、常数等列表：**in** 类型声明；
         用逗号分隔的信号、变量列表：**out**(或 **inout**) 类型声明]；

过程体声明部分：

  **procedure** 过程名 [用逗号分隔的信号、变量、常数等列表：**in** 类型声明；
         用逗号分隔的信号、变量列表：**out**(或 **inout**) 类型声明]**is**
    [变量、常数等声明语句]；
  **begin**
     [顺序执行语句]；
  **end** [过程名]；

方括号[]中的内容是可选项。其中，过程名后括号中的内容是接口参数列表，过程执行中要用到的所有参数应列在紧跟过程名后的括号内，但可以没有参数。接口参数包括了信号、变量、子类型、常数和端口名，端口方向包括输入（in）、输出（out）和输入/输出（inout）。在列出接口参数时应指明参数的方向和参数的数据类型。如果有的参数的数据类型不一致，应用分号隔开单独指明该参数的方向、数据类型。如果参数是信号，应在该参数前用关键字 signal 指明是信号。在没特别指明的默认情况下，输入（in）参数在处理过程中被认为是常数，而输出（out）和输入/输出（inout）在处理过程中被认为是变量，并按变量方式进行赋值。当过程的执行语句结束以后，在过程内所传递的输出和输入/输出参数值，将被复制到调用者的 out 和 inout 所指定的信号或变量中。

过程名的声明部分通常放在包标题的声明中以供调用，而过程体则放在包体中。过程体中的声明语句用于声明过程执行语句所要用到的变量、常数等，不能在这里声明信号。顺序执行语句是过程的主体，完成过程的预定功能，若没有这些执行语句，则过程为空过程，这在语法上是允许的。

### 2．过程语句的调用

过程只有在调用时才被启动。在调用过程时，其参数的传递分为位置映射和名称映射。

（1）过程调用时参数的位置映射

采用位置映射方式传递参数，各参数间用逗号分隔，按位置进行传递，因此位置顺序不能写错。其书写格式如下：

> 过程名 [用逗号分隔的信号、变量、常数列表等输入参数，
> 　　　　用逗号分隔的信号、变量列表等输出参数]；

（2）过程调用时参数的名称映射

采用名称映射方式传递参数，各参数间用逗号分隔，按被调过程声明中的参数名称=>调用时参数名称进行传递，因此参数的位置顺序可以与过程声明中的位置不同。其书写格式如下：

> 过程名 [被调过程输入参数名=>调用输入参数名称列表，
> 　　　　被调过程输出参数名=>调用输出参数名称列表]；

如果所声明的过程没有参数，则在调用过程时也没有参数，故方括号中的内容是可选的。调用过程时，参数列表中的各参数都统一用逗号分隔，不再指明方向和数据类型，但这些参数的位置顺序必须与过程声明中的顺序一致，如果有信号应在信号前用 signal 指明。

【例 4-8】 用过程语句编写完成 1 位全加器功能的程序。

```
library IEEE;                                 --声明使用 IEEE 库
use IEEE.std_logic_1164.all;                  --声明实体使用 std_logic_1164 程序包
package alu is                                --声明包标题名为 alu
  procedure adder (a1, b1, c0: in std_logic;  --声明过程名和 3 输入变量
               signal s1, c1: out std_logic); --声明 2 输出信号参数
end alu;                                       --结束包标题 alu 的声明
package body alu is                            --声明 alu 程序包体
  procedure adder (a1, b1, c0: in std_logic;   --声明过程体 adder 和输入变量
               signal s1, c1: out std_logic) is --声明过程体 2 输出信号参数
  variable x: std_logic;                        --声明过程体中要使用的变量 x
  begin                                         --开始过程体中执行语句的描述
    x: = a1 xor b1;                             --加法器低位有一个数为 1 时 x 输出 1
    s1 <= x xor c0;                             --加法器进位位、两个低位奇数个 1 时输出 1
    c1 <= (a1 and b1) or (x and c0);            --低位全 1 或一个低位且进位为 1 时输出 1
  end adder;                                    --结束对加法器过程体的描述
end alu;                                        --结束对 alu 程序包体的描述
过程调用：
library IEEE;                                   --声明使用 IEEE 库
use IEEE.std_logic_1164.all;                    --声明实体使用 std_logic_1164 程序包
use work.alu.all;                               --声明要使用 work 中的 alu 程序包
entity ex4_8 is                                 --声明实体名为 ex4_8
  Port (a1in, b1in, c0in: in std_logic;         --端口 a1in、b1in、c0in 为输入
            s1out, c1out: out std_logic);       --声明 s1out、c1out 为逻辑型输出
end ex4_8;                                       --结束对实体的声明
architecture bhv of ex4_8 is                     --声明 bhv 为实体 ex4_8 的一个结构体
begin                                            --声明结构体 bhv 开始
```

```
    adder (alin, blin, c0in, slout, clout);        --调用过程 adder，并传递参数
  end rtl;                                          --结束对结构体的描述
```

运行程序所生成的电路模块如图 4-5 所示，图中方框为上层模块，方框内的电路为下层电路。本例中过程名为 adder，在参数声明中，输入参数 a1、b1、c0 前未使用关键字 signal，因此这 3 个参数在过程执行中按常数处理。输出参数 s1、c1 前加入了关键字 signal 指明这是信号，故在过程中按信号进行赋值和处理。过程体中使用变量 x 的目的是通过事例说明过程体中对变量的声明。如果不用 x，可合并两句为 s1 <= a1 **xor** b1 **xor** c0。过程调用程序中的 use work.alu.all 是必需的，否则进行语法检查时会报错，提示不认识符号 adder。对库名 work 的声明 library work 则可省略。在调用过程时，过程的位置可在并行执行的结构体中，也可在顺序执行的进程中。过程中的输出信号如果是实体端口的输出引脚，如本例中的 s1out、c1out，则过程输出信号直接送到输出端口，否则可在程序中为其他信号或变量赋值。

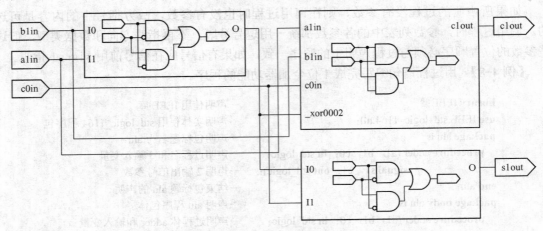

图 4-5　例 4-8 生成的 1 位全加器电路模块

上面程序中采用的是按位置传递参数，如果是按名称传递参数，则调用语句可改写为：

```
    adder (a1=>alin, b1=>blin, c0=>c0in, s1=>slout, c1=>clout);
```

两种调用方法效果相同，但采用名称传递参数书写要复杂些，故多用位置传递参数法。

### 4.3.4　函数语句的描述

函数语句是一种使用很广的子程序语句，常放在程序包中供其他程序调用。

**1. 函数语句的声明**

对函数的描述包括对函数名的声明和对函数体的声明两部分，书写格式叙述如下。

函数名声明部分：

**function** 函数名 [用逗号分隔的信号、变量、常数等列表：类型声明]

　　　　　　　　　　　　　　　**return** 数据类型名；

函数体声明部分：

> **function** 函数名[用逗号分隔的信号、变量、常数等列表：类型声明]
>
> $\qquad\qquad\qquad\qquad\qquad\qquad\qquad$ **return** 数据类型名 **is**
>
> $\quad$ [变量、常数等声明语句]；
>
> **begin**
>
> $\quad$ [顺序执行语句]；
>
> $\quad$ **return** [返回变量名]；
>
> **end** [函数名]；

其中，括号[] 内的部分是可选的，即函数可以没有参数。函数参数列表中声明的参数全是输入参数，故关键字 in 也就去掉了。输入参数可以是信号、变量、常数等。如果输入参数是信号，应在信号前用关键字 signal 指明。函数输出值通过关键字 return 返回。

函数体声明部分的参数应与函数名声明部分的参数一致。函数体声明部分中的变量、常数等声明语句用于声明函数中要用到变量、常数，不能在这里声明信号。顺序执行语句是函数的主体，完成函数的预定功能，若没有这些执行语句，则函数为空函数，这在语法上是允许的，但是必须声明函数返回值的类型。

同过程一样，函数的说明部分通常放在程序包的说明部分，而函数体则放在程序包体内，这并没有被规定，也即它们可以放在程序的其他地方，只是便于在调用库时使用库中的程序包，从而系统地应用程序包中统一放置的各种预先编制好的通用函数。

**2．函数语句的调用**

函数只有在调用时才被启动。在调用函数时，其参数的传递分为位置映射和名称映射。

（1）函数调用时参数的位置映射

采用位置映射方式传递参数，各参数间用逗号分隔，按位置进行传递，因此位置顺序不能写错。其书写格式如下：

$\quad$ 信号或变量名<=函数名 [用逗号分隔的信号、变量、常数等列表]；

（2）函数调用时参数的名称映射

采用名称映射方式传递参数，各参数间用逗号分隔，按被调函数声明中的参数名称=>调用时参数名称进行传递，因此参数位置顺序可以与过程声明中的位置顺序不同。其书写格式如下：

$\quad$ 信号或变量名<=函数名 [被调函数输入参数名=>调用函数输入参数名称列表]；

函数的输入参数值由调用函数复制到输入参数中，如果没有特别指定，这些参数在函数语句中按常数处理。

**【例 4-9】** 用函数语句编写完成 a1、b1 两个 1 位二进制码的比较器运算功能的程序，如果 a1≥b1 输出为真，否则为假。

```
library IEEE;                                     --声明使用 IEEE 库
use IEEE.std_logic_1164.all;                      --声明实体使用 std_logic_1164 程序包
package alu is                                     --声明包标题名为 alu
    function comparator (a1，b1：std_logic) return std_logic；  --声明函数名
end alu;                                           --结束包标题 alu 的声明
package body alu is                                --声明 alu 程序包体
```

```
function comparator (a1，b1：std_logic) return std_logic is    --声明函数名
    variable x：std_logic；                                      --声明函数体中要使用的变量
    begin                                                        --开始函数体中执行语句的描述
      if a1>=b1 then                                             --如果 a1 大于等于 b1，则
        x：= '1'；                                                --x 输出高电平
      else                                                       --否则
        x：= '0'；                                                --x 输出低电平
      end if；                                                    --结束条件语句
      return x；                                                  --返回函数输出值
    end comparator；                                             --结束函数体 comparator 的描述
end alu；                                                         --结束对 alu 程序包体的描述
```

函数调用：

```
library IEEE；                                                   --声明使用 IEEE 库
use IEEE.std_logic_1164.all；                                    --声明实体使用 std_logic_1164 程序包
use work.alu.all；                                               --声明要使用 work 中的 alu 程序包
entity ex4_9 is                                                 --声明实体名为 ex4_9
    Port (a1in，b1in：in    std_logic；                           --端口 a1in、b1in 为逻辑型输入
                 s1out：  out std_logic)；                        --声明 s1out 为逻辑型输出
end ex4_9；                                                       --结束对实体的声明
architecture bhv of ex4_9 is                                    --声明 bhv 为实体 ex4_9 的一个结构体
begin                                                            --声明结构体 bhv 开始
    s1out<=comparator(a1in，b1in)；                               --调用函数 comparator，并传递参数
end bhv；                                                         --结束对结构体的描述
```

　　运行程序所生成的电路模块和仿真波形如图 4-6 所示。图中只有 a1 为低电平且 b1 为高电平时才输出低电平。图中方框为程序生成的上层模块图，方框中的电路为下层电路。

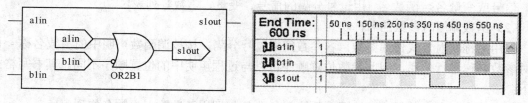

图 4-6　例 4-9 生成的 1 位比较器电路模块与仿真波形

　　函数调用程序中的 use work.alu.all 是必需的，否则进行语法检查时会报错，提示不认识符号 comparator。对库名 work 的声明 library  work 则可省略。在调用函数时，函数的位置可在并行执行的结构体中，也可在顺序执行的进程中。

　　上面程序中采用的是按位置传递参数，如果是按名称传递参数，则函数调用语句可改写为：

```
s1out<=comparator(a1=>a1in，b1=>b1in)；
```

　　两种调用方法效果相同，但采用名称传递参数书写要复杂些，故多用位置传递参数法。

## 4.4　结构体描述方法

在编写结构体中的内容时，按照对硬件行为和功能的描述方法不同，通常可采用三种不同的风格来组织程序，即可对结构体按照行为描述方式、寄存器传输级方式和结构化描述方式来组织程序内容。

### 4.4.1　结构体的行为描述方式

采用行为描述方式来组织程序的结构体设计，主要用于对系统的数学模型或工作原理进行仿真。在 VHDL 中设计有专用于系统硬件在高层次上进行行为描述的语句，如算术运算、关系运算、惯性延时、传输延时等。但受芯片制造工艺的局限，采用行为描述方式编写的程序难于进行逻辑综合或实现，甚至有的根本就不能进行逻辑综合或实现，也有的软件开发平台会忽略这些不能实现的描述，这是用这种方式编程的缺点。造成这些问题的主要原因在于采用行为描述方式来编程时，可能会用到延时语句、时间类型数据、实型数据以及相关的类属语句描述等可编程 ASIC 芯片难于实现的目标。因此行为描述是对系统数学模型的抽象描述。

用于结构体行为描述的语句主要有代入语句、延时语句、类属语句、进程语句、块语句、子程序等。

#### 1. 延时语句

在 VHDL 中的延时语句有惯性延时（Inertial）和传输延时（Transport）两种。延时语句在 VHDL 中只用于行为仿真。例如延时语句让信号延迟 3s 后再赋给另一信号，但事实上信号是不可能在芯片中停止 3s 的，故芯片无法实现该语句要求的功能，这样在对 VHDL 程序进行逻辑综合时，该延时语句将被忽略。

惯性延时指当系统或器件输入信号要发生变化时，由于存在一定的惰性而不会立即使输出发生改变，必须有一段时间的延时，其延时时间称为系统或器件的惯性延时。惯性延时是 VHDL 中默认的延时，如不做特殊声明，在各延时语句中指出的延时均为这种延时。

惯性延时具有这样的特点，当一个系统或器件的输入信号持续时间少于系统或器件的惯性延时，其输出将保持不变。其结果是在输入信号值维持期间，如果存在任何毛刺、短脉冲等周期少于器件本身的惯性延时的变化，输出信号的值将保持不变，只有持续时间大于器件惯性延时的信号能引起器件输出的变化。

惯性延时的书写格式如下：

信号量<= [**inertial**] 敏感信号量表达式 **after** 延时时间量；

由于惯性延时是 VHDL 默认的延时，故在惯性延时格式中方括号内的 inertial 可省略。

传输延时指信号经过总线、连接线以及 ASIC 芯片的相关路径时，由于信号在传输过程中存在充放电所产生的延时。在 VHDL 中，传输延时不是默认的延时，必须在相应语句中明确声明。由传输线引起的延时是一种连线传输延时，在这种延时中，不管输入脉冲持续时间有多短，都会在输出端产生一个与输入信号相同但具有指定延时值的输出信号。传输延时

适用于对延时线器件、PCB 上的连线延时和 ASIC 芯片上通道延时的描述。

传输延时的书写格式如下：

信号量<=**transport** 敏感信号量表达式 **after** 延时时间量；

传输延时格式中的关键字 transport 不能省。

【**例 4-10**】 比较惯性延时和传输延时对代入信号的响应。

| | |
|---|---|
| **library** IEEE； | --声明实体所使用的库为 IEEE |
| **use** IEEE.std_logic_1164.**all**； | --声明实体使用 std_logic_1164 程序包 |
| **entity** ex4_10 **is** | --声明实体名为 ex4_10 |
| **Port** ( sgl： **in**　std_logic； | --声明端口 sgl 为逻辑型输入 |
| 　si10，st10，si50，st50： **out** std_logic)； | --声明 4 个输出为逻辑型 |
| **end** ex4_10； | --结束对实体的声明 |
| **architecture** bhv **of** ex4_10 **is** | --声明实体 ex4_10 的结构体名为 bhv |
| **begin** | --声明结构体 bhv 开始 |
| 　si10<=**inertial** sgl **after** 10ns； | --惯性延时 10ns 后将输入 sgl 赋给 si10 |
| 　st10<=**transport** sgl **after** 10ns； | --传输延时 10ns 后将输入 sgl 赋给 st10 |
| 　si50<=**inertial** sgl **after** 50ns； | --惯性延时 50ns 后将输入 sgl 赋给 si50 |
| 　st50<=**transport** sgl **after** 50ns； | --传输延时 50ns 后将输入 sgl 赋给 st50 |
| 　**end** bhv； | --结束对结构 bhv 的描述 |

运行例 4-10 程序得图 4-7 所示仿真波形。在图 4-7 中，输入信号 sgl 在 20ns 处由低电平变为高电平，经过 10ns 惯性延时后，系统检测到 sgl 仍为高电平，便将高电平赋给 si10，在 90ns 时系统检测到 sgl 已为低电平，便将 si10 复

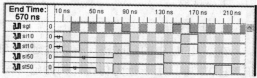

图 4-7　惯性延时与传输延时比较

位。同样，在 140ns 时 sgl 再次为高电平，si10 也在延时 10ns 后被再次置为高电平，并在持续 20ns 后被置低电平。si50 则不同，它要求经过 50ns 惯性延时后才赋值，因此在 70ns 时对输入信号 sgl 进行检测，此时 sgl 为高电平，故 si50 输出高电平，并在 130ns 时检测到 sgl 为低电平，因此输出低电平。但在 140ns 处当 sgl 再次为高电平时，由于需要惯性延时 50ns，故在 190ns 处检测输入信号 sgl，此时该信号已为低电平，故 si50 此时输出仍为低电平并一直保持该电平不变。而输出信号 st10、st50 由于采用的是传输延时，波形与输入信号完全相同，只是其电平变化分别比输入延时 10ns 和 50ns。

### 2. 信号的多源驱动

在总线应用中，常会遇到多个信号源为一个输出引线提供驱动的情况，这时会遇到图 4-8 中所示情况。图中敏感量 a 和 b 都为 y 提供驱动，但由于图 4-8a 是进程语句，语句是顺序执行的，y 在先被赋以 a 值后，在下一句中被赋以 b，结果 y 中最后的信号为 b。但在图 4-8b 中，

| process　(a, b) | architecture multp of sample is |
|---|---|
| begin | begin |
| 　y<=a； | 　y<=a； |
| 　y<=b； | 　y<=b； |
| end process； | end multp； |
| a) | b) |

图 4-8　顺序与并行执行语句中多源信号驱动

a) 顺序执行语句　b) 并行执行语句

由于结构体中的语句是并行执行，y 被同时赋以 a 和 b 值，y 的输出为二者的结合，当 a=0、

b=1 时，y 应为何值呢？为此在 std_logic_1164 包中专门定义了判决函数，用这个判决函数来解决在多源驱动时究竟应输出哪一个值。

【例 4-11】　IEEE 库中 std_logic_1164 包内，关于 std_ulogic 类型数据的声明和判决函数输出部分的解读。

```
package std_logic_1164 is              --声明程序包标题名为 std_logic_1164
  type std_ulogic is   ('U',           --  'U' 表示未被初始化的值
                        'X',           --  'X' 表示强不知道的值
                        '0',           --  '0' 表示信号值为强 0
                        '1',           --  '1' 表示信号值为强 1
                        'Z',           --  'Z' 表示信号值为高阻抗
                        'W',           --  'W' 表示弱不知道的值
                        'L',           --  'L' 表示信号值为弱 0
                        'H',           --  'H' 表示信号值为弱 1
                        '_'            --  '_' 表示信号值为任意项
  type std_ulogic_vector is array   ( natural range <> )  of std_ulogic；
                                       --声明类型为无符号数逻辑矢量
  function resolved  ( s：std_ulogic_vector )   return std_ulogic；
                                       --声明判决函数，参数为无符号数逻辑矢量
  subtype std_logic is resolved std_ulogic   --声明子类型 std_logic
  type std_logic_vector is array   ( natural range <>) of std_logic；
                                       --声明标准逻辑矢量类型
  end std_logic_1164；                 --结束对包标题的声明
  package body std_logic_1164 is       --声明 std_logic_1164 程序包体
  type stdlogic_table is array（std_ulogic， std_ulogic）of std_ulogic；
                                       --声明二维标准逻辑类型表
  constant resolution_table：stdlogic_table：=（--声明常数并赋值
  --   ─────────────────────────────────────────────
  --|  U    X    0    1    Z    W    L    H    -    |  |
  --   ─────────────────────────────────────────────
    （ 'U'，'U'，'U'，'U'，'U'，'U'，'U'，'U'，'U'），  --|U|未初始化
    （ 'U'，'X'，'X'，'X'，'X'，'X'，'X'，'X'，'X'），  --|X|强不知道
    （ 'U'，'X'，'0'，'X'，'0'，'0'，'0'，'0'，'X'），  --|0|强 0
    （ 'U'，'X'，'X'，'1'，'1'，'1'，'1'，'1'，'X'），  --|1|强 1
    （ 'U'，'X'，'0'，'1'，'Z'，'W'，'L'，'H'，'X'），  --|Z|高阻抗
    （ 'U'，'X'，'0'，'1'，'W'，'W'，'W'，'W'，'X'），  --|W|弱不知道
    （ 'U'，'X'，'0'，'1'，'L'，'W'，'L'，'W'，'X'），  --|L|弱 0
    （ 'U'，'X'，'0'，'1'，'H'，'W'，'W'，'H'，'X'），  --|H|弱 1
    （ 'U'，'X'，'X'，'X'，'X'，'X'，'X'，'X'，'X'））；  --|-|任意项
  function resolved  ( s：std_ulogic_vector )   return std_ulogic is
                                       --声明判决函数
    variable result：std_ulogic：= 'Z'；--声明变量 result 并赋初值为高阻抗
  begin                                --声明判决函数开始
    if （s'length = 1）  then return s（s'low）；  --如果参数只有 1 位，返回该位
    else                               --否则如果参数不止 1 位，执行下面判断
      for i in s'range loop            --从 i=0 到输入矢量的位长度循环执行判断
```

```
            result: =resolution_table（result，s（i））；      --为 result 赋值
          end loop;                                         --结束循环
        end if;                                             --结束条件判断
          return result;                                    --返回判断结果
      end resolved;                                         --结束判断函数
    end std_logic_1164;                                     --结束程序包体
```

该程序是 std_logic_1164 包中，关于 std_ulogic 类型数据的声明和判决函数的输出部分的描述。根据声明，std_ulogic 类型数据可以有 9 种不同的状态值：'U' 表示未被初始化的值，'X' 表示强不知道的值，'0' 表示信号值为强 0，'1' 表示信号值为强 1，'Z' 表示信号值为高阻抗，'W' 表示信号值为弱不知道的值，'L' 表示信号值为弱 0，'H' 表示信号值为弱 1，'-' 为任意项，表示系统不可能出现的状态。std_logic 是 std_ulogic 的子类型，二维数组 stdlogic_table 也是 std_ulogic 的子类型，resolution_table 规定了多值输入的判决规则，该判决以初值为高阻 'Z' 开始，用 for 循环语句逐一对多驱动信号进行判决。

【例 4-12】 举例说明判决函数的工作原理。已知 s=（'0'，'X'，'1'），用上述判决函数求结果 result 的值。

由于输入 s 有三个参数，即有三根线同时输出到某一根线上，故判决函数中的条件（s'length=1）不满足，执行 else 后面的部分的判决，并按照 for 循环依次对'0'，'X'，'1'三个参数逐一进行判决。根据上述判决函数，第一次循环的执行情况如下：

先找 resolution_table 的横坐标 'Z' 行，再查纵坐标'0'列，得交叉点的值为'0'即 result: =resolution_table（'Z'，'0'）='0'；

第二次循环：以上次运算的结果取代初值 'Z'，即现在 result: ='0'，从 resolution_table 的横坐标'0'行，纵坐标 'X' 列，得 result: = resolution_table（'0'，'X'）= 'X'；

第三次循环：以第二次运算的结果 result: = 'X'，取代第一次运算的结果 result ='0'，从 resolution_table 的横坐标 'X' 行，纵坐标'1'列，得 result: =resolution_table（'X'，'1'）= 'X'；即该三个驱动信号的综合结果为输出 'X'。

同样的方法，当 s=（'0'，'Z'，'W'，'Z'）时，输出为'0'。

虽然经判决函数判决后能有一确定值输出，但该值不一定就是要求的输出，为保证得到预定的输出，可在电路中添加控制使能信号 en 来限定输入，使输出是个唯一的值。

【例 4-13】 在电路中添加控制使能信号 en 控制多源驱动的输出。

```
library IEEE;                              --声明使用 IEEE 库
use IEEE.std_logic_1164.all;               --声明实体使用 std_logic_1164 程序包
entity ex4_13 is                           --声明实体名为 ex4_13
    Port ( ain，bin，en：in   std_logic;    --声明端口 ain、bin、en 为逻辑型输入
                   bus0：out std_logic);    --声明端口 bus0 为逻辑型输出
end ex4_13;                                 --结束对实体的声明
architecture bhv of ex4_13 is              --声明实体 ex4_13 的结构体名为 bhv
begin                                       --声明结构体 bhv 开始
  bus0<=ain when en= '1'   else            --如果 en 为高电平，输入 ain 接到输出
            bin when en= '0'  else         --如果 en 为低电平，输入 bin 接到输出
            'X';                            --否则输出 'X'
end bhv;                                    --结束对结构体 bhv 的描述
```

运行上面程序得图 4-9 所示电路。本例中输出 bus0 与两个输入信号 ain、bin 相接，是一个二输入多源驱动。为了让输出线 bus0 上得到一个确定的输入，加入了一个控制信号 en。当 en='1'时，bus0 线与输入端驱动源 ain 相连接，而当 en='0'时，bus0 线与输入端驱动源 bin 相连接，从而有效地解决多源驱动时出现的不确定输出。

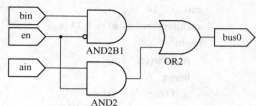

图 4-9　用 en 控制多源驱动输出

### 3. 多态数值系统

在设计数字系统时，有时会将不同规格的器件连接起来，如 ECL、TTL、CMOS、MOS 等，这些器件之间的逻辑电平是不一致的，为了描述这些器件引线上可能呈现的电平，人们采用了多种数值系统来描述可能出现的情况。包括二态('0'、'1')、三态（'X'、'0'、'1'）、四态（'X'、'0'、'1'、'Z'）、九态、十二态和四十六态数值系统。

① 二态数值系统。在最常见的二态数值系统中，只有逻辑'1'和逻辑'0'两种取值的可能，如 bit 数据类型就只有这两种状态，其数据的类型声明为：

**type bit is** ('0'，'1')；

② 三态数值系统。在多源驱动的情况下，如果连接在总线的一根线的输出是逻辑'0'，另一根线的输出是逻辑'1'，这时二态系统就不能反映总线上的真实情况，因此引入 'X' 状态形成三态数值系统。三态数据类型声明为：

**type** threestate **is** ('X'，'0'，'1')；

在 VHDL 中常用 'X' 来表示未知的不确定状态。'X' 所表达的值可能是'0'，也可能是'1'，还可能是 0～5V 之间的电压值，但具体是何值并不能确定。引入 'X' 的好处是，可以用 'X' 表示启动系统时信号的不确定值，此后该值被电路的后继状态所改写。这样在系统仿真开始时，由于各信号的值尚不能确定，故先给每个信号赋一个 'X' 值，当输入信号加入后，就会改写初始启动时的 'X' 值。

③ 四态数值系统。当有多根信号线驱动一根总线时，有时需要指定一根信号线输出，而其他信号线对总线不起作用，这就引出集电极开路输出方式，此时集电极输出为高阻抗 'Z' 状态。这样就形成了四态数值系统，其数据类型声明为：

**type** fourstate **is** ('X'，'0'，'1'，'Z')；

高阻态 'Z' 的引入，解决了多个信号源驱动一条信号线以及信号线的双向驱动等问题。当连接在总线上的某线输出为高阻态时，不会对该总线上的现有其他信号值产生影响。

**【例 4-14】** 利用使能信号 en 控制总线的高阻和数据输出。当 en=1 时总线 aout 未被选通，输出高阻抗。当 en=0 时，总线 aout 被选通，输出 bin。

```
library IEEE；                      --声明使用 IEEE 库
use IEEE.std_logic_1164.all；       --声明实体使用 std_logic_1164 程序包
entity ex4_14 is                    --声明实体名为 ex4_14
    Port ( en: in  std_logic；       --声明端口 en 为逻辑型输入
```

```
    bin: in std_logic_vector(7 downto 0);        --声明 bin 为 8 位矢量输入
    aout: out std_logic_vector(7 downto 0));     --声明 aout 为 8 位矢量输出
end ex4_14;                                       --结束对实体的声明
architecture bhv of ex4_14 is                     --声明实体 ex4_14 的结构体名为 bhv
begin                                             --声明结构体 bhv 开始
  process(en, bin)                                --声明进程, 敏感量为 en、bin
  begin                                           --声明进程开始
    if (en= '1') then                             --如果 en 为高电平
        aout<= "ZZZZZZZZ";                        --总线 aout 的每根线输出高电平
    else                                          --否则如果 en 为低电平
        aout<=bin;                                --将输入总线 bin 的值赋给输出总线 aout
    end if;                                       --结束条件判断语句
  end process;                                    --结束进程
end bhv;                                          --结束结构体
```

运行上面程序得图 4-10 所示电路模块和输出信号波形。当输入 en 为高电平时, 输出 aout 为高阻抗, 当 en 为低电平时, 输出 aout 为 bin 的数据。

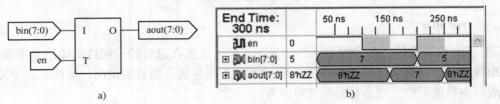

图 4-10  用 en 控制高阻和数据输出

【例 4-15】  利用片选信号 en 控制总线的高阻和双向输出。当 en=1 时, 总线 aio、bio 未被选通, 输出高阻抗。当 en=0 时, 如果方向选择信号 dr=1, 信号从总线 aio 输入 bio 输出, 当 dr=0 时, 信号从总线 bio 输入 aio 输出。

```
library IEEE;                                     --声明使用 IEEE 库
use IEEE.std_logic_1164.all;                      --声明实体使用 std_logic_1164 程序包
entity ex4_15 is                                  --声明实体名为 ex4_15
  Port ( en, dr: in  std_logic;                   --声明端口, en、dr 为逻辑型输入
    aio, bio: inout std_logic_vector(7 downto 0)); --aio、bio、bus0 为双向
end ex4_15;                                        --结束对实体的声明
architecture bhv of ex4_15 is                      --声明 bhv 是实体 ex4_15 的一个结构体
begin                                             --声明结构体 bhv 开始
  process(aio, dr, en)                            --声明进程, 敏感量为 aio、dr、en
    variable bout: std_logic_vector(7 downto 0);  --声明 8 位中间变量 bout
  begin                                           --声明进程开始
    if (en= '0') and (dr= '1') then               --如果 en 为低且 dr 为高
      bout: =aio;                                 --信号从总线 aio 输入, bio 输出
    else                                          --否则
      bout: = "ZZZZZZZZ";                         --bio 输出为高阻抗
    end if;                                       --结束条件判断语句
    bio<=bout;                                    --将变量带出进程, 赋给输出总线 bio
```

```
    end process；                        --结束进程
    process(bio，dr，en)                 --声明进程，敏感量为 bio、dr、en
       variable aout：std_logic_vector(7 downto 0)；  --声明 8 位中间变量 aout
    begin                                --声明进程开始
       if (en= '0') and (dr= '0') then  --如果 en、dr 均为低电平
          aout：=bio；                   --信号从总线 bio 输入，aio 输出
       else                              --否则
          aout：= "ZZZZZZZZ"；           --aio 输出为高阻抗
       end if；                          --结束条件判断语句
       aio<=aout；                       --将变量带出进程，赋给输出总线 aio
     end process；                       --结束进程
   end bhv；                             --结束对结构体 bhv 的描述
```

　　运行上面程序得图 4-11 所示电路模块。当 en、dr 均为低电平时，二或门电路 OR2 输出低电平给三态门 A 控制器控制端 T，使 bio 通过三态门控制器输出到 aio。当 en 为低电平，

dr 为高时，二或门单端输入反向电路 OR2B1 输出低电平给三态门 B 控制器控制端 T，使通过三态门控制器输出 aio 到 bio。当 en 为高电平时，两个三态门控制端 T 为高电平，控制器控制端 O 为高阻抗输出。aio、bio 的信号被三态门高阻抗隔离。如果外部回到 aio、bio 的信号是某一数据，则该值不受三态门输出影响，这两条总线上的值将保持不变。

　　④ 九态数值系统。由于 NMOS 电路中 '0' 的强度比 '1' 的值强，而在 PMOS 电路中 '1' 的强度比 '0' 的值强，在 NMOS 和 PMOS 电路

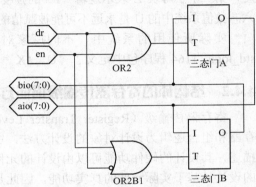

图 4-11　高阻和双向输出模块

中，如果某一节点处于三态时电荷将被储存，节点将维持原来值，故引入九态系统来表达信号的强度值。九态系统由 3 种强度和 3 种逻辑组成。3 种强度分别是高抗 'Z'、电阻 'R' 和强强度 'F'。当引线与集电极开路的晶体管、MOS 晶体管相连接时，信号强度为 'Z'；当引线经过电阻与电源正或负相连接时，强度为 'R'；当引线与电源正或负相连接时，强度为 'F'。3 种逻辑值为 '0' '1' 'X'。九态数值系统数据类型声明为：

```
    type ninestate is (Z0, Z1, ZX, R0, R1, RX, F0, F1, FX );
```

其中，Z0 表示高阻强度的逻辑 '0'，Z1 表示高阻强度的逻辑 '1'，ZX 表示高阻强度的逻辑 'X'，R0 表示电阻强度的逻辑 '0'，R1 表示电阻强度的逻辑 '1'，RX 表示电阻强度的逻辑 'X'，F0 表示强强度的逻辑 '0'，F1 表示强强度的逻辑 '1'，FX 表示强强度的逻辑 'X'。F0、F1、FX 很像三态数值系统中的 '0' '1' 'X'，区别在于这里加了一个强度值，表示与电源地、电源正相连接。电阻强度的 R0、R1、RX 表示与上拉电阻或下拉电阻相接。四态数值系统中的状态值 'Z' 作为强度值来表示，Z0、Z1、ZX 表示电荷所存储的逻辑值，高阻强度是 3 种强度中最弱的一种强度，用来描述 NMOS、PMOS 和 CMOS 器件的门电路断开时，在分布电容上所存储的电荷数量。如果 MOS 器件关断，其输出为高阻抗，关

断前输出为'0'，该值将一直保持，称为 Z0；关断前输出为'1'，则输出值为 Z1。

⑤ 十二态数值系统。如果某信号线上的值是'X'，则该值会向后级扩散和传递，导致系统中其他部分都变为不确定值，为避免这种情况，在十二态数值系统中增加了一个'U'强度。'U'强度表示一个未知强度，可能表示 R、Z 和 F 强度，如同'X'可以表示'0''1'一样。'U'通常用来表示开关门控值为'X'的输出强度。十二态数值系统数据类型声明为：

　　　　**type** twelvestate **is** (Z0，Z1，ZX，R0，R1，RX，F0，F1，FX，U0，U1，UX )；

⑥ 四十六态数值系统。四十六态数值系统可支持 TTL、COMS、NMOS、ECL、TTLOC 电路 5 种不同类型的工艺技术，该系统增加了新的值 W0、W1 和 D。W 称为弱电阻强度，是介于高阻和电阻强度之间的另一种强度值，通常用于存储器和弱上拉电阻等的建模。D 表示该结点没有电容，且不能存储电荷的值，相当于网络被切断的情况。四十六态数值系统中，每个信号值采用区间标识的方法来表示。例如状态名称为 FZX，第一个字母 F 表示逻辑'0'的强度，第二个字母表 Z 表示逻辑'1'的强度，字母 X 表示跨越'0'值和'1'值的范围。四十六态数值系统中的 U 是永远不可能被赋值的，只表示信号的未初始化的状态。

实际所使用的系统中，不同厂家对系统状态的定义及符号的使用会有所不同，如 std_logic_1164 程序包中定义了'U''X''0''1''Z''W''L''H''–'共 9 个状态。

## 4.4.2　结构体的寄存器传输级描述方式

寄存器传输级（Register Transfer Level，RTL）描述方式也称数据流方式，是一种以寄存器和组合逻辑为设计对象的设计方法，主要采用通常的逻辑方程、顺序控制方程、子程序描述，其设计的硬件功能可以由设计的元件明显地给出，也可通过推论隐含地给出。由于它的设计是基于实际元件的真实功能，因此是真正可以进行逻辑综合的描述方式，而行为描述方式编写的 VHDL 程序只有在改写成 RTL 描述方式后才能进行逻辑综合。这种改写简单地讲就是改写行为描述中与延时有关的语句和实数类型等，因为这些语句是不能进行综合的。

### 1. 功能描述和硬件一一对应的 RTL 描述方式

在用 RTL 描述方式进行编程时，主要有功能描述的 RTL 描述方式和硬件一一对应的 RTL 描述方式两种。其中第一种方式在描述时，只关心设计对象对外应满足的功能或逻辑方程，而不纠缠于这些功能在硬件中具体是怎样实现的细节，把硬件的内部看作黑盒子，这种方法的设计难度相对要小些。第二种设计方式则必须了解电路内部是怎样形成的，采用了哪些器件，它们之间是如何连接的，它的好处是对硬件结构及时序关系比较清楚，便于发现问题和修改。下面用这两种方法重新编写例 4-13 的二选一电路，注意体会它们之间在表现方式上的区别。

【例 4-16】　对二选一电路用功能描述方法和硬件一一对应方法进行编程。

① 对二选一电路的功能描述方法编程。

```
architecture selector of ex4_16 is      --声明 selector 是实体 ex4_16 的一个结构体
begin                                    --声明结构体 selector 开始
    bus0<=ain when en= '1' else          --en 为高，ain 输出到 bus0，否则
          bin;                           --en 为低，bin 输出到 bus0
end selector;                            --结束对结构体的描述
```

② 对二选一电路的硬件——对应方法编程。

```
architecture selector of ex4_16 is        --声明 selector 是实体 ex4_16 的结构体
    signal tmp1，tmp2，tmp3：std_logic；   --声明 3 个中间信号为逻辑型
begin                                      --声明结构体 selector 开始
    tmp1<=ain and en；                     --ain 同 en 相与后，赋给 tmp1
    tmp2<=bin and (not en)；               --bin 同 en 非相与后，赋给 tmp2
    tmp3<=tmp1 or tmp2；                   --tmp1 同 tmp2 相或后，赋给 tmp3
    bus0<=tmp3；                           --tmp3 赋给输出 bus0
end selector；                             --结束对结构体的描述
```

从例 4-16①的程序中只能知道硬件对外具有二选一的功能，不能得知它是由哪些逻辑单元组成的及怎样组成的；而例 4-16②则可写出对应的布尔方程并画出对应的逻辑电路。尽管例 4-16 可用两种方法进行描述，但所生成的电路结构与例4-13 所生成的电路结构图4-14 完全相同。

在用 RTL 描述方式进行编程时使用寄存器或组合逻辑有如下区别：

描述寄存器通常要用到时钟信号作为敏感量，但有时钟信号未必生成寄存器。**if** 条件语句的条件若未完全指定，则隐含指明要生成寄存器或锁存器。**if** 条件语句的条件若已完全指定，不论是否使用 **else** 语句，都隐含指明只生成组合逻辑。

【例 4-17】　生成寄存器和组合逻辑电路结构的 RTL 描述比较。

```
① 生成寄存器电路结构的 RTL 描述          ② 生成组合逻辑电路结构的 RTL 描述
process（clk，a）                        process（clk，a，b）
begin                                    begin
    if（clk'event and clk= '1'）  then        if（clk='1'）  then y<=a；
      y<=a；                                  elseif （clk='0'）  then y<=b；
    end if；                                  else y<='X'；
end process；                                 end if；
                                         end process；
```

在例 4-17①对寄存器的 RTL 描述中，由于只描述了 clk 在上升沿到达时的 y 应得到何值，clk 的其他状态并没有得到充分的描述，y 不知道当 clk 在其他状态时应赋何值，故只能保持过去值，这就需要生成寄存器或锁存器。而在 4-17②的 RTL 描述中，由于 clk 描述了clk 各种可能出现的情况，并指明了 y 相应的赋值，这样 y 在任何时候的赋值只与当前的输入有关，与过去值无关，就无需生成寄存器或锁存器，而只需要生成组合逻辑电路即可建立起输入与输出的关系。

**2. 组合逻辑电路设计方法**

一般地讲，采用 VHDL 设计某一功能的电路，会有很多种不同的方法，如前面用多种方法描述过的四选一电路。因此对初学者，可先用几种不同的思路进行尝试，最后进行比较选择一种实现后器件工作速度最快，占用芯片资源最少并且工作稳定的设计方案。检查芯片资源使用情况的方法是查看设计实现（Implementation）后的 report 文件，那里有对资源使用情况的最详细的统计与分析。

（1）对不同库的使用

在采用 VHDL 进行设计时，同样的实体和结构体描述，所采用的元件库和程序包不

同，则所生成的元件会有所不同。

【例 4-18】 生成一个普通 TTL 的 2 输入异或门电路。

```
library STD;                           --声明使用 STD 库
use STD.std_logic.all;                 --声明实体使用 std_logic 程序包
use STD.std_ttl.all;                   --声明实体使用 std_ttl 程序包
entity ex4_18 is                       --声明实体名为 ex4_18
   port （a，b：in std_logic;           --声明端口 a、b 为逻辑型输入
         c：out std_logic）;            --声明端口 c 为逻辑型输出
end ex4_18;                            --结束对实体的声明
architecture bhv_xor2 of ex4_18 is     --声明 bhv_xor2 是实体 ex4_18 的结构体
begin                                  --声明结构体 bhv_xor2 开始
   c<=a xor b;                         --a、b 做异或运算
end bhv_xor2;                          --结束对结构体 bhv_xor2 的声明
```

本例采用 STD 库中的 std_ttl 程序包来生成一个普通 TTL 的 2 输入异或门电路。如果把例中的 std_ttl 程序包换成 std_ttloc 程序包，则生成的是 TTL 的集电极开路的 2 输入异或门。如果开发平台中没有 STD 库，则上述功能将不能实现。

（2）任意项的 VHDL 描述

在输入中有任意项时，应尽量避免。case 语句中对 others 情况应赋任意值 'X'，否则语法检查会认为错。为了排除对输入项中可能出现的任意项的处理，可用 if 语句限制输入可能的范围，使程序只对满足条件的进行处理。

表 4-1  优先级编码器真值表

| 输 | 入 | | | 二进制编码输出 | |
|---|---|---|---|---|---|
| int3 | int2 | int1 | int0 | y（1） | y（0） |
| X | X | X | 0 | 1 | 1 |
| X | X | 0 | 1 | 1 | 0 |
| X | 0 | 1 | 1 | 0 | 1 |
| 0 | 1 | 1 | 1 | 0 | 0 |

【例 4-19】 对四个输入中断信号按 int0、int1、int2、int3 的顺序进行优先权编码，见表 4-1。当有多个信号同时中断时，输出最高优先权中断的二进制编码，对其他中断不予考虑。

```
library IEEE;                          --声明使用 IEEE 库
use IEEE.std_logic_1164.all;           --声明实体使用 std_logic_1164 程序包
entity ex4_19  is                      --声明实体名为 ex4_19
port （int0，int1，int2，int3：in std_logic;  --声明 4 个逻辑型输入端口
      y：out std_logic_vector （1 downto 0）);  --声明 y 为 2 位逻辑型输出端口
end ex4_19;                            --结束对实体的声明
architecture rtl of ex4_19 is          --声明 bhv 是实体 ex4_19 的一个结构体
begin                                  --声明结构体 rtl 开始
process （int0，int1，int2，int3）      --声明进程和敏感量
begin                                  --声明进程开始
   if （int0= '0'）  then                --如果 int0 为低电平发出中断
      y<= "11";                        --输出最高优先权，无论是否有其他中断
   elsif （int1= '0'）then              --否则如果 int1 为低电平发出中断
      y<= "10";                        --输出次高优先权 10 编码
   elsif （int2= '0'）then              --否则如果 int2 为低电平发出中断
      y<= "01";                        --输出更低优先权 01 编码
   elsif （int3= '0'）then              --否则如果 int3 为低电平发出中断
```

```
    y<= "00";                    --输出最低优先权 00 编码
  end if;                        --结束条件判断语句
 end process;                    --结束进程
end rtl;                         --结束结构体
```

程序中用 elsif 作为余下情况的处理，最后将选择最低优先权的 int3 从 y 端输出，这种描述比较安全。如果不用 elsif 项，必须列出输入的所有可能出现的情况，并一一加以确认。这里采用的是功能描述的 RTL 描述方式，运行程序后生成的电路模块和仿真波形如图 4-12 所示。从图中可见，只有当高优先级的输入引脚为高电平时，较低优先级的中断才会被编码输出。

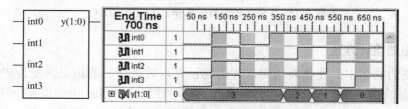

图 4-12　优先级编码器电路模块和仿真波形

【例 4-20】　采用 RTL 描述方式编写 8 位二进制数据的求补运算电路程序。求补电路的输入为 a(7)～a(0)，补码输出为 b(7)～b(0)，其中 a(7) 和 b(7) 为符号位。

```
library IEEE;                       --声明使用 IEEE 库
use IEEE.std_logic_1164.all;        --声明实体使用 std_logic_1164 程序包
use IEEE.std_logic_unsigned.all;    --声明实体使用 std_logic_ unsigned 程序包
entity ex4_20 is                    --声明实体名为 ex4_20
Port(ain: in std_logic_vector(7 downto 0);  --声明 ain 为 8 位矢量输入
   bout: out std_logic_vector(7 downto 0));  --声明 bout 为 8 位矢量输出
end ex4_20;                         --结束对实体的声明
architecture rtl of ex4_20 is       --声明 rtl 是实体 ex4_20 的一个结构体
begin                               --声明结构体 rtl 开始
 process(ain)                       --声明进程和敏感量 ain
   variable temp1，temp2: std_logic_vector(7 downto 0);   --声明中间变量
 begin                              --声明进程开始
   if (ain(7)= '0')then             --如果 ain 最高位为 0，即 ain 为正数
      temp2：=ain;                  --直接输出 ain 到中间变量 temp2
   else                             --否则如果 ain 最高位为 1，即 ain 为负数
      temp1(7)：=ain(7);            --负数符号位保持不变，不做求反加 1 运算
      temp1(6 downto 0)：=(not ain(6 downto 0));  --ain 除符号位外做求反
      temp1(6 downto 0):=temp1(6 downto 0)+ '1';  --temp1 低 7 位做加 1 运算
      temp2：=temp1;                --temp1 符号位结合数据位赋值给 temp2
   end if;                          --结束条件判断语句
   bout<=temp2;                     --将求补运行结果赋给输出引脚
 end process;                       --结束进程
end rtl;                            --结束结构体 rtl
```

本例采用了硬件一一对应的 RTL 描述方式，信号传递过程中的每一步及相连接的器件是明确的。采用了反相器、加法器、8 位 2 选一输出电路。为了进行加 1 运算，程序中加入

了 std_logic_unsigned 程序包，否则会提示语法错误。运行程序得图 4-13 所示仿真波形。其中，当输入为 01001011 时，最高位为 0，是一个正数，直接将其输出；当输入为 10100011 时，最高位为 1，是一个负数，对该数除符号位外的 6～0 位 ain(6：0) 做求反运算，再做加 1 运算，结合符号位 ain(7) 得到补码，最后将输出结果赋给输出引脚。

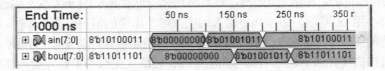

图 4-13   8 位二进制数据求补运算的仿真波形

### 3. 时序电路设计方法

时序电路的描述中，往往要用到进程语句，并以时钟信号的边沿跳变为进程的执行条件。因此进程的敏感量中应有时钟信号，或在进程中设置 wait on 语句来等待时钟。当时钟的电平发生变化时，便启动进程执行。此外，在进程的敏感量中，不能出现一个以上的时钟信号，比如在进程的敏感量出现 CKL1、CLK2 两个时钟信号，并用它们来驱动不同的寄存器。但可用一个时钟信号来驱动寄存器，而另一时钟信号用来驱动组合逻辑电路。

（1）时钟边沿的描述

为了描述时钟的边沿，要用到时钟信号的属性，以此反映时钟的变化是从 '0' 到 '1' 还是从 '1' 到 '0'。

上升沿的描述：

    clk= '1' **and** clk'last_vaule= '0' **and** clk'event

它表明时钟信号的当前值为 '1'，即 clk= '1'，时钟信号的过去值为 '0'，即属性值 clk'last_vaule= '0'，用 clk'event 表示发生了一个事件，三者结合起来表示上升沿的到来。

下降沿的描述：

    clk= '0' **and** clk'last_vaule= '1' **and** clk'event

它表明时钟信号的当前值为 '0'，即 clk= '0'，时钟信号的过去值为 '1'，即属性值 clk'last_vaule= '0'，用 clk'event 表示发生了一个事件，三者结合起来表示下降沿的到来。

也可将上升沿与下降沿的描述合并为如下的描述：

    current_vaule **and** clock_signal' last_vaule **and** clock' event

或简单描述为：

    clock_signal' event **and** current_vaule

【例 4-21】 设计一个 8 位双向循环移位寄存器。如图 4-14a 所示，其中 din（7：0）为 8 个数据输入端，en 为片选信号，clkin 为时钟信号输入端，sin（2：0）为移位位数控制输入信号，dout（7：0）为 8 个数据输出端。当 en=1 时，根据 sin（2：0）输入的移位数，将输入信号 din（7：0）循环左移相应位。当 en=0 时，din（7：0）直接输出至 dout，不进行移位处理。图 4-14b 为执行移位功能的过程模块 shift8。图 4-14c 所示表示了循环左移 3 位时，各位输入数据的移动过程。

```vhdl
library IEEE;                                    --声明使用 IEEE 库
use IEEE.std_logic_1164.all;                     --声明实体使用 std_logic_1164 程序包
use IEEE.std_logic_unsigned.all;                 --声明实体使用 std_logic_ unsigned 程序包
package mypkg is                                 --声明程序包名 mypkg
  procedure shift8(d8in, sf3: in std_logic_vector;    --声明过程名 shift8 和
              signal d8out: out std_logic_vector);    --输入、输出参数
end mypkg;                                        --结束程序包名 mypkg 的声明
package body mypkg is                             --声明程序包体 mypkg
  procedure shift8(d8in, sf3: in std_logic_vector;    --声明过程体名 shift8 和
              signal d8out: out std_logic_vector) is  --输入、输出参数
    variable sc: integer;                        --声明过程体中将要用到的中间变量
  begin                                          --声明过程体开始
    sc: =conv_integer(sf3);                      --将移位数据从矢量型变为整数型
    for i in d8in'range loop                     --设置循环次数为输入数据 d8in 的位数
      if (sc+i<=d8in'left) then                  --如果输入数据左端位大于等于移位数加次数
        d8out(sc+i-1)<=d8in(i);                  --输入数据左移 sf3 设定的位数
      else                                       --否则输入数据左端位数小于移位数加次数
        d8out(sc+i-d8in' left-1)<=d8in(i);       --对移位数按取模后的余数移位
      end if;                                    --结束条件判断语句
    end loop;                                    --结束循环移位
  end shift8;                                    --结束过程语句
end mypkg;                                        --结束程序包
library IEEE;                                    --主程序调用程序包中的过程。声明使用的库
use IEEE.std_logic_1164.all;                     --声明实体使用 std_logic_1164 程序包
use work.mypkg.all;                              --声明实体使用工作库中的 mypkg 程序包
entity ex4_21 is                                 --声明实体名为 ex4_21
  Port(clkin, en: in std_logic;                  --声明输入端口 clkin、en 为逻辑型
    din: in std_logic_vector(7 downto 0);        --声明输入 din 为 8 位逻辑型矢量
    sin: in std_logic_vector(2 downto 0);        --声明输入 sin 为 3 位逻辑型矢量
    dout: out std_logic_vector(7 downto 0));     --声明输出 dout 为 8 位矢量
end ex4_21;                                       --结束实体声明
architecture rtl of ex4_21 is      --声明 rtl 是实体 ex4_21 的一个结构体
begin                                            --声明结构体开始
  process(clkin, en, sin, din)                   --声明进程和敏感量 clkin、en、sin、din
  begin
    if(clkin' event and clkin= '1') then         --当时钟上升沿到时
      if (en= '0') then                          --如果 en 为低电平
        dout<=din;                               --输入数据直接输出，不进行移位
      else                                       --如果 en 为高电平进行移位
        shift8(din, sin, dout);                  --调用过程 shift8 进行移位输出
      end if;                                    --结束内层条件语句
    end if;                                      --结束外层条件语句
  end process;                                   --结束进程
end rtl;                                          --结束结构体
```

上面的设计中，先设计了一个程序包，在该程序包中设计了一个执行移位功能的过程模块 shift8，这样该移位过程可供工作库中的其他程序调用。主程序中通过 clkin 设置系统同步工作条件，并由 en 条件语句决定是否要直通或移位。运行上述程序得图 4-14a 所示顶层模块，图 4-14d 所示为执行程序后的仿真波形。从图 4-14d 可见，当 en 为低电平时，输入数据直接通过移位寄存器输出，未进行移位。当 en 为高电平后，根据移位控制信号 sin 后设置的 3 位移位量，输入数据向左循环移动了 3 位后输出。

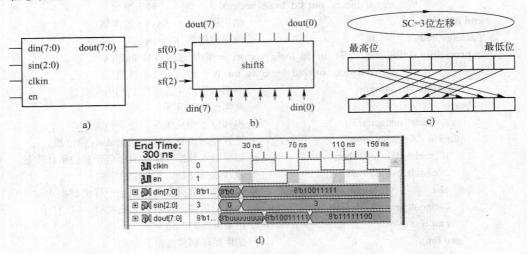

图 4-14 8 位双向循环移位寄存器及仿真波形

（2）寄存器的同步与异步复位

寄存器在初始工作时，其状态往往是随机的，必须通过复位使寄存器进入预定的已知状态。对寄存器的复位可以分为异步复位和同步复位两种。

1）异步复位。

异步复位又称非同步复位，指一旦复位信号有效，寄存器就被复位，不管此时时钟信号是否达到或存在。在描写这种方式的复位时，if 语句描述的复位条件放在最外层，如果要用到时钟，用 elsif 或内层 if 语句描述时钟信号的边沿。异步复位的描述方式如下：

```
process（reset_signal，clock_signal，reset_value，signal_in）  --声明进程
begin                                                          --声明进程开始
    if（reset_condition）then                                  --异步复位条件有最高的执行优先权
        signal_out<=reset_value;                               --对信号进行复位
    elsif（clock_event and clock_edge_condition）then          --否则程序受时钟控制
        signal_out<=signal_in;                                 --在时钟驱动下进行信号赋值
    end if;                                                    --结束条件语句
end process;                                                   --结束进程
```

【例 4-22】 对带有复位/置位功能的 JK 触发器电路的描述。JK 触发器的输入端有置位输入信号 nsd 和复位输入信号 nrd，控制输入信号 j 和 k，时钟输入信号 clk；输出端有正向输出 q 和反向输出 nq。JK 触发器在时钟下降沿翻转。

```
library IEEE;                          --声明使用 IEEE 库
```

```
use IEEE.std_logic_1164.all;                    --声明实体使用 std_logic_1164 程序包
entity ex4_22 is                                --声明实体名为 ex4_22
    port(nrd, nsd, clk, j, k: in std_logic;     --声明输入端口和输入信号
                q, nq: out std_logic);          --声明输出信号 q、nq 为逻辑型
end ex4_22;                                     --结束实体声明
architecture jkdf of ex4_22 is                  --声明 jkdf 是实体 ex4_22 的一个结构体
    signal q_s, nq_s: std_logic;                --声明输出中间信号 q_s、nq_s 为逻辑型
begin                                           --声明结构体开始
    process(nrd, nsd, clk, j, k)                --声明进程和敏感量 nrd、nsd、clk、j、k
    begin                                       --声明进程开始
        if(nrd='0') and (nsd='1') then          --如果 nrd 和 nsd 分别为 0、1
            q_s<='0';  nq_s<='1';               --q_s、nq_s 被异步复位为 0、1
        elsif(nrd='1') and (nsd='0') then       --否则 nrd 和 nsd 分别为 1、0
            q_s<='1';  nq_s<='0';               --q_s、nq_s 被异步复位为 1、0
        elsif (clk' event and clk='0') then     --否则在时钟下沿到达时
            if(j='0') and (k='1') then          --如果 j、k 为 0、1
                q_s<='0';  nq_s<='1';           --q_s、nq_s 赋值为 0、1
            elsif(j='1') and (k='0') then       --否则如果 j、k 为 1、0
                q_s<='1';  nq_s<='0';           --q_s、nq_s 赋值为 1、0
            elsif(j='1') and (k='1') then       --否则如果 j、k 为 1、1
                q_s<=not q_s;  nq_s<=not nq_s;  --q_s、nq_s 取反
            end if;                             --结束时钟控制的内层条件语句
        end if;                                 --结束异步复位控制的外层条件语句
        q<=q_s;  nq<=nq_s;                      --将中间信号结果赋值给输出引脚
    end process;                                --结束进程
end jkdf;                                        --结束结构体
```

本例中，异步复位信号 nrd、nsd 在 if 条件语句的最前面，因此首先执行复位功能而不管时钟处于何种状态，此时输出端 q、nq 只受 nrd、nsd 控制，与时钟无关，故属于异步复位。当 nrd、nsd 均为 0 时，输出 q、nq 的状态不变。只有当 nrd、nsd 均为 1 时，时钟信号 clk 才获得对 j、k 信号的控制权。此时在 clk 下降沿到来时，输出端 q、nq 受 j、k 输入信号控制。当 j、k 为 0、0 时，输出 q、nq 保持原来状态不变；当 j、k 为 0、1 时，输出 q、nq 为 0、1；当 j、k 为 1、0 时，输出 q、nq 为 1、0；当 j、k 为 1、1 时，每来一个时钟输出 q、nq 改变一次状态。运行上述程序得图 4-15 所示顶层模块和仿真波形。

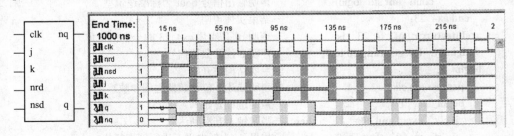

图 4-15　带有复位/置位功能的 JK 触发器外观与仿真波形

2）同步复位。

同步复位指当复位信号有效，且在给定的时钟边沿到来时，触发器才被复位。它必须在

以时钟为敏感信号的进程中定义，且 if 语句所限定的时钟条件放置在多选条件的最外层，其他复位条件在内层或用 elsif 限定。下面为同步复位的两种典型描述。

① 同步复位的第一种典型描述方式。

```
process （clock_signal，reset_condition）      --声明进程和复位信号敏感量
begin                                        --声明进程开始
  if （clock_edge_condition）then            --用时钟限定同步复位条件
    if （reset_condition）then               --其他复位条件的设置
        signal_out<=reset_value;             --信号同步赋值
    ……                                      --其他语句
    end if;                                  --结束内层复位条件语句
  end if;                                    --结束外层同步复位条件语句
end process;                                 --结束进程
```

② 同步复位的第二种典型描述方式。

```
Process                                                    --声明进程
begin                                                      --声明进程开始
  wait on （clock_signal） until （clock_edge_condition）  --时钟同步复位条件
    if （reset_condition）then                             --其他复位条件的设置
      signal_out<=reset_value;                             --信号同步赋值
    ……                                                    --其他语句
    end if;                                                --结束时钟同步复位条件语句
end process;                                               --结束进程
```

同步复位的第一种典型描述方式多用于系统功能的设计中，而同步复位的第二种典型描述方式多用于仿真测试程序的描述中。

【例 4-23】 编写将并行输入信号转换为串行输出信号的程序。其中 ain (7：0)为 8 位输入信号，bout 为 1 位串行输出信号，en 为片选信号，clk 为时钟信号。

```
library IEEE;                              --声明使用 IEEE 库
use IEEE.std_logic_1164.all;               --声明实体使用 std_logic_1164 程序包
entity ex4_23 is                           --声明实体名为 ex4_23
  Port(ain：in std_logic_vector(7 downto 0);   --声明输入 ain 为矢量型
    en，clk：in std_logic;                 --声明输入信号 en、clk 为标准逻辑型
      bout：out std_logic);                --声明输出信号 bout 为标准逻辑型
  end ex4_23;                              --结束实体声明
architecture rtl of ex4_23  is             --声明 rtl 是实体 ex4_23 的一个结构体
  signal i：integer range 0 to 7;          --声明 8 位计数器信号
begin                                      --声明结构体开始
  process (en,clk)                         --声明描述 8 位计数器进程和敏感量
  begin                                    --声明进程开始
    if clk' event and clk= '1'  then       --当时钟上升沿到达
      if en= '0' then i<=0;                --如果 en 为低电平，进行同步复位
      elsif i<7 then i<=i+1;               --否则如果计数器计算值不到 7，i 加 1
      else  i<=0;                          --否则如果计数器计算值已到 7，i 复位
      end if;                              --结束对计数器计算的描述
```

```
        end if;                              --结束同步工作的描述
    end process;                             --结束描述 8 位计数器
    process (en，clk)                        --声明描述 8 位并串转换进程和敏感量
        begin                                --声明进程开始
        if en= '0' then bout<= '0';          --如果 en 为低电平，输出为低电平
        else bout<=ain(i);                   --否则输出并串转换数据
        end if;                              --结束并串转换工作条件的描述
    end process;                             --结束并串转换进程
end rtl;                                     --结束结构体的描述
```

　　该电路在时钟信号 clk 上沿作用下检测片选信号 en 的状态，若 en 为低电平时，电路进行同步复位，bout 输出为低电平。若此时 en 为高电平，8 位循环计数器 i 开始进行加计数。在时钟驱动下，通过 i 从小到大的变化，将并行输入数据 ain(i) 从低位逐位读出到 bout，输出波形如图 4-16 所示。当输入数据 ain 为 01110001 时，bout 串行输出相同的数据。

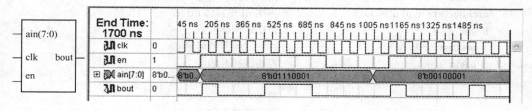

图 4-16　并/串转换电路外观与仿真波形

## 4.4.3　结构体的结构描述方式

　　结构体的结构描述方式是一种多层模块的设计方法，它通过高层模块对低层模块的逐层调用和模块间的信号传递，可以利用已有的设计成果实现复杂的系统功能。因此程序所表示的是该实体是由哪几部分组成的，其中每一部分与另外某个实体端口通过信号线是怎样连接的，故结构描述方式是整个实体结构的层次化和结构化的体现。这种设计方法的设计效率高、电路结构清晰，与电路图中的器件可以一一对应，但要求设计人员有较多的元件知识。

### 1. 元件层设计方法

　　元件层的设计采用最基本的语句，如代入语句和条件语句、进程语句等，组成门级组合逻辑电路和寄存器、计数器等时序电路，以及由它们结合所形成的混合电路，将这些基本结构体封装在一个实体中就形成可供高层调用的元件。在这个层次上，主要采用 RTL 描述方式进行编程。

　　【例 4-24】　用组合逻辑电路设计一个 2 输入与门电路元件。

```
library IEEE;                        --声明使用 IEEE 库
use IEEE.std_logic_1164.all;         --声明实体使用 std_logic_1164 程序包
entity and21 is                      --声明实体名为 inverter
    generic(rise，fall：time);        --声明内属参数为时间型
    port （a，b：in std_logic;        --声明输入端口的输入信号 a、b 为逻辑型
            c：out std_logic);        --声明输出端口的输出信号 c 为逻辑型
end and21;                           --结束实体声明
```

```
architecture rtl of and21   is      --声明 rtl 是实体 and21 的一个结构体
begin                               --声明结构体开始
  c<=a and b;                       --对输入 a、b 做求与运算后赋给输出 c
end rtl;                            --结束结构体
```

上面的程序就构成了一个具有 2 输入与门电路功能的组合逻辑电路元件，可供上层设计时调用。

**【例 4-25】** 用时序电路设计一个 D 触发器元件。

```
library IEEE;                       --声明使用 IEEE 库
use IEEE.std_logic_1164.all;        --声明实体使用 std_logic_1164 程序包
entity dff   is                     --声明实体名为 dff
  port（clk, d: in std_logic;      --声明端口的输入信号 clk、d 为逻辑型
           q:  out std_logic）;     --声明输出端口的输出信号 q 为逻辑型
end dff;                            --结束实体声明
architecture rtl of dff   is        --声明 rtl 是实体 dff 的一个结构体
begin                               --声明结构体开始
  process（clk, d)                  --声明进程和敏感量 clk、d
  begin                             --声明进程开始
    if （clk'event and clk='1'）  then --如果时钟上升沿到达
      q<=d;                         --将输入 d 给输出 q
    end if;                         --结束条件语句
  end process;                      --结束进程的描述
end rtl;                            --结束结构体的描述
```

上面的程序构成了具有时序功能的可供上层设计时调用的 D 触发器。

**2. 芯片层的设计方法**

芯片层的设计，也可称为 ASIC 层的设计，是指在一片可编程 ASIC 芯片上，通过对在元件层已经设计完成的现有元件进行调用，以构成功能更强的实体，形成有独立对外功能的芯片硬件。

通常把对元件的调用过程称为元件例化，利用元件例化所得的元件称为例元，将例元与相关信号连接形成的新的实体，可供高层设计进一步调用。

（1）被调元件声明

在调用元件前，应先在例化元件的结构体中对被调用元件的外观性能进行声明，这类似于对实体的说明，其位置一般在结构体中的声明部分。被调用元件声明的书写格式如下：

```
component 元件名
  ［generic(内属参数名 ［: 类型］ =参数值］; ］
            其他内属参数描述列表);
  port      (端口名: 方向  数据类型;
            其他端口描述列表);
end component;
```

被调元件的外观性能声明包括内属参数声明和端口声明，这实际上就是重新描述一次被调元件在被设计时的实体中的内容，两者必须完全一致，因此可直接将被调元件的实体描述

中的内容复制过来。方括号［］中的内容是可选的，如果被调元件在设计时没有方括号［］中的内容，则在调用元件时，也没有这部分内容。内属参数声明即 generic 声明的用法与实体声明中的内属参数声明相同，可以直接声明内属参数名、内属参数类型并给声明的参数赋值或不赋值，如果这里没有赋值，则在生成例元时一定要赋值。如果有多个相同类型的参数要声明，可将其写在一行中，相互间用逗号分隔。端口声明的用法也与实体说明中的端口声明相同，要声明端口名、端口方向和数据类型。例如：

```
component inverter
    generic（rise, fall: time）
    port    （a: in std_logic;
             c: out std_logic）;
end component;
```

（2）元件的例化

元件的例化即上层结构体生成元件时对下层元件的调用。在调用元件时，已经在其他实体的结构体中定义的元件，就成为当前结构体中的被调元件，其位置在结构体中的执行语句部分。元件例化的书写格式如下：

例元名称：元件名 ［**generic map** （内属参数赋值列表）
                **port map**     （端口与信号的映射列表）;

例元名称是下层元件被例化为本结构体中具有相同功能元件时的别名。方括号［］中的内容是可选的，如果被调元件在设计时没有方括号［］中的内容，则在进行元件例化时，也没有这部分内容。元件例化时，在内属参数赋值部分要给新形成的例元逐一赋给内属参数的具体数值，用以指明该例元区别于其他同类元件的独有特性。如在被调用元件声明中描述为 generic（rise, fall: time），则元件例化时可赋值为 generic map（4ns, 3ns），这里的 4ns、3ns 就是具体的时间值，这两个数据有相同的时间类型，相互间可用逗号分隔。

元件例化时端口映射中要指明该例元的端口是同哪些其他信号或端口进行怎样的连接。例元与被调元件的端口进行映射连接的方法分为位置映射和名称映射两种。

① 位置映射法。指例元端口映射 port map( )中指定的本层结构体中的信号位置书写顺序与被调下一层元件端口中信号位置的书写顺序一一对应。如果下层元件端口中信号位置顺序为：

port（$n_1$, $n_2$, $n_3$, ···, $n_k$: **in**    数据类型;
     $m_1$, $m_2$, $m_3$, ···, $m_j$: **out**    数据类型）;

则在本层例元元件端口中信号位置为：

port map（$N_1$, $N_2$, $N_3$, ···, $N_k$, $M_1$, $M_2$, $M_3$, ···, $M_j$）;

按位置映射法则有 $n_1$ 对应 $N_1$，$n_2$ 对应 $N_2$，···，$n_k$ 对应 $N_k$，$m_1$ 对应 $M_1$，···，$m_j$ 对应 $M_j$。$n_k$、$m_j$（k、j=1, 2, 3, ···）为下层元件端口中的信号，$N_k$、$M_j$（k、j=1, 2, 3, ...）为本层结构体中例元元件端口中的对应信号。

② 名称映射法。指将下一层被调用元件端口中各信号的名称，通过符号=>与本层结构体中的信号进行一一对应的连接。在输出信号没有连接的情况下，对应端口的描述可以省

略。如果下层被调用元件端口中信号的名称为：

　　　　port（$n_1$，$n_2$，$n_3...n_k$：**in**　　数据类型；

　　　　　　　$m_1$，$m_2$，$m_3...m_j$：**out**　　数据类型）；

则在本层例元端口中信号名称的对应连接关系为：

　　　　例元名称：元件名 **port map**（$n_1$=>$N_1$，…，$n_k$=>$N_k$，$m_1$=>$M_1$，…，$m_j$=>$M_j$）；

　　　（3）generate 语句的描述

　　　在某些设计中会遇到元件的重复例化结构，如果对每一个例元都要写一个例化语句会显得很累赘，这时可用 generate 语句来自动产生这种重复的例化结构。

　　　generate 语句有 for-generate 和 if-generate 两种。由这两种语句类型所生成的例元不是按书写顺序来生成的，而是并发生成的，语句执行是并发执行的。

　　　① for-generate 语句的描述。for-generate 语句描述的书写格式如下：

　　　　标号名：**for** 整型变量 **in** 变量下限 **to** 变量上限 **generate**

　　　　　　**begin**

　　　　　　　　例元名称：元件名 **port map**（$N_1$，$N_2$，…，$N_k$，$M_1$，$M_2$，…，$M_j$）；

　　　　　　**end generate** ［标号名］；

　　　for-generate 语句描述方式适用于对相同元件的批量例化。其中的整型变量不用预先进行声明，直接在这里指定一个变量即可。变量下限 to 变量上限指定了要例化的元件的个数，是一个整数值区间。方括号 ［］ 中的内容是可选的。元件例化时，通常采用位置映射法进行描述。

**【例 4-26】** 用例 4-24 所设计的 2 输入与门电路元件，生成图 4-17a 所示的由 4 个 2 输入与门电路元件组成的延时链，与门电路的其中一个输入引脚固定接高电平。

```
library IEEE;                               --声明使用 IEEE 库
use IEEE.std_logic_1164.all;                --声明实体使用 std_logic_1164 程序包
entity ex4_26 is                            --声明实体名为 ex4_26
    port(ain: in std_logic;                 --声明输入端口输入信号 ain 为逻辑型
         bout: out std_logic);              --声明输出端口输出信号 bout 为逻辑型
end ex4_26;                                 --结束实体声明
architecture gen_delay of ex4_26 is         --声明结构体 gen_delay 属于 ex4_26
    component and21                         --声明 and21 为被调用的下层元件
        generic(rise, fall: time);          --声明下层元件的两个内属参数为时间型
        port(a, b: in std_logic;            --声明下层元件的输入端口 a、b 为逻辑型
                  c: out std_logic);        --声明下层元件的输出端口 c 为逻辑型
    end component;                          --结束对被调用下层元件 and21 的声明
    signal y: std_logic_vector(0 to 4);     --声明 y 为 5 位逻辑型矢量
begin                                       --声明结构体开始
    y(0)<=ain;                              --将输入信号赋给第一个反相器输入端
    g0:  for i in 0 to 3 generate           --利用 for-generate 语句生成 4 个反相器
            begin                           --开始进行元件例化
            inv0_3: and21 generic map(4ns, 3ns)  --给两个内属参数赋值
                        port map(y(i), 1, y(i+1));  --例元端口的位置映射
        end generate;                       --结束批量元件例化
    bout<=y(4);                             --将最后一个与门电路输出端赋给输出信号
```

**end** gen_delay;　　　　　　　　　　--结束对结构体的描述

运行程序所生成电路如图 4-17b 所示。上面程序中的循环变量 i 是不需要声明的，系统会默认为整型变量。为使本程序能正确调用例 4-24 所设计的 2 输入与门电路元件，例 4-24 程序应放在本例的 WORK 库中，或当前目录下。

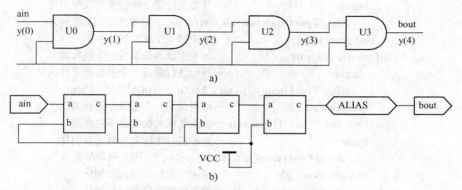

图 4-17　4 个与门元件组成的延时链

采用 for-generate 语句使生成 4 节 2 输入与门电路的链接变得简单。链接的中间信号可用矢量进行赋值，但输入和输出端需要特别赋值，如本例中要用两个并行代入语句专为输入和输出赋值。为实现对赋值的统一描述，可采用 if-generate 语句来限定某些条件，使程序只对满足条件的情况使用 generate 语句。

② if-generate 语句的描述。if-generate 语句描述的书写格式如下：

标号名：**if** 条件 **generate**
　　　　**begin**
　　　　　例元名称：元件名 **port map** （$N_1$, $N_2$, …, $N_k$, $M_1$, $M_2$, …, $M_j$）；
　　　　**end generate** [标号名]；

方括号 [ ] 中的内容是可选的。if-generate 语句中的元件端口映射可采用位置映射或名称映射。

【例 4-27】 用例 4-25 所设计的 D 触发器元件，利用 generate 语句组成一个长度为 len 的移位寄存器，这里设 len 为 4，如图 4-18a 所示。

**library** IEEE;　　　　　　　　　　--声明使用 IEEE 库
**use** IEEE.std_logic_1164.**all**;　　　　--声明实体使用 std_logic_1164 程序包
**entity** ex4_27 **is**　　　　　　　　　--声明实体名为 ex4_27
　　**generic**(len: **integer**: =4);　　　--声明内属参数 len，并赋初值 4
　　**port**(ain, clk: **in** std_logic;　　--声明输入端口信号 ain、clk 为逻辑型
　　　　　bout: **out** std_logic);　　　--声明输出端口信号 bout 为逻辑型
**end** ex4_27;　　　　　　　　　　　--结束实体声明
**architecture** gen_shift **of** ex4_27 **is**　--声明结构体 gen_shif 属于 ex4_27
　　**component** dff　　　　　　　　--声明 dff 为被调用的下层元件
　　　**port**(d, clk: **in** std_logic;　　--声明下层元件输入端口信号为逻辑型
　　　　　　q: **out** std_logic);　　　--声明下层元件输出端口 q 为逻辑型
　　**end component**;　　　　　　　--结束对被调用下层元件 dff 的声明

```
    signal y:std_logic_vector(0 to len-1);        --声明 y 为逻辑型矢量
begin                                             --声明结构体开始
    g0: for i in 0 to len-1 generate              --利用 for-generate 生成 4 个触发器
        begin                                     --开始进行元件例化
            g1:if i=0 generate                    --如果生成的是第一个触发器
                begin                             --开始进行第一个触发器元件例化
                    dffx:dff port map(ain, clk, y(i+1)); --将输入 ain 赋给 y(0)
                end generate g1；                 --结束第一个触发器元件例化
            g2:if i=len-1 generate                --如果生成的是最后一个触发器
                begin                             --开始进行最后一个触发器元件例化
                    dffx:dff port map(y(i), clk, bout); --y(4)赋给输出 bout
                end generate g2；                 --结束最后一个触发器元件例化
            g3:if (i/=0) and (i/=len-1) generate  --如果生成的触发器不在两端
                begin                             --开始进行中间触发器元件例化
                    dffx:dff port map(y(i), clk, y(i+1)); --例元端口位置映射
                end generate  g3；                --结束中间触发器元件例化
        end generate g0；                         --结束全部触发器元件例化
end gen_shift；                                    --结束对结构体的描述
```

运行程序得图 4-18b 所示电路，进行程序仿真得图 4-18c 所示输出波形。由于输入信号经过了 4 级移位，故输出信号比输入端延后了 4 个周期。本例中，第一个 if 语句检查是否是第一级，若是则将输入信号赋给矢量的最低位 y(0)；第二个 if 语句检查是否是最后一级，若是则将矢量的最高位 y(4)赋给输出端；否则对中间级进行矢量信号的前后相连。因此该程序具有通用性。此外，为使本程序能正确调用，例 4-25 所设计的触发器元件，例 4-25 中编写的程序应放在本例的 WORK 库中或当前目录下。

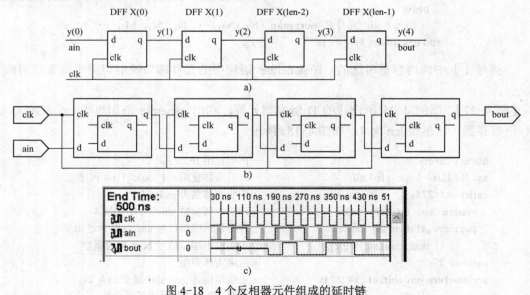

图 4-18  4 个反相器元件组成的延时链

## 3. 多层级的设计方法

在一般的设计中，用一片可编程 ASIC 芯片就能完成预定的设计功能。但在有的项目设

计中，希望用多个芯片组成的电路板来描述一个系统，甚至用多个电路板系统组成更大的系统。要描述这些更多层级的系统，其方法是将低层系统作为本级的下一层元件，并通过元件例化来完成本层系统结构体的设计。进行多层级设计时，常用到块（block）语句。

【例 4-28】　利用块语句设计具有一个与门和一个异或门的半加器电路板级系统。

```
library IEEE；                                        --声明使用 IEEE 库
use IEEE.std_logic_1164.all；                         --声明使用 std_logic_1164 程序包
entity ex4_28 is                                      --声明实体名为 ex4_28
    port(a0，b0：in std_logic；                        --声明输入端口信号为逻辑型
         s0，c0：out std_logic)；                      --声明输出端口信号为逻辑型
end ex4_28；                                           --结束实体声明
architecture hadd of ex4_28 is                        --声明结构体 hadd 属于 ex4_28
begin                                                 --声明结构体开始
    asic1：block                                      --声明名字叫 asic1 的块语句
            component and2                            --声明 and2 为被调用的下层元件
                port(a，b：in std_logic；              --声明下层元件输入信号为逻辑型
                          y：out std_logic)；          --声明下层元件输出信号为逻辑型
            end component；                           --结束对被调下层元件 and2 的声明
            component xor2                            --声明 xor2 为被调用的下层元件
                port(c，d：in std_logic；              --声明下层元件输入信号为逻辑型
                          z：out std_logic)；          --声明下层元件输出信号为逻辑型
            end component；                           --结束对被调下层元件 xor2 的声明
            for u1：and2 use entity work.and2；        --例元 u1 用工作库的 and2 实体
            for u2：xor2 use entity work.xor2；        --例元 u1 用工作库的 xor2 实体
        begin                                         --声明块语句开始
            u1：and2 port map(a0，b0，s0)；            --u1 例化为 2 输入与门按位置映射
            u2：xor2 port map(a0，b0，c0)；            --u2 例化为 2 输入异或门按位映射
        end block asic1；                             --结束对 asic1 的块的描述
end hadd；                                             --结束对结构体的描述
```

　　运行程序所生成的电路如图 4-19 所示，图中显示了 3 个层次的元件结构图。设计采用了块语句进行层次描述。在块的声明部分进行了元件的声明，并用 for 进行元件来源的配置，指明两个逻辑元件 and2、xor2 来自本工作库中的 and2 实体和 xor2 实体，而不是来自别的实体，这是一种配置语句的使用。在块的执行语句部分进行了这两个元件的例化。为了能调用元件 and2、xor2，应先将编写好的这两个元件的程序放在本例的 WORK 库中。

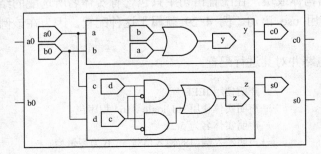

图 4-19　多层设计生成的半加器电路模块和仿真波形

## 4.5　配置语句的描述

一个完整的 VHDL 程序设计必须有一个实体和对应的结构体，但一个实体可对应一个或多个结构体，即一个实体可以有不同的描述方式。当实体有多个结构体时，系统默认实体选用最后一个结构体。配置（configuration）语句在 VHDL 程序中不是必需的部分，但利用配置语句使设计者可以任意选择采用哪一个结构体。在进行实体仿真时，利用配置选择的不同结构体可以进行对结构体的性能对比试验，以得到性能最佳的结构体。

配置语句由配置语句的声明和对元件的具体限定性选取配置声明两部分构成。配置语句的声明部分位于程序结构体的结束后的位置，而对元件的具体限定性选取配置声明部分位于结构体和块语句的声明部分，其作用是描述层与层之间的连接关系以及实体和结构体与其他实体和结构体所声明的元件之间的连接关系。

### 1. 配置语句的声明

配置语句的声明部分位于结构体描述结束之后，其书写格式如下：

```
configuration 配置标识名 of 实体名 is
    for 选择要配置的结构体名称
        ［元件配置声明］；
    end for；
end ［配置标识名］；
```

其中，配置标识名是为配置取的名字，实体名是配置语句选择的实体，表示配置标识名所进行的配置是对该实体名所指实体进行的配置。for 后面的内容是选择要配置的结构体名称，由于一个实体可能有多个结构体，因此这里指定的是实体中的某一个结构体的名称。元件配置声明用于选择对结构体中的某些元件进行配置。方括号 ［ ］中的内容是可选的。如果在结构体或块的声明部分没有对元件的声明，［元件配置声明］部分不能有。

配置语句的声明部分最简单的默认配置格式如下：

```
configuration 配置标识名 of 实体名 is
    for 选配构造体名
    end for；
end    配置标识名；
```

这种配置用于选择不包含元件的结构体或块，在配置语句中只包含有实体名所选配的结构体名，其他什么也没有，否则就要使用 use 语句。例 4-29 就属于这种配置，因为在该例中不包含元件。

【例 4-29】　设计一个 2 输入或门电路并对其进行配置。

```
library IEEE；                          --声明使用 IEEE 库
use IEEE.std_logic_1164.all；           --声明实体使用 std_logic_1164 程序包
entity or21 is                          --声明实体名为 or21
port(a，b：in std_logic；                --声明输入端口的输入信号 a、b 为逻辑型
        c：out std_logic)；              --声明输出端口的输出信号 c 为逻辑型
end or21；                               --结束实体声明
```

```
architecture myor of or21  is          --声明 myor 是实体 or21 的一个结构体
begin                                   --声明结构体开始
  c<=a or b;                            --对输入 a、b 做或运算后赋给 c
end myor;                               --结束结构体
configuration con_or   of   or21   is   --声明配置标识名为 con_or，源于实体 or21
  for myor                              --声明配置用到的结构体为 myor
  end for;                              --结束结构体配置
end con_or;                             --结束配置
```

其中，con_or 是给本次配置取的配置标识名，or21 是本次配置所选择的实体名，for myor 表示选择的结构体名为 myor。经过这样配置后，以后使用 con_or 就唯一指定了所选取的元件来自实体 or21 的结构体 myor。

**2. 配置元件使用的声明**

配置元件的使用声明部分的格式分为 for all、for others 两种形式。

（1）配置元件的 for all 声明格式

for all 声明格式可进一步分为三种配置细节。

① 使用配置名进行的元件配置，其书写格式如下：

```
for all ：例元名列表：元件名 use configuration 配置名
                     [generic map (元件相关类属参数列表)]
                     [port map (元件相关端口列表)]; ]
end for;
```

该配置表示对所有由例元名列表中列出的通过例化得到的元件，都使用由元件名指定的元件。例元名列表指各个例元元件的名字，如有多个例元，相互之间用逗号隔开。use configuration 后的配置名指明该元件是如何配置的，即配置语句的声明部分指明的该元件源自哪个实体和结构体。generic map 和 port map 指出元件例化时的参数和端口映射，是可选项。

② 使用实体和结构体名进行的元件配置，其书写格式如下：

```
for all ：例元名列表：元件名 use entity 实体名 [(结构体名)]
                     [generic map (元件相关类属参数列表)]
                     [port map (元件相关端口列表)]; ]
end for;
```

方括号 [] 中的内容是可选的。该配置表示对所有由例元名列表中列出的通过例化得到的元件，都使用由元件名指定的元件。use entity 后的实体名和结构体名指明该元件是源自哪个实体和结构体。generic map 和 port map 指出元件例化时的参数和端口映射。这种配置用于未做过配置语句声明的情况，由于此时没有配置标识名来限定元件，故利用 use entity 实体名 [(结构体名)] 来限定元件例化时的元件选取。

③ 不限定实体和结构体进行的元件配置，其书写格式如下：

```
for all ：例元名列表：元件名 use open
end for;
```

该配置表示对所有由例元名列表中列出的通过例化得到的元件，都使用由元件名指定的元件。由于这里没有指明实体和结构体，因此进行元件例化时的元件来源不受限制。

（2）配置元件的 for others 声明格式

for others 声明格式也可进一步分为三种配置细节。

① 使用配置名进行的元件配置，其书写格式如下：

> **for others** ： 例元名列表：元件名 **use configuration** 配置名
> [**generic map** (元件相关类属参数列表)]
> [**port map** (元件相关端口列表)； ]
>
> **end for**；

方括号 [ ] 中的内容是可选的。该配置表示对除了由 for all 或其他选择后所指定的元件以外的其他剩余例元，都采用由例元名列表中列出的元件，use configuration 后的配置名指明该元件是如何配置的，即配置语句的声明部分指明的该元件源自哪个实体和结构体。generic map 和 port map 指出元件例化时的参数和端口映射。

② 使用实体和结构体名进行的元件配置，其书写格式如下：

> **for others** ： 例元名列表：元件名 **use entity** 实体名 [(结构体名)]
> [**generic map** (元件相关类属参数列表)]
> [**port map** (元件相关端口列表)； ]
>
> **end for**；

方括号 [ ] 中的内容是可选的。该配置表示对除了由 for all 所指定的元件以外的其他由例元名列表中列出的通过例化得到的元件，都使用由元件名指定的元件。use entity 后的实体名和结构体名指明该元件是源自哪个实体和结构体。generic map 和 port map 指出元件例化时的参数和端口映射。这种配置用于未做过配置语句声明的情况，此时没有配置名来限定元件，故利用 use entity 实体名 [(结构体名)]来限定元件例化时的元件选取。

③ 不限定实体和结构体进行的元件配置，其书写格式如下：

> **for others** ： 例元名列表：元件名 **use open**
> **end for**；

该配置表示对除了由 for all 所指定的元件以外的其他由例元名列表中列出的通过例化得到的元件，都使用由元件名指定的元件。由于这里没有指明实体和结构体，因此进行元件例化时的元件来源不受限制。

当在一个实体中完成了对配置的说明以后，就可在其他实体中通过配置语句声明，指明例元表中所用到的元件所在的实体的结构体或块，从而建立起两个实体间的关联。

【例 4-30】 利用 2 输入或门和半加器设计一个如图 4-20a 所示的全加器，并做出配置。

```
library IEEE；                    ──声明使用 IEEE 库
use IEEE.std_logic_1164.all；     ──声明实体使用 std_logic_1164 程序包
entity or21 is                    ──声明 2 输入或门实体名为 or21
port(a, b: in std_logic；         ──声明输入端口的输入信号 a、b 为逻辑型
     c: out std_logic)；          ──声明输出端口的输出信号 c 为逻辑型
end or21；                        ──结束对 2 输入或门实体 or21 的声明
architecture myor of or21 is      ──声明 myor 是实体 or21 的一个结构体
```

```
  begin                                              --声明结构体开始
    c<=a or b;                                        --对输入 a、b 做或运算后赋给 c
  end myor;                                          --结束对结构体 myor 的描述
  configuration con_or of or21 is                    --声明配置标识名为 con_or，实体为 or21
    for myor                                         --声明配置用到的结构体名为 myor
      end for;                                       --结束对结构体名 myor 的选用配置
  end con_or;                                        --结束对配置标识名 con_or 的配置
  library IEEE;                                       --声明使用 IEEE 库
  use IEEE.std_logic_1164.all;                        --声明实体使用 std_logic_1164 程序包
  entity half_add is                                 --声明半加器实体名为 half_add
    port(a, b: in std_logic;                         --声明输入端口的输入信号 a、b 为逻辑型
         s, c: out std_logic);                       --声明输出端口的输出信号 s、 c 为逻辑型
  end half_add;                                      --结束半加器实体 half_add 的声明
  architecture halfadd of half_add is                --声明 halfadd 是实体 half_add 的结构体
  begin                                              --声明结构体 halfadd 开始
    c<=a and b;                                      --对输入信号 a、b 做与运算后赋给 c
    s<=a xor b;                                      --对输入信号 a、b 做异或运算后赋给 s
  end halfadd;                                       --结束对半加器结构体 halfadd 的描述
  configuration con_halfadd of half_add is           --声明对半加器的配置 con_halfadd
    for halfadd                                      --声明配置用到的结构体名为 halfadd
      end for;                                       --结束对结构体名 halfadd 的选用配置
  end con_halfadd;                                   --结束对配置标识名 con_halfadd 的配置
  library IEEE;                                       --声明使用 IEEE 库
  use IEEE.std_logic_1164.all;                        --声明实体使用 std_logic_1164 程序包
  entity full_add is                                 --声明全加器实体名为 full_add
  port(ai, bi, ci: in std_logic;                     --声明输入信号 ai、bi、ci 为逻辑型
           so, co: out std_logic);                   --声明输出信号 so、co 为逻辑型
  end full_add;                                      --结束全加器实体 full_add 的声明
  architecture fulladd of full_add is                --声明 fulladd 是实体 full_add 的结构体
    component half_add                               --声明半加器 half_add 为被调用下层元件
      port(a, b: in std_logic;                       --声明下层元件输入信号 a、b 为逻辑型
           s, c: out std_logic);                     --声明下层元件输出信号 s、c 为逻辑型
    end component;                                    --结束对被调下层元件 half_add 的声明
    component or21                                   --声明 2 输入或门 or21 为被调用下层元件
      port(a, b: in std_logic;                       --声明输入端口的输入信号 a、b 为逻辑型
              c: out std_logic);                     --声明输出端口的输出信号 c 为逻辑型
    end component;                                    --结束对被调下层元件 or21 的声明
    signal u0_co, u0_s, u1_co: std_logic;            --声明元件间连接的中间信号为逻辑型
    for u0: half_add use configuration work.con_halfadd --声明 u0 使用的配置
                    port map (a, b, s, c);           --端口的位置映射
    for u1: half_add use entity work.half_add(myhalf)   --声明 u1 使用的配置
                    port map (a, b, s, c);           --端口的位置映射
    for u2: or21     use entity work.or21(myor)      --声明 u2 使用的配置
                    port map (a, b, c);              --端口的位置映射
  begin                                              --声明全加器结构体开始
    u0: half_add port map (ai, bi, u0_s, u0_co);     --按位置映射进行 u0 的例化
```

```
    u1: half_add port map (u0_s, ci, so, u1_co);        --按位置映射进行 u1 的例化
    u2:or21    port map (u0_co, u1_co, co);             --按位置映射进行 2 输入或门的例化
  end fulladd;                                           --结束全加器结构体 fulladd 的描述
  configuration con_fulladd of full_add is              --声明对全加器的配置 con_fulladd
    for fulladd                                          --声明配置用到的结构体名为 fulladd
      for u0: half_add use configuration work.con_halfadd--u0 使用的配置
                       port map (a, b, s, c);            --端口的位置映射
      end for;                                           --结束对例元 u0 所用半加器配置的声明
      for u1: half_add use entity work.half_add(myhalf)  --声明例元 u1 使用的
                       port map (a, b, s, c);            --端口的位置映射
      end for;                                           --半加器实体(结构体)，结束配置声明
      for others: or21 use open;                         --声明其他例元(这里仅指 u2)所在实体
      end for;                                            --和结构体不受限制，结束配置声明
    end for;                                              --结束对结构体名 fulladd 的选用配置
  end con_fulladd;                                        --结束对配置标识名 con_fulladd 的配置
```

运行程序得图 4-20b 所示仿真波形和图 4-20c 三层结构。

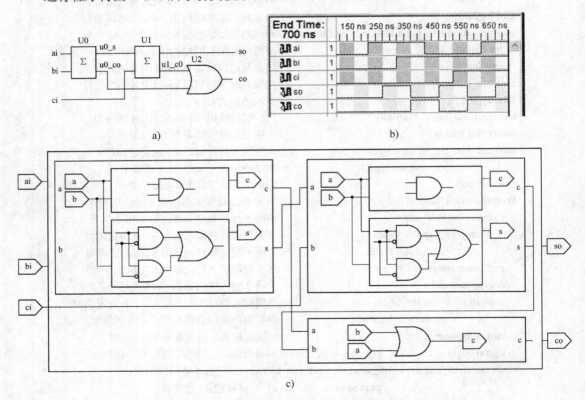

图 4-20　2 输入或门和半加器元件例化组成的全加器和仿真波形

程序第一步，先设计了一个 2 输入或门实体 or21 和结构体 myor 作为下层元件供上层全加器调用，然后通过配置语句的声明将该实体和结构体声明为配置标识名为 con_or 的配置。由于在结构体 myor 中没有对元件的调用和声明，故配置语句的声明部分采用了最简单的默认配置格式。

程序第二步，设计了一个半加器实体 half_add 和结构体 halfadd 作为下层元件供上层全加器调用，然后通过配置语句的声明将该实体和结构体声明为配置标识名为 con_halfadd 的配置，配置语句的声明部分采用了最简单的默认配置格式。

程序第三步，最后设计了一个全加器实体 full_add 和结构体 fulladd，并在结构体的声明部分对要调用的下层元件 or21 和 half_add 进行声明。在这里还可对这两个元件进行配置使用声明，即加上下面三条语句进行元件的限定：

```
for u0:half_add use configuration work.con_halfadd       --声明 u0 使用的配置
                port map (a，b，s，c);                    --端口的位置映射
for u1:half_add use entity work.half_add(myhalf)         --声明 u1 使用的配置
                port map (a，b，s，c);                    --端口的位置映射
for u2:or21     use entity work.or21(myor)               --声明 u2 使用的配置
                port map (a，b，c);                       --端口的位置映射
```

这里用了两种不同的方式来声明配置元件的使用。在第一句中使用 configuration work.con_halfadd 来声明调用了半加器 half_add 元件作为例元 u0 所使用的半加器，采用配置名 con_halfadd 来隐含地让例元 u0 与 WORK 库中的实体 half_add 和结构体 myhalf 相连接。在第二句和第三句中直接指明使用例元 u1、u2 所在的 WORK 库中的实体和结构体，这种情况多用于未对元件进行配置的使用中。由于在这三句之间已对或门和半加器进行了声明，这里省略这三句也是可行的，但如果当前库中还有其他的或门电路和半加器，则不进行限定将不能保证采用的元件是所希望的实体描述的或门电路和半加器。

在结构体的执行语句部分进行了两个半加器和一个 2 输入或门电路的例化，得到三个例元，通过元件的位置映射完成信号间的连接。

程序第四步，在全加器结构体描述结束后进行了对全加器的配置声明，将全加器实体 full_add 和结构体 fulladd 声明为配置标识名为 con_fulladd 的配置。由于结构体 fulladd 有对元件的调用声明，故配置语句的声明部分采用了详细描述的配置格式。其中：

for fulladd ……end for 构成了对全加器结构体的限定性描述，供更上层对全加器元件的调用。该配置元件的使用声明指出配置名 con_fulladd 采用的是实体 full_add 中的 fulladd 结构体而不是其他的结构体。在接下来的对三个例元的限定性描述中，采用了三种不同的描述方式来比较它们之间在描述方法上的特点。对例元 u0 的描述中，指明 u0 是半加器 half_add，来源于配置 configuration，该配置是 WORK 库中的被取名为 con_halfadd 的一个配置，后面的端口映射是可选项。该配置是在设计半加器时声明的配置，这里使用了该配置。在对例元 u1 的描述中，指明 u1 是半加器 half_add，来源于实体 entity，该实体是 WORK 库中的被取名为 half_add 的一个实体，并使用了该实体中的名为 myhalf 的半加器结构体。由于 u0、u1 选用的是相同的半加器，因此可将这两个元件写在一行，中间用逗号隔开。如：

```
for u0，u1：half_add use configuration work.con_halfadd
                port map (a，b，s，c);
```

在对例元 u2 的描述中，没有直接指明 u2，而是用 for others 来说明对除前面两个元件外的其他元件，本例只有三个元件，前两个已指明，因此剩下的只有 2 输入或门元件，故暗指 u2。如果将此处的 for others 改为 for all，则指对所有的元件都使用 or21。接下来指明其他的

元件使用的是 2 输入或门元件 or21，该元件使用的是 use open 描述，即该元件来源于哪个实体或结构体都行，不受限制。需要说明的是，这里对三个元件的详细指定与全加器的结构体说明部分对三个元件的限定有相同的作用，这实际是一种重复的限定，故在进行元件限定时，只需在这两处的其中一处限定元件即可。这里在两个地方进行元件的限定只是为了介绍配置语句的使用方法。

## 思考题

1. 完整的 VHDL 语言结构包括哪几个组成部分？它们的作用是什么？
2. 程序包由哪几个部分组成？其功能和书写格式是什么？怎样使用？
3. 实体的内属参数与端口说明有何作用？如何使用？
4. 什么是元件例化？如何定义元件和调用元件？如何映射参数和引脚？
5. 结构体的描述方法有哪几种？如何使用？比较它们的异同。
6. 块的功能和书写格式是什么？怎样使用？
7. 进行寄存器的 RTL 描述时应注意哪些事项？
8. generate 语句和 for 语句的作用是什么？有哪些使用方法？
9. 子程序由哪两部分组成？它们的作用是什么？如何使用？
10. 如何定义和使用过程与函数？如何传递参数和返回结果？
11. 如何定义和使用配置？

# 第5章　通信系统中的应用设计

将 VHDL 应用于可编程 ASIC 芯片，可方便快捷地实现功能强大的数字系统。作为数字系统的应用，在编写 VHDL 程序时都会涉及包括库、程序包、实体、结构体和配置五个组成部分的内容，但在具体实现上，不同的应用系统也会有自己的不同特点。本章将通过一些典型数字系统的设计过程，进一步阐述 VHDL 程序中的一些编程技巧。

## 5.1　存储器程序设计

存储器的种类很多，从能否写入的角度来分，就可以分为随机存取存储器(RAM)和只读存储器（Read-Only Memory，ROM）这两大类，每一类别里面又分别有许多种类的内存。

其中常见的 RAM 存储器可细分为：动态随机存取存储器（Dynamic RAM，DRAM）、静态随机存取存储器（Static RAM，SRAM）、同步动态随机存取存储器（Synchronous DRAM，SDRAM）、同步链环动态随机存取存储器（Synchronize Link DRAM，SLDRAM）和同步缓存动态随机存取存储器（Cached DRAM，CDRAM）等。

常见的 ROM 存储器可细分为：掩模型只读存储器（MASK ROM）、可编程只读存储器（Programmable ROM，PROM）、可擦可编程只读存储器（Erasable Programmable ROM，EPROM）和快闪存储器（Flash Memory）等。

不同的存储器虽然有各自的特点，但共同的特点是数据存放结构具有很好的一致性，具有地址总线和数据总线，因此对存储器的设计会涉及对总线的设计和存储单元的组织。存储器可以由锁存器或寄存器构成，两者的差别在于锁存器是电平起作用，寄存器是时钟边沿起作用。

### 5.1.1　只读存储器设计

设计一个 ROM 存储器时，要注意几个要点。

（1）对存储器结构的组织

在对存储器进行描述时，每个存储单元为一个字，存储单元的多少、字长的长度具有相同的结构特点，可以用数组类型来描述。每个存储单元或数据的一个位就是数组中的一个元素。对存储器数组大小的描述格式如下：

**type** memory **is array** （0 **to** 2\*\*w-1）　**of** word;

以上语句表示声明了一个叫 memory 的用户定义的存储器类型，它是一个数组类型，该数组中的每一个元素都具有 word 的类型，存储器数组的大小由（0 **to** 2\*\*w-1）给出。当常数 w 为 8 时，就表示有 256 个单元的存储器，这也是存储器大小的通用表达方式。具体 w

的值可由内属参数给出或进行修改。

　　存储器中每个字采用了 word 类型，这也是一个用户定义的类型。word 的位数可用位矢量来描述，其格式如下：

　　　　　　**subtype** word **is** std_logic_vector（k-1 **downto** 0）；

其中，k 表示存储单元中二进制数据的位数，可由内属参数给出或进行修改，这种表示具有通用性。当常数 k 为 8 时，所设计的存储器就是 8 位存储器，当 k 为 16 时就表示 16 位存储器。

　　（2）只读存储器中数据的获取

　　只读存储器中的数据不能通过随机的方式写入，而是通过文本文件一次性批量写入。因此要建立一个 ASICII 格式的文本文件，文件中存放用二进制表示的按行存放的数据。这里给文本文件取名为 romin.in。要读取文件中的数据需要用到 IEEE 库和 STD 库中的程序包 std_logic_textio 和 textio。通过 readline( )函数读取文件中的一行数据，再通过 read()函数将读取到的列数据写入 ROM 中的各单元。ROM 单元的编号为整数类型，故需要用到 std_logic_unsigned 程序包中的数据类型转换函数，将地址输入端口给出的矢量型数据转换为整数类型地址数据。

　　（3）只读存储器初始化标志设置

　　只读存储器中的数据只有在第一次访问时能写进去，故在设计 ROM 时应声明一个初始状态变量 startup，并赋初值为 true。当完成初始化数据写入后将其修改为 false，使得以后再也不能写入或修改数据。

　　【例 5-1】 设计一个 2\*\*w×k 只读存储器 ROM。其中 adr（0：2\*\*w-1）为 w 条地址总线、dout（k-1：0）为 k 条数据输出总线，g1、g2 为 2 位选择控制输入线。当 g1=1，g2=1 时，由 adr（0：2\*\*w-1）选中某一 ROM 单元，该单元中的 k 位数据就从 dout（k-1：0）输出；否则 dout（k-1：0）将呈现高阻状态。程序中通过类属参数设 w 为 4，k 为 8。编写 VHDL 程序如下：

```
library IEEE;                                      --声明使用 IEEE 库
use IEEE.std_logic_1164.all;                       --声明使用 std_logic_1164 程序包
use IEEE.std_logic_unsigned.all;                   --声明使用 std_logic_unsigned 程序包
use IEEE.std_logic_textio.all;                     --声明使用 std_logic_textio 程序包
use STD.textio.all;                                --声明使用 STD 库的 textio 程序包
entity myrom is                                    --声明实体名为 myrom
    generic (k：integer：=8；                        --声明内属参数 k 为整数型并赋初值 8
             w：integer：=4)；                       --声明内属参数 w 为整数型并赋初值 4
    port(g1，g2：in std_logic；                       --声明输入信号 g1、g2 为逻辑型
        adr：in std_logic_vector(0 to w-1)；         --声明输入信号 adr 为矢量型
        dout：out std_logic_vector((k-1) downto 0))；--声明输出 dout 为矢量型
end myrom；                                          --结束实体描述
architecture behav of myrom is                     --声明 behav 是实体 myrom 的一个结构体
    subtype word is std_logic_vector((k-1) downto 0)；  --声明子类型 word
    type memory is array (0 to 2**w-1) of word；        --声明类型 memory 为数组
    signal adr_in：integer range 0 to 2**w-1；          --声明中间信号 adr_in 为整数
    file romin：text is in "romin.in"；             --声明 romin 为输入数据文件对象
```

```
        begin                                     --声明结构体开始
          process(g1，g2，adr)                     --声明进程和敏感量 g1、g2、adr
            variable rom：memory；                 --声明 rom 为 memory 型变量
            variable startup：boolean：=true；     --声明 startup 为贝尔型变量并赋真值
            variable l：line；                      --声明 l 为行类型变量
            variable j：integer；                   --声明 j 为整数类型变量，指示各单元
          begin                                     --声明进程开始
            if (startup) then                       --如果 startup 为真，即首次赋值
              for j in rom' range loop              --对 rom 各存储单元赋初值
                readline (romin，l)；                --从 romin 文件对象读一行值给行变量 l
                read(l，rom(j))；                     --从行变量读一个值给第 j 个 rom 单元
              end loop；                             --对 rom 赋完初值后结束
                startup：=false；                    --修改对 rom 赋值标志 startup 为假
            end if；                                 --结束条件，以后该条件句再也不会执行
            adr_in<=conv_integer(adr)；              --将输入的矢量地址转换为整数地址
            if (g1='1' and g2='1') then             --如果 g1、g2 为高电平，选中 rom
              dout<=rom(adr_in)；                    --从输入地址所指单元取出数据输出
            else                                     --否则未选中 rom
              dout<= "ZZZZZZZZ"；                    --向输出总线输出 8 位高阻抗
            end if；                                 --结束条件语句
          end process；                             --结束进程的描述
        end behav；                                 --结束结构体的描述
```

运行上述程序得图 5-1 所示结果，其中图 5-1a 为所生成的顶层电路模块，图 5-1b 为下层电路模块，图 5-1c 为输入、输出仿真波形，图 5-1d 为文本文件 romin.in 中的内容。

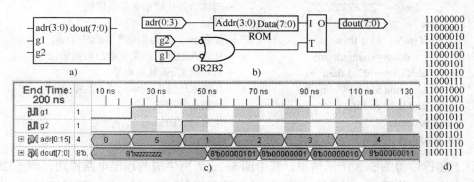

图 5-1　ROM 外观与下级电路及仿真波形和 romin.in 文件内容

## 5.1.2　随机存储器设计

随机存储器中的数据是由数据总线上的数据提供的，其数据由地址总线指定将其存放在存储器的哪个单元。为了控制数据传输方向，采用读写信号线来控制。如果数据输入与输出用同一组总线完成，则数据总线为双向数据总线。

【例 5-2】　设计一个 $2^{**}w \times k$ 随机存储器（RAM）。其中 adr（0：$2^{**}w-1$）为 w 条地址总线，din（k-1：0）为 k 条数据输入总线，dout（k-1：0）为 k 条数据输出总线，cs 为片选控制线，rw 为读写控制线。当 cs=1，rw=1 时，从 adr（0：$2^{**}w-1$）所选中 RAM 单元

中读取 k 位数据到 dout（k-1：0）输出；当 cs=1， rw=0 时，将 din（k-1：0）的 k 条数据输入总线上的信号写入由 adr（0：2**w-1）所选中的 RAM 单元。当 cs=0 时，dout（k-1：0）将呈现高阻状态。程序中通过类属参数设 w 为 4，k 为 8。编写 VHDL 程序如下：

```vhdl
library IEEE;                                   --声明使用 IEEE 库
use IEEE.std_logic_1164.all;                    --声明使用 std_logic_1164 程序包
use IEEE.std_logic_unsigned.all;                --声明使用 std_logic_unsigned 程序包
entity mysram is                                --声明实体名为 mysram
    generic (k:  integer：=8;                    --声明内属参数 k 为整数型并赋初值 8
             w:  integer：=4);                   --声明内属参数 w 为整数型并赋初值 4
    port(rw，cs：in std_logic;                    --声明输入信号 rw、cs 为逻辑型
         adr：in std_logic_vector(0 to w-1);     --声明输入信号 adr 为矢量型
         din：in std_logic_vector(k-1 downto 0); --声明输入为矢量型
         dout：out std_logic_vector(k-1 downto 0)); --声明输出为矢量型
end mysram;                                      --结束实体描述
architecture behav of mysram  is                --声明 behav 是实体 mysram 的一个结构体
    subtype word is std_logic_vector(k-1 downto 0); --声明子类型 word
    type memory is array (0 to 2**w-1) of word; --声明类型 memory 为数组
    signal adr_in:  integer range 0 to 2**w-1;  --声明中间信号 adr_in 为整数
    signal sram：memory;                          --声明 sram 为 memory 类型
begin                                            --声明结构体开始
    adr_in<=conv_integer(adr);                   --将输入的矢量地址转换为整数地址
    process(rw，cs，din，adr_in)                   --声明进程和敏感量 rw、cs、din、adr_in
    begin                                        --声明进程开始
      if (cs= '0') then                          --如果 cs 为低电平，未选中 sram
          dout<= "ZZZZZZZZ";                     --向输出总线输出 8 位高阻抗
      else                                       --否则
        if (rw= '1') then                        --如果 rw、cs 为高电平，选中 sram
            dout<=sram(adr_in);                  --从输入地址所指单元取出数据输出
        elsif (rw= '0') then                     --否则如果 rw 低高电平
            sram(adr_in)<=din;                   --向输入地址所指单元输入数据 din
        end if;    end if;                       --结束条件语句
      end process;                               --结束进程的描述
    end behav;                                    --结束结构
```

运行上述程序得图 5-2 所示结果，其中图 5-2a 为所生成的顶层电路模块，图 5-2b 为输入输出仿真波形。从图 5-2b 可见，当 cs 片选信号为低电平时，未选中随机存储器，输出总线上显现为高阻抗；当 cs 为高电平时，rw 先为低电平，故分别向地址为 5、9、4、3 的存储单元输入数据 2、6、8、2；当 rw 为高电平后，可从这些单元分别读出刚才写入的数据。

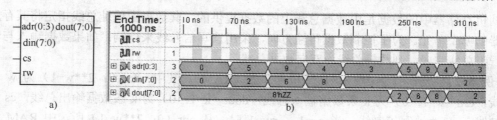

图 5-2 RAM 外观及仿真波形

### 5.1.3　先入先出存储器设计

先入先出（FIFO）存储器是一个环形数据结构的同步 RAM 存储体。这种存储器的特点是存储器单元通常较少，数据按先来先进的方式顺序写入存储器中地址相邻接的单元，数据存放的地址从低地址向高地址方向增加，达到顶端后再折回低地址并不断循环。当读取数据时，也是从低地址往高地址方向增加。这样，先存入的数据将先被读出，后存入的数据后被读出，这就是 FIFO 存储器名字的由来。

【例 5-3】　设计一个 $2^{**}w \times k$ 位 RAM 结构的 FIFO，其引脚图和原理图如图 5-3 所示。

FIFO 由五个功能块组成，即存储体 RAM、写地址指针 wp 控制电路、读地址指针 rp 控制电路、写满 fullctr 标志设置电路、读空 emptyctr 标志设置电路。以 din（k-1：0）为 k 条数据输入总线，dout（k-1：0）为 k 条数据输出总线，rd 为读控制线，wr 为写控制线，clk 为时钟输入端，rst 为复位控制信号，full 为写满状态信号输出端，empty 为读空状态信号输出端。写入数据时，在时钟上升沿作用下，当 wr=1，fullctr=0 时，din 的数据被写入 wp 所指定的 FIFO 单元；当 rd=1，emptyctr=0 时，数据从 rp 所指定的 FIFO 单元读出到输出数据总线 dout，并且 dout 总线上始终有一个数据输出，不能有三态输出。

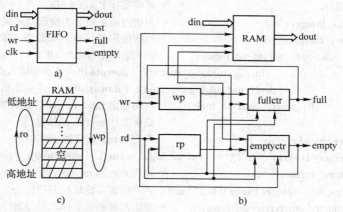

图 5-3　RAM 结构 FIFO 的引脚图和原理图

a) 引脚图　b) 原理图　c) rp 和 wp 的关系

由于 FIFO 存储器中的数据读写是独立进行的，这就可能出现写入的速度与读出数据的速度不一致的情况。当写入的速度大于读出的速度时，会导致新写入的数据重复写在尚未被读出的数据单元；反之，当读出的速度大于写入的速度时，会导致读空存储器单元的读取错误。因此设计 FIFO 存储器时需要对读写控制进行特殊处理。

① 利用读写地址指针控制数据的读写。以 wp 为写数据地址指针，rp 为读数据地址指针。rp 总是指向已读出数据的单元地址，wp 总是指向下一个要写入的数据单元的地址，先写而后读。

② 利用存储器满和空标志防止读写冲突。当复位信号 rst 为高电平时，FIFO 复位，wp=0，rp＝$2^{**}w-1$。此时 FIFO 处于空状态，数据第一次写入的单元为 0 单元，以后每写入一个数据写数据地址指针 wp 加一。当 FIFO 未满，可以写入数据时，写满状态信号 fullctr 和输出端 full=0，写满 $2^{**}w-1$ 个数据后 fullctr 和 full=1；同样，FIFO 未空可以读出数据时，emptyctr 和输出端 empty=0，读空 FIFO 后，读空状态信号 emptyctr 和输出端 empty=1。

由于要先写进才能有数据读出，故在复位后应有 rp=wp-1。由于写数据地址指针 wp、读数据地址指针 rp 都是循环计数，计满 2\*\*w-1 后，读、写地址指针都会回到最初位置，并重新增加计数值。当读出数据的速度比写入的速度慢时，就会出现 fullctr=1 的写满情况；而当读出数据的速度比写入的速度快时，就会出现读空的情况，此时 emptyctr=1。在设置写满标志 fullctr 时，如果 rp=wp 再写一个就满，且现在处于只写不读情况，就应有满标志信号为 1，表示存储器不能再写入，再写就覆盖未读出单元中的数据。如果写满标志信号虽然已满，但现在有数据读出，读后就会空出单元，故此时写满标志信号应为 0。在进行读空标志信号 emptyctr 设置时，如果目前处于只读不写状态，并且处于再读一个数据就空 rp=wp-2 的状态，或已读到 ram 顶部但正在写 1 号单元，再读就读到 0 号单元的状态，或已读到 ram 顶部前一单元但没有写状态的状态，设置读空标志信号为 1，表示存储器不能再读出，否则就读空存储器。如果读空标志信号虽已被置为空，但现在有数据写入，写入后就不再为空，故应设 emptyctr=0。程序中通过类属参数设 w 为 4，k 为 8。编写 VHDL 程序如下：

```
library IEEE;                                      --声明使用 IEEE 库
use IEEE.std_logic_1164.all;                        --声明使用 std_logic_1164 程序包
entity myfifo is                                    --声明实体名为 myfifo
  generic(k: integer: =8;                           --声明内属参数 k 为整数型并赋初值 8
          w: integer: =3);                          --声明内属参数 w 为整数型并赋初值 3
  port(rst, clk, wr, rd: in std_logic;              --声明输入信号 rst、clk、wr、rd 为逻辑型
            din: in std_logic_vector(k-1 downto 0); --声明输入数据 din 为矢量型
            dout: out std_logic_vector(k-1 downto 0); --声明输出数据 dout
          full, empty: out std_logic);              --声明输出 full、empty 为逻辑型
end myfifo;                                          --结束实体 myfifo 的描述
architecture bhv of myfifo is                        --声明 behav 是实体 myfifo 的一个结构体
  type memory is array (0 to 2**w-1) of std_logic_vector(k-1 downto 0); --声明类型 memory
  signal ram: memory;                               --声明 ram 为 memory 型
  signal rp, wp: integer range 0 to 2**w-1;         --声明读写地址控制指针 rp、wp 为整数型
  signal fullctr, emptyctr: std_logic;              --声明写满和读空标志信号为逻辑型
begin                                                --声明结构体开始
  dout<=ram(rp);                                     --按读地址控制指针 rp 输出 ram 中的数据
  full<=fullctr;                                     --将写满标志信号 fullctr 赋给输出引脚 full
  empty<=emptyctr;                                   --将读空标志信号 emptyctr 赋给输出引脚 empty
  writedata:                                         --给写数据进程取名为 writedata
  process(clk)                                       --声明进程和敏感量 clk
  begin                                              --声明进程开始
    if (clk' event and clk='1') then                 --在时钟上升沿到来时
      if (fullctr='0' and wr='1') then               --如果写满标志指示未写满且写信号有效
        ram(wp)<=din;                                --将外部输入写入写地址控制指针 wp 指定单元
      end if; end if;                                --结束条件判断语句
  end process writedata;                             --结束写数据进程 writedata
  wpmodify:                                          --给写地址控制指针 wp 设置进程取名 wpmodify
  process(clk, rst)                                  --声明进程和敏感量 clk、rst
  begin                                              --声明进程开始
    if (rst='1') then                                --如果复位信号有效，高电平复位
```

```
            wp<=0;                                   --写地址控制指针 wp 复位到 0 号存储单元
        elsif (clk'event and clk='1') then           --否则如果时钟上升沿到来时则执行下面语句
            if (fullctr='0' and wr='1') then         --如果写满标志指示未写满,且写信号有效,则
                if (wp=2**w-1) then                  --如果写地址控制指针 wp 已指到存储器顶部,则
                    wp<=0;                            --写地址控制指针 wp 复位到 0 号存储单元
                else                                  --否则
                    wp<=wp+1;                         --写地址控制指针 wp 加 1,指向下一个写单元
                end if;                               --结束内层条件判断
            end if;  end if;                          --结束外层条件判断
    end process wpmodify;                             --结束写地址控制指针 wp 设置进程
    rpmodify:                                         --给读地址控制指针 rp 设置进程取名 rpmodify
    process(clk, rst)                                 --声明进程和敏感量 clk、rst
    begin                                             --声明进程开始
        if (rst='1') then                             --如果复位信号有效,高电平复位
            rp<=2**w-1;                               --读地址指针 rp 复位到存储器顶部 2**w-1 单元
        elsif(clk'event and clk='1') then             --否则如果时钟上升沿到来时则执行下面语句
            if (emptyctr='0' and rd='1') then         --如果读空标志指示未读空,且读信号有效,则
                if (rp=2**w-1) then                   --如果读地址控制指针 rp 已指到存储器顶部,则
                    rp<=0;                            --读地址控制指针 rp 复位到 0 号存储单元
                else  rp<=rp+1;                       --否则读地址控制指针 rp 加 1 指向下一个读单元
                end if;  end if;  end if;             --结束条件判断语句
    end process rpmodify;                             --结束读地址控制指针 rp 设置进程
    fullmodify:                                       --给写满标志信号设置进程取名 fullmodify
    process(clk, rst)                                 --声明进程和敏感量 clk、rst
    begin                                             --声明进程开始
        if (rst='1') then                             --如果复位信号有效,高电平复位
            fullctr<='0';                             --写满标志信号复位,表示存储器当前可写入数据
        elsif (clk'event and clk='1') then            --否则如果时钟上升沿到来时则执行下面语句
            if (rp=wp and wr='1' and rd='0') then     --如 rp=wp 再写一个就满,且现在处于只写
                fullctr<='1';                         --设置写满标志信号为 1,表示存储器不能再写入
            elsif fullctr='1' and rd='1' then         --否则如果写满标志信号已满但现在有数据读出
                fullctr<='0';                         --设置写满标志信号为 0,表示存储器现在可写入
            end if;                                   --结束外层条件判断
        end if;                                       --结束最外层条件判断
    end process fullmodify;                           --结束写满标志信号 fullctr 设置进程
    emptymodify:                                      --给读空标志信号设置进程取名 emptymodify
    process(clk,rst)                                  --声明进程和敏感量 clk、rst
    begin                                             --声明进程开始
        if (rst='1') then                             --如果复位信号有效,高电平复位
            emptyctr<='1';                            --读空标志复位,表示存储器当前不能读出数据
        elsif (clk'event and clk='1') then            --否则如果时钟上升沿到来时则执行下面语句
            if (rd='1' and wr='0') and                --否则如果目前处于只读状态,且
                (rp=wp-2 or (rp=2**w-1 and wp=1)      --再读一个数据就空或 ram 为空状态但正在写
                or (rp=2**w-2 and wp=0))then          --或 ram 为空前一状态但没有写
                emptyctr<='1';                        --设置读空标志信号为 1,表示存储器不能再读出
            elsif (emptyctr='1' and wr='1')then       --否则如果读空标志信号已空但现在有数据写入
```

emptyctr<= '0';              ——设置读空标志信号为 0, 表示存储器现在可读出

          **end if**;   **end if**;              ——结束条件判断语句

     **end process**   emptymodify;       ——结束读空标志信号 emptyctr 设置进程

     **end behav**;                   ——结束结构体的描述

     运行上述程序得图 5-4 所示 FIFO 顶层模块和仿真波形。从仿真波形可见，当复位信号 rst 为高电平时 FIFO 复位，empty 为高电平，表示读空状态，full 为低电平，表示可写状态。此后写控制信号 wr 为 3 个周期的高，将 din 输入的 2、3、4 三个数据写入 FIFO。这样在读数据控制信号 rd 为高的三个周期将这三个数据读出到 dout 输出总线上。此时数据已读空，故 empty 为高电平，表示读空状态。接下来连续写入 8 个数据而未进行读操作，故写满信号 full 为高。

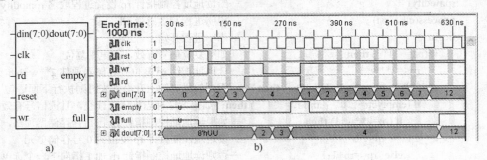

图 5-4   例 5-3 设计的 $2^{**}w×k$ 位 FIFO 顶层模块和仿真波形

## 5.2   串行接口程序设计

     一个数字系统的功能通常需要多个器件或设备共同来完成，它们通过导线相连进行通信。利用多根导线相连接的方式称为并行连接，特点是数据在一个周期内传输完信号的各位，即数据总线的连接方式；利用若干数据线与控制线，使数据在一个周期内只传输一位的，需要多个周期才能逐位传输完信号各位的传输方式称为串行方式，与之相应的接口称为串行接口。按电气标准及协议来分，串行接口包括 RS232C、RS422、RS485、USB、PCI、PS/2 等。

### 5.2.1   RS232 串行接口设计

#### 1. RS232 串行发送驱动时钟程序

     目前 EIA-232 是 PC 与通信工业中应用最广泛的一种串行接口。EIA-232 常称为 RS232 或 UART，被定义为一种在低速率串行通信中增加通信距离的单端标准。

     （1）UART 物理层协议

     RS232 物理层协议采取不平衡传输的单端通信方式。UART 物理层标准规定 RS232 的传送距离要求可达约 15m，用-15～-5V 之间的任意电平表示逻辑 '1'；用 5～15V 电平表示逻辑 '0'，这里采用的是负逻辑。

     （2）UART 链路层协议的帧格式

     RS232 串行发送数据的帧格式如图 5-5 所示。在线路空闲时，主设备发送 '1'。在通信时，主设备需要先发一个起始位 '0'，以表示通信的开始，然后从最低位开始传送有效

数据，数据传输结束后再传送 1 位的奇偶校验值，最后发送停止位'1'，以表示当前通信的完成。此外还可安排一个空闲位，如果没有空闲位，此时异步传送的效率为最高。其中，数据位数可

图 5-5　RS232 帧格式

以事先约定为 5 位、6 位、7 位或者 8 位；奇偶校验位根据事先约定由对数据位按位进行异或运算或者同或运算而得到，它不是必需的。

（3）UART 链路层协议的波特率

国际上规定的一个串行通信波特率标准系列包括：110bit/s、300bit/s、600bit/s、1200bit/s、1800bit/s、2400bit/s、4800bit/s、9600bit/s、19200bit/s。计算机中常用的波特率包括：110bit/s、300bit/s、600bit/s、1200bit/s、2400bit/s、4800bit/s、9600bit/s、19200bit/s、28800bit/s、33600bit/s、56000bit/s、115200bit/s。

（4）收发两端波特率的匹配

串行通信分为同步通信方式和异步通信方式两种类型。

当 RS232 按同步通信方式工作时，要求串行数据传输的驱动时钟 $f_s$ 为数据传输的时钟 $f_b$。同步通信方式工作的优点是驱动时钟设计较为简单，但缺点是不能很好地解决收发信两端的相位同步问题，相位的不同步可能导致接收端错误检测线路上传来的数据。因此 RS232 更多地是采用异步通信方式以解决相位同步问题。

在异步通信方式中，通信双方各自具有独立的时钟，传输的速率由双方约定。RS232 串行驱动时钟的频率 $f_s$ 不是标准波特率 $f_b$，而是波特率时钟频率的 $M$ 倍，目的是为在接收时进行精确采样，以提取异步的串行数据。此时串行驱动时钟的频率 $f_s$ 为

$$f_s=Mf_b \qquad (5\text{-}1)$$

通常 $M$ 取值为 16。如果系统驱动时钟频率为 $f_m$，假定为 25MHz，将此频率变为标准波特率 $f_b$ 的分频系数为 $N$，则此时串行驱动时钟频率 $f_s$ 与系统驱动时钟频率 $f_m$ 之间的关系为

$$f_s=Mf_m/N =f_m/(N/M) \qquad (5\text{-}2)$$

如果串口通信采用 9600bit/s 的传输速率，$M=16$，因此需要产生一个 $9600\times16=153600$Hz 的串行驱动时钟频率 $f_s$，即将外部输入的 25MHz 的信号分成频率为 153600Hz 的信号。$N/M\approx162.76$，这不是一个整数，取 $N/M=163$，得到 $f_s\approx153374.233$。相对误差 $\delta$ 为 0.147%。若取 $N/M=162$，得到 $f_s\approx154320.988$，相对误差 $\delta$ 为 0.439%。可见取 $N/M=163$ 相对误差要小些。但如要获得 50%的波特率时钟，163/2=81.5 不是整数，因此可取高电平计数 81 个 $f_m$ 脉冲，低电平计数 82 个 $f_m$ 脉冲，即 $T_s=81T_m+82T_m=163T_m$。

（5）异步通信方式下串行驱动时钟程序编写

【例 5-4】 设计一个系统驱动时钟频率 $f_m=25$MHz，标准波特率 $f_b=9600$bit/s，串行驱动采样时钟的频率 $f_s=9600\times16$Hz 的 RS232 串行收发系统。

该系统应包括将 $f_m=25$MHz 时钟变为采样时钟 153600Hz 的分频电路、1 比特的奇偶校验位获取电路、RS232 串行输出控制电路。

① 16 倍 9600bit/s 采样时钟 $f_s$ 输出电路设计：fs.vhd。

**library** IEEE;　　　　　　　　　　　　　　　　--声明使用 IEEE 库

```
    use IEEE.std_logic_1164.all;                    --声明使用 std_logic_1164 程序包
    entity dvfm_fs is                               --声明实体名为 dvfm_fs
       Port ( clk : in   std_logic;                 --声明输入时钟 clk(fm)为逻辑型
              ctr : in   std_logic;                 --串行数据发送控制信号为逻辑型
              fs  : out std_logic);                 --16 倍 9600bit/s 采样时钟输出 fs 为逻辑型
    end dvfm_fs;                                     --结束实体 dvfm_fs 的描述
    architecture bhv of dvfm_fs is                  --声明 bhv 是实体 dvfm_fs 的一个结构体
       signal counter:   integer range 0 to 162     --163 个脉冲
       signal clk81_82: std_logic;                  --声明输出时钟引线中间信号
    begin                                           --声明结构体开始
       process (clk,ctr)                            --声明设计 163 个 clk 脉冲计数器的进程
       begin                                        --声明进程开始
          if clk= '1' and clk'event then            --当系统时钟上升沿到来时执行计数
            if ctr= '0' then                        --如果串行数据发送控制信号为 0
              counter<=0;                           --计数器清零
            elsif   counter<164 then                --否则如果计数器未计数到 163
              counter <=counter + 1;                --计数器做加 1 计数
            else                                    --否则
              counter <=0;                          --计数器清零
            end if;                                 --结束条件语句
          end if;                                   --结束条件语句
       end process;                                 --结束进程的描述
       process (counter,ctr)                        --产生 fs 的 81 个时钟周期的高电平和 82 个周期低电平的进程
       begin                                        --声明进程开始
          if ctr='0' then                           --如果串行数据发送控制信号为 0
            clk81_82<= '0';                         --输出 fs 为低电平
          elsif counter<82 then                     --否则如果计数值为 0~81 个脉冲时
            clk81_82<= '1';                         --输出 fs
          elsif   82<=counter and counter<=163 then --否则计数值为 82~163 个脉冲
            clk81_82<= '0';                         --输出 fs 为低电平
          end if;                                   --结束 fs 产生的条件语句
       end process;                                 --结束进程的描述
       fs<=clk81_82;                                --将输出周期为 163 个 fm 脉冲的 fs 信号
    end bhv;                                         --结束结构体的描述
```

运行程序得图 5-6 所示电路模块和仿真波形。

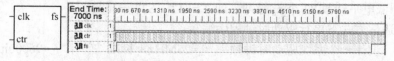

图 5-6　16 倍 9600bit/s 采样时钟 $f_s$ 输出和仿真波形

② 获取奇偶检验位的电路设计。

对待发送的 8 位数据 d232 逐位进行异或运算，得到一个 1bit 的奇偶校验结果输出位 prty。如果数据 d232i 为奇数个 1，则输出 1，否则输出 0。编写 VHDL 程序如下：

```
    library IEEE;                                   --声明使用 IEEE 库
```

```
use IEEE.std_logic_1164.all;            --声明使用 std_logic_1164 程序包
entity prty is                          --声明实体名为 prty
    Port ( d232 :   in   std_logic_vector (7 downto 0);  --声明待发送的 8 位数据为矢量
           prt :   out  std_logic);     --声明奇偶校验结果输出位 prt 为逻辑型
end prty;                               --结束奇偶校验位获取实体 prty 的描述
architecture bhv of prty is             --声明 bhv 是实体 prty 的一个结构体
begin                                   --声明结构体开始
    process(d232)                       --声明设计获取奇偶校验位的进程
        variable tmp:   std_logic: = '0';  --声明奇偶校验中间变量并赋初值
        begin                           --声明进程开始
            for i in 0 to 7 loop        --从低位到高位循环进行 8 位异或运算
              tmp: = tmp xor d232(i);   --进行 8 位异或运算
            end loop;                   --结束奇偶校验位的获取
            prt<=tmp;                   --将获取的奇偶校验位输出
    end process;                        --结束进程
end bhv;                                --结束结构体的描述
```

也可将结构体简单描述为：

```
architecture bhv of prty is
begin
prt<=d232(0) xor d232(1) xor d232(2) xor d232(3)    --8 位输入进行异或
    xor d232(4) xor d232(5) xor d232(6) xor d232(7);
end bhv;
```

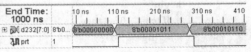

运行上述程序得电路模块和仿真波形如图 5-7 所示。

图 5-7　奇偶检验电路模块和仿真波形

③ RS232 串行数据发送程序。

8 位串行数据 d232 在 16 倍 RS232 位传输激励时钟 $f_s$ 激励下逐位输出。待发送的 8 位串行数据 d232 和奇偶校验位 prt 在 10 位串行信号帧长度标志信号（字节输出统计信号）sbit 为低电平时打入到 8 位待发送数据缓存存储器 d232 和奇偶校验位输入缓存 prt 中。此后在串行数据发送控制信号 tctr 激励下，先从 tctr 上升沿起输出一位低电平起始标志位，每个输出位占 16 个激励时钟 $f_s$ 周期。然后置每位输出起始标志信号 tbfg 为高电平，该 tbfg 信号在下一个 $f_s$ 时钟来时将被复位，为发下一个数据位做准备。同时置帧长度标志信号 t10fg 为高电平，该 t10fg 信号持续到一帧结束后才为低电平。发送完 8 个数据位后，接着发送一个奇偶校验位 prt，最后发送一位高电平的停止位。这样总共发送了 1 位低电平起始位+8 位数据+1 位奇偶位 +1 位高电平停止位组成的 11 位信号数据，此时将帧长度标志信号复位，表示完成一帧数据发送。t10fg 变低电平后，将新数据的 8 位串行数据 d232 和奇偶校验位打入到 8 位待发送数据缓冲存储器 d232 和奇偶校验位输入缓存 prt 中，为下一帧的数据发送做好准备。如果串行数据发送控制信号 tctr 继续为高电平，接着发送下一帧数据。如果为低电平，停止数据发送。为了统计总共发送了多少字节的数据，在字节计数统计信号 twg 的上升沿，由 RS232 串行输出字节数计数器 btn 进行计数，最多可统计 255 个字节的输出。RS232 串行输出程序编写如下：

```
        library IEEE                            --声明使用 IEEE 库
```

```
use IEEE.std_logic_1164.all;                              --声明使用 std_logic_1164 程序包
use IEEE.std_logic_unsigned. all;                         --声明使用 std_logic_unsigned 程序包
entity tx232 is                                           --声明实体名为 tx232
   Port (fs:  in   std_logic;                             --16 倍 RS232 位传输激励时钟输入
         tctr:  in   std_logic;                           --串行数据发送控制信号输入
          prt:  in   std_logic;                           --奇偶校验位输入
          d232:  in   std_logic_vector (7 downto 0);      --8 位待发送数据输入
         t10fg:  out std_logic;                           --起始位+8 位数据+奇偶校验 10 位帧长
         tbfg:  out std_logic;                            --每位输出起始标志信号
          txo:  out std_logic;                            --串行信号输出
          btno:  out std_logic_vector (7 downto 0));      --串行输出字节数统计值
end tx232;                                                --结束实体 tx232 的描述
architecture bhv of prty is                               --声明 bhv 是实体 tx232 的一个结构体
   signal   twg: std_logic;                               --每字节帧长标识中间信号
   signal tflg: std_logic;                                --每位输出起始标志中间信号
   signal    pr: std_logic;                               --奇偶校验位中间信号
   signal cn16:  integer range 0 to 15;                   --起始和计数 16 个脉冲计数器
   signal     i:  integer range 0 to 10;                  --10 位输出计数器
   signal dobf: std_logic;                                --串行输出中间信号
   signal dibf: std_logic_vector (7 downto 0);            --8 位待发送数据中间信号
   signa l btn:std_logic_vector(7 downto 0);              --串行输出字节数统计值中间信号
begin                                                     --声明结构体开始
   process (fs,tctr)                                      --每位持续 16 个时钟脉冲计数的进程
   begin                                                  --声明进程开始
      if tctr= '0'   then                                 --如果串行数据发送控制信号为低电平
        tflg<= '0';                                       --每位输出起始标志复位
        cn16<=0;                                          --16 个时钟脉冲计数器复位
      elsif fs= '0'   and fs' event then                  --否则时钟 fs 上升沿到达
        if cn16<15 then                                   --如果 16 计数器未计到 15
          cn16<=cn16+1;                                   --16 脉冲计数器做加 1 计数
          tflg<= '0';                                     --每位输出起始标志复位
        else                                              --否则计到 15 个时钟
          cn16<=0;                                        --16 个时钟脉冲计数器复位
          tflg<= '1';                                     --每位起始标志置高表示一个发送位结束
        end if;                                           --位长中 15 个低+1 个高电平共 16 个时钟
      end if;                                             --结束条件语句
   end process;                                           --结束进程的描述
   process (tctr， tflg)                                  --统计 10 个发送位的进程
   begin                                                  --声明进程开始
      if tctr= '0'   then                                 --如果串行数据发送控制信号为低电平
        i<=0;                                             --复位 10 位时长输出计数器
        twg<= '0';                                        --复位 10 位数据帧长度标志信号
      elsif tflg= '1'   and tflg' event then              --否则每位输出起始标志上升沿到达时
        if i<10 then                                      --如果未发送完 10 位数据
          i<=i+1;                                         --10 计数 1 计数
          twg<= '1';                                      --10 位帧长度标志持续输出高电平
        else                                              --否则计数到已输出 10 位数据
          i<=0;                                           --10 计数器复位
```

```
            twg<= '0';                      --10 位帧长度标志信号为低表示一帧结束
         end if;                            --结束条件语句
       end if;                              --结束条件语句
    end process;                            --结束进程的描述
    process (tctr，twg，i，d232，prt)        --RS232 串行接口输出数据的进程
    begin                                   --声明进程开始
       if tctr= '0'  then                   --如果控制发送信号为低电平
         dobf<= '1';                        --串行输出端保持输出高电平，未发送数据
       elsif twg= '0' and i=0 then          --否则如 10 位帧长度标志为低且 i=0
         dobf<= '0';                        --发送低电平起始位
         dibf<=d232;                        --输入新数据
         pr<=prt;                           --输入新奇偶校验
       else                                 --否则
         if i/=0 and i<9 then               --发送位 0~7 位之间的有效数据
          dobf<=dibf(i-1);                  --数据逐位移出，低位在前，高位后发
         elsif i=9 then                     --如果发送的是第 9 位
          dobf<=pr;                         --发奇偶校验位
         else                               --否则为第 10 位
          dobf<= '1';                       --发高电平终止位
         end if;                            --结束条件语句
       end if;                              --结束条件语句
    end process;                            --结束进程的描述
    process (tctr，twg)                      --RS232 串行输出字节数统计的进程
    begin                                   --声明进程开始
       if tctr= '0'  then                   --如果控制发送信号为
         btn<= "00000000";                  --RS232 串行输出字节数统计清零
       elsif twg= '1' and twg' event then   --否则如 10 位帧长度标志信号上升沿到
         btn<=btn+ '1';                     --RS232 串行输出字节数计数器做加 1 计数
       end if;                              --结束条件语句
    end process;                            --结束进程的描述
    t10fg<=twg;                             --输出 10 位帧长度标志信号
    tbfg<=tflg;                             --输出 RS232 每位输出起始标志信号
    txo<=dobf;                              --输出 RS232 串行数据
    btno<=btn;                              --输出 RS232 串行数据发送字节数统计数据
  end bhv;                                  --结束结构体的描述
```

　　运行上述程序得图 5-8 所示的 RS232 串行数据发送电路顶层模块和仿真波形。其中图 5-8a 为生成的电路块模；图 5-8b 为起始位和第 1 位部分的仿真波形图；图 5-8c 为一个字的输出帧仿真波形。

　　④ RS232 串行接收驱动程序设计。

　　设待接收的输入串行数据 din 为 0(起始位) + 10110010(8 位串行数据)+1（奇偶校验位)+终止位。当复位信号 rst 为低电平时接收系统复位，高电平时工作。该位可用作决定是否接收数据的控制位。每接收 1 帧数据后，应将该位置一次低电平，以便开始新的一帧数据的接收。使 rst 为低电平的控制，可在收到帧完成信号 fmfg 为高电平后将 rst 复位一次。

　　接收串行信号的启动是从串行输入信号 din 最初由高电平变为低电平时开始的。先设计一个 8 计数器 rcn8，当 din 由高变低后 rcn8 开始计数，当计数到 8 个串行驱动采样时钟的

频率 $f_s$ 时，设置起始位标志信号 rstfg 为高电平，该 rstfg 信号在一帧接收完后复位到低电平。另设计一个 16 计数器 rcn16，该计数器在 rstfg 为高电平时开始计数，每计满 16 个串行驱动采样时钟的频率 $f_s$ 脉冲产生一个对输入的采样信号 rspl。在第一次计数器 rcn16 计满 16 个脉冲后将接收帧长度标志信号 rwfg 置高电平，表示此后开始接收 8 位信号数据和奇偶校验位及终止符号位，该 rwfg 信号在一帧接收完后复位到低电平。

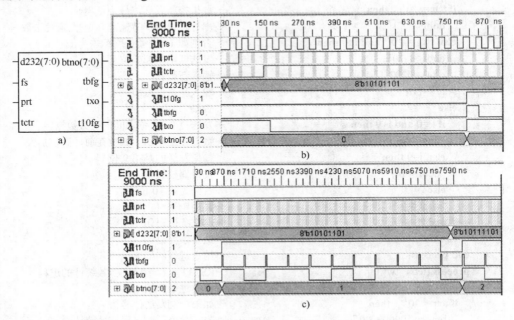

图 5-8　RS232 串行数据发送电路模块和仿真波形

串行输入的待接收数据 din 的每一位的中间位置到来时，采样信号 rspl 的下降沿出现时，对输入信号 din 进行采样。另设计一个 10 计数器 scn 对采样信号 rspl 进行计数。scn 的数值对应输入数据的位数，这样就可以将接收到的数据放入接收寄存器的对应位 rout(scn) 上。当 scn=8 时，表示接收的是奇偶校验位，此时将前面接收的 8 位数据做异或运算，再与接收的奇偶校验位比较，如果相同，表示接收数据正确，发一个低电平输出信号，否则向发送端送出高电平信号，要求重新传送数据。当 scn=9 时，表示开始接收终止符号位，一帧接收数据结束。

仿真中，设输入串行数据 din 为 0(起始位) + 10110010(8 位串行数据)+1( 奇偶校验位)+终止位。仿真表明，在 16 计数器计数的 16 个脉冲时间期间，输入信号每位宽度不一定是精确的 16 个脉冲宽度，只要在采样时为预定值就能采到数据。而在一帧结束后，如果输入信号无低电平，是不会进行数据采用的。

RS232 串行接收程序编写如下：rex232.vhd

```
library IEEE;                      --声明使用 IEEE 库
use IEEE. std_logic_1164.all;      --声明使用 std_logic_1164 程序包
entity rv232 is                    --声明实体名为 rv232
    Port (fs: in  std_logic;       --16 倍 RS232 传输速率激励时钟输入
          rst: in  std_logic;      --串行数据接收复位信号输入
```

```
        din： in  std_logic；                     --串行接收数据输入
        rwfg： out std_logic；                    --9 位接收帧长度标志信号
        rspl： out std_logic；                    --接收数据采样信号
        rstfg： out std_logic；                   --起始位采样标志信号
        fmfg： out std_logic；                    --帧完成标志信号
        rdout： out std_logic_vector (8 downto 0))； --9 位接收数据缓存器
end rv232；                                        --结束实体 tx232 的描述
architecture bhv of rv232 is                      --声明 bhv 是实体 rv232 的一个结构体
  signal   rwfgm： std_logic；                    --接收帧长度标志中间信号
  signal   rsplm： std_logic；                    --采样中间信号
  signal   stfg： std_logic；                     --起始位标志中间信号
  signal   fmfgm： std_logic；                    --帧完成标志中间信号
  signal   rcn16： integer range 0 to 15；        --计数每位数据宽度的 16 计数器
  signal   rcn8： integer range 0 to 10；         --用于采样起始位的 8 个 fs 脉冲计数器
  signal     k： integer range 0 to 10；          --用于接收 8 个接收数据计数器
  signal   rout： std_logic_vector (8 downto 0)； --9 位接收数据缓存器中间信号
begin                                             --声明结构体开始
  process (rst，din，fs)                          --建立接收起始位中点识别标志延迟 8 脉冲计数器
    begin                                         --声明进程开始
      if rst= '0' then                            --当复位信号 rst 为低电平时
        rcn8<=0；                                 --8 个 fs 脉冲计数器 rcn8 复位
      elsif din= '0'  then                        --否则输入信号 din 起始位到达时
        if fs= '1'  and fs' event then            --如果 16 倍 RS232 速率激励时钟 fs 上升沿到达
          if rcn8<10 then                         --如果 8 计数器未计到 10
            rcn8<=rcn8+1；                         --8 脉冲计数器做 1 计数
          else                                    --否则如果 8 计数器计到 10
            rcn8<=0；                              --8 脉冲计数器复位
          end if；                                --结束条件语句
        end if；                                  --结束条件语句
      end if；                                    --结束条件语句
    end process；                                 --结束进程的描述
  process (rst，rwfgm，rcn8，k)                    --建立起始位中点识别标志 stfg 及 10 位帧长信号
    begin                                         --声明进程开始
      if rst= '0' then                            --当复位信号 rst 为低电平时
        stfg<= '0'；                              --起始位标志中间信号复位
        fmfgm<= '0'；                             --帧完成标志中间信号复位
      elsif rwfgm= '0'  and  rcn8=9 then          --否则如果帧完成标志中间信号为低，rcn8=9
        stfg<= '1'；                              --起始位标志中间信号为高电平，准备接收数据
      elsif rwfgm= '1'  and  k=10 then            --否则如果帧完成标志中间信号为高，k=10
        stfg<= '0'；                              --起始位标志中间信号复位，为接收下一帧做准备
        fmfgm<= '1'；                             --帧完成标志中间信号为高，结束本帧接收数据
      end if；                                    --结束条件语句
    end process；                                 --结束进程的描述
  process (rst，stfg，fs，rwfgm)                   --创建一个 16 时钟计数器，并设接收数据位标志
    begin                                         --声明进程开始
      if rst= '0'  then                           --当复位信号 rst 为低电平时
```

```
        rsplm<= ‘0’;                              --复位采样信号
        rcn16<=0;                                 --复位 16 时钟计数器
    elsif stfg= ‘1’ then                          --否则如果起始位标志为高，表示可以接收数据
        if fs= ‘1’ and fs’ event then             --如果时钟 fs 上升沿到达
            if rcn16<15 then                      --如果 16 时钟计数器未计数到 15
                rcn16<=rcn16+1;                   --16 时钟计数器做加 1 计数
                rsplm<= ‘0’;                      --复位采样信号
            else                                  --否则如果 16 时钟计数器计到 15
                rcn16<=0;                         --复位 16 时钟计数器
                rsplm<= ‘1’;                      --设置采样信号为高，准备对接收数据进行采样
            end if;                               --结束条件语句
        end if;                                   --结束条件语句
    elsif stfg= ‘0’ and rwfgm= ‘0’ then           --否则如果起始位标志/帧完成标志为低
        rsplm<= ‘0’;                              --一帧数据已接收完毕，复位采样信号
    end if;                                       --结束条件语句
end process;                                      --结束进程的描述
process (rst，rsplm，stfg)                         --设置接收 8 个数据的接收帧长度标志信号进程
begin                                             --声明进程开始
    if rst= ‘0’ then                              --当复位信号 rst 为低电平时
        k<=0;                                     --复位 8 个接收数据计数器
        rwfgm<= ‘0’;                              --复位接收帧长度标志中间信号
    elsif stfg= ‘1’ then                          --如果起始位标志为高,表示可以开始接收数据
        if rsplm= ‘1’ and rsplm’ event then       --采样中间信号为高,表示对接收数据进行采用
            if k<10 then                          --8 个接收数据计数器未计到 10，未收到 9 个数据
                k<=k+1;                           --8 个接收数据计数器做加 1 计数
                rwfgm<= ‘1’;                      --接收帧长度标志信号持续为高
            else                                  --否则如果接收数据计数器计到 10
                k<=0;                             --复位 8 个接收数据计数器
                rwfgm<= ‘0’;                      --复位接收帧长度标志信号，结束一帧数据的接收
            end if;                               --结束条件语句
        end if;                                   --结束条件语句
    elsif rsplm= ‘1’ and stfg= ‘0’ then           --否则如果采样信号为高,但起始位标志信号为低
        rwfgm<= ‘0’;                              --复位接收帧长度标志信号,表示一帧结束
    end if;                                       --结束条件语句
end process;                                      --结束进程的描述
process (rst，rwfgm，din，rsplm)                    --从 232 数据帧的每位中点对输入数据进行采样
begin                                             --声明进程开始
    if rst= ‘0’ then                              --当复位信号 rst 为低电平时
        rout<="000000000";                        --复位 9 位接收数据缓存器
    elsif rwfgm= ‘1’ then                         --如果接收帧长度标志为高，表示在接收数据期间
        if rsplm= ‘0’ and rsplm’ event then       --如果采样信号下降沿到达
        rout(0)<=din;                             --串行接收数据被存入接收数据缓存器的最低位
        for i in 0 to 7 loop                      --对接收数据缓存器从 0 到 7 的 8 位数据
            rout(8-i)<= rout(8-i-1);              --由低位向高位逐位左移一位
        end loop;                                 --结束移位，完成串行数据转为并行数据
        end if;                                   --结束条件语句
```

|  |  |
|---|---|
| end if; | ——结束条件语句 |
| end process; | ——结束进程的描述 |
| rdout<=rout; | ——输出并行的 8 位+奇偶校验 9 位接收数据 |
| rspl<=rsplm; | ——输出对输入进行采样的控制信号 |
| rwfg<=rwfgm; | ——输出帧长标志信号(帧长为 8 位 + 奇偶校验) |
| rstfg<=stfg; | ——输出起始控制信号及含起始位+数据+奇偶长度 |
| fmfg<=fmfgm; | ——输出帧完成标志信号 |
| end bhv; |  |

运行程序得图 5-9 所示电路模块和仿真波形。其中图 5-9a 为生成的接收电路模块；图 5-9b 为起始位和第 1 位部分的仿真波形图；图 5-9c 为输入串行数据 din 为 0（起始位）+ 10110010（8 位串行数据）+1（奇偶校验位）+终止位的接收帧仿真波形。

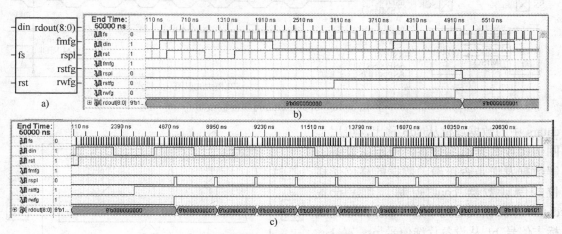

图 5-9　RS232 串行数据接收电路模块和仿真波形

## 5.2.2　SPI 设计

串行外围接口(Serial Peripheral Interface，SPI)主要由控制寄存器 SPCR、状态寄存器 SPSR、数据寄存器 SPDR 组成。SPI 总线系统接口一般使用 4 条线：由主器件产生串行时钟线（SCLK）、主机输入/从机输出数据线（MISO）、主机输出/从机输入数据线 MOSI 和低电平有效的从机选择线（SS）。SPI 常用在 CPU 和外围低速器件之间进行同步串行数据传输，如 EEPROM、FLASH、实时时钟、FLASHRAM、网络控制器、LCD 显示驱动器、A/D 转换器、数字信号处理器和数字信号解码器之间等。SPI 的内部结构、控制字、传输波形、主从设备的连接关系如图 5-10 所示。

SPI 以主从方式工作，这种模式通常有一个主设备和一个或多个从设备。传输数据时，在主设备的移位脉冲下，数据按位传输，高位在前，低位在后，为全双工通信。数据传输速率可达到几 Mbit/s。

【例 5-5】　设计一个 SPI，其内部结构和对外引脚如图 5-11 所示。

当待传输的并行数据 datain 被输入到数据移位寄存器 datars 后，在时钟 clk 上升沿激励下，逐位从 sdo 输出。同时，向从设备发送低电平的片选信号 nss，以及驱动从设备工作的激励时钟 sck，使主从设备能同步传输数据。从设备在 sck、nss 驱动下，通过 sdi 从主设备

串行获得数据并移位到 datars 中，然后存入数据缓冲寄存器 databuf。在接收数据时，原

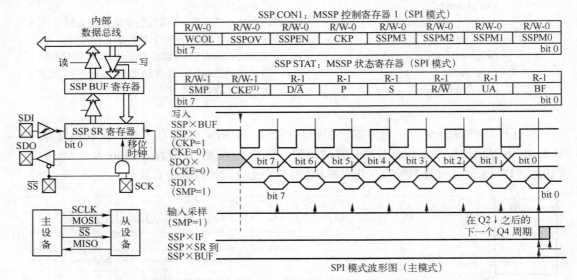

图 5-10　SPI 内部结构和传输波形

datars 中的数据逐位从 sdo 移出，可用于回传接收数据给主设备，便于主设备了解数据发送是否正确。数据的移位受移位控制计数器 cont 控制。当主设备 datars 中数据发送完毕后，数据发送完成标志信号 bf 从设备片选信号 nss 置 1，并使串行输出端口 sdo 输出为低电平。当复位信号 reset 为 1 时，将并行数据锁

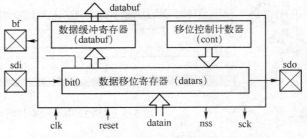

图 5-11　SPI 内部结构和对外引脚

存输入主设备，此后在 reset 为 0 时进行数据的串行输出，同时还将 bf、nss 置为低电平，通知从设备准备接收数据。当复位信号 reset 为 0 时，不能再从并行输入端口输入数据，但可从串行端口输入数据，使本系统不仅具有与并行输出设备进行通信的能力，同时具有与串行设备通信的能力。本程序中，系统工作的时钟 sck 假定通过时钟源 clk 经 16 分频获得。编写 VHDL 程序如下：

```
library IEEE;                                    --声明使用 IEEE 库
use IEEE. std_logic_1164.all;                    --声明使用 std_logic_1164 程序包
use IEEE.std_logic_arith.all;                    --声明使用 std_logic_arith 程序包
use IEEE.std_logic_unsigned.all;                 --声明使用 std_logic_unsigned 程序包
entity spi is                                    --声明实体名为 spi
  port ( sdi:  in std_logic;                     --声明串行输入数据 sdi 为逻辑型
       datain:  in std_logic_vector (7 downto 0); --声明并行输入数据 datain 为逻辑型矢量
          clk:  in std_logic;                    --声明系统激励时钟信号 clk 为逻辑型
        reset:  in std_logic;                    --声明系统复位信号 reset 为逻辑型
          sdo:  out std_logic;                   --声明串行输出数据 sdo 为逻辑型
          sck:  out std_logic;                   --声明从设备激励输入时钟 sck 为逻辑型
```

```vhdl
      nss：out std_logic；                        --声明从设备片选输入 nss 为逻辑型
       bf：out std_logic；                        --声明主设备发送完成一个字标志为逻辑型
   databuf：out std_logic_vector (7 downto 0))；  --声明串行接收缓冲器 databuf 为矢量
end spi；                                         --结束实体 spi 的描述
architecture bhv of spi is                        --声明 bhv 是实体 spi 的一个结构体
  signal datars：std_logic_vector (7 downto 0)；  --声明 8 位数据移位寄存器
  signal cont：integer range 0 to 7；             --声明 8 位计数器
  signal flag：std_logic；                        --声明正在接收串行数据标志信号为逻辑型
begin                                             --声明结构体开始
  sck<= clk；                                     --输出从设备时钟
  sdo_process：                                   --串行数据发送进程名为 sdo_process
  process(clk，flag，reset，datars(7))            --声明进程敏感量
  begin                                           --声明进程开始
    if reset= '1'  then                           --如果复位信号为高电平
      sdo<= '0'；                                 --主设备输出为 0，表示无数据输出
       bf<= '0'；                                 --主设备发送完成一个字标志复位
      nss<= '0'；                                 --选择从设备信号复位
    elsif clk= '1'  and  clk' event then          --否则如果复位信号为低，且时钟上降沿到
      if flag= '0'  then                          --如果正在接收串行数据标志信号为低
        sdo<=datars(7)；                          --将移位寄存器 datars 最高位输出
      else                                        --否则如果完成一个字的输出标志信号为高
        sdo<= '0'；                               --主设备输出为 0，表示停止数据输出
        bf<= '1'；                                --设置主设备发送完成一个字标志为高电平
      end if；                                    --结束条件语句
    end if；                                      --结束条件语句
  end process sdo_process；                       --结束串行数据发送进程
  datars_process：                                --串行数据接收进程名为 datars_process
  process(clk，reset，datain，sdi，datars)         --声明进程敏感量
  begin                                           --声明进程开始
    if reset= '1'  then                           --如果复位信号为高电平
      datars<=datain；                            --将并行数据存入移位寄存器
      cont<=0；                                   --8 位计数器复位
      flag<= '0'；                                --在接收串行数据标志信号复位
    elsif clk= '0'  and clk' event then           --否则复位信号为低有效，且时钟下降沿到
      if cont<7 then                              --如果 8 位计数器未计数到 7
        for i in 0 to 6 loop                      --从 0 到 6 位做循环
          datars(7-i)<=datars(7-i-1)；            --将移位寄存器中的低 7 位向高位移 1 位
        end loop；                                --结束循环
        datars(0)<=sdi；                          --将串行输入的数据移入移位寄存器的低位
        cont<=cont+1；                            --8 位计数器加 1，记录被串行移入的位数
      elsif cont=7 then                           --否则如果 8 位记数器已计数到 7，收完 1 字
        flag<= '1'；                              --在接收串行数据标志信号置位，接收完数据
        cont<=0；                                 --8 位计数器复位，为下次接收做准备
      end if；end if；                            --结束条件语句
      databuf<=datars；                           --将移位寄存器中的数据传输到数据缓冲寄存器
  end process；                                   --结束串行数据接收进程
```

　　**end** bhv；　　　　　　　　　　　　　　　　　--结束结构体的描述

　　运行上述程序得图 5-12 所示电路模块和仿真波形。图中为从并行端口输入数据 10101110b 后，再从串口输入 1100011100b 后的输入/输出波形图。从 sdo 和 databuf 输出引脚可见数据在时钟 clk 驱动下的输出情况。reset 为低电平后开始在时钟的下降沿串行移入数据，在时钟的上升沿串行输出数据。

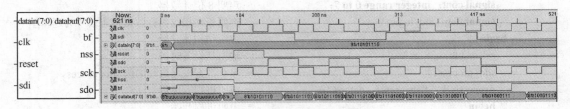

图 5-12　SPI 串行数据传输电路模块和仿真波形

## 5.3　频率发生器设计

　　频率发生器是一种常用的电路或设备，分为模拟信号发生器和数字信号发生器。其中直接数字式频率合成器（Direct Digital Synthesizer，DDS）是很流行的一类频率产生手段，与传统的频率合成器相比，DDS 具有成本低、功耗低、分辨率高和转换时间短等优点，广泛使用在电信与电子仪器领域，是实现设备全数字化的一个关键技术。另一类产生频率的方法是对某一参考频率进行分频或倍频，以获得所需的各种频率。

### 5.3.1　DDS 控制电路设计

　　AD9858 是一款直接数字频率合成器(DDS)，内置一个 10 位 DAC，工作速度最高达 1Gsps。该器件采用 DDS 技术，内置一个高速、高性能 DAC，构成数字可编程的完整高频合成器，能够产生最高 400MHz 的模拟正弦波。AD9858 专为提供快速跳频和精密调谐分辨率（32 位频率调谐字）而设计。频率调谐和控制字以并行（8 位）或串行加载格式载入 AD9858。此外还提供一个片内模拟混频器，适合同时拥有 DDS、PLL 和混频器的应用，如频率转换环路、调谐器等。AD9858 的时钟输入上还具有二分频特性，使外部时钟频率可以高达 2GHz。

　　**【例 5-6】**　设计一个最基本的 DDS(AD9858)控制电路，其内部结构和对外引脚如图 5-13 所示。

　　设计中采用 adr[1:0]的 00、01、10、11 四个状态控制将频率配置字 FTW 的输出数据 fdout[7:0]，分四次传输到 AD9858 的四个内部寄存器中。DDS 最低输出频率为 360MHz，频率间隔为 150kHz，即 AD9858 输出频率 fout =pin×125000 + 360000000Hz，pin[11:0] 为控制频率跳变的输入信号。DDS 输出频率 fout 与频率控制字 FTW 和系统时钟 SYSCLK=1GHz、相位累加

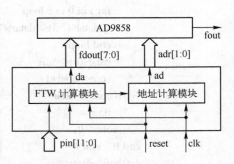

图 5-13　DDS(AD9858)控制电路结构

器的位分辨率 $N$=32 间的关系式为：FTW=fout$\times 2^N$/SYCLK=( pin$\times$125000 ＋ 360000000) $\times$ $2^{32}$/1000000000= 536871pin ＋1546188227。

由于用 VHDL 设计时，对整数的表示范围最大为 $-2147483647 \sim 2147483647$，即 pin $<$ 370，对应二进制的 101110010，此时 FTW 小于 1744830497，对应频率 fout $<$ 406 250 000Hz，而当 pin 的 12 位全 1 时的最大值 4095，此时 FTW=3744674972 对应频率 fout =871875000。但实际上 DDS 只能工作在 1GHz 的 40%，即 fout $<$ 400 000 000Hz，因此 pin $<$ 101110010 能满足大多数情况下对频率范围的要求。编写 VHDL 程序如下：

```
library IEEE;                                      --声明使用 IEEE 库
use IEEE. std_logic_1164.all;                      --声明使用 std_logic_1164 程序包
use IEEE.std_logic_arith.all;                      --声明使用 std_logic_arith 程序包
use IEEE.std_logic_unsigned.all;                   --声明使用 std_logic_unsigned 程序包
entity dds is                                      --声明实体名为 dds
  port ( pin:  in std_logic_vector(11 downto 0);   --声明 12 位输入控制数据 pin 为逻辑型
        reset:  in std_logic;                      --声明输入复位信号 reset 为逻辑型
          clk:  in std_logic;                      --声明输入时钟信号 clk 为逻辑型
        fdout:  out std_logic_vector(7 downto 0);  --声明输出频率控制字 8 位矢量
          adr:  out std_logic_vector(1 downto 0)); --声明输出地址选择字为逻辑型 2 位矢量
end dds;                                            --结束实体 dds 的描述
architecture bhv of dds is                         --声明 bhv 是实体 dds 的一个结构体
  signal ftwmlt:  std_logic_vector(31 downto 0);   --声明频率控制字中间信号为 32 位矢量
  signal FTW:  integer range 1744674612 downto 1546188227; --声明频率控制字为整型
  signal da:  std_logic_vector(7 downto 0);        --声明频率控制字按 8 位输出中间信号
  signal ad: std_logic_vector(1 downto 0);         --声明频率控制字字节选择地址中间信号
begin                                              --声明结构体开始
FTW<=536871*conv_integer(pin)+1546188227;          --计算频率控制字的值(pi<370)
ftwmlt<=conv_std_logic_vector(FTW，32);            --将频率控制字的值转换为 32 位矢量
  process (clk，reset)                              --声明地址选择控制字产生的进程
    variable i:  integer range 0 to 3;             --声明计数器 i 为整型变量
  begin                                            --声明进程开始
    if (reset= '0' ) then                          --如果复位信号为低
      i:= 0;    ad<= "00";                         --计数器 i、频率控制字字节选择地址复位
    elsif (clk' event and clk= '1' ) then          --否则如果时钟上升沿到达
        i：=i+1;                                   --计数器做加 1 计数
    end if;                                        --结束条件语句
    ad<=conv_std_logic_vector(i，2);               --将 j 转换为 2 位矢量赋给地址选择信号
  end process;                                     --结束地址选择控制字数据产生的进程描述
  process (ad，ftwmlt)                              --声明将频率控制字分为 4 个字节的进程
  begin                                            --声明进程开始
    case ad is                                     --声明 case 语句
      when    "00" =>da<=ftwmlt( 7 downto  0);     --当地址选择信号为 00，输出低 8 位
      when    "01" =>da<=ftwmlt(15 downto  8);     --当地址选择信号为 01，输出第 2 字节
      when    "10" =>da<=ftwmlt(23 downto 16);     --当地址选择信号为 10，输出第 3 字节
      when others =>da<=ftwmlt(31 downto 24);      --当地址选择信号为其他，输出第 4 字节
    end case;                                      --结束条件选择语句
```

```
    end process；                        —结束条件语句
        adr<=ad；                         —将字节选择地址中间信号赋给地址输出
        fdout<=da；                       —将频率控制字按字节输出
    end bhv；                             —结束结构体的描述
```

运行上述程序得图 5-14 所示的电路模块和仿真波形。仿真时取 pin=000000010101，ftw=01011100 11010100 11111101 11110110。

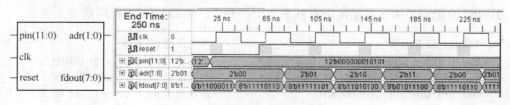

图 5-14　DDS 控制电路模块和仿真波形

## 5.3.2　数字频率信号发生器设计

数字频率信号发生器通常由一个基本的晶振频率 $f_m$ 经分频或倍频方式获得，但这两种方法均不能获得连续变化的频率，而是按 $2^N f_0$ 变化的频率，当 $N$ 为正数时为倍频，$N$ 为负数时为分频。这里采用脉冲计数法来获得非 $2^N f_0$ 变化的频率。设输入频率为 $f_0$，输出频率为 $f_s$ 时，两者之间的关系为

$$f_s \times 10^M = \frac{f_0}{2^N + FTW} \times 10^M \qquad (5-3)$$

从式（5-3）中可见，当 M=0，$FTW$=0 时，若 $N$=1，输出是输入的 2 分频，如果 $f_0$ 为 100MHz，则输入与输出两个频率间相差 50MHz。当 $2^N$=1024 时，$f_0$ 为 1024Hz，输出是输入的千分之一，为 1Hz。如果此时 $FTW$ 按正整数连续增加，输出频率为小数，并随着 $FTW$ 的增加而增加位数。如果 $M$ 按正整数增加，则输出频率小数位将向右移，使输出频率变为几、几十、几百等整数频率，这些频率不再是 2 的倍数。

【例 5-7】　设计一个数字信号发生器，其输出频率随频率控制字 $FTW$ 变化。

设计中以 $f_0$ 为输入时钟，$f_s$ 为输出信号，输出频率随频率控制字 $FTW$ 数值的增加而下降，输出频率占空比为 50%，当($2^N$+$FTW$)为奇数时，高电平比低电平多一个 $f_0$ 周期。输出频率最大周期数为 $2^N$+$FTW$，最小周期数为 $2^N$。为便于仿真观看输出波形，频率可取低一点，用类属参数设置 N=8，$FTW$ 也取 8 位。编写 VHDL 程序如下：

```
    library IEEE；                                          —声明使用 IEEE 库
    use IEEE. std_logic_1164.all；                         —声明使用 std_logic_1164 程序包
    use IEEE.std_logic_unsigned.all；                      —声明使用 std_logic_unsigned 程序包
    entity genf is                                         —声明实体名为 genf
        generic (N：integer:=8)；                           —声明内属参数 N 为整数型并赋初值 8
        port ( f0：in std_logic；                           —声明输入频率 f0 为标准逻辑型
                FTW：in   std_logic_vector (7 downto 0)；   —声明频率控制字为 8 位逻辑型矢量
                fs：out std_logic)；                        —声明输出频率 fs 为标准逻辑型
    end genf；                                              —结束实体 genf 的描述
    architecture bhv of genf is                            —声明 bhv 是实体 genf 的一个结构体
```

```
    signal ftwmlt：integer range 0 to 1024；          --声明频率控制字输出中间信号为整型
    signal count：integer range 0 to 1024；           --声明脉冲计数器 count 为整型
  begin                                              --声明结构体开始
    ftwmlt<=2**N+conv_integer(FTW)；                  --计算最大周期数
    process (f0)                                      --声明脉冲计数器 count 计数的进程
    begin                                             --声明进程开始
       if f0= '1' and f0' event then                  --如果输入信号上升沿到达
          if count<ftwmlt then                        --如果计数器 count 未计数到最大值
             count<=count+1；                          --计数器做加 1 计数
          else count<=0；                              --否则对计数器复位
          end if；                                     --结束条件语句
       end if；                                        --结束条件语句
    end process；                                      --结束进程语句
    process (f0)                                      --声明产生输出信号的进程
    begin                                             --声明进程开始
       if count<=ftwmlt/2 then                        --如果计数器未计数到一半量程
          fs<= '1'；                                   --输出信号的前半周期高电平
       else   fs<= '0'；                               --否则输出信号的后半周期低电平
       end if；                                        --结束条件语句
    end process；                                      --结束进程语句
  end bhv；                                            --结束结构体的描述
```

运行上述程序得图 5-15 所示电路模块和仿真波形。当 $N=8$，$f_0=100KHz$，$FTW=255$、254 、2、1、0 时，$f_s$ =195Hz、196Hz、387Hz、389Hz、390Hz。输出频率 $f_s$ 的精度和频率范围与 $N$、$FTW$、$f_0$ 有关。

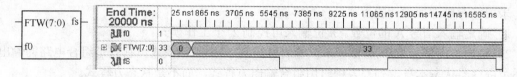

图 5-15　用脉冲计数法产生不同频率的电路模块和仿真波形

# 5.4　信号检测与调制电路设计

## 5.4.1　信号检测电路设计

在通信系统中经常需要发送一些固定格式的 0、1 码来表示同步码或作为数据报的包头。在发送端可以将这些固定格式的编码序列从移位寄存器中逐位移出到传输线路上。在接收时不仅要逐位接收，还要在接收的同时将这些码元与固定的模板比较，判断出输入的码流中是否收到的是同步码或包头。如果是，则输出一个标识信号进行确认，为后续数据的正确接收做准备，如果收到的码元不是预定序列的码元则丢弃，并准备继续识别可能到来的同步码或包头。这个过程叫脉冲序列的检测。检测脉冲序列的设计中，采用状态机编码方式设计是一种比较简洁的设计方法。

在研究数字系统时，如果系统的输出取决于过去和当前的输入，可模拟化为有限状态机，简称为状态机（Finite State Machine，FSM）。状态机的状态是指通过测试得到的一组电路值，状态机就是以有序方法经历预先确定状态序列的一种数字设备。状态机除了输入/输出端外，还包括组合逻辑和存储器（寄存器）。存储器用于存储机器的状态，组合逻辑包含对下一个状态进行译码和输出控制的译码器，下一状态译码器确定状态机的下一个状态，输出译码器产生实际的输出信号。状态机可用状态转换图、状态表和流程图来表示。状态转换图将 FSM 的状态变换以及性能用图形方式来表示，图中每个椭圆形节点表示机器的一个状态，而每个箭头表示状态之间的一个转换，引起状态转换的输入信号标在转换箭头的边上。

根据是否使用输入信号，状态机分为 Mealy 状态机和 Moore 状态机，如图 5-16 所示。在基于转换的 Mealy 状态机中，输出 Z 是输入 A 和现态 Q 所决定的函数，并且在输出端先产生输出函数，而后建立次态 Q（状态被延迟一个时钟周期）。在基于状态的 Moore 状态机中，输出 Z 仅仅是现态 Q 的函数，与输入信号 A 无直接关系，在时钟信号的作用下，现态先产生次态，再产生输出 Z。

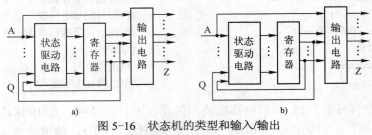

图 5-16　状态机的类型和输入/输出

a) Mealy 机　　b) Moore 机

采用状态机进行设计的步骤是：

1）确定输入信号 A 的位数。$n$ 位输入可控制 $2^n$ 个工作模式。

2）确定输出信号 Z 的位数。$n$ 位输出可控制 $2^n$ 个工作模式，它只是组合电路的输出，并不是寄存器状态本身。列写方程时用组合输出方程式，而不是状态方程式。

3）确定寄存器状态变量 Q。按照设计所需要的状态数目来确定状态信号的位数，若有 $n$ 位状态信号 $Q_0$、$Q_1$、$Q_2$、$\cdots$、$Q_{n-1}$，则可确定 $2^n$ 个状态数。

4）列写状态转换表或状态转换图。将输入信号、输出信号和状态信号三者间的逻辑关系正确地用状态表或状态图表示出来。

在用 VHDL 描述状态机时，常用枚举类型来表示其状态，并且用两个进程描述状态机。一个进程用于描述状态机的时序部分，另一个进程描述状态机的组合逻辑部分。

【例 5-8】　采用状态机描述方式设计一个序列检测电路，能检测序列 10010。

设寄存器要记忆的状态为：1、10、100、1001、10010。对应的 5 个状态为 S1、S2、S3、S4、S5，再加上初始状态 S0，因此可取三位状态信号，用 $Q_0$、$Q_1$、$Q_2$ 表示，即状态 $S=Q_0Q_1Q_2$。设上述 6 个状态分别为：S0=000，S1=001、S2=010、S3=011、S4=100、S5=101。对应可以检测"10010"数字序列的状态图和状态转换表如图 5-17 所示。编写 VHDL 程序如下：

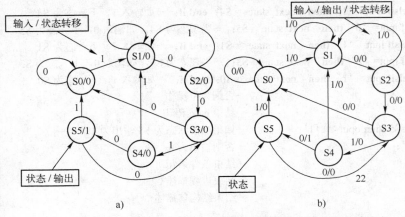

图 5-17　数字序列的状态图和状态转换表

a) Moore 机状态图　　b) Meely 机状态图　　c) 状态转换表

| library IEEE； | ——声明使用 IEEE 库 |
|---|---|
| use IEEE. std_logic_1164.all； | ——声明使用 std_logic_1164 程序包 |
| entity chknum is | ——声明实体名为 chknum |
| 　port (clk： in std_logic； | ——声明端口输入时钟信号 clk 为标准逻辑型 |
| 　　　iput： in std_logic； | ——声明端口输入串行数据 iput 为标准逻辑型 |
| 　　　reset： in std_logic； | ——声明端口输入复位信号 reset 为标准逻辑型 |
| 　　　oput： out std_logic)； | ——输出检测到序列 10010 的标志信号为逻辑型 |
| end chknum； | ——结束实体 chknum 的描述 |
| architecture bhv of chknum is | ——声明 bhv 是实体 chknum 的一个结构体 |
| 　type state is (S0，S1，S2，S3，S4，S5)； | ——自定义状态机 state 为有 6 个状态的枚举型 |
| 　signal present_state，next_state： state； | ——声明当前状态和下一状态为状态机类型 |
| begin | ——声明结构体开始 |
| registerwork： | ——为寄存器进程取名为 registerwork |
| 　process(reset，clk) | ——声明进程和敏感量 reset、clk |
| 　begin | ——声明进程开始 |
| 　　if reset= '1' then present_state<=s0； | ——如果复位信号为高，当前状态为初始态 s0 |
| 　　elsif (clk' event and clk= '1' ) then | ——如果复位信号为低，且时钟上沿到达时 |
| 　　　present_state<=next_state； | ——下一状态赋给当前状态 |
| 　　end if； | ——结束条件语句 |
| 　end process； | ——结束寄存器进程描述 |
| transitionswork： | ——为转移进程取名为 transitionswork |
| 　process(present_state，iput) | ——声明进程和敏感量 present_state、iput |
| 　begin | ——声明进程开始 |
| 　case present_state is | ——声明 case 语句并以当前状态为判断表达式 |
| 　　when S0=> if iput= '0' then next_state<=S0； | ——当现态为 S0，如输入 0，下一态为 S0 |
| 　　　　　　elsif iput= '1' then next_state<=S1； end if； | ——如输入 1，下一态为 S1 |
| 　　when S1=> if iput= '0' then next_state<=S2； | ——当现态为 S1，如输入 0，下一态为 S2 |
| 　　　　　　elsif iput= '1' then next_state<=S1； end if； | ——如输入 1，下一态为 S1 |
| 　　when S2=> if iput= '0' then next_state<=S3； | ——当现态为 S2，如输入 0，下一态为 S3 |
| 　　　　　　elsif iput= '1' then next_state<=S1； end if； | ——如输入 1，下一态为 S1 |
| 　　when S3=> if iput= '0' then next_state<=S0； | ——当现态为 S3，如输入 0，下一态为 S0 |

　　　　　　　　　　　**elsif** iput= '1' **then**　next_state<= S4；**end if**；　—如输入 1，下一态为 S4

　　　　　　　　**when** S4=> **if** iput= '0' **then**　next_state<=S5；　—当现态为 S4，如输入 0，下一态为 S5

　　　　　　　　　　　**elsif** iput= '1' **then**　next_state<= S1；**end if**；　—如输入 1，下一态为 S1

　　　　　　　　**when** S5=> **if** iput= '0' **then**　next_state<=S3；　—当现态为 S5，如输入 0，下一态为 S3

　　　　　　　　　　　**elsif** iput= '1' **then**　next_state<= S0；**end if**；　—如输入 1，下一态为 S0

　　　　　**when** others=>null；　　　　　　　　　—否则为空操作

　　　　　**end case**；　　　　　　　　　　　　—结束 case 语句

　　　　　**if** present_state=S5 **then** oput<= '1'；　　—如果当前状态为 S5 输出为 1

　　　　　**else** oput<= '0'；　　　　　　　　　—否则输出为 0

　　　　　**end if**；　　　　　　　　　　　　—结束条件语句

　　　**end process**；　　　　　　　　　　　—结束进程描述

　　**end** bhv；　　　　　　　　　　　　　—结束结构体描述

　　　　运行上述程序得图 5-18 所示电路和仿真波形。当检测到"10010"序列时，输出信号 oput 被置为高电平。

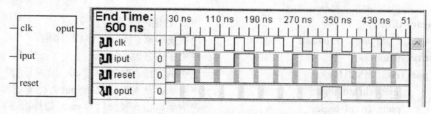

图 5-18　状态机的外层模块和仿真输出波形

## 5.4.2　信号调制控制电路设计

　　　　为了让数字信号能在电话线路上传输，常将数字信号通过 2FSK 调制成模拟信号，以减小传输带宽。为了通知对方接收信号，先要向对方发拨号信号，然后再发数字信号，如图 5-19 所示。HT9200 是串行多频信号发生器(DTMF)，用来将并行数据输入端的拨号数据 dtx(3:0)变为输出端的 2FSK 调制信号 tout。HT9170 是集成了数字解码器和多带滤波器功能的双音频 DTMF 接收器，能将双音频 DTMF 信号转变为 4 位用 BCD 码表示的接收代码 dtr(3:0)输出。MSM7512B 是 OKI 公司推出的 1200bit/s 半双工 FSK Modem 芯片。能将输入端接收到的串行数字信号 xd 调制成 FSK 模拟信号 ao 输出到线路上，并将来自线路的 FSK 模拟信号 ai 解调成串行信号 rd 输出。MSM7512B 在通信时，其正向信道传输速率为 1200bit/s，传号频率为 1300Hz，空号频率为 2100Hz；反向信道的传输速率为 75bit/s，传号频率为 390Hz，空号频率为 450Hz。

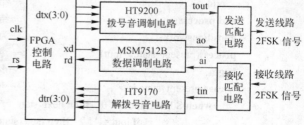

　　　**【例 5-9】**　设计一个具有拨号功能的调制解调控制电路，拨号号码为 512，传输数据为 11010111，如图 5-19 所示。

图 5-19　具有拨号功能的调制解调控制电路

### 1. 发送控制模块程序设计

　　　先设计一个 4 脉冲计数器 i 来控制 3 位拨号数据 dtx(3:0)的传输，再设计一个 9 脉冲计数器 j 来控制 8 位 xd 数据 11010111 的传输。另建立两个标志信号 fht、fm，分别表示 i 计数 4 个脉冲的持续时间和 j 计数 8 个脉冲的持续时间。当 i=3 时 fht 为 1，否则为 0。只有 ht 为 1 时，表示拨号位发送完毕，j 才能计数。这样，只有当 fht 为 0 时可发送 3 个拨号数据，此后 fht 为 1，j 开始计数并发送 8 个数据，发完 8 位后置 fm 为高，此后不再发送数据。这样先发拨号后发数据可避免 HT9200 与 MSM7812B 同时发送数据造成对方错误接收。当不发 dtx(3:0) 和 xd 时，输出引脚为高阻抗 Z 信号。编写 VHDL 程序如下：

```
library IEEE;                                    --声明使用 IEEE 库
use IEEE.std_logic_1164.all;                     --声明使用 std_logic_1164 程序包
entity mdnx is                                   --声明实体名为 mdnx
    port(clk，rs：in    std_logic;               --声明输入时钟 clk、复位信号 rs 为标准逻辑型
            dtx：out    std_logic_vector (3 downto 0);  --声明发送拨号 dtx 为 4 位矢量
            xd：out    std_logic );              --声明发送数据为逻辑型
end mdnx;                                         --结束实体 mdnx 的描述
architecture bhv of mdnx is                      --声明 bhv 是实体 mdnx 的一个结构体
    constant dataout: std_logic_vector (7 downto 0): = "11010111";  --声明欲发送数据
    signal           i: integer range 0 to 3;    --声明控制发送 3 个拨号的计数器为整型
    signal           j: integer range 0 to 8;    --声明控制发送 8 位数据的计数器为整型
    signal    msmx: std_logic;                   --声明发送数据的中间信号为逻辑型
    signal    fht, fm: std_logic;                --声明发送拨号和数据的标识符为逻辑型
    signal    ht: std_logic_vector (3 downto 0); --声明发送拨号的中间信号为矢量
begin                                            --声明结构体开始
    process(rs，clk)                             --声明发送 3 个 HT9200 拨号数据的计数器进程
    begin                                        --声明进程开始
        if rs= '1'    then                       --如果复位信号为高进行复位
            i<=0;    fht<= '0';                   --3 个拨号的计数器和发送拨号标识符复位
        elsif clk= '1'   and clk' event then     --未复位时，在时钟上升沿到达时
            if i=3 then    i<=0;    fht<= '1';    --计数器计数到 3 时复位，发送拨号标识符置高
            else    i<=i+1;    end if;            --否则计数器做加 1 计数
        end if;                                  --结束条件语句
    end process;                                 --结束进程
    process(rs,clk,fht,fm)                       --声明发送 MSM 的 8 位数据的计数器进程
    begin                                        --声明进程开始
        if rs= '1'    or fht= '0'    then        --如果复位信号为高或拨号标识符为低
            j<=0; fm<= '0';                      --8 位数据发送计数器和发送数据标识符复位
        elsif fht= '1'   and fm= '0'    then     --否则拨号已完，数据未发送完
            if clk= '1'    and clk' event then   --在时钟上升沿到达时
                if j=8 then                      --8 位数据发送计数器已计数到 8，发完数据
                    j<=0;    fm<= '1';           --8 位数据发送计数器复位，发完数据标识符置高
                else j<=j+1;    end if;          --否则计数器做加 1 计数，继续不送数据
            end if;    end if;                   --结束条件语句
    end process;                                 --结束进程
    process(rs，clk，i，fht)                     --声明拨号数据发送进程
    begin                                        --声明进程开始
        if rs= '1'    then    ht<= "ZZZZ";       --如果复位信号为高，发送拨号输出为高阻抗
        elsif clk= '1'    and clk' event then    --未复位时，在时钟上升沿到达时
```

```
    if fht= '0'  and i=0 then            --如果未发送完拨号数据，且计数为 0
        ht<= "0101";                     --发送第一个拨号数据 5
    elsif fht= '0'  and i=1 then         --如果未发送完拨号数据，且计数为 1
        ht<= "0001";                     --发送第二个拨号数据 1
    elsif fht= '0'  and i=2 then         --如果未发送完拨号数据，且计数为 2
        ht<= "0010";                     --发送第三个拨号数据 2
    else ht<= "ZZZZ";    end if;         --发送高阻抗
  end if;                                --结束条件语句
 end process;                            --结束进程
 process(rs，clk，j，fht)                --发送 MSM 数据进程
 begin                                   --声明进程开始
  if rs= '1'  then msmx<= 'Z';           --如果复位信号为高，发送数据输出为高阻抗
  elsif clk= '1'  and clk' event then    --未复位，在时钟上升沿到达时
    if fht= '1'  and j<8 and fm= '0'  then  --如果已完成拨号但数据未发送完
        msmx<=dataout(j);                --串行发送第 j 位数据
    elsif j=8 then   msmx<= 'Z';   end if;  --发送完 8 位数据，输出高阻抗
  end if;                                --结束条件语句
 end process;                            --结束条件语句
 dtx<=ht;      xd<=msm;                  --输出拨号数据和发送数据
end bhv;                                 --结束结构体描述
```

运行上述程序得图 5-20 所示电路模块和仿真波形。图中显示先向传输线发送了拨号数据 512，然后输出为高阻抗，将传输线让与数据发送模块，由数据发送模块向传输线发送数据 11010111，低位先发，高位后发。

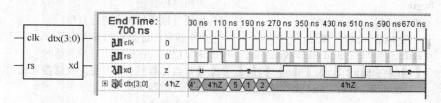

图 5-20　发送控制模块和仿真输出波形

## 2. 接收模块程序设计

先设计一个 4 脉冲计数器 $n$ 来控制 3 位拨号数据 dtr(3:0)的接收，每正确接收 1 位则数据 $n$ 加 1。另建立一个标志信号 htr，表示 $n$ 计数 3 个拨号脉冲的情况。当 $i=3$ 时 htr 为 1，否则为 0。只有 htr 为 1 时，表示正确接收拨号号码，此后才可以开始接收传输的数据。这样先接收拨号后接收数据可避免 HT9170 与 MSM7812B 同时接收数据造成的错误接收。编写 VHDL 程序如下：

```
library IEEE;                            --声明使用 IEEE 库
use IEEE.std_logic_1164.all;             --声明使用 std_logic_1164 程序包
entity mdnr is                           --声明实体名为 mdnr
  port(clk，rs，rd: in std_logic;        --声明输入时钟、复位、接收数据为逻辑型
       dtr: in  std_logic_vector(3 downto 0);  --声明接收拨号 dtr 为 4 位矢量
       flght: out std_logic;             --声明输出正确接收 3 个拨号标志为逻辑型
```

```
                msmout:  out std_logic_vector(7 downto 0));  --声明输出 8 位接收数据为矢量型
    end mdnr;                                      --结束实体 mdnr 的描述
    architecture bhv of mdnr is                    --声明 bhv 是实体 mdnr 的一个结构体
      signal    n: integer range 0 to 3;           --声明控制接收 3 个拨号的计数器为整型
      signal  htr: std_logic;                      --声明接收拨号情况的标识符为逻辑型
      signal msmr: std_logic_vector (7 downto 0);  --声明接收数据的中间信号为 8 位矢量
    begin                                          --声明结构体开始
      process(rs，clk)                              --声明接收 3 个 HT9200 拨号数据的进程
      begin                                        --声明进程开始
        if rs= '1'  then  n<=0; htr<= '0';         --如果复位信号到来，对 n、htr 复位
        elsif clk= '1'  and clk' event then        --否则未复位，在时钟上升沿到达时
          case n is                                --用 case 条件语句识别接收到的拨号号码
            when 0 => if dtr= "0101"  then n<=1;   --当收到的第 1 位是 0101 时，置 n 为 1
                      else n<=0;  end if;          --当收到的第 1 位不是 0101 时，置 n 为 0
            when 1 => if dtr= "0001"  then n<=2;   --当收到的第 2 位是 0001 时，置 n 为 2
                      else n<=0;  end if;          --当收到的第 2 位不是 0001 时，置 n 为 0
            when 2 => if dtr= "0010"  then n<=3; htr<= '1';  --第 3 位是 0010, n 为 3, htr 为高
                      else n<=0;  end if;          --第 3 位不是 0010 时，n 为 0
            when others =>n<=0;                    --其他情况下置 n 为 0
          end case;  end if;                       --结束 case 条件语句和 if 条件语句
      end process；                                 --结束进程
      process(clk，rs，rd，htr，msm)                  --声明串行数据接收的进程
      begin                                        --声明进程开始
        if rs= '1'  then  msmr<= "00000000";       --如果复位信号到来，对 msmr 复位
        elsif clk= '1'  and clk' event then        --否则未复位，在时钟上升沿到达时
          if htr= '1'  then                        --如果已正确收到 3 个拨号，开始接收数据
            msmr(7 downto 1)<=msmr(6 downto 0);    --将数据高 7 位左移一位
            msmr(0)<=rd;                           --将串行数据移入 msmr 最低位
          end if;  end if;                         --结束 if 条件语句
      end process；                                 --结束进程
      flght<=htr;  msmout<=msmr;                    --输出正确收到 3 个拨号标志和 8 位串行接收数据
    end bhv；                                        --结束结构体描述
```

运行上述程序得图 5-21 所示电路模块和仿真波形。从图中可见，在先接收到 513 拨号数据后，置正确收到 3 个拨号标志 flght 为高电平。此后开始接收发送端发来的串行数据 00000001、00000011、00000111、00001110、00011101、00111010、01110101、11101011 等。低位在前先接收，高位在后后接收。

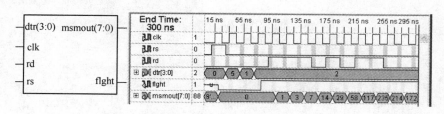

图 5-21　接收控制模块和仿真输出波形

## 思考题

1. 设计一个具有 A、B 两端口的存储器 DDR SDRAM。
2. 设计一个 232 收发器顶层模块，能同时具有时钟产生、奇偶校验、数据收发功能。
3. 设计一个 I²C 串行数据发送和接收控制器。
4. 设计一个能实现对 AD9859 芯片的频率进行控制的 DDS 控制器。
5. 设计一个可以产生 1～1000Hz 频率信号的数字频率信号发生器。
6. 设计一个能检测 8 位同步信号代码 11010011 的序列检测器。
7. 设计一个调制解调器顶层模块，能同时具有时钟产生、奇偶校验、数据收发功能。

# 第6章 软件平台的应用

为了方便用户开发自己的应用程序，各可编程 ASIC 芯片制造商都向用户提供了用于开发其芯片的软件平台，比较流行的是 Xilinx 公司的 ISE 软件和 Altera 公司的 Quartus II 软件。尽管这些开发平台在操作细节上存在不同，但设计思想和功能基本上是相同的，都能采用原理图输入法、IP 核调用法、状态机输入法、HDL 语言输入法和嵌入式操作系统设计方式进行芯片功能的开发。根据软件使用环境的不同，这些开发平台分为 Windows 版本和 Linux 版本。随着芯片功能的提高，单靠一个平台实现所有功能的开发已变得困难，因此目前的开发软件已被分成了许多适用于不同功能需要的专用工具，如 ISE 软件的高版本中可包括 EDK、iMPACT、PlanAhead、ChipScope 等，xilinx platform 中又有 xilinx platform studio(XPS)和 xilinx platform studio SDK 两个软件。XPS 和 SDK 是做嵌入式设计的，而 ISE 是做底层逻辑设计的，初学者应先从 ISE 开始用起，在较好掌握 FPGA 基本设计方法后再用 EDK 学习嵌入式设计方法。ISE 和 EDK 都是一个设计环境，它们又包含很多的工具，不同的设计阶段使用不同的工具。

目前 ISE 软件已经推出 ISE 14.6 版本，这意味着支持更多的芯片系列和功能的开发，也同时会占用更多的 PC 资源，使 PC 运行速度变慢。因此为能在一般性能的 PC 上有较快的运行速度，本章选用 ISE 8.2 版本进行对可编程 ASIC 芯片功能基本开发应用的学习和实验。本书前面的程序例子也是在该版本下完成的，这也有助于初学者尝试和体验。

本章采用实验的方式带领读者学习对可编程 ASIC 芯片开发软件的使用，达到能利用开发平台自己完成一些简单应用设计的目的，注重读者实际能力的锻炼，也是对前面章节的总结和消化。

## 6.1 基于原理图输入的设计方法

### 1. 实验目的

熟悉 ISE 的基本使用方法，并用原理图输入法进行电路设计和功能仿真。

### 2. 实验内容

安装 ISE 软件，利用 ISE 的原理图输入法设计一个三进制计数器宏单元模块。

### 3. 实验原理

对于一些常用的基本元件或组件，ISE 软件平台提供了一个元件库来存放它们，用户在进行可编程 ASIC 芯片开发时，可直接从库中调用所需元件，然后通过绘制连接这些元件的网线将它们组成一个完成预定功能的整体，从而简化设计。库中的元件由软件开发商提供，用户也可自己制作元件放在库中。用户在使用这些元件时只需要了解这些元件引脚的对外功能表现即可，而无需了解元件的内部结构或组成，这些元件的功能都是经过严格测试过的，不允许用户对其进行修改，以保证元件的可靠性。下面通过设计一个名为"count3"的三进制计数器模块的实验为例说明其设计方法。

### 4. 开发平台的安装

ISE 8.2 的系统配置与设计所用芯片的型号有关。因为 ISE 综合过程运算量较大，所以对系统的 CPU、主板、硬盘的工作速度以及内存容量都有较高的要求。推荐的系统配置为：内存容量一般最低要求 128MB，如果器件选择 Virtex-5，最好配置 2GB 内存容量。如果系统配置过低，计算机将需要花较长时间来完成大规模芯片、较高时序要求的复杂设计。

（1）ISE 8.2 的安装

将 ISE 8.2 安装软件复制到 PC 上，单击安装文件"setup.exe"，在弹出的欢迎界面中单击"Next"，在随后连续弹出的 3 个接受软件许可证窗口中点选"Accept"，激活"Next"选项，然后单击。在弹出的输入登记 ID 界面中输入"Registration ID"号，然后单击"Next"。在弹出的选择安装目录窗口中建立安装路径，如"e:\Xinlnx"，然后单击"Next"。在弹出的选择安装模块窗口中选择今后开发所要用到的器件，选择安装的内容越多，占用 PC 的资源也越多，如果不清楚要用哪些器件可选择默认值，然后单击"Next"。在弹出的环境选择窗口中取默认值，然后单击"Next"。最后弹出一个窗口，总结前面的各种选项，此时单击"Install"便开始进行 ISE 的安装。安装完成后，会在 PC 桌面产生一个"Xilinx ISE 8.2i"的图标，今后单击该图标便可进入 ISE 开发平台进行设计。

（2）ModelSim 的安装

ISE 本身自带有仿真软件，能满足一般设计的需要，所以 ModelSim 仿真软件的安装不是必需的，可根据读者需要决定是否安装。ModelSim 仿真软件是 Mentor 公司开发的业界普遍接受的优秀的 HDL 语言仿真软件，它能提供友好的仿真环境，是业界唯一的单内核支持 VHDL 和 Verilog 混合仿真的仿真器。它采用直接优化的编译技术、Tcl/Tk 技术和单一内核仿真技术，编译仿真速度快，编译的代码与平台无关，便于保护 IP 核，具有个性化的图形界面和用户接口，为用户加快调试并纠正错误提供很好的帮助，是 FPGA/CPLD 设计的首选仿真软件。

ModelSim 有几种不同的版本：SE、PE、LE 和 OEM，其中 SE 是最高级的版本，而集成在 Actel、Atmel、Altera、Xilinx 以及 Lattice 等 FPGA 厂商设计工具中的均是其 OEM 版本。SE 版和 OEM 版在功能和性能方面有较大差别，以 Xilinx 公司提供的 OEM 版本 ModelSim XE 为例，对于代码少于 40000 行的设计，ModelSim SE 比 ModelSim XE 要快 10 倍；对于代码超过 40000 行的设计，ModelSim SE 要比 ModelSim XE 快近 40 倍。目前 ModelSim10.1 版本已经推出。

安装 ModelSim 时，先将该软件复制到 PC 上，单击安装软件进行安装，然后设置好安装环境，复制"license.dat"文件到相应的安装目录下。

（3）ISE 与 ModelSim 混合仿真

利用 ModelSim 仿真有两种方式可选择：一种方法是将 HDL 语言程序调入正在运行的 ModelSim 软件进行仿真；另一种方法是将 ISE 和 ModelSim 软件相关联，在 ISE 环境下后台调用 ModelSim 软件进行仿真。

要利用第二种方式进行 ISE 与 ModelSim 的混合仿真,需要在 ModelSim 标准库中插入与 Xilinx 公司元件相关的文件库。如果安装的是 ModelSim XE,由于其自带有 Xilinx 公司的仿真库,不用再自己编译建立 Xilinx 仿真库。如果安装的是 ModelSim SE 则需要建立仿真库。根据采用的是 VHDL 或 Verilog 语言,添加的仿真库略有不同。

对于 VHDL 语言,所要建立的仿真库分别为:

① unisim 库,该库用于对 ISE 中画的电路图进行前仿真。

② simprim 库,该库用于做布线后的时序仿真。

③ xilinxcorelib 库,该库用于设计中调用 CoreGen 产生的核。

建立这三个仿真库的方法是:将“e:Xilinx/VHDL/src/unisims”文件夹中的 unisim_VCOMP.vhd、unisim_VPKG.vhd、unisim_VITAL.vhd 和 unisim_SMODEL.vhd 四个文件编译到“D:\Modeltech\mylib\unisim”文件夹中,创建“unisim”库。然后进行 Xilinx 文件 simprim_Vpackage.vhd、simprim_Vcomponents.vhd 和 simprim_VITAL.vhd 的编译,创建“simprim”库。最后进行 Xilinx 的“XilinxCoreLib”目录下所有文件的编译,创建“Xilinx CoreLib”库。完成三个的编译后,还需在“D:\Modeltech”目录下找到“modelsim.ini”文件,将该文件中[Library]下面的内容修改为:

```
[Library]
std = $MODEL_TECH/../std
ieee = $MODEL_TECH/../ieee
verilog = $MODEL_TECH/../verilog
vital2000 = $MODEL_TECH/../vital2000
std_developerskit = $MODEL_TECH/../std_developerskit
synopsys = $MODEL_TECH/../synopsys
modelsim_lib = $MODEL_TECH/../modelsim_lib
simprim_ver = D:/Modeltech/mylib/simprim_ver
unisim_ver = D:/Modeltech/mylib/unisim_ver
xilinxcorelib_ver = D:/Modeltech/mylib/xilinxcorelib_ver
simprim = D:/Modeltech/mylib/simprim
unisim = D:/Modeltech/mylib/unisim
xilinxcorelib = D:/Modeltech/mylib/xilinxcorelib
```

完成对 ModelSim 软件的修改后,还要在 ISE 中对 ModelSim 进行连接。先进入 ISE 主窗口,选择“Edit”→“Preference...”选项如图 6-1a 所示,弹出图 6-1b 所示“Preferences”界面。在“Category”窗口中选“ISE General”项目下的子项目“Integrated Tools”,从右边“Model Tech Simulator”下第一行路径选项中选取关联的 Modeltech 执行文件路径“D:\Modeltech\win32\modelsim.exe”,然后单击窗口下面的“Apply”和“OK”按钮关掉该窗口。最后还需在 ISE 主界面的“Sources”窗口中的根目录下双击,在弹出的窗口图 6-1c 中的 Simulator 选项中选 Modelsim-XE VHDL。如果只用 ISE 的自带仿真工具,则选择 ISE Simulator。

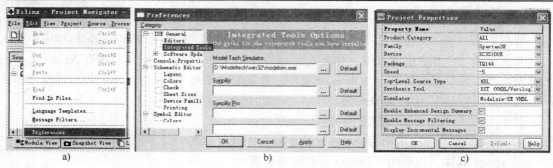

图 6-1    ISE 与 ModelSim 的连接设置

### 5. 实验步骤

（1）创建工程

单击 PC 桌面上的"Xilinx ISE 8.2i"图标 ，运行 ISE 程序，进入 ISE 主界面。单击
"File"→"New Project...",在弹出的对话框中取工程名为"cnt3"，路径取"E:\myname\
cnt3"，顶层模块类型取"Schematic"，如图 6-2 所示，单击"Next"。在弹出的元件与仿真
工具的选择菜单中，按图 6-3 所示进行设置，完成器件、封装、器件速度、顶层文件类型、
仿真工具的选择。在随后弹出的两个对话框中取默认值，单击"Next"。最后弹出的信息窗
口显示前面选择的汇总情况，选完成选项后回到主界面。

图 6-2    创建新工程的设置

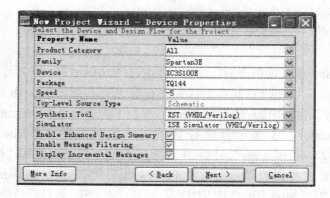

图 6-3    元件与仿真工具的设置

（2）创建新文件

在主界面窗口中选"Project"→"New Source"，在弹出的"New Source Wizard"对话框

中的"File name"一栏中输入文件名"count3"，在文件类型栏中选"Schematic"，如图 6-4 所示。单击"Next"，在弹出的信息窗中单击"Finish"。这时出现绘制原理图的画布界面。

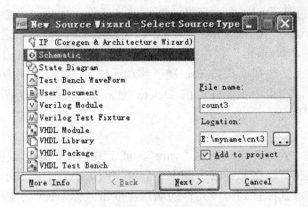

图 6-4　创建新文件中选择原理图输入类型和文件名

（3）绘制原理图

利用原理图输入法设计一个三进制计数器宏单元模块。宏单元是一个已设计好的器件，对外由一个符号或框图表示，内部由许多逻辑元件和电路组成，生成的宏单元可放入元件库，可像库中的其他元件一样供用户设计其他电路时任意调用。调用宏单元的是上层模块，设计宏单元是设计它的下层（内部）电路。设计时可以先绘制原理图，由设计工具生成相应的符号，还可将其转换为 VHDL 程序模块。

1）添加引脚。

利用原理图输入法设计时，应先在设计画布中为模块定义引脚，在此基础上才能进行元件的布放和连接。用鼠标双击 ISE 主界面左边"Sources"窗口中的"count3.sch"文件，进入绘制原理图界面。选原理图输入窗口上面菜单中的"Tools"→"Create I/O Markers"菜单，在弹出的"Create I/O Markers"对话框的"Inputs"中输入所要设计的"count3"宏单元模块的输入引脚"ce，clk"，然后在"Outputs"栏中输入"count3"宏单元模块的输出总线引脚"count3(2:0)"，如图 6-5 所示。单击"OK"，此时在原理图画布上会出现定义的 ce、clk、count3（2:0）3 个引脚。

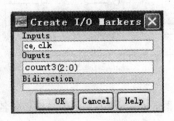

图 6-5　为元件添加对外引脚

2）添加元件。

单击原理图界面工具栏上的 <!-- icon --> 图标可放置元件。在原理图界面左边"Source"窗口下部的"Categories"中是元件种类目录，下面"Symbols"栏中列有每种类型所包括的各种元件。下面的"Symbol Name Filter"栏用于根据输入的元件名字从元件库中挑选特定元件，如果已知元件名字，可从这里输入，便于快速查找元件。最下面"Orientation"栏中的选项，可对选中元件进行角度旋转。旋转元件角度也可按〈Ctrl＋R〉键，每次转 90°，按〈Ctrl＋E〉键或工具栏上的 ⬖ 图标则左右反转。要旋转某元件，应先点中激活该元件，使其变为红色。按此法在"Symbol Name Filter"栏输入"CD4CE"四位十六进制计数器和"and2"二输入与门，就可在"Symbols"栏中找到相应元件，移动鼠标到右边画布上并单击便可放置选中的元件。退出元件选择模式按 Esc 键。移动元件时，单击该元件，并将元件拉至预定的位置。删除元件时，在点中该元件后按 Delete 键删除。按图 6-6 所示在画布上放置元件"CD4CE"和"and2"。

3）连接元件。

在原理图界面选"Add"菜单中的"wire"，或工具栏中的画单线图标 ⏋，鼠标将处于画线模式。将鼠标放在待连接元件的引脚上，会现出四个小方块，表示选中该端点，单击后便连接上该点。然后将鼠标移到另一元件的端点，双击鼠标，使两引脚连接在一起。如果单击一次，则鼠标仍与连线在一起，可继续连接其他元件。当鼠标处于画线模式时，单击总线并移动鼠标位置可延长总线。按〈Esc〉键可退出画连线模式。当元件引脚的单根线要与总线中多根引线的其中一根引线相连时，选"Add"→"Bus tap"或 ⊢ 图标使鼠标处于抽头连接模式，将其放到画布空白处，旋转方向使其横线端朝向元件，短竖线端与总线重合，从而得到总线抽头，以便与单线相连。然后用 ⏋ 画线，将总线抽头与元件相连，如图 6-6 所示。

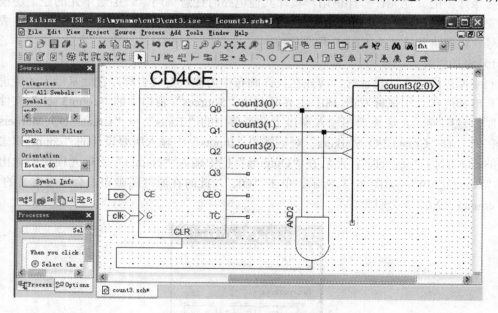

图 6-6　元件与网线的连接和取名

4）给网线取名。

单线和总线都是网线，系统都会默认地为其取名，设计者可以修改这些名字，给这些网线取个便于识别的名字可方便后面仿真时观察这些信号的变化。鼠标左键双击 Q0 输出端的连线，或右键单击连线，在弹出的对话框中选"Object Properties"，弹出对话框。在对话框"Name"后面"Value"栏中修改系统默认的名字，输入自己给导线取的名字，此处输入"count3(0)"，表示该单线 Q0 与总线 count3 的第 0 根线相连接，如图 6-7 所示。然后单击"OK"退出，此时给单线取的新名字并不出现在单线上。当再次单击该单线时，弹出的对话框左上角"Nets"处，出现新取的名字"count3(0)"。单击"Visible"栏中的"Add"，在弹出的"Net Attribute Visibility"窗口中单击"Add"，使给该线取的新名字出现在网线上，单击"OK"退出。用同样的方法给其他网线取名，如图 6-6 所示。在绘图时，凡是网线名相同的地方，物理上是连接在一起的，即使两处未画出相连接的网线，因此不同地方应取不同的名字。

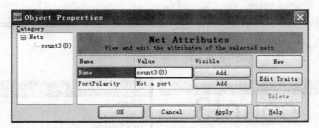

图 6-7　为网线取名的设置

（4）检查错误

完成原理图设计后，应检查是否存在原理图绘制上的错误。单击原理图界面菜单栏中的"Tool"→"Check Schematic"，在主窗口底部的文本信息窗口应显示没有错误，否则应根据提示的坐标位置检查错误。

（5）制作元件模块

为了便于顶层模块调用前面设计的"count3"模块，可将该原理图设计的模块做成元件模块。单击原理图界面菜单栏中的"Tool"→"Symbol Wizard"，在弹出的"Symbol Wizard"窗口中，选"Using Schematic"栏内的内容为"count3"，这样会调用刚才绘制的原理图，将其添加到符号中。其他地方选默认即可，如图 6-8 所示，单击"Next"。弹出的对话框中显示符号的引脚，如图 6-9a 所示，单击"Next"。此时弹出的窗口显示符号形状，取默认值，如图 6-9b 所示。单击"Next"，最后弹出符号的外观图，如图 6-10a 所示，单击"Finish"。在原理图窗口中得到"count3.sym"的符号。此后可在元件库中查到该新元件。

图 6-8　选取模块所用原理图的设置

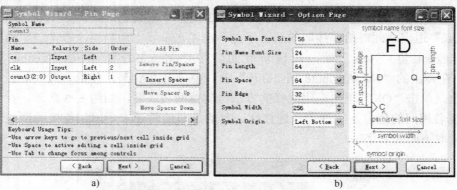

图 6-9　符号的引脚与外观尺寸

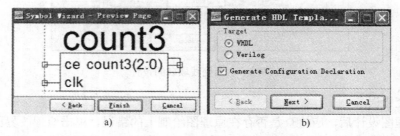

图 6-10　生成的元件符号外观和产生 VHDL 程序

（6）产生 HDL 程序

在 "count3.sym" 页面窗口菜单栏选 "Tools" → "generate HDL Template from Symbol"，在弹出的对话框中，可以产生 VHDL 和 Verilog 两种语言程序，这里选 VHDL，在产生配置选项中打勾可产生配置文件，如图 6-10b 所示，单击 "Next"，在弹出的菜单中取默认设置，自动将 count3 加到当前目录和工程中，单击 "Finish"。"Count3.vhd" 被添加在 ISE 主窗口左边 "Sources" 窗口中的根目录下，双击它可打开该文件，其 VHDL 程序如下：

```vhdl
library ieee;
use ieee.std_logic_1164.ALL;
use ieee.numeric_std.ALL;
library UNISIM;
use UNISIM.Vcomponents.ALL;
entity count3 is
    port ( ce     : in     std_logic;
           clk    : in     std_logic;
           count3 : out    std_logic_vector (2 downto 0));
end count3;
architecture BEHAVIORAL of count3 is
begin
end BEHAVIORAL;
-- synopsys translate_off
configuration CFG_count3 of    count3 is
    for BEHAVIORAL
    end for;
end CFG_count3;
```

-- synopsys translate_on

（7）波形仿真

上面只是完成设计，是否达到预定功能，只有通过仿真运行才能验证。要进行仿真，需先建立仿真激励测试程序。

选 ISE 主窗口的"Project"→"New Source..."，在弹出的"New Sourcec Wizard-Select Source Type"对话框中按图 6-11 进行设置，取文件名为"tb_count3"，文件类型选"Test Bench Waveform"，单击"Next"。在弹出的窗口中，指示所要测试的源程序为"count3"，单击"Next"直至完成。

图 6-11　创建测试文件

在弹出的初始化时序窗口中，如图 6-12 所示，设置时钟高电平为"20ns"，低电平为"20ns"，输入建立时间为"10ns"，输出有效延时为"10ns"，选 GSR 会将初始偏移自动定为100ns，信号时钟默认为"clk"，最后取调试时间为"1000ns"，单击"OK"。在弹出的波形窗口中，在"ce"所在行约 130ns 处单击，使"ce"由低电平转为高电平。单击保存图标，保存对波形的设置。

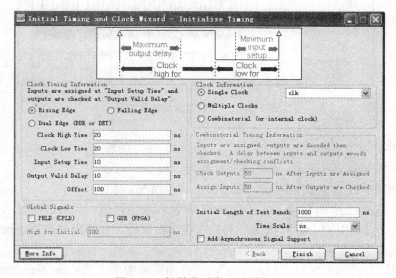

图 6-12　初始化时序和时钟设置

在 ISE 主窗口"Sources"中的第一行中间的下拉菜单中选"Behavioral Simulation"如图 6-13 所示，在下面窗口中可看到刚才创建的"tb_count3"，如图 6-13 所示。双击"tb_count3"并对弹出的窗口选择"Yes"，在窗口"Processes"中双击"View Generated Test Bench As HDL"，可将刚才对波形的设置转换成 HDL 测试文件。

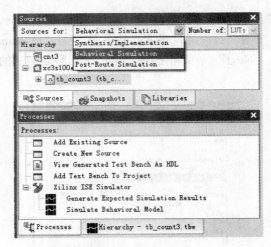

图 6-13　创建测试文件

单击"Processes"窗口中的"Xilinx ISE Simulator"打开两行选项，双击"Xilinx ISE Simulator/Generate Expected Simulation Results"，在弹出的对话框中选"Yes"，在弹出的另一个信息窗口中选"Yes"。这时主窗口中波形窗口内显示仿真波形，单击 count3[2:0]前面的+号，可观看 count3 三根线的波形变化情况，如图 6-14 所示。从图中可见，计数值在 0、1、2 三个中循环变化，达到预定的 3 计数目的。

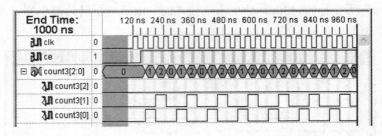

图 6-14　3 计数器波形仿真结果

**6．思考题**

（1）用原理图输入法设计一个九进制计数器。

（2）改变图 6-12 中的测试时长，观看波形显示情况。

（3）不选图 6-12 中的 GSR，在"Offset"栏输入其他数值，观看波形显示情况。

（4）在图 6-14 中的 clk 行的第二列处右键单击鼠标，在弹出的选项中设置数值，观看波形变化情况。

（5）用鼠标右键单击窗口"Processes"，在弹出菜单中单击"View Generated Test Bench

As HDL", 在弹出的对话框中选择属性, 选择 VHDL 语言, 参看测试文件中的内容。

# 6.2 基于 IP 核输入的设计方法

**1. 实验目的**

掌握 IP 核输入的设计方法, 进一步巩固对原理图输入法的掌握, 并进行功能仿真。

**2. 实验内容**

利用 ISE 软件提供的 IP 核, 设计一个五进制计数器。

**3. 实验原理**

对于一些功能比较固定且常用, 但设计比较复杂的电路, ISE 软件平台提供了一种模板式设计方法来简化设计。即将功能固定并经过测试验证的程序封装成知识产权核供其他用户调用, 减少重复劳动。这种核或结构化的模块用户是不能打开和进行修改的, 用户只能看到该模块的对外引脚并利用其功能进行设计, 设计中通过参数的选取来将该 IP 核的通用功能变为用户需要的特定功能。下面通过设计一个名为 "cip5" 的五进制计数器模块的实验为例说明其设计方法。

**4. 实验步骤**

（1）创建工程

单击 PC 桌面上的 "Xilinx ISE 8.2i" 图标, 运行 ISE 程序, 进入 ISE 主界面。单击 "File" → "New Project...", 在弹出的对话框中取工程名为 "cip5", 路径取 "E:\myname\cip5", 在 "Top-Level Source Type" 栏中选取 "Schematic", 参照图 6-2, 单击 "Next"。在弹出的元件与仿真工具的选择菜单中, 按图 6-3 所示进行设置, 完成器件、封装、器件速度、顶层文件类型、仿真工具的选择。在随后弹出的两个对话框中取默认值, 单击 "Next"。最后弹出的信息窗口显示前面选择的汇总情况, 选完成选项后回到 ISE 主界面。

（2）创建新文件

进入 ISE 主界面, 在主界面窗口中选 "Project" → "New Source", 在弹出的 "New Source Wizard" 对话框中的 "File name" 一栏中输入文件名 "cip5", 如图 6-15 所示。单击 "Next", 在弹出菜单中选 "Binary Counter v8.0", 如图 6-16 所示。单击 "Next" 至完成。

图 6-15 创建新文件中选择 IP 输入类型和文件名

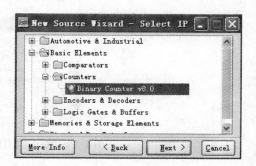

图 6-16 IP 核的选择

在弹出的二进制计数器第一页设置对话框中，按图 6-17 进行设置：将"Output Width"设置为 3，"Step Value"设置为 1，选中"Restrict Count"项，并设置"Final Count Value"为 4，选中"Count Mode"下面的"UP"，单击"Next"。弹出第二页设置对话框，在"Clock Enable"中将"CE"选中，其余为默认，单击"Next"直至完成。这时可在主窗口中的"Sources"窗口中看到生成的"cip.xco"文件，如图 6-18 所示。同时在 ISE 主界面下方的"Console"窗口中显示"Successfully generated cip5"，即生成了 IP 核模块。用鼠标右键单击"Processes"窗口下中"View HDL Functional Model"，在弹出的窗口中选择"Properties"，在弹出的另一窗口中"Value"列的下拉菜单中选"VHDL"，然后单击"OK"。再用鼠标左键双击"View HDL Functional Model"，可参看由"cip.xco"生成的VHDL 程序。

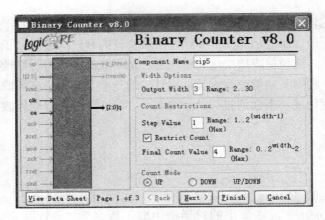

图 6-17　在二进制计数器对话框中进行设置

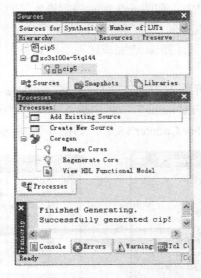

图 6-18　在二进制计数器对话框中进行设置

（3）绘制原理图

要对生成的 cip5 进行仿真，一种方法是将 IP 核转换为 HDL 语言，然后对该 HDL 语言程序进行仿真。这里介绍另一种方法，即利用原理图进行仿真。为此，先建立一个原理图文件，方法与前面的"count3.sch"设计相同。从"project"→"new source"菜单下选择"Schematic"，取名为"count5"，单击"Next"直到完成。在弹出的原理图空画布中，选"Tool"→"Create I/O Markers"，在弹出的窗口中，在输入引脚栏输入"clkin, cein"，在输出引脚栏中输入"cnt5out(2:0)"，单击"OK"，此时画布中将出现刚才定义的 3 个引脚。在"Smybol Name Filter"中输入 cip5 将之前生成的 cip5 放入画布窗口，并添加输入缓冲器 IBUF 和输出缓冲器 OBUF，最后完成单线和总线的连接，以及网络标号的更改并显示，如图 6-19 所示。这里需要注意在 cip5 模块的输出总线 q(2:0)的延长线上填写总线标号 qin(2:0)，以便与输出缓冲器 OBUF 的三根输入线 qin(0)、qin(1)、qin(2)相匹配。单击保存图标保存原理图设计。

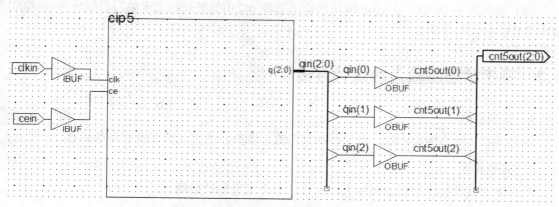

图 6-19　用 IP 核 cip5 模块进行原理图设计

（4）检查错误与波形仿真

选"Tools"→"Check Schematic"，检查设计有无错误，如无错误便可创建测试激励文件，方法与上一实验相同。选 ISE 主窗口的"Project"→"New Source..."，在弹出的"New Sourcec Wizard-Select Source Type"对话框中，文件类型选"Test Bench Waveform"，取文件名为"tb_count5"，单击"Next"。在弹出的窗口中，选择所要测试的源程序为"count5"，单击"Next"直至完成。在弹出的初始化时序窗口中，按图 6-12 所示进行设置，单击"OK"。在弹出的波形窗口中，在"ce"所在行约 130ns 处单击，使"ce"由低电平转为高电平，在约 600 ns 处单击，使"ce"由高电平转为低电平。单击保存图标，保存对波形的设置。

在 ISE 主窗口"Sources"的第一行中间的下拉菜单中选"Behavioral Simulation"，如图 6-13 所示，在下面窗口中可看到刚才创建的"tb_count5"。

单击"Processes"窗口中的"Xilinx ISE Simulator"打开两行选项，双击"Xilinx ISE Simulator"→"Generate Expected Simulation Results"，在弹出的对话框中选"Yes"，在弹出的另一个信息窗口中选"Yes"。这时主窗口中波形窗口内显示仿真波形，单击"count3[2:0]"前面的"+"号，可观看"count3"三根线的波形变化情况，如图 6-20 所示。从图中可见，计数值在 0、1、2、3、4 五个数中循环变化，达到预定的 5 计数目的。

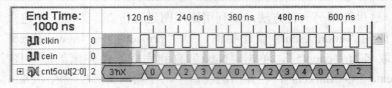

图 6-20　对用 IP 核 cip5 模块进行仿真的输出波形

**5. 思考题**

（1）用 IP 核输入法设计一个十进制计数器。

（2）为什么在图 6-19 中要添加 IBUF 和 OBUF？如果没有它们会出现什么问题？

（3）尝试读懂图 6-18 中的 View HDL Functional Model 程序。

（4）如果图 6-19 中，在 cip5 模块的输出总线 q(2:0)的延长线上未填写总线标号 qin(2:0)会出现什么结果？为什么？

# 6.3　基于状态图输入的设计方法

**1. 实验目的**

熟悉 ISE 的状态图输入法，并进行功能仿真，观察状态变化情况及状态的转移。

**2. 实验内容**

利用 ISE 软件提供的状态图输入法，设计一个七进制计数器。

**3. 实验原理**

ISE 软件提供了一种利用状态图输入完成 FPGA/CPLD 设计的方法。利用这种状态图输入法完成设计的优点是，用户无需了解芯片或应用程序是如何完成预定功能的，而只需要了解所设计的系统存在哪些状态，在输入信号激励下这些状态是如何转移的，以及在这些状态下系统应该有什么样的输出，并据此绘制出状态转移图就可完成预定功能的设计，从而避开了复杂电路图的绘制和 VHDL 程序的编写，因而可大大简化工程项目的设计。下面以设计一个名为"state7"的七进制计数器模块为例说明状态图输入的设计方法。

**4. 实验步骤**

（1）创建工程

单击 PC 桌面上的"Xilinx ISE 8.2i"图标，运行 ISE 程序，进入 ISE 主界面。单击"File"→"New Project..."，在弹出的对话框中取工程名为"state7"，路径取"E:\myname\state7"，在"Top-Level Source Type"栏中选取"HDL"，如图 6-21 所示，单击"Next"。在弹出的元件与仿真工具的选择菜单中，按图 6-3 所示进行设置，完成器件、封装、器件速度、顶层文件类型、仿真工具的选择。在随后弹出的对话框中取默认值，直至完成后回到 ISE 主界面。

（2）绘制状态图

在 ISE 主界面中选菜单栏中的"Project"→"Add New Source"，在弹出窗口中的文件类型栏中选"State Diagram"，在文件名一栏输入"count7"，如图 6-22 所示。单击"Next"，在弹出的信息窗口中单击"Finish"，进入绘制状态图设计界面。

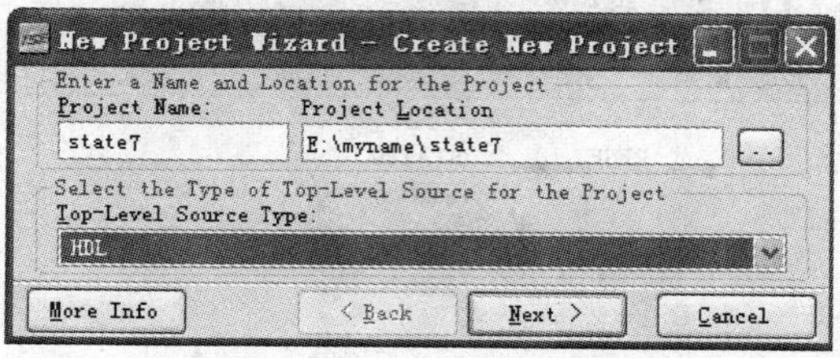

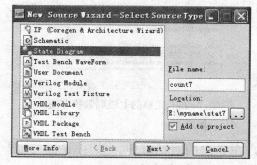

图 6-21　创建 state7 工程的设置

图 6-22　创建状态图文件的设置

单击画状态机图标，弹出状态图设计向导对话框，设置状态数为 3，其他取默认，如图 6-23 所示。单击"Next"，在弹出的对话框中，复位模式框内选择取同步选项，如图 6-24 所示，单击"Next"。在弹出的状态转移说明窗口中，取默认值，单击"Finish"。此后鼠标箭头上会出现一个绿色方框，移动该方框到窗口适当位置，单击鼠标，将 3 个状态放置在设计画布界面上，如图 6-25 所示。

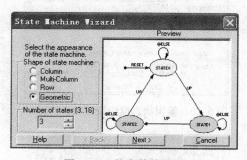

图 6-23　状态数的设置

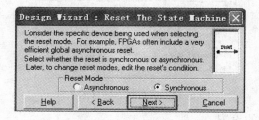

图 6-24　选择同步复位方式

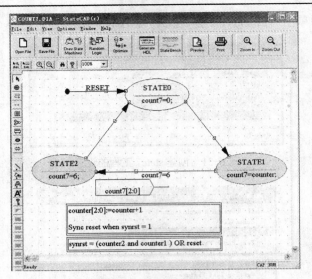

图 6-25  完整的七进制数状态图

（3）设置状态输出

双击 STATE0 状态，在弹出的对话框中，按图 6-26 设置 STATE0 状态的输出为
count7=0。同样方法，设置 STATE1 状态的输出为 count7=counter，设置 STATE2 状态的输出
为 count7=6。

（4）设置状态转移条件

双击从 STATE1 状态指向 STATE2 状态的转移箭头，在弹出的对话框中设置状态的转移
条件为 count7=6，其他设置取默认值，如图 6-27 所示。

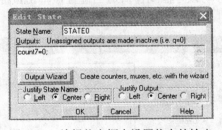

图 6-26  编辑状态框中设置状态的输出

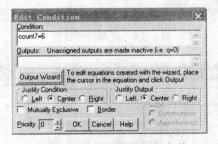

图 6-27  编辑状态转移的条件

（5）计数器计数功能的设置

先用鼠标单击状态图主窗口左侧工具栏的图标🖰，然后将鼠标移到画布下方适当空白

位置单击，弹出"Logic Wizard"功能模块选择对话框，如图 6-28 所示。从左上角窗口中选择一个加计数器"Count Up"，在左边"COUNT"栏下拉菜单中输入计数器名"counter"，在"Data path width"栏选为 3，单击"OK"。在弹出的"Edit Equation"对话框中的"Sync reset"栏输入"synrst"信号，作为同步复位信号，其余为默认值，如图 6-29 所示。单击"OK"，得到如图 6-25 下面部分所示的对计数器 counter 的描述。在该描述的下方空白位置再次单击鼠标，再次弹出图 6-28 对话框。这次从左上角窗口中选 2 输入或门电路 Or，在"Customize"窗口中的 A 引脚框中选"counter2"作为或门 Or 的一个输入，在 B 引脚框中输入"reset"作为或门 Or 的另一个输入，输出端 C 框中取名为"synrst"，数据宽度为 1，如图 6-30 所示，单击"OK"。在弹出的对话框中，在"Expression"窗口中设置"(counter2 and counter1) OR reset"，表示计数到 110 时或复位信号到达时进行复位，如图 6-31 所示。单击"OK"得到图 6-25 所示最下部分的对或门复位电路的描述。

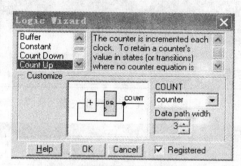

图 6-28　添加计数器的设置

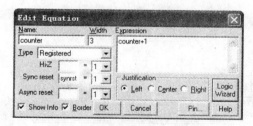

图 6-29　同步复位信号的设置

（6）设置计数器矢量

单击状态图主窗口左侧工具栏的 图标，再单击画布下方空白位置放置该向量，双击图标，设置矢量名为 count7，范围为 2∶0，如图 6-32 所示。单击"OK"回到状态图主窗口。单击图标 退出设置模式。

（7）状态图设计优化

单击优化图标 ，在弹出的级对话框中均取默认值，直至完成。

（8）生成 HDL 语言

单击生成 HDL 图标 ，在弹出的对话框中取"Optimize"选项，在弹出的结果窗口中单击关闭，此时会自动生成 VHDL 程序，关闭程序窗口。

（9）计数器波形仿真

单击波形仿真图标 ，在弹出的仿真窗口中，单击开始图标 开始仿真，单击复位图标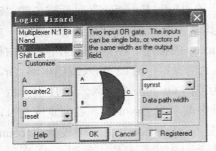进行波形复位，单击时钟图标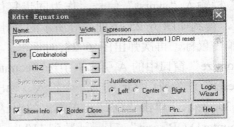得到如图 6-33 所示仿真波形。从图中可见，计数值在 0、1、2、3、4、5、6 七个数中循环变化，达到预定的 7 计数目的。

图 6-30　添加用于复位的或门电路的设置　　　　图 6-31　编辑复位条件

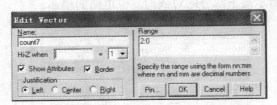

图 6-32　设置计数器矢量

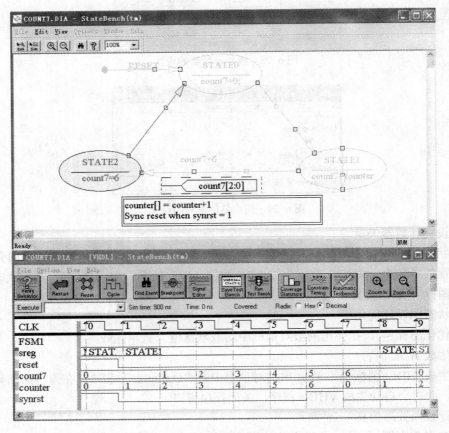

图 6-33　7 计数器输出仿真波形

**5．思考题**

（1）用状态图输入法设计一个六进制计数器。

（2）比较用状态图输入法自动生成 VHDL 程序与第 5 章中用 VHDL 编写的程序的区别和特点。

（3）观察图 6-33 中状态的变化，为什么状态转移过程中会在 STATE1 停留较多时间？

# 6.4　基于 VHDL 输入的设计方法

**1．实验目的**

熟悉 ISE 的 VHDL 输入法，掌握程序的综合、实现、下载文件生成方法，学会对约束文件的编写，最终完成在实验电路板上显示设计的计数器功能。

**2．实验内容**

利用 ISE 软件提供的 VHDL 输入法，结合 GIGILENT 公司的 BASYS 实验电路板，设计一个能在该实验板上用 4 个七段数码管循环显示 1 位十六进制计数的电路。本次实验需要完成如下内容：

1）设计一个 $2^{28}$ 分频器，将 100MHz 的时钟降低到数码管上数字变化可见的速度。

2）设计一个 2-4 译码器，以此驱动 4 个数码管循环显示。

2）设计一个七段显示驱动器，用以将一位的十六进制数通过 7 段 LED 显示出来。

3）设计一个顶层模块，它将分频器、译码器和 7 段驱动模块连接成一个整体。

4）经功能仿真后，进行综合、实现、生成下载文件，将位流文件写入芯片，实验板应正确显示数字的变化。

**3．实验原理**

先设计一个分频电路 dvf28.vhd 将 BASYS 实验电路板所提供的 100MHz、25MHz 两种时钟降为低频时钟，以便观看 4 个七段数码管循环显示。然后设计一个 de2_4.vhd 完成 2-4 译码，用来驱动 4 个数码管循环显示。再设计一个七段译码器 led4_7.vhd，将十六进制数字转换为可通过七段数码管的发光管显示的笔画。实验中采用的 LED 显示器为共阳极电路，即 7 段字码中某一位为 0 时，该段发光管亮。最后设计一个顶层模块 vhd16.vhd，调用分频器模块、2-4 译码模块、七段数码管驱动模块，完成整体系统功能。实验中采用 Xinlnx 公司的 Spartan3E 系列芯片 XC3S100E，封装为 TQ144，据此编写一个约束文件 vhd16.ucf 进行芯片引脚的约束。然后利用 ISE 的综合工具对前面的设计进行综合，将 VHDL 描述的功能转化为布线布局文件。再利用 ISE 提供的实现工具进一步将设计文件映射为连接各 FPGA 内部资源和引脚的文件。最后利用 ISE 的下载文件生成工具将前面的文件转化为可下载到芯片的位流文件(vhd16.bit)。然后安装 GIGILENT 公司 BASYS 实验电路板的下载软件，利用 USB 接口将 PC 与实验板连接在一起，下载位流文件到芯片中。通过拨动电路板的开关可观察到 4 个七段数码管的循环显示情况，从而实现预定功能。

**4．实验步骤**

（1）创建基于 HDL 的工程项目

单击 PC 桌面上的"Xilinx ISE 8.2i"图标，运行 ISE 程序，进入 ISE 主界面。单击"File"→"New Project..."，在弹出的对话框中取工程名为"vhd16"，路径取"E:\myname\vhd16，在 Top-Level Source Type"栏中选取"HDL"，如图 6-34 所示，单击"Next"。在弹出的元件与仿真工具的菜单中，按图 6-3 所示进行设置，选取芯片系列"Family"为"Spartan3E"，器件"Device"为"XC3S100E"封装，封装"Package"为"TQ144"，器件速度"Speed"为"-5"、顶层文件类型为"HDL"、综合工具"Synthesis Tool"为"XST(VHDL/Verilog)"，仿真工具"Simulator"为"ISE Simulator(VHDL/Verilog)"，其他选项取默认即可。在随后弹出的对话框中取默认值，直至完成后回到 ISE 主界面。

图 6-34　创建 vhd16 工程的设置

（2）创建 VHDL 程序模块

1）创建分频器程序模块 dvf28.vhd。

将 BASYS 实验电路板所提供的 100MHz 时钟变为肉眼可观察到的时钟需要对输入的时钟 clk 进行分频处理。$100MHz/2^{28}=0.375Hz$，即进行 $2^{28}$ 分频后便可得到肉眼可观察到的数码管的数据变化，故需要设计一个 28 位的计数器。设 ce 为使能开关，updn 为计数器加或减计数的方向开关，如图 6-35d 所示。当 ce 向上拨时 ce=1 为计数器使能，向下拨时 ce=0 为计数器禁止。updn 向上拨时 updn=1 为加计数，向下拨时 updn=0 为减计数。另设 $2^{28}$ 分频输出矢量为 Q(27:0)。

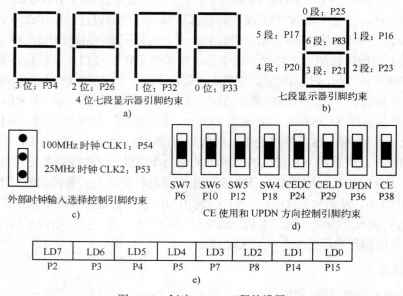

图 6-35　创建 vhd16 工程的设置

① 创建 VHDL 源文件。进入 ISE 主界面，在 ISE 主界面中选菜单栏中的"Project"→"Add New Source"，在弹出窗口中的文件类型栏中选"VHDL Module"，在文件名一栏输入"dvf28"，如图 6-36 所示。单击"Next"，在弹出的对话框中输入时钟引脚 clk、使能引脚 ce、计数方向控制引脚 updn，在方向列选取为输入 in。然后输入 Q，方向为输出，选 Bus，最高位 MSB 为 27，最低位 LSB 为 0，如图 6-37 所示。单击"Next"，直到完成。此后程序回到主窗口，在主窗口左边的"Sources"窗口中添加了 VHDL 程序"dvf28.vhd"，右边产生 VHDL 程序编写窗口，内中放置了刚才设置的程序框架，包含库、实体和空的结构体。

② 利用语言模板完成模块功能。打开 dvf28.vhd 文件。单击主窗口上的"Edit"→"Language Templates..."，或单击💡图标，在弹出的语言模板中单击"VHDL"→"Synthesis Constructs"→"Coding Examples"→"Counters"→"Binary"→"Up/Down Counters"→"w CE"。此时在右边窗口中将给出双向计数器的模板程序。将其复制到"dvf28.vhd"文件的结构体的 begin 与 end 之间。修改模板中的信号名，并增加中间信号 Q16，得到如下源程序：

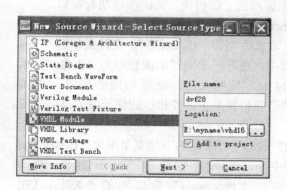

图 6-36　创建 VHDL 文件的设置

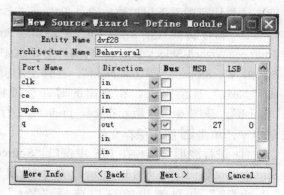

图 6-37　设置输入/输出引脚

```
library IEEE；                                        --声明使用 IEEE 库
use IEEE.STD_LOGIC_1164.ALL；                          --声明实体使用 STD_LOGIC_1164 程序包
use IEEE.STD_LOGIC_ARITH.ALL；                         --声明实体使用 STD_LOGIC_ARITH 程序包
use IEEE.STD_LOGIC_UNSIGNED.ALL；                      --声明实体使用 STD_LOGIC_UNSIGNED 程序包
entity dvf28 is                                       --声明实体名为 dvf28
    Port ( clk, ce，updn: in   STD_LOGIC；            --声明 3 个逻辑型输入端口
       q: out   STD_LOGIC_VECTOR (27 downto 0))；     --声明 q 为 28 位逻辑型输出矢量端口
end dvf28；                                            --结束对实体 dvf28 的声明
architecture Behavioral of dvf28 is                   --声明 Behavioral 是实体 dvf28 的结构体
    signal q28 : STD_LOGIC_VECTOR (27 downto 0)；      --声明中间信号 q28 为 28 位逻辑型矢量
begin                                                 --声明结构体开始
    process (clk)                                     --声明进程和敏感量 clk
    begin                                             --声明进程开始
      if clk='1' and clk' event then                  --如果时钟上升沿到达
       if     ce='0'   then   q28 <= (others => '0')； --如果使能信号为低，输出矢量为 0
      elsif updn='1'   then    q28<=q28+1；            --如果使能为高且方向控制为高，做加 1 计数
      else                     q28<=q28-1；            --如果使能为高且方向控制为低，做减 1 计数
      end if；      end if；                            --结束条件判断语句
```

```
        end process;                          --结束进程
        q <=q28;                              --将中间矢量信号 q28 赋给输出矢量 q
    end Behavioral;                           --结束结构体
```

　　上面程序中使用了语句(others => '0')表示将 28 个 0 赋给 q28，可简化表达。此外，由于 q28 是矢量，+1 或-1 是整数，数据类型不一致，进行加减运算时会出现语法错误。但使用了 IEEE.STD_LOGIC_UNSIGNED.ALL 程序包后，该包可以自动进行解释，从而避免了语法错误。而 IEEE.STD_LOGIC_ARITH.ALL 则不是必需的。

　　双击 ISE 主窗口左边"Processes"窗口中的"Synthesize-XST"进行综合和语法检查，如语法正确，该选项前应打绿勾。关闭语言模板窗口。单击"Synthesize-XST"前面的"+"，展开该目录，双击"View Synthesis Report"可观看刚才综合所得到的报告，内中包含对芯片资源的使用情况、信号时延等情况的总结。双击"View RTL Schematic"打开"dvf28.ngr"文件，可观看刚才综合所得到的顶层模块符号和对外引脚，如图 6-38a 所示。双击该模块可观看下层模块电路。单击▲或▲图标回到上级模块，关闭模块观看窗口。

　　③ 制作仿真程序。选 ISE 主窗口"Project"→"New Source...",在弹出的"New Sourcec Wizard-Select Source Type"对话框中，取文件名为"tb_dvf28"，文件类型选"Test Bench Waveform"，单击"Next"。在弹出的窗口中，选择所要测试的源程序为"dvf28"，单击"Next"直至完成。在弹出的时钟设置窗口中，按图 6-12 进行相同的设置，单击"Finish"。按图 6-38b 所示在 ce、updn 所在行的适当位置单击，使相应的信号变为高电平或低电平，单击🖫图标保存文件。

　　④ 进行波形仿真。在 ISE 主窗口"Sources"的第一行中间的下拉菜单中选"Behavioral Simulation"，如图 6-13 所示，在下面窗口中可看到刚才创建的"tb_dvf28"。双击"tb_dvf28"并对弹出的窗口选择"Yes"。单击"Processes"窗口中的"Xilinx ISE Simulator"打开两行选项，双击"Xilinx ISE Simulator"→"Generate Expected Simulation Results"，在弹出的对话框中选"Yes"，在弹出的另一个信息窗口中选"Yes"，这时波形窗口内显示仿真波形，如图 6-38b 所示。

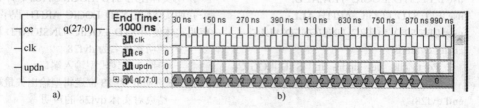

图 6-38　生成的 dvf28 顶层模块和仿真波形

　　2）创建 2-4 译码器模块 de2_4.vhd。

　　图 6-35a 所示 4 位七段数码管采用共阳极驱动，当在 P34、P26、P32、P33 引脚上加低电平时，将选中相应的数码管。故可用两根二进制信号输入经全译码得到四根输出线，并使某一时刻仅有一根线为低电平，用以选择相应的数码管。设这两根二进制信号输入线为→q2_4(1:0)，译码输出信号为 led4(3:0)。

　　① 创建 VHDL 源文件。在 ISE 主界面中选菜单栏中的"Project"→"Add New Source"，在弹出窗口中的文件类型栏中选"VHDL Module"，在文件名一栏输入"de2_4"。

单击"Next"，在弹出的对话框中输入信号"q2_4"，方向为输入，选"Bus"，最高位 MSB 为 1，最低位 LSB 为 0。然后输入"led4"，方向为输出，选"Bus"，最高位 MSB 为 3，最低位 LSB 为 0。单击"Next"，直到完成。此后程序回到主窗口，在主窗口左边的"Sources"窗口中添加了 VHDL 程序"de2_4.vhd"，右边产生 VHDL 程序编写窗口，内中放置了刚才设置的程序框架，包含库、实体和空的结构体。

　　② 利用语言模板完成模块功能。单击主窗口上的"Edit"→"Language Templates..."，或单击 图标，在弹出的语言模板中单击"VHDL"→"Synthesis Constructs"→"Coding Examples"→"Decoders"→"4-bit Registered Output"。此时在右边窗口中将给出 2-4 译码器的模板程序。将其复制到"de2_4.vhd"文件结构体的 begin 与 end 之间。修改模板中的信号名和输出值得到如下源程序：

```
library IEEE;                                           --声明使用 IEEE 库
use IEEE.STD_LOGIC_1164.ALL;                            --声明实体使用 STD_LOGIC_1164 程序包
entity de2_4 is                                         --声明实体名为 de2_4
    Port ( q2_4:  in    STD_LOGIC_VECTOR (1 downto 0);  --声明 q2_4 为 2 位逻辑型输入矢量
           led4:  out   STD_LOGIC_VECTOR (3 downto 0)); --声明 led4 为 4 位逻辑型输出矢量
end de2_4;                                              --结束对实体的 de2_4 声明
architecture Behavioral of de2_4 is                     --声明实体 de2_4 的一个结构体
begin                                                   --声明结构体 Behavioral 开始
    process(q2_4)                                       --声明进程和敏感量 q2_4
    begin                                               --声明进程开始
        case q2_4 is                                    --声明 case 条件语句和条件表达式
            when  "00"  => led4 <=  "1110" ;            --如果条件表达式为 00，输出 1110
            when  "01"  => led4 <=  "1101" ;            --如果条件表达式为 01，输出 1101
            when  "10"  => led4 <=  "1011" ;            --如果条件表达式为 10，输出 1011
            when others => led4 <=  "0111" ;            --如果条件表达式为其他，输出 0111
        end case;                                       --结束 case 条件判断语句
    end process;                                        --结束进程
end Behavioral;                                         --结束结构体
```

　　单击保存图标保存程序。单击 ISE 主窗口"Sources"窗口中的文件名"de2_4"，双击 ISE 主窗口左边"Processes"窗口中的"Check Syntax"进行对 de2_4.vhd 的语法检查。如无问题，应在主窗口下部的"Console"窗口显示"Process Check Syntax completed successfully"信息。但这时在"Processes"窗口中看不到"Synthesize-XST"选项，因为在 Sources 窗口只能有一个是主程序，现在已被默认为"dvf28.vhd"了。用鼠标右键单击 dvf28 程序，在弹出的菜单中选"Remove"，在弹出的对话框中选"Yes"，从而删除"dvf28.vhd"程序，使"de2_4.vhd"变为主程序。双击 ISE 主窗口左边"Processes"窗口中的"Synthesize-XST"进行综合和语法检查，如语法正确，该选项前应打绿勾。关闭语言模板窗口。单击"Synthesize-XST"前面的"+"，展开该目录。双击 View RTL Schematic 打开 de2_4.ngr 文件，可观看刚才综合所得到的顶层模块符号和对外引脚，如图 6-39 所示。双击该模块可观看下层模块电路。单击 或 图标回到上级模块，关闭模块观看窗口。

　　③ 制作仿真程序。选 ISE 主窗口"Project"→"New Source..."，在弹出的"New Sourcec Wizard-Select Source Type"对话框中，取文件名为"tb_de2_4"，文件类型选"Test

Bench Waveform",单击 "Next"。在弹出的窗口中,选择所要测试的源程序为 "de2_4",单击 "Next" 直至完成。在弹出的时钟设置窗口中,由于程序中未用到时钟,对时钟的设置未被激活,不可用。其他项取默认值,直接单击 "Finish"。在图 6-39 中 "q2_4 [1:0]" 所在行约 50ns 处单击鼠标左键,在弹出的 "Set Value" 窗口中的 "Pattern Wizard" 处单击,在弹出的新窗口中,在 "Pattern Type" 栏下拉选 "Count Up",在 "Number of Cycle" 栏内输入 4,在 "Radix" 栏选 "Binary",在 "Pattern Parameters" 栏的 "Initial Value" 处设置为 0,在 "Terminal Value" 处设置为 3,其他取默认值,如图 6-40 所示,单击 "OK" 退出。单击 🖫 图标保存文件。

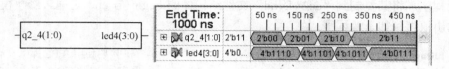

图 6-39  输入激励的设置与仿真波形

④ 进行波形仿真。在 ISE 主窗口 "Sources" 的第一行中间的下拉菜单中选 "Behavioral Simulation",如图 6-13 所示,在下面窗口中可看到刚才创建的 "tb_de2_4"。双击 "tb_de2_4" 并对弹出的窗口选择 "Yes"。单击 "Processes" 窗口中的 "Xilinx ISE Simulator" 打开两行选项,双击 "Xilinx ISE Simulator" → "Generate Expected Simulation Results",在弹出的连续两个对话框中选 "Yes",这时波形窗口内显示仿真波形。此时仿真波形的数据是用无符号十进制表示的,用鼠标右键单击波形,在弹出的菜单中选二进制表示,得图 6-39 所示二进制数表示的仿真波形。

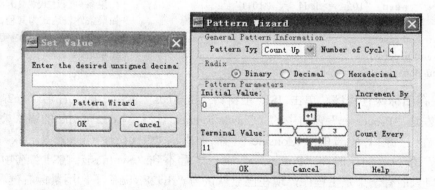

图 6-40  q2_4 [1:0] 输入激励的设置

3)创建七段译码器 led4_7.vhd 程序模块。

图 6-35b 所示七段数码管的段显示采用共阳极 LED 驱动,当在 P25、P16、P23、P21、P20、P17、P83 引脚上加低电平时,将选中相应字段的 LED 管点亮。由这七段的组合可将 1 位十六进制数显示出来。设输入的 1 位十六进制数为 hex(3:0),输出的七段驱动信号为 led(6:0)。

① 创建 VHDL 源文件。在 ISE 主界面中选菜单栏中的 "Project" → "Add New

Source"，在弹出窗口中的文件类型栏中选"VHDL Module"，在文件名一栏输入"led4_7"。单击"Next"，在弹出的对话框中输入信号"hex"，方向为输入，选"Bus"，最高位 MSB 为 3，最低位 LSB 为 0。然后输入"led7"，方向为输出，选"Bus"，最高位 MSB 为 6，最低位 LSB 为 0。单击"Next"，直到完成。此后程序回到主窗口，在主窗口左边的"Sources"窗口中添加了 VHDL 程序"led4_7.vhd"。

② 利用语言模板完成模块功能。单击主窗口上的"Edit"→"Language Templates..."，或单击💡图标，在弹出的语言模板中单击"VHDL"→"Synthesis Constructs"→"Coding Examples"→"Misc"→"7-Segment Display Hex Conversion"。此时在右边窗口中将给出七段译码器的模板程序。将其复制到"led4_7.vhd"文件结构体的 begin 与 end 之间。修改模板中的信号名和输出值得到如下源程序：

```
                library IEEE;                                      --声明使用 IEEE 库
                use IEEE.STD_LOGIC_1164.ALL;                       --声明实体使用 STD_LOGIC_1164 程序包
entity led4_7 is                                                   --声明实体名为 led4_7
                Port ( hex: in    STD_LOGIC_VECTOR (3 downto 0);   --声明 hex 为 4 位逻辑型输入矢量
                       led7:out   STD_LOGIC_VECTOR (6 downto 0));  --声明 led7 为 7 位逻辑型输入矢量
                end led4_7;                                        --结束对实体的 led4_7 声明
                architecture Behavioral of led4_7 is               --声明实体 led4_7 的一个结构体
                begin                                              --声明结构体 Behavioral 开始
                  with hex select                                  --声明 with 条件选择语句和表达式 hex
                  led7<= "1111001"  when  "0001",   --1--→121      --当 hex 为 0001 时输出 1111001
                         "0100100"  when  "0010",   --2--→36       --当 hex 为 0010 时输出 0100100
                         "0110000"  when  "0011",   --3--→48       --当 hex 为 0011 时输出 0110000
                         "0011001"  when  "0100",   --4--→25       --当 hex 为 0100 时输出 0011001
                         "0010010"  when  "0101",   --5--→18       --当 hex 为 0101 时输出 0010010
                         "0000010"  when  "0110",   --6--→2        --当 hex 为 0110 时输出 0000010
                         "1111000"  when  "0111",   --7--→120      --当 hex 为 0111 时输出 1111000
                         "0000000"  when  "1000",   --8--→0        --当 hex 为 1000 时输出 0000000
                         "0010000"  when  "1001",   --9--→16       --当 hex 为 1001 时输出 0010000
                         "0001000"  when  "1010",   --A--→8        --当 hex 为 1010 时输出 0001000
                         "0000011"  when  "1011",   --b--→3        --当 hex 为 1011 时输出 0000011
                         "1000110"  when  "1100",   --C--→70       --当 hex 为 1100 时输出 1000110
                         "0100001"  when  "1101",   --d--→33       --当 hex 为 1101 时输出 0100001
                         "0000110"  when  "1110",   --E--→6        --当 hex 为 1110 时输出 0000110
                         "0001110"  when  "1111",   --F--→14       --当 hex 为 1111 时输出 0001110
                         "1000000"  when others;    --0--→64       --当 hex 为 0001 时输出 1000000
                end Behavioral;                                    --结束结构体
```

单击保存图标保存程序。用鼠标右键单击 ISE 主窗口中"Sources"窗口内的文件"de2_4"，在弹出的菜单中选"Remove"，在弹出的对话框中选"Yes"，从而移除"de2_4.vhd"程序，使"led4_7.vhd"变为主程序。这里对"de2_4.vhd"程序的移除只是从当前窗口中移除，该程序仍然在当前目录下，并未真正删除。单击"led4_7.vhd"将其激活，双击 ISE 主窗口左边"Processes"窗口中"Synthesize-XSTx"进行对"led4_7.vhd"的语法检查和综合。如果语法正确，该选项前应打绿勾。关闭语言模板窗口。单击

" Synthesize-XST " 前 面 的 " ＋ "，展 开 该 目 录。双 击 " View RTL Schematic " 打 开 "led4_7.ngr" 文件，可观看刚才综合所得到的顶层模块符号和对外引脚，如图 6-43 所示。双击该模块可观看下层模块电路。单击 🏠 或 🏠 图标回到上级模块，关闭 "led4_7.ngr" 模块观看窗口。

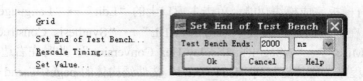

图 6-41　输入激励时间长度的设置

③ 制作仿真程序。选 ISE 主窗口 " Project " → " New Source... "，在弹出的 " New Sourcec Wizard-Select Source Type " 对话框中，取文件名为 " tb_led4_7 "，文件类型选 " Test Bench Waveform "，单击 " Next "。在弹出的窗口中，选择所要测试的源程序为 " led4_7 "，单击 " Next " 直至完成。在弹出的时钟设置窗口中，对时钟的设置未被激活，直接单击 " Finish "。用鼠标右键单击图 6-43 中 " hex [3：0] " 所在行，在弹出的菜单中选 " Set End of Test Bench... "，在弹出的窗口中设置 " Test Bench Ends： " 栏为 2000，如图 6-41 所示。在 " hex [3：0] " 所在行约 50ns 处单击鼠标左键，在弹出的 " Set Value " 窗口中的 " Pattern Wizard " 处单击，在弹出的新窗口中，在 " Pattern Type " 栏下拉选 " Count Up "，在 " Number of Cycle " 栏内输入 16，在 " Radix " 栏选 " Binary "，在 " Pattern Parameters " 栏的 " Initial Value " 处设置为 0，在 " Terminal Value " 处设置为 1111，其他取默认值，如图 6-42 所示，单击 " OK " 退出。单击 🖫 图标保存文件。

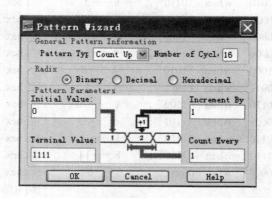

图 6-42　hex [3：0] 输入激励的设置

④ 进行波形仿真。在 ISE 主窗口 " Sources " 的第一行中间的下拉菜单中选 " Behavioral Simulation "，如图 6-13 所示，在下面窗口中可看到刚才创建的 " tb_led4_7 "。单击选中 " tb_led4_7 "。双击 " Processes " 窗口中 " Xilinx ISE Simulator " → " Generate Expected Simulation Results "，在弹出的连续两个对话框中选 " Yes "，这时波形窗口内显示仿真波形，如图 6-43 所示为用无符号十进制数表示的波形。

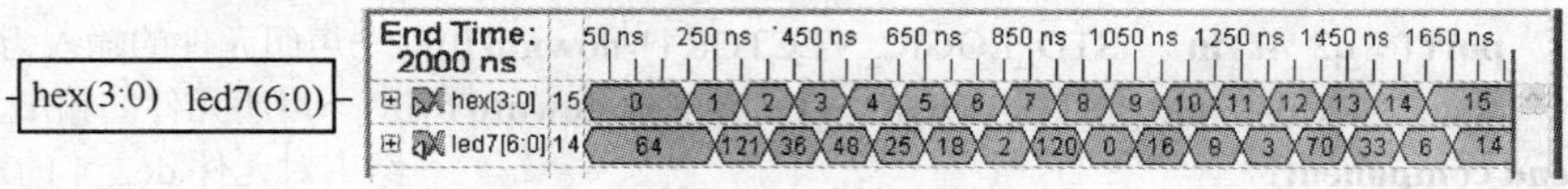

图 6-43　输入激励的设置与仿真波形

4）创建顶层 vhd16.vhd 程序模块。

顶层模块将以前面设计的分频器 dvf28.vhd、译码器 de2_4.vhd 和七段驱动模块 led4_7.vhd 作为下层元件，通过元件例化来调用，通过元件端口连接成一个整体，从而完成预定设计。设计中以电路板上的时钟 CLKIN、使能开关 CEIN、计数器计数方向选择开关 UPDNIN 为输入信号，以选择 4 个数码管的 LED4OUT、驱动每个数码管七段的 LED7OUT 为输出信号。

① 创建 VHDL 源文件。在 ISE 主界面中选菜单栏中的"Project"→"Add New Source"，在弹出窗口中的文件类型栏中选"VHDL Module"，在文件名一栏输入"vhd16"。单击"Next"，在弹出的对话框中输入信号 CLKIN、CEIN、UPDNIN，方向为输入。输入 LED4OUT，方向为输出，选 Bus，最高位 MSB 为 3，最低位 LSB 为 0。输入 LED7OUT，方向为输出，选 Bus，最高位 MSB 为 6，最低位 LSB 为 0。单击"Next"，直到完成。此后程序回到主窗口，在主窗口左边的"Sources"窗口中添加了 VHDL 程序"vhd16.vhd"，右边产生 VHDL 程序编写窗口。

② 利用语言模板完成模块功能。单击主窗口上的"Edit"→"Language Templates..."，或单击 图标，在弹出的语言模板中单击"VHDL"→"Common Constructs"→"Architecture, Component & Entity"→"Component Declaration"。此时在右边窗口中将给出元件声明的模板程序。将其复制到"vhd16.vhd"文件结构体的 architecture 与 begin 之间的元件声明位置。然后单击语言模板"VHDL"→"Common Constructs"→"Architecture, Component & Entity"→"Component Instantiation"，在右边窗口中将给出的元件例化模板程序复制到 vhd16.vhd 文件结构体的 begin 与 end 之间的元件例化位置。修改模板中的信号名和输出值，得到如下源程序：

| | |
|---|---|
| **library** IEEE; | --声明使用 IEEE 库 |
| **use** IEEE.STD_LOGIC_1164.**ALL**; | --声明实体使用 STD_LOGIC_1164 程序包 |
| **entity** vhd16 **is** | --声明实体名为 |
| 　**Port** ( CLKIN,CEIN,UPDNIN：**in**　STD_LOGIC; | --声明 3 个逻辑型输入 |
| 　　LED4OUT：**out**　STD_LOGIC_VECTOR (3 **downto** 0); | --声明 LED4OUT 为 3 位逻辑型矢量输出 |
| 　　LED7OUT：**out**　STD_LOGIC_VECTOR (6 **downto** 0)); | --声明 LED7OUT 为 7 位逻辑型矢量输出 |
| **end** vhd16; | --结束对实体 vhd16 的声明 |
| **architecture** Behavioral **of** vhd16 **is** | --声明实体 vhd16 的一个结构体 |
| 　**component** dvf28 | --声明 28 分频元件 dvf28 |
| 　　**port** ( clk，ce，updn：**in**　STD_LOGIC; | --声明元件的 3 个输入为逻辑型 |
| 　　　q：**out**　STD_LOGIC_VECTOR (27 **downto** 0)); | --声明元件的输出为逻辑型矢量 |
| 　**end component**; | --结束对元件 dvf28 的声明 |
| 　**component** de2_4 | --声明选择 4 个数码管的元件 de2_4 |

```
        port (    q2_4: in    STD_LOGIC_VECTOR (1 downto 0);  --声明元件的输入为 2 位矢量
                  led4: out   STD_LOGIC_VECTOR (3 downto 0));  --声明元件的输出为 4 位矢量
    end component;                                    --结束对元件 de2_4 的声明
    component led4_7                                  --声明驱动数码管 7 段的元件 led4_7
        port (   hex: in    STD_LOGIC_VECTOR (3 downto 0);  --声明元件的输入为 4 位矢量
                 led7: out   STD_LOGIC_VECTOR (6 downto 0));  --声明元件的输出为 7 位矢量
    end component;                                    --结束对元件 led4_7 的声明
    signal q28: STD_LOGIC_VECTOR (27 downto 0);       --声明分频中间信号 q28 为逻辑型矢量
    begin                                             --声明结构体开始
        inclk  : dvf28    port map(CLKIN,CEIN,UPDNIN,q28);   --例化元件 dvf28 为例元 inclk
        outled4: de2_4    port map(q28(25 downto 24),LED4OUT); --例化元件 de2_4 为例元 outled4
        outled7: led4_7 port map(q28(27 downto 24),LED7OUT); --例化元件 led4_7 为例元 outled7
    end Behavioral;                                   --结束对结构体的描述
```

单击"Sources"窗口中 vhd16 前边的"+",展开该目录。下面的程序前有"?"的表示该程序模块为上层模块调用的下层元件,此时尚未加入到上层程序中。鼠标右键单击"Sources"窗口中的"vhd16.vhd",在弹出的窗口中选择"Add Source...",在弹出的窗口中选择刚才程序前有"?"的文件,然后单击打开按钮将其加入到"vhd16"目录中,此时"Sources"窗口应有图 6-44 中所示的程序,程序前面的"?"自动消失。

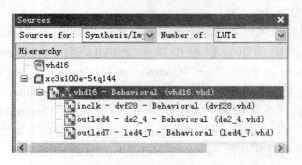

图 6-44   上层模块程序下面的各元件程序名

单击"Sources"窗口中的"vhd16.vhd"将其激活,双击 ISE 主窗口左边"Processes"窗口中的"Synthesize-XSTx"对"vhd16.vhd"进行语法检查和综合。如果语法正确,该选项前应打绿勾。关闭语言模板窗口。单击"Synthesize-XST"前面的"+",展开该目录。双击"View RTL Schematic"打开"vhd16.ngr"文件,可观看刚才综合所得到的顶层模块符号和对外引脚,如图 6-45 所示。双击该模块可观看下层模块电路,图 6-45 左边为顶层模块,右边为下层元件和连接关系。单击 或 图标回到上级模块,关闭"vhd16.ngr"模块观看窗口。

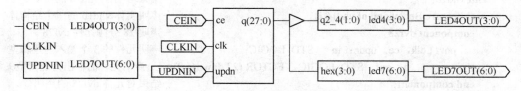

图 6-45   最后完成的顶层模块和下层元件的连接

③ 制作仿真程序。选 ISE 主窗口"Project"→"New Source...",在弹出的"New Sourcec Wizard-Select Source Type"对话框中,取文件名为"tb_vhd16",文件类型选"Test Bench Waveform",单击"Next"。在弹出的窗口中,选择所要测试的源程序为"vhd16",单击"Next"直至完成。在弹出的时钟设置窗口中按图 6-12 设置,其他项取默认值,直至单击完成。

④ 进行波形仿真。在 ISE 主窗口"Sources"的第一行中间的下拉菜单中选"Behavioral Simulation",如图 6-13 所示,在下面窗口中可看到刚才创建的"tb_vhd16"。单击选中"tb_vhd16"。双击"Processes"窗口中的"Xilinx ISE Simulator"→"Generate Expected Simulation Results",在弹出的连续两个对话框中选"Yes",这时波形窗口内显示仿真波形,如图 6-46 所示为用无符号十进制数表示的波形。

(3)综合

设计输入所要解决的是源程序的问题,包括原理图设计、HDL 设计、状态机设计和核模块设计,这些输入向 ISE 提供原始设计资料。此后 ISE 要做的工作是进行综合,即根据这些输入,将其转换为寄存器传输级的电路图,通过所给出的电路图,可以查看各功能模块之间的连接关系,最后给出对芯片资源占用情况的报告。

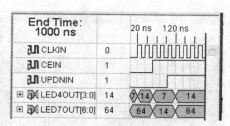

图 6-46　顶层模块仿真波形

单击左边中间窗口"Processes"→"Synthesize-XST"→"View Synthesis Report"可查看综合报告,内中有对资源的利用、器件工作速度等相关情况的报告。

单击左边中间窗口"Processes"→"Synthesize-XST"→"View RTL Schematic"可查看原理图模块,如图 6-45 所示,单击模块可查看下层模块。单击左边中间窗口"Processes"→"Synthesize-XST"→"View Technology Schematic",再单击模块,可查看更详细的原理图内部模块电路。单击左边中间窗口"Processes"→"Synthesize-XST"→"Check Syntax"可进行*.vhd 程序语法检查。

(4)实现

双击左边中间窗口"Processes"→"Implement Design",对设计进行实现。

单击"Implement Design"左边的"+",打开子目录,可见到很多工作项目,它们从不同的角度反映实现设计的最终指标和数据。

1)转换子目录。

打开"Implement Design"→"Translate",下层有 4 个项目可供观察。

① Translation Report,主要报告时序约束情况。

② Floorplan Design,弹出芯片资源的平面图,在这里可对引脚进行修改。

③ Generate Post-Translate Simulation Model Report,简述平面与流程设计结果。

④ Assign Package Pins Post-Translate,可对引脚进行修改。方法是点中顶视图中某引脚,拖动到其他用户可定义的引脚位置。

2)映射子目录。

打开"Implement Design"→"Map",下层有 5 个项目可供观察。

① Map Report,详细列出了设计对芯片资源的占用情况、资源利用率、引脚分布。

② Generate Post-Map Static Timing，该选项下有下层项目：Analyze Post-Map Static Timing，弹出窗口可进行时序分析。

③ Floorplan Design Post-Map (Floorplanner)，弹出引脚约束窗口，可对引脚进行调整。

④ Manually Place & Route (FPGA Editor)，弹出 FPGA Editor 编辑器窗口。从右边 list 窗口可见列出的元件和引脚情况。从 list1 窗口单击 CLKIN，在下边 World1 窗口可见一个红点，标明它的位置。然后再选"View"→"Zoom Selection"菜单，在右边编辑窗口可见到突出的红色标注 CLKIN 脚所在的 IOB。双击红色标注的 CLKIN 脚 IOB，可见图 6-47 所示窗口，放大尺寸可见到更多的细节。图中显示了 FPGA 可见的最底层，蓝线表示被使用的 IOB，红线表示可获得的路径，绿线表示设计 CLKIN 脚的路径，放大细节，可跟踪 CLKIN 脚的确到达 PAD。关闭该窗口退出。

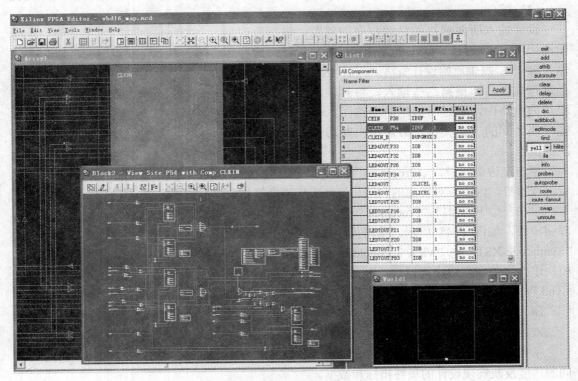

图 6-47　FPGA Editor 编辑器窗口

⑤ Generate Post-Map Simulation Model，该选项有一个下层项目：
Post-Map Simulation Model Report，内容为对后映射仿真的简单报告。

3）布线布局子目录。

打开"Implement Design"→"Place & Route"，下层有很多项目可供观察。

① Place & Route Report，主要报告对资源的利用率，时序约束情况。

② Clock Region Report，对芯片各区域时钟使用情况的报告。

③ Asynchronous Delay Report，对名网线延迟情况的报告。

④ Pad Report，对焊盘的使用情况报告，可查到各个引脚的使用情况。

⑤ Guide Results Report，结果报告指南。

⑥ MPPR Results Report 下层有四个项目可供观察，主要涉及布线布局和焊盘等报告。

⑦ Generate Post-Place & Route Static Timing 打开该选项有两个项目可供观察。

a．Analyze Post-Place & Route Static Timing Report，包含时序分析报告。

b．Generate Primetime Netlist，该选项下有一个子项 Primetime Netlist Report，简述网表报告。

⑧ "View"→"Edit Placed Design (Floorplanner)"，弹出平面设计图，可观看资源的实际连接情况，如图 6-48 所示。

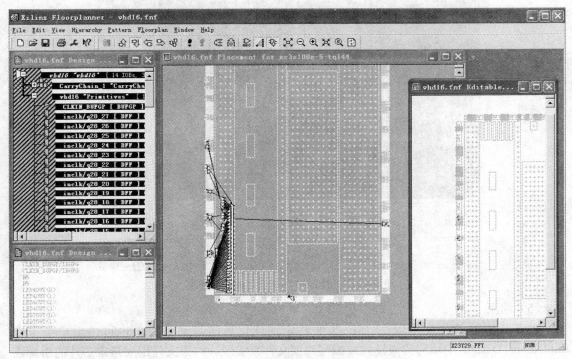

图 6-48　vhd16.fnf 文件反映的平面规划情况

⑨ "View"→"Edit Placed Design (FPGA Editor)"，弹出 FPGA 底层编辑器窗口，可观察芯片内部的连接情况，如图 6-49 所示。

⑩ Analyze Power (XPower)，弹出功耗仿真器窗口，可了解芯片的功耗和温度情况。

⑪ Generate Power Data，下层有个 View XPower Report，报告静态功耗、温度和推荐外接电容。

⑫ Generate Post-Place & Route Simulation Model，下层有个 Post-Place & Route Simulation Model Report，简述完成的实现工作。

⑬ Generate IBIS Model，下层有个 View IBIS Model，详细记录模块的模拟情况。

⑭ Back-annotate Pin Locations，下面有两个项目可供观察：

a．Back-annotate Pin Report，报告是否有引脚冲突发生的信息。

b．View Locked Pin Constraints，报告被锁定的对引脚的约束，即约束文件中对引脚的设置。

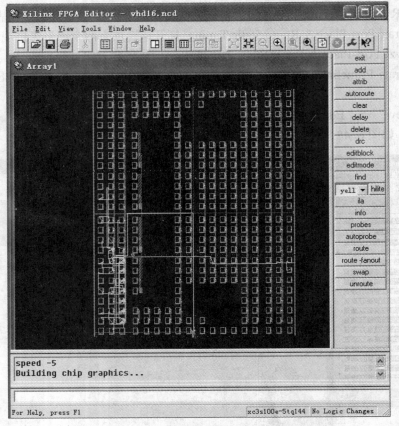

图 6-49  vhd16.ncd 内部资源的连接情况

（5）约束

对芯片资源的分配可以由 ISE 按照约定的优化算法自动完成，也可由用户手工在 Implement Design 中填写约束设置或编写约束文件来实现。约束文件用来指定芯片的引脚连接、工作速度、占用面积、引脚类型、引脚电压、扭曲率等情况，不同的约束对芯片性能和资源利用是不同的。在有的应用中可能更关心器件的工作速度，而有的应用可能更关心对芯片资源的节约使用。用户可对芯片的许多指标进行约束，这里只进行时间约束和引脚约束。

1）时间约束。

单击左边窗口"Processes"中的"User Constraints"→"Create Timing Constraints"选项，弹出图 6-50 所示对话框。单击下面窗口中的"Global"选项卡，上面窗口中 CLKIN 所在行中，输入 Period 所在列为 10，Pad to Setup 列为 10，Clock to Pad 列为 10。它们分别表示输入时钟周期 10ns，输入时钟上升沿建立时间小于 10ns，时钟输出延时时间 10ns，时间单位会自动添加。单击"Pad to Pad..."按钮，在弹出的窗口中选"OK"。这些输入的数据会在下面的窗口中显示出来。用同样的方法也可以对其他引脚进行时间约束。保存设置后关闭窗口。

2）对引脚位置的约束。

单击左边窗口"Processes"中的"User Constraints"→"Assign Package Pins"选项，弹出图 6-51 所示对话框，在这里主要完成对引脚位置、引脚接口电平标准、引脚方向、引脚是否接上拉或保持电路等的约束。按图 6-35 所示的引脚位置对芯片引脚位置进行约束。

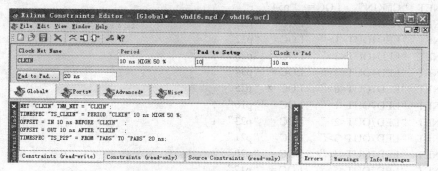

图 6-50　对时钟引脚进行时间约束

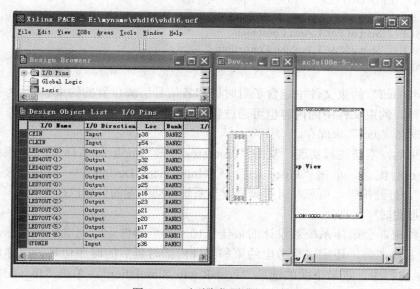

图 6-51　对引脚位置进行约束

在图 6-51 中的"Packag Pins for xc3s100e-5-tq144"中，芯片引脚用不同颜色、不同形状表示。单击"View"→"Toolbars"→"legend"，弹出"Package Pin Legend"窗口，其上对不同的标识进行了说明。可供用户使用的引脚只能是灰色圆圈和六角形的全域时钟。据此，在"Design Object List-I/O Pins"窗口的"Loc"中输入用户可用的引脚编号，每输入一个引脚，会将"Top View"中相应位置变为蓝色圆圈。单击保存，关闭该窗口。

单击左边窗口"Processes"中的"User Constraints"→"Edit Constraints(Text)"选项，弹出通过前面的设置自动生成的约束文本文件"vhd16.ucf"如下：

NET　"CLKIN"　TNM_NET =　"CLKIN";
TIMESPEC　"TS_CLKIN"　= PERIOD　"CLKIN"　10 ns HIGH 50 %;
OFFSET = IN 10 ns BEFORE　"CLKIN"　;
OFFSET = OUT 10 ns AFTER　"CLKIN"　;
TIMESPEC　"TS_P2P"　= FROM　"PADS"　TO　"PADS"　20 ns;
#PACE:　Start of Constraints generated by PACE
#PACE:　Start of PACE I/O Pin Assignments

```
NET  "CEIN"    LOC = "p38"  ;
NET  "CLKIN"    LOC = "p54" ;
NET  "LED4OUT<0>"    LOC = "p33"  ;
NET  "LED4OUT<1>"    LOC = "p32"  ;
NET  "LED4OUT<2>"    LOC = "p26"  ;
NET  "LED4OUT<3>"    LOC = "p34"  ;
NET  "LED7OUT<0>"    LOC = "p25"  ;
NET  "LED7OUT<1>"    LOC = "p16"  ;
NET  "LED7OUT<2>"    LOC = "p23"  ;
NET  "LED7OUT<3>"    LOC = "p21"  ;
NET  "LED7OUT<4>"    LOC = "p20"  ;
NET  "LED7OUT<5>"    LOC = "p17"  ;
NET  "LED7OUT<6>"    LOC = "p83"  ;
NET  "UPDNIN"    LOC = "p36"  ;
#PACE:    Start of PACE Area Constraints
#PACE:    Start of PACE Prohibit Constraints
#PACE:    End of Constraints generated by PACE
```

该"vhd16.ucf"约束文件中包含了对时钟和各信号引脚位置的约束。以#为开始的行表示该行为注释。约束文件中的内容也可通过建立一个 ASCII 格式的文本文件，手工直接编写，并以扩展名".ucf"来保存。

完成约束后，重新进行实现，双击"Processes"→"Implement Design"，系统将按用户设置对器件进行配置。单击"Processes"→"Implement Design"→"Place & Route"→"Pad Report"，打开报告，可见此时引脚位置与系统自动配置的位置已经不同。

（6）波形的时序仿真

人为的约束，会破坏系统对设计的最佳优化，甚至器件无法完成一些指标，因此在将程序下载到芯片之前，还应进行考虑约束和器件内部时延后的时序仿真，也称后仿真。在图 6-13 所示窗口中，选最下面的选项"Post-Route Simulation"，单击"tb_vhd16"将其激活。双击"Processes"→"Xilinx ISE Simulator"→"Simulate Post-Place & Route Model"，在弹出的连续两个对话框中选"Yes"，这时波形窗口内显示仿真波形。

（7）生成下载文件

最后的工作是将经过综合与实现的设计文件转换为可下载到芯片的位流文件，扩展名为".bit"。双击左边窗口"Processes"的"Generate Programming File"选项可产生位流文件。双击后先弹出"Xilinx WebTalk Dialog"窗口，观看该窗口的内容，其内容就是下面 1）中的内容，不做选择，然后关闭。打开该选项可看下层列出的三个选项。

1）Programming File Generation Report，给出产生位流文件时的选择项设置报告。

2）Generate PROM, ACE, or JTAG File，弹出配置窗口，生成 PROM、ACE、JTAG 配置文件，如图 6-52 所示。其中的选项根据具体的下载电路确定。

3）Configure Device (iMPACT)，弹出与图 6-52 相同的窗口。

选择 2）、3）都可产生下载到芯片的位流文件，并将位流文件下载到 FPGA/CPLD 芯片上，实现所设计的功能。进行这一步操作会自动检测 PC 是否与下载电缆相连，如果没有连接下载电缆会给出提示信息。

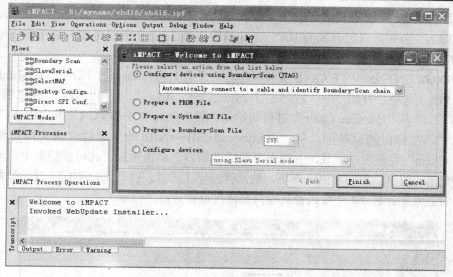

图 6-52　生成 PROM、ACE、JTAG 配置文件的 ".ipf" 文档界面

① 采用依元素公司的下载器下载位流文件。

将依元素公司的下载器的 USB 电缆与 PCUSB 接口相连，另一端与下载器相连。再将下载器的 6 根 JTAG 线与 BASYS 实验板上的 6 针 JTAG 插头对应相连。PC 界面会弹出 USB 连接对话框，要求安装 USB 驱动程序 "xusbdfwu.sys"，该程序在 "E:\Xilinx\bin\nt" 下，选择该路径进行安装后，下载器上的红灯指示变为黄灯指示。

双击 Generate PROM, ACE, or JTAG File，弹出如图 6-52 所示配置窗口，单击完成，进入如图 6-53 所示配置窗口。鼠标右键单击窗口中的芯片，在弹出的菜单中选 "Program..."，完成下载，正确下载后窗口中会提示编程成功，否则提示编程失败。

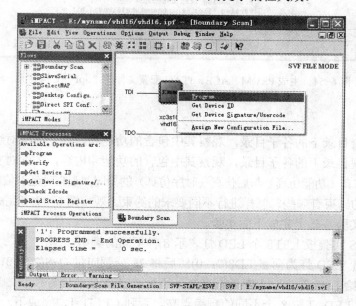

图 6-53　下载位流文件窗口

② 采用 DIGILENT 公司的下载器下载位流文件。

DIGILENT 公司为自己开发的 BASYS 实验板提供了 USB 下载电缆，直接将该电缆的一端接 PC 的 USB 接口，另一端接电路板上的 USB 接口便完成连接。

安装 DIGILENT 公司的 BASYS 实验板配套的光盘上的 "Basys_1.1\DASV1-9-1.msi" 驱动程序。从 PC 上选取 "开始" → "程序" "Digilent" → "Adept" → "ExPort"，弹出图 6-54 所示配置窗口。单击 "Initialize Chain" 进行初始化，然后分别单击 "FPGA" 和 "ROM" 两行的 "Browse…"，在弹出的菜单中，从 "E:\myname\vhd16\vhd16.bit" 选择位流文件。最后单击 "Program Chain" 完成程序下载，并弹出下载成功窗口，单击确定。此时实验板上应能见到数码管循环变化的数字。拨动 CEIN 向下，数码管应停止计数，拨动 CEIN 向上开始计数。拨动 UPDNIN 向上做加计数，4 个数码管从后向前依次点亮，反之做减计数。

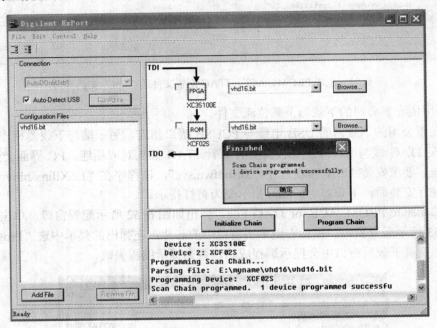

图 6-54　生成 PROM、ACE、JTAG 配置文件的 ".ipf" 文档界面

### 5．思考题

（1）阅读综合目录下的各子目录，观察其中包含的功能和内容，加深对综合的理解。

（2）阅读实现目录下的各子目录，观察其中包含的功能和内容，加深对实现的理解。

（3）比较前仿真（功能仿真）与后仿真（时序仿真）的异同，观察时延对信号传输的影响。

（4）对芯片的约束有哪些？怎样进行不同要求的约束。观察图 6-49 可完成的其他约束。

（5）在本节实验基础上完成下面实验。

1）让 BASYS 实验板上的 8 个 LED 灯表示 8 种不同的频率。

提示：设 8 个 LED 灯为向量 LD8(7：0)然后将 28 分频向量 Q28(27：0)的低频端 8 根线 Q28(27：20)赋值给 LD8(7：0)。LD 是否点亮，还受 CELD 使能信号控制。当 CELD 为 0 时（开关下拨），8 个 LED 灯按 8 个不同的频率点亮。否则 CELD=1，完成下一题的规定方式循环点亮。LD8 的位置和引脚约束如图 6-35 所示。LED 高电平时点亮。

2）让 8 个 LD 中的一个灯按循环扫描方式点亮。

提示：当 CEDC=1 时，用 SW(7：5)作 3-8 译码器输入，选择 Q28(27：20)中的任一位（频率）作为输出，使该频率信号按循环方式点亮一个 LED。为此，可定义一个 LD8(7：0)作为输出向量，另设计一个 8 计数器，利用 LD8(i)使其中一个 LD 点亮并循环，用 UPDN 控制循环方向。

3）设计一个 10、$10^2$、$10^3$、$10^4$、$10^5$、$10^6$、$10^7$、$10^8$ 分频器。

提示：设计一个 5 分频计数器，每计数满一次 10 分频信号线电平翻转一次得到 10 分频信号。设输入为 CLK、CE、UPDN，输出为 LD8(7：0)，观看 8 个 LED 灯表示的频率变化。

顶层模块参考程序如下：

```
library IEEE;
use IEEE.STD_LOGIC_1164.ALL;
use IEEE.STD_LOGIC_ARITH.ALL;
use IEEE.STD_LOGIC_UNSIGNED.ALL;
entity cntshow_addtop is               --对外引脚定义
    port (  CLKIN : in    STD_LOGIC;       --系统输入时钟
            CEIN : in     STD_LOGIC;       --系统使能
            UPDNIN : in   STD_LOGIC;       --加或减计数方向选择控制信号，低电平减计数，高电
                                             平加计数
            CELDIN : in   STD_LOGIC;   --8 个 LED 采用 2 分频或 10 分频显示控制信号，低电平
                                         采用 2 分频
            CEDCIN : in   STD_LOGIC;  --8 个 LED 发光二极管同时或循环显示控制信号，低电平
                                         同时用 8 个 LED 显示不同频率，高电平循环显示
            SWIN : in    STD_LOGIC_VECTOR (2 downto 0);   --8 个发光二极管循环显示时采用 8
                                         --个频率之一的控制信号。000 显示最高频率，111 显示最低频率
            LED4OUT : out  STD_LOGIC_VECTOR (3 downto 0); --选择 4 个数码管显示控制信号
            SEG7OUT : out  STD_LOGIC_VECTOR (6 downto 0); --数码管显示七段控制信号
            LD8OUT : out   STD_LOGIC_VECTOR (7 downto 0)); --8 个发光二极管显示控制信号
end cntshow_addtop;
architecture Behavioral of cntshow_addtop is
    component divf28                    --二进制 28 分频元件说明
        port (   clk，ce，updn : in   STD_LOGIC;
                           df28 : out   STD_LOGIC_VECTOR (27 downto 0));
    end component;
    component show4bit                  --4 个数码管显示驱动元件说明
        Port (   q25_24 : in   STD_LOGIC_VECTOR (1 downto 0);
                    led4 : out   STD_LOGIC_VECTOR (3 downto 0));
    end component;
    component showseg7                  --数码管显示
        port (    bit4 : in   STD_LOGIC_VECTOR (3 downto 0);
                    seg7 : out   STD_LOGIC_VECTOR (6 downto 0));
    end component;
    component ld8light                  --8 个 LED 发光二极管显示驱动元件说明
```

```
        Port ( ce,cedc,updn        : in    STD_LOGIC;
                        clk10_2 : in    STD_LOGIC_VECTOR (7 downto 0);
                          sw : in    STD_LOGIC_VECTOR (2 downto 0);
                        ld8 : out   STD_LOGIC_VECTOR (7 downto 0));
    end component;
    component seldf10_2      --选择 8 个 LED 发光二极管显示的是二进制还是十进制分频元件说明
        Port (      clk,ce,updn, seldf10_2  : in    STD_LOGIC;
                            clk2 : in    STD_LOGIC_VECTOR (7 downto 0);
                        clk10_2  : out   STD_LOGIC_VECTOR (7 downto 0));
    end component;
    signal      df28OUT:STD_LOGIC_VECTOR (27 downto 0);   --2 的 28 分频输出连接线
    signal   clk10_2out :STD_LOGIC_VECTOR (7 downto 0);      --8 个 LED 灯的输入驱动线
begin
    inclkf : divf28   port map(CLKIN,CEIN,UPDNIN,df28OUT(27 downto 0)); --调用 2 的 28 分频元件
    outshow4bit : show4bit   port map(df28OUT(25 downto 24),LED4OUT); --调用 4 个数码管显示驱
                                                动元件
    outshowseg7 : showseg7   port map(df28OUT(27 downto 24), SEG7OUT); --调用数码管显示七段
                                                编码元件
    outseldf10_2     :     seldf10_2 port map (CLKIN,CEIN,UPDNIN,CELDIN,df28OUT(27 downto
20),clk10_2out);               --调用选择 8 个 LED 灯显示的是二进制还是十进制分频元件
    outld8light     : ld8light  port map (CEIN,CEDCIN,UPDNIN,clk10_2out,SWIN,LD8OUT);
                                        --调用 8LED
end Behavioral;
cntshow_addtop.ucf 参考文件如下:
#PIN
NET "CLKIN" LOC = "P54";
NET "CEIN" LOC = "P38";
NET "UPDNIN" LOC = "P36";
NET "CELDIN" LOC = "P29";
NET "CEDCIN" LOC = "P24";
NET "SWIN<0>" LOC = "P12";
NET "SWIN<1>" LOC = "P10";
NET "SWIN<2>" LOC = "P6";
NET "LED4OUT<0>" LOC = "P33";
NET "LED4OUT<1>" LOC = "P32";
NET "LED4OUT<2>" LOC = "P26";
NET "LED4OUT<3>" LOC = "P34";
NET "SEG7OUT<0>" LOC = "P25";
NET "SEG7OUT<1>" LOC = "P16";
NET "SEG7OUT<2>" LOC = "P23";
NET "SEG7OUT<3>" LOC = "P21";
NET "SEG7OUT<4>" LOC = "P20";
NET "SEG7OUT<5>" LOC = "P17";
NET "SEG7OUT<6>" LOC = "P83";
NET "LD8OUT<0>" LOC = "P15";
NET "LD8OUT<1>" LOC = "P14";
```

```
NET "LD8OUT<2>" LOC = "P8";
NET "LD8OUT<3>" LOC = "P7";
NET "LD8OUT<4>" LOC = "P5";
NET "LD8OUT<5>" LOC = "P4";
NET "LD8OUT<6>" LOC = "P3";
NET "LD8OUT<7>" LOC = "P2";
#CLK
NET "CLKIN" TNM_NET = "CLKIN";
TIMESPEC "TS_CLKIN" = PERIOD "CLKIN" 40 ns HIGH 50 %;
OFFSET = IN 10 ns BEFORE "CLKIN";
```

## 6.5 基于 MATLAB 输入的设计方法

### 1. 实验目的

熟悉 ISE 与 MATLAB 的混合使用方法，并用 MATLAB 输入法自动生成 VHDL 程序实现电路设计，学习采用 ModelSim SE 专用仿真软件进行仿真。

### 2. 实验内容

在安装好 MATLAB 软件及 ModelSim SE 专用仿真软件的基础上，利用 MATLAB 软件输入法设计一个 FIR 滤波器，并利用 MATLAB 软件获得仿真输入数据和 FIR 的参数，将 MATLAB 输入法自动生成的 VHDL 程序在 ISE 环境下，通过调用 ModelSim SE 专用仿真软件进行模拟信号的仿真，观察模拟输出波形。设所设计的 FIR 滤波器为双通道滤波器，第一通带频率为 1.3 kHz±10Hz，第二通带频率为 2.1 kHz±10Hz，采样频率为 48kHz，滤波器为 201 阶。

### 3. 实验原理

MATLAB 软件是一个功能强大的数学工具，可利用 MATLAB 软件所提供的滤波器设计与分析工具(Filter Design & Analysis Tool，FDATool)进行滤波器的设计，通过参数设置，自动产生 VHDL 程序，然后在 ISE 中运行并仿真。也可利用 ISE 软件包中所携带的 Xilinx system generator 开发软件，将其嵌入到 MATLAB 软件环境中，使对 FPGA 的设计能在 MATLAB 环境下通过调用模块和参数设置来完成，从而简化对复杂系统的设计。

### 4. 开发平台的安装

在 PC 上安装好与 ISE 相配套的 MATLAB 软件版本，然后从 ISE 安装套件中选择 Xilinx System Generator 开发软件进行安装。安装完软件后进入 MATLAB 环境，在 MATLAB 命令窗中输入指令 Setup 并运行，便将 MATLAB 与 System Generator 连在一起。在 MATLAB 命令窗输入命令 Simulink，或在工具栏选 Simulink 图标进入 Simulink Library Browser 窗口，可看到 Xilinx Blockset、Xilinx Reference Blockset、Xilinx XtereDSP kit 目录，其中有全部 Xilinx 的模块，如图 6-55 所示。

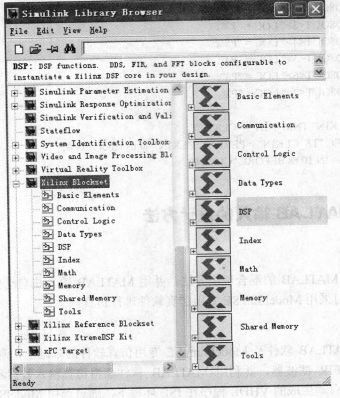

图 6-55　将 MATLAB 与 System Generator 连在一起

　　基本单元模块(Basic Elements )中包含了数字逻辑的标准组件模块，可插入时间延迟、改变信号速率、引入常数、计数器以及多路复用器等，还包含了 3 个特殊的模块 System Generator 标志、黑盒子模块(Black Box)以及边界定义模块。

　　通信模块(Communication)提供了用于实现数字通信的各种函数，包括卷积编码、交织解交织器、RS 编码器、维特比译码器。

　　控制逻辑模块(Control Logic)提供了创建各种控制逻辑的状态机资源，包括黑盒子模块、计数器模块、EDK 处理器模块、FIFO 模块、可选择实现固定位数二进制数逻辑功能的逻辑模块、多路选择器模块、ROM 模块、单端口 RAM 模块、常数模块、双端口 RAM 模块、表达式模块、将输入数据按位取反的反向器模块、用于加载 $m$ 函数的 MCode 模块、Piclblaze 8 位处理器模块、比较器模块、移位模块、Slice 模块。

　　数据类型模块(Data Type)用于信号的数据类型转换，包括数据按位操作模块(可完成提取、并置和扩充等功能)、数据格式转换模块(可将输入信号按照要求转换成相应的格式)、System Generator 到 Simulink 的入口(Gateway out)模块、改变输入数据的格式并输出的重新解释模块、串并转换模块、将多个输入数据按位连接后作为一个输出数据模块、Simulink 到 System Generator 的入口(Gateway In)模块、Slice 模块、按照 2 的幂次方完成数据的放大和缩小模块、移位单元。

　　DSP 模块包含了所有常用 DSP 模块，是 System Generator 的核心，包括分布式 FIR 滤波器模块、DSP48 硬核模块、DSP48E 硬核模块、FFT 模块、线性反馈移位寄存器模块、DDS 数字频率合成器模块、DSP48 宏模块、滤波器设计工具、FIR 滤波器编译模块、DSP48 单元控制模块。

数学运算模块(Math)中包括基本四则运算、三角运算以及矩阵运算等数学运算库，如累加器模块、复数乘法器模块、数据格式转换模块（将输入信号按照要求转换成相应的格式）、表达式模块、可选择实现固定位数二进制数的逻辑功能模块、乘法器模块、改变输入数据格式并输出的重新解释模块、正弦和余弦模块、加减法模块、常数模块、计数器模块、将输入按位取反模块、用于加载 m 函数模块、对输入数据取反模块、比较器模块、移位操作模块、门限处理模块。

存储器模块（Memory）包含了所有 Xilinx 存储器的逻辑核，如长度可变移位寄存器、双端口 RAM 模块、ROM 模块、单端口模块、延迟模块、FIFO 模块、寄存器模块、共享存储器模块。

共享存储器模块（Shared Memory）主要用于共享存储器操作，包括从 FIFO 模块中读取数据、多用子系统发生器（可以使工作在不同时钟域的子系统协调工作）、共享存储器读模块、写数据到 FIFO 中的模块、从寄存器中读取数据的模块、共享存储器模块、共享存储器写模块、写数据到寄存器中模块。

工具模块（Tools）可用于 ModelSim、ChipScope、资源评估等模块以及算法设计阶段的滤波器设计等，包括 System Generator 标志模块、时钟探针（生成和系统时钟同频的占空比为50%的方波）、专门置于子系统中的可忽略子系统、判断输入信号是否为确定逻辑的不确定探针、暂停仿真模块、允许设计中有两个功能相同（一个仿真，一个综合）的模拟多路复用器模块、快速进入工具栏模块、ChipScope 模块、可配置子系统管理模块、滤波器设计工具、ModelSim 模块、Picoblaze 微处理器模块、测量输入信号的采样周期模块、示波器模块。

边界定义模块用于定义 FPGA 边界，由 Xilinx 的 Gateway In 和 Gateway Out 模块进行定义。Gateway In 模块将浮点输入转换为定点输入，可定义饱和与取整模式。Gateway Out 模块将 FPGA 输出转换回到双精度输出。

在 MATLAB 的 Simulink 窗口中进行 FPGA 设计时，窗口中必须添加 System Generator 标志模块，单击该图图标时，将建立 FPGA 实现所需的全局网表选项，包括目标器件、VHDL/Verilog RTL、时钟性能要求等。

**5．实验步骤**

（1）利用 MATLAB 生成 FIR 系数

不同的滤波器的区别主要是通过滤波器的系数来反映的，当系数确定后，滤波器也就唯一确定了，见式（6-1）。

$$H(z) = \sum_{i=0}^{M} b_i z^{-i} \qquad (6-1)$$

为了求得滤波器系数，这里利用在 MATLAB 工具 Signal Processing Toolbox 中提供的 fir2 窗函数来计算系数。即用 b=fir2(n, f, m, npt, lap)进行设计，f 给出一组升序排列的归一化的数字频率值，m 给出对应于每个频率值的幅频响应值。注意 f 中相邻的两个元素如果相同，对应于理想频率响应曲线中通带与阻带边沿的频率跳变之处。参数 npt 给出了总的频率取值点数，默认为 512 点。lap 是 f 中如果有重复取值，那它代表了多少个频率点，默认为 25 点，lap 和 npt 决定了滤波器的过渡带宽。

设 n=201，npt=512，lap=25，归一化数字频率 f、数字通阻带 m、系数 b 的计算方法为：

打开 MATLAB 界面，选"File"→"New"→"M-File"，在弹出的编辑窗口中编写下面程序：

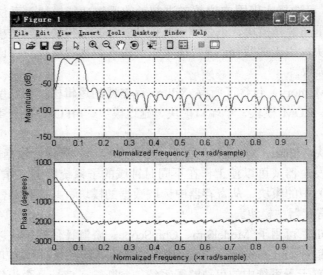

图 6-56　将 MATLAB 与 System Generator 连在一起

```
clear;
close all;
f=[0 1.29 1.29 1.30 1.31 1.31 1.7 2.09 2.09 2.1 2.11 2.11 3.4 12.5 24]*2/48;
m=[0   0   1   1   1   0   0   0   1   1   1   0   0   0   0];
b=fir2(201, f, m, 512, 25);
freqz(b, 1, 128);
c=b'
```

保存文件名为"matalbfir_b.m"。运行可得 FIR 数字滤波器的幅频曲线如图 6-56 所示，系数 b 同时显示在命令窗中，保存系数到一个文本文件中，取名为 myfir.rtf。

（2）滤波器结构选择和系数格式转换

在"myfir.rtf"中的 FIR 系数是按浮点数表示的系数，可将其转换为 FPGA 可识别的定点数。

在 MATLAB 主窗口中的命令窗口内输入"FDATool"，启动 FDATool。单击界面左边功能选择按钮，此后 FDATool 界面下半方将出现"Filter coefficients 窗口区域"，在"Filter Structure"栏中选滤波器结构为"Direct-Form FIR"。将上面得到的系数从"myfir.rtf"复制到"Numerator"栏中，在"Sampling Frequency"栏的"Units"处选"Hz"，在"Fs"处输入 48000。最后单击下面的选项"Import Filter"，在 FDATool 界面上部的工具栏处单击，得到图 6-57 所示结果。

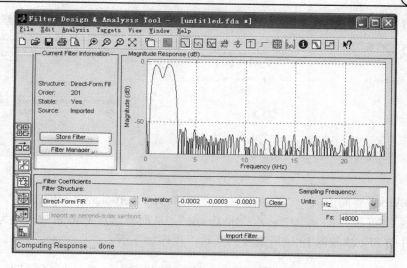

图 6-57　FIR 滤波器结构与系数转换

单击 FDATool 界面上部工具栏上的 按钮，可以看到刚才导入的滤波器系数。单击主菜单 "File" → "Export" 选项，弹出滤波器参数导出对话框。在 "Export To" 下拉列表中选 "Coefficient File(ASCII)"，数据格式选 "Hexidecimal"，单击 "Export" 按钮，在弹出的文件保存窗口中取名为 "myfir_coe.fcf"，得到 16 位十六进制表示的定点数系数。

```
% Coefficient Format: Hexadecimal
% Discrete-Time FIR Filter (real)
% -------------------------------
% Filter Structure    : Direct-Form FIR
% Filter Length       : 202
% Stable              : Yes
% Linear Phase        : Yes (Type 2)    %
% Implementation Cost
% Number of Multipliers : 200
% Number of Adders      : 199
% Number of States      : 201
% MultPerInputSample    : 200
% AddPerInputSample     : 199
Numerator:
bf2a36e2eb1c432d
bf33a92a30553261
bf33a92a30553261
……
```

单击界面左边功能选择按钮 ，FDATool 界面下半方将出现滤波器量化参数设置区域。在 "Filter arithmetic" 栏中选 "Fixed-point"，下方窗口将出现新的选项。在 "Filter precision" 栏中选 "Full"，在 "Coefficients" 栏中，"Numerator word length" 栏中输入 16，选中 "Best-precision fraction lengths"，如图 6-58 所示。单击 "Input" → "Output" 选项，在该窗口中取默认值即可，即 "Input word length" 栏输入 16，"Input fraction length" 中输入

15。最后单击下面的"Apply"按钮。此举将浮点小数转换为 16 位字宽的定点整数。

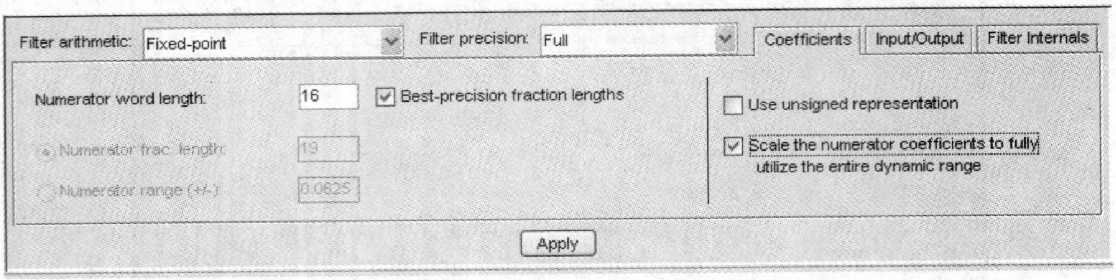

| Filter arithmetic: | Fixed-point ▾ | Filter precision: | Full ▾ |  | Coefficients | Input/Output | Filter Internals |

Numerator word length: **16** ☑ Best-precision fraction lengths

☐ Use unsigned representation

○ Numerator frac. length: 19

☑ Scale the numerator coefficients to fully utilize the entire dynamic range

○ Numerator range (+/-): 0.0625

Apply

图 6-58　滤波器定点算法与字长选择

选择 FDATool 界面主菜单"Targets"→"XILINX Coefficient(.COE) File",在弹出的导出量化系数到 COE 文件对话框中输入"myfir.coe",从而将定点 FIR 系数转换为 XILINX 公司 FPGA 器件的 FIR 滤波器 IP 核所需要的系数,程序如下所示:

```
; XILINX CORE Generator(tm) Distributed Arithmetic FIR filter coefficient (.COE) File
; Generated by MATLAB(R) 7.3 and the Filter Design Toolbox 4.0.
; Generated on: 07-Jan-2015 10:17:15
Radix = 16;
Coefficient_Width = 16;
CoefData = ff97,ff63,ff63,ff63,ff63,ff97,ff97,ff97,ffcc,……
```

该文件中的数据纵向排列和横向排列都是可以的,但开始部分应为:

```
Radix = 16;
Coefficient_Width = 16;
CoefData = ……
```

（3）生成 Simulink 下的滤波器模块

单击 FDATool 界面左边功能选择按钮[图],在 FDATool 界面下半方弹出的模块生成栏左边窗口中的"Block name"栏中输入为滤波器模块取的名字"myfir",在"Destination"栏中选"New",并选中"Build model using elements"。在右边"Optimization"窗口中默认打勾,最后选"Realize Model"按钮,如图 6-59 所示,将设计好的滤波器实现为一个"Simulink"下的模块"myfir",单击保存图标,在弹出的窗口中将该模块取名为"myfir.mdl",该模块可供在 Simulink 中进行设计时调用。

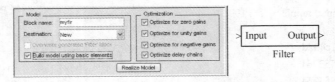

图 6-59　生成 Simulink 下的滤波器模块的选项

（4）将设计转换为 HDL 源程序模块

选择 FDATool 界面主菜单"Targets"→"Generate HDL...",将设计的滤波器转换为 HDL 语言源程序,按图 6-60 所示设置。在滤波器目标语言栏选"VHDL",名字栏输入"myfir",在优化 HDL 栏打勾,在测试文件类型栏的名字栏输入"tb_myfir",在 VHDL 文件栏打勾,其他选项取默认值。最后单击 Generate 按钮,完成滤波器的 VHDL 程序模块和测试文件的生成。关闭 MATLAB 程序退出。VHDL 程序模块主体如下：

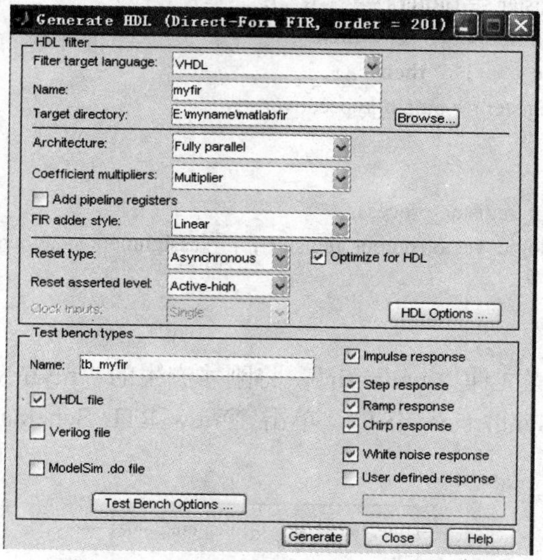

图 6-60　生成滤波器 VHDL 模块选择

```
library IEEE；
use IEEE.std_logic_1164.all；
use IEEE.numeric_std.all；
entity myfir is
    port(   clk: in std_logic；
    clk_enable: in std_logic；
        reset: in std_logic；
     filter_in: in   std_logic_vector(15 downto 0);      --sfix16_en15
     filter_out: out std_logic_vector(35 downto 0) );    --sfix36_en34
end myfir；
architecture rtl of myfir is
……
begin
  delay_pipeline_process : process (clk, reset)        --block statements
  begin
    if reset =  '1'  then
      delay_pipeline(0 to 201) <= (others => (others =>  '0' ));
    elsif clk'event and clk =  '1'  then
      if clk_enable =  '1'  then
        delay_pipeline(0) <= signed(filter_in);
        delay_pipeline(1 to 201) <= delay_pipeline(0 to 200);
      end if;
    end if;
  end process delay_pipeline_process；
……
output_register_process : process (clk, reset)
begin
```

```
        if reset = '1' then
            output_register <= (others => '0');
        elsif clk'event and clk = '1' then
            if clk_enable = '1' then
                output_register <= output_typeconvert;
            end if;
        end if;
    end process output_register_process;
    filter_out <= std_logic_vector(output_register);    --assignment statements
end rtl;
```

（5）创建工程

运行 ISE，新建工程文件"matlabfir"，将刚才产生的"myfir.vhd"和"tb_myfir.vhd"添加到工程中。运行"Synthesize-XST"，单击"View RTL Schematic"得图 6-61 所示滤波器模块。

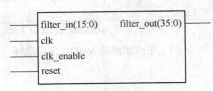

图 6-61　ISE 综合后生成滤波器模块

（6）创建仿真输入数据源

在进行仿真测试时，应有较宽频带的数据输入，以便检测双频信号 1.3 kHz、2.1kHz 通过的效果。为此，需在 MATLAB 下编写程序"noise_13_21.m"，产生信号加噪声仿真输入数据和波形，如图 6-62 所示。

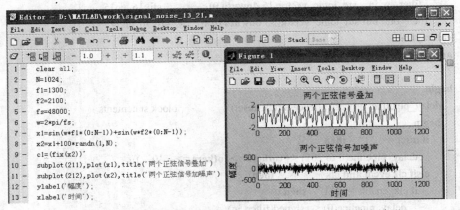

图 6-62　噪声加双频信号 1.3kHz、2.1kHz 的产生程序和输出波形

在 MATLAB 主窗口中显示如下数据：

```
-14    -19    12    -4    27    3    -6    1    -4    -10
-5    7    -26    -10    10    -16    -3……
```

新建一个文本文件，将上面数据复制到其中，保存文件名为"FIR_DATA.TXT"，将其存放在本工程文件目录下。

（7）创建仿真波形测试程序

前面在 MATLAB 中已自动生成了仿真波形测试程序"tb_myfir.vhd"，阅读该程序并运行发现，输入数据并不是自己所要求的，因此输出并不能反映太多问题。当需要将自己的数据作为输入信号让滤波器处理时，往往需要自己编写一个针对自己应用所需要的测试程序，通过该程序读取"FIR_DATA.TXT"作为输入数据。自己编写取名为"tb_myfir"的测试程序时需注意如下几点：

① 测试程序(Test Bench WaveForm)同其他普通 VHDL 应用程序一样，都是由库、程序包的使用、实体、结构体、进程、子程序、赋值语句等组成的。

② 测试程序不是器件，因此所编写的程序中的实体没有输入输出端口，为空实体。

③ 所有输入信号何时为高、低电平及持续时间，必须用 WAIT FOR 后加具体时间指明。

④ 所有进程声明时不指明敏感量，进程中信号的赋值时间由 WAIT FOR 后加具体时间指明。

⑤ 当有大量数据要输入或输出时，常采用文件对象，通过读写函数进行赋值。

⑥ 对待测试程序的测试是通过将待测程序当作元件，并通过元件例化来实现的。

tb_myfir 测试程序如下：

```
library IEEE;                                --声明使用 IEEE 库
use IEEE.std_logic_1164.all;                 --声明使用 std_logic_1164 程序包
use IEEE.std_logic_arith.all;                --声明使用 std_logic_arith 程序包
use IEEE.std_logic_unsigned.all;             --声明使用 std_logic_unsigned 程序包
use IEEE.numeric_std.all;                    --声明使用 numeric_std 程序包
use IEEE.std_logic_textio.all;               --声明使用 std_logic_textio 程序包
use STD.textio.all;                          --声明使用 STD 库中的 textio 程序包
entity tb_myfir is                           --声明实体名为 tb_myfir，这是空实体，无端口
end tb_myfir;                                --结束实体描述
architecture test of tb_myfir is             --声明 test 是实体 tb_myfir 的一个结构体
  component myfir                            --将待测试程序 myfir 声明为元件
    port(      clk : in   std_logic;         --声明元件的时钟为标准逻辑型
         clk_enable : in   std_logic;        --声明元件的时钟使能信号为标准逻辑型
              reset : in   std_logic;        --声明元件的复位信号为标准逻辑型
          filter_in : in   std_logic_vector(15 downto 0); --输入数据为 16 位矢量
         filter_out : out std_logic_vector(35 downto 0)); --输出数据为 36 位矢量
  end component;                             --结束元件声明
    file fir_in: text is in  "fir_data.txt"; --将文件 fir_data.txt 声明为文件对象 fir_in
    function read_data(file fir_in: text) return integer is--声明读数据函数和参数类型
    variable in_data: line;                  --声明 in_data 为行变量
    variable indata: integer;                --声明 indata 为整型变量
    begin                                    --声明函数开始
      readline(fir_in, in_data);             --从文件对象 fir_in 读一行数据到行变量 in_data
      read(in_data, indata);                 --行变量 in_data 读一个数据到整型变量 indata
      return indata;                         --将读取到的整型变量数据 indata 返回给调用者
    end read_data;                           --结束读数据函数
    signal clk       : std_logic: = '0';     --声明 clk 信号为逻辑型并赋初值 0
    signal clk_enable: std_logic: = '0';     --声明 clk_enable 信号为逻辑型并赋初值 0
```

```
signal reset        : std_logic: = '1';                      --声明 reset 信号为逻辑型并赋初值 0
signal filter_in : std_logic_vector(15 downto 0): = "0000000000000000";  --输入初值为 0
signal filter_out: std_logic_vector(35 downto 0): = (others=> '0');  --输出初值为 0
constant period :  time : = 20 ns;                           --声明常数时钟周期为 20 ns
constant duty_cycle :   real : = 0.5;                        --声明常数时钟占空比为 50%
constant offset :   time : = 10 ns;                          --声明常数偏移量为 10 ns
  begin                                                       --声明结构体开始
u_myfir: myfir port map (                                     --例化待测试程序为例化,端口按名称映射
        clk        => clk,                                    --下层元件端口=>本层信号, clk=clk
        clk_enable => clk_enable,    --clk_enable=clk_enable
        reset      => reset,                                  --reset=reset
        filter_in  => filter_in,                              --filter_in=filter_in
        filter_out => filter_out );                           --filter_out=filter_out
clk_gen: process                                              --声明产生时钟的进程,不进行敏感量声明
  begin                                                       --声明进程开始
    wait for offset;                                          --等待 10 ns 偏移量时间
    clock_loop: loop                                          --循环产生时钟
            clk   <= '0';                                     --时钟信号为低电平
            wait for (period - (period * duty_cycle));  --等待半个周期低电平
            clk   <= '1';                                     --时钟信号为高电平
            wait for (period * duty_cycle);  --等待另半个周期高电平
        end loop clock_loop;  --结束循环语句,此处为死循环,不断产生时钟
    end process clk_gen;                                      --声明结束时钟产生进程
    filter_in_gen: process                                    --声明滤波器数据输入进程,不进行敏感量声明
  begin                                                       --声明进程开始
    clk_enable <= '1';                                        --时钟使能信号由初值时的低电平转为高电平
    wait for 20 ns;                                           --持续 20ns
        reset  <= '0';                                        --复位信号由初值时的高电平转为低电平
    wait for 20 ns;                                           --持续 20ns
    for i in 0 to 4095 loop                                   --从 0~4095 循环读入 4096 个输入数据
        filter_in <= conv_std_logic_vector(read_data(fir_in), 16);  --读 16 位数据
        wait for 20ns;                                        --时钟信号低电平持续 20ns 后再读下一数据
        end loop;                                             --结束数据循环
    end process filter_in_gen;                                --声明结束滤波器数据输入进程
end test;                                                     --声明结束结构体描述
```

选"Sources"窗口第一行中的"Sources for:Behavioral Simulation"。鼠标左键双击"Sources"窗口根目录中的芯片"xc3s100e-5tq144",在弹出的图 6-3 所示的对话框中的"Simulator"栏中选"Modelsim-SE VHDL",单击"OK"关闭工程属性窗口。单击"tb_myfir"将其激活,再双击"Processes"窗口中的"ModelSim Simulator"→"Simulate Behavioral Model",启动 ModelSim 进行仿真,波形如图 6-63 所示。这里波形中的数据用二进制表示,不便于观看数值大小,可将其值用十进制表示更直观。

单击 🔍 🔍 图标,使整个波形能被看到。鼠标右键单击"/tb_myfir/filter_in"所在行,弹出图 6-64 所示窗口,选"Radix"→"Decimal",将波形用有符号十进制数表示。再选图 6-64 窗口中最底部的"Properties..."选项,按图 6-65a 所示进行设置。按同样方法设置

"tb_msmna/filter_out" 所在行，如图 6-65b 所示，最后得波形如图 6-66 所示。

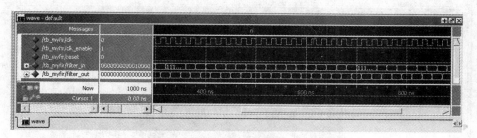

图 6-63　ModelSim 仿真得到的 tb_myfir 输出波形

如果不能得图 6-66 所示波形，可对 ▤ ⎡ 1ns ▾ ⎤ ▤▤ 中的时间进行设置，并单击 ▤ 进行单步运行或 ▤ 进行全速运行。单击 ▤ 重新开始。

从图 6-66 可见，经过滤波器滤波后，输出波形中的高频噪声信号被滤除，两个相叠加的正弦波信号，实现了正确的滤波目的。

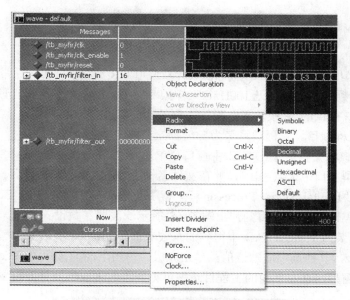

图 6-64　输出波形的表达数据类型选取

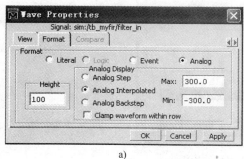
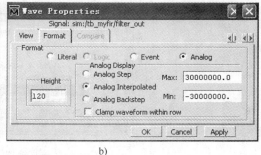

a)　　　　　　　　　　　　　　b)

图 6-65　模拟输出波形刻度设置

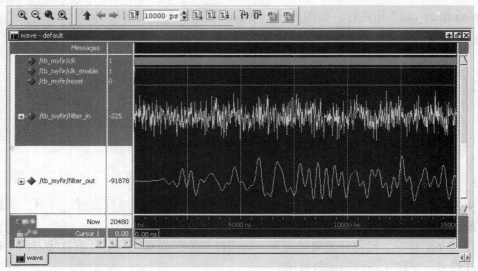

图 6-66　仿真模拟输入和输出波形

**6. 思考题**

（1）采用本节所用的 MATLAB 输入法设计双通道 FIR 滤波器，第一通带频率为 1.3 kHz±100Hz，第二通带频率为 2.1 kHz±100Hz，采样频率为 48kHz，滤波器为 51 阶。

（2）采用 ISE 提供的 IP 核输入法设计上题的滤波器。提示：

1）创建新工程项目。工程项目名为 ipfir。

2）创建 IP 核源文件。单击 ISE 主窗口菜单选项"Prject"→"New Source..."，在弹出的选择源文件类型窗口中选取"IP"，并在文件名栏中输入"ipfir"文件名。在弹出的选择 IP 核窗口中，选取"Digital Signal Processing"→"Filters"→"MAC FIR Compiler v5.1"，如图 6-67 所示。单击"Next"，直到弹出图 6-68 所示滤波器参数设置窗口。在第 2 页取 Taps 为 51，在第 3 页装入从 MATLAB 中得到的系数文件"ipfir.coe"，在第 4 页取 Inpur Sample Rate 为 0.048MHz，其他选项取默认值，单击完成。单击下面的按钮"Generate"，完成 IP 核的设置。回到主窗口，在左上角的工程目录中可见到刚才生成的文件 ipfir.xco。

图 6-67　仿真模拟输入和输出波形

3）查看 VHDL 文件源程序。右键单击主窗口左边"Processes"窗口中的"Coregen"→"View HDL Functional Model"，在弹出的对话框中选属性，在下一个对话框中选"VHDL"，可查看自动生成的 VHDL 文件源程序。

4）创建 IP 核滤波器顶层文件。单击主窗口菜单选项"Prject"→"New Source..."，在弹出的选择源文件类型窗口中选取"VHDL Module"，并在文件名栏中输入"ipfirtop"文件名，其他选项为默认值，在弹出定义模块窗口中，按图 6-68 左边模块引脚进行程序引脚定义。

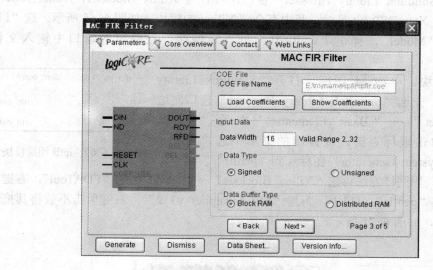

图 6-68　ipfir 参数设置界面

在顶层模块中调用 IP 核模块的 VHDL 程序。其顶层模块源程序如下：

```vhdl
library IEEE;                                    --声明使用 IEEE 库
use IEEE.std_logic_1164.all;                     --声明使用 std_logic_1164 程序包
entity ipfirtop is                               --声明实体名为 ipfirtop
   port (nd_in, clk_in, reset_in: in  std_logic; --声明输入信号为逻辑型
          din_in: in  std_logic_vector (15 downto 0);  --声明输入信号为 16 位矢量
rdy_out, rfd_out: out  std_logic;                --声明输出信号为逻辑型
          dout_out: out  std_logic_vector (37 downto 0));  --声明输出信号为 38 位矢量
end ipfirtop;                                    --结束对实体的声明
architecture bhv of ipfirtop is                  --声明结构体 bhv 属于实体 ipfirtop
   component ipfir                               --声明由 IP 核构成的滤波器 ipfir 的下层元件
       port (nd, clk, reset: in std_logic;       --声明 nd、clk、reset 为逻辑型输入
          din: in std_logic_vector(15 downto 0); --声明 din 为 16 位矢量输入
rdy, rfd: out std_logic;                         --声明 rdy、rfd 为逻辑型输出
          dout: out std_logic_vector(37 downto 0));  --声明 dout 为 38 位矢量输出
   end component;                                --结束对下层元件的声明
begin                                            --声明结构体开始
```

myipfir: ipfir **port map**(nd_in, clk_in, reset_in, din_in, rdy_out, rfd_out, dout_out);
                                        ——按位置映射例化元件

    **end** bhv;                                   ——结束对结构体描述

单击主窗口左边中间"Processes"中的"Synthesize-XST"进行语法检查，并观看生成的模块，如图 6-69 所示。

（3）采用 System Generator 输入法设计上题的滤波器。提示：

1）创建模块窗口。运行 MATLAB，打开指令窗口。在 MATLAB 工具栏单击 Simulink 图标 🖳 进入"Simulink Library Browser"窗口，可看到 Xilinx Blockset、Xilinx Reference Blockset、Xilinx XtereDSP kit 目录，其中有全部 Xilinx 的模块。如图 6-55 所示。选"File" →"New"→"Model"，弹出"untitled1"框，选保存，在弹出的窗口中输入文件名"genfir.mdl"。

2）放置模块。单击 🖳 图标，打开"Simulink Library Browser"窗口。先选"Simulink Library Browser"窗口左边"Xilinx Blockset"→"Basic Elementsr"中的"System Generator"，单击鼠标右键，在弹出的菜单中选"Add to genfir"，将"System Generator"图标加到"genfir"窗口中，

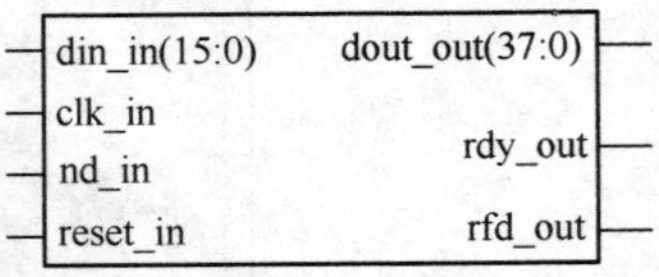

图 6-69   ipfir 顶层模块

如图 6-70 所示。用同样方法再选"Xilinx Blockset"→"DSP"中的"FDATool"，右键单击不放将其拖动到"genfir"窗口中，再选"FIR Compiler v3_2"，右键单击不放将其拖动到"genfir"窗口中，如图 6-71 所示。

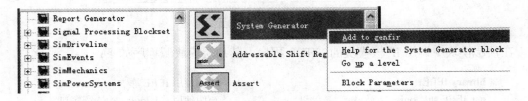

图 6-70   模块的添加

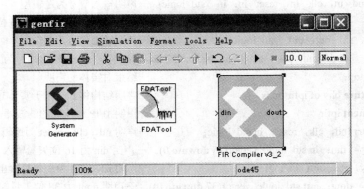

图 6-71   添加三个模块到"genfir"工作窗口

3）滤波器参数设置。

双击"genfir"窗口中"FDATool"图标，在打开的"Block Parameters：FDATool"窗口中进行参数设置。方法与在 MATLAB 中设计滤波器参数相同。设置完后单击界面下边的"Design Filter"生成滤波器系数。利用"File"→"Export"输出系数。

4）将系数与 FIR 滤波器联系起来　双击"genfir.mdl"窗口中的"Xilinx FIR Compiler v3.2"模块，在模块参数窗口取默认值，单击"OK"。

5）产生 FIR 滤波器 VHDL 程序双击"System Generator"图标，在弹出窗口中按提示进行设置，选取所用芯片和生成的 VHDL 程序。

# 附 录

3) 选择 femBy 栏中的 "FPGATool" 选项，在 FPP 的 "Block Parameters: FPGATool" 中，可以设置 "Device", "Synthesis Tool", 以及 MATLAB 中生成的库文件参数等设置，单击 "Analyze..." 按钮可以查看设置的 Design Rules, Layout 信息等，设置好后，单击 "Build..." 按钮即可。

4) 构建完成后，FPGAToo 会模块编译综合，在弹出的 "Command" 中调用 Xilinx ISE Compiler 13.2" 软件，在 ISE 中将查看综合结果，综合结束后单击 "OK"。

5) 运行 ISE 综合生成 VHDL 代码后，在 "System Generator" 中打开 "Edit" 中的 "Netlist Editor" 可对生成的 VHDL 代码进行编辑及修改，以生成用于 FPGA 的 VHDL 代码。

## 常用逻辑符号对照表

| 名　称 | 国标符号 | 曾用符号 | 国外流行符号 | 名　称 | 国标符号 | 曾用符号 | 国外流行符号 |
|---|---|---|---|---|---|---|---|
| 与门 | &符号 | 方框 | D形 | 传输门 | TG | TG | 交叉 |
| 或门 | ≥1 | + | 弧形 | 双向模拟开关 | SW | SW | |
| 非门 | 1 | 方框带圈 | 三角带圈 | 半加器 | Σ CO | HA | HA |
| 与非门 | & | 方框带圈 | D形带圈 | 全加器 | Σ CI CO | FA | FA |
| 或非门 | ≥1 | + | 弧形带圈 | 基本 RS 触发器 | S R | S Q R Q̄ | S Q R Q̄ |
| 与或非门 | & ≥1 | + | 组合 | 同步 RS 触发器 | 1S C1 1R | S CP R Q Q̄ | S CK R Q Q̄ |
| 异或门 | =1 | ⊕ | 弧形 | 边沿（上升沿）D 触发器 | S 1D C1 R | D CP Q Q̄ | D S_D CK R_D Q Q̄ |
| 同或门 | = | ⊙ | 弧形带圈 | 边沿（下降沿）JK 触发器 | S 1J C1 1K R | J CP K Q Q̄ | J S_D CK K R_D Q Q̄ |
| 集电极开路的与门 | &◇ | 方框 | | 脉冲触发（主从）JK 触发器 | S 1J C1 1K R | J CP K Q Q̄ | J S_D CK K R_D Q Q̄ |
| 三态输出的非门 | 1 EN | 方框带圈 | 三角带圈 | 带施密特触发特性的与门 | & �⎍ | ⎍ | ⎍ |

# 参 考 文 献

[1] 李广军，孟宪元.可编程 ASIC 设计及应用 [M].成都：电子科技大学出版社，2003.

[2] 孟宪元. 可编程 ASIC 集成数字系统 [M]. 北京：电子工业出版社，1998.

[3] 彭澄廉. 挑战 SOC——基于 NIOS 的 SOPC 设计与实践 [M]. 北京：清华大学出版社，2004.

[4] 郭炜，郭筝，谢憬.SoC 设计方法与实现 [M]. 北京：电子工业出版社，2007.

[5] 潘松，黄继业，曾毓.SOPC 技术实用教程 [M]. 北京：清华大学出版社，2005.

[6] 王诚，薛小刚，钟信潮.FPGA/CPLD 设计工具：Xilinx ISE 使用详解 [M]. 北京：人民邮电出版社，2005.

[7] 潘松，黄继业.EDA 技术实用教程 [M]. 北京：科学出版社，2002.

[8] 赵峰，马迪铭，孙炜，梁天翼.FPGA 上的嵌入式系统设计实例 [M]. 西安：西安电子科技大学出版社，2008.

[9] 孙航.Xilinx 可编程逻辑器件的高级应用与设计技巧 [M]. 北京：电子工业出版社，2004.

[10] 侯伯享，顾新.VHDL 硬件描述语言与数字逻辑电路设计 [M]. 3 版. 西安：西安电子科技大学出版社，2009.

[11] 李洋.EDA 技术实用教程 [M]. 北京：机械工业出版社，2004.